普通高等教育“十一五”国家级规划教材

新世纪高等学校教材 · 数学系列

扫码查看资源

数学分析

（第4版）

（第2册）

北京师范大学数学科学学院◎组　编

郑学安　薛宗慈　唐仲伟◎主　编

陈平尚　刘继志◎副主编

SHUXUE FENXI

北京师范大学出版集团
BEIJING NORMAL UNIVERSITY PUBLISHING GROUP
北京师范大学出版社

图书在版编目(CIP)数据

数学分析．第 2 册 / 郑学安，薛宗慈，唐仲伟主编．—4 版．—北京 ：北京师范大学出版社，2021.1
新世纪高等学校教材·数学系列
ISBN 978-7-303-23444-8

Ⅰ.①数… Ⅱ.①郑… ②薛… ③唐… Ⅲ.①数学分析—高等学校—教材 Ⅳ.①O17

中国版本图书馆 CIP 数据核字(2018)第 021978 号

营 销 中 心 电 话　010-58802181　58805532
北师大出版社科技与经管分社　www.jswsbook.com
电　子　信　箱　jswsbook@163.com

出版发行：北京师范大学出版社 www.bnupg.com
北京市西城区新街口外大街 12-3 号
邮政编码：100088
印　　刷：北京京师印务有限公司
经　　销：全国新华书店
开　　本：787 mm×1092 mm　1/16
印　　张：16.25
字　　数：370 千字
版　　次：2021 年 1 月第 4 版
印　　次：2021 年 1 月第 1 次印刷
定　　价：42.00 元

策划编辑：雷晓玲　　责任编辑：雷晓玲
美术编辑：刘　超　　装帧设计：刘　超
责任校对：赵非非　黄　华　　责任印制：马　洁

第4版作者的话

这套数学分析教材有以下几个创见.

第一,定义了赋范极限,它与一元函数极限一样,用相同的 ε-δ 语言来定义,所以具有相同的性质.它又将各种函数极限的定义,定积分、重积分、曲线积分与曲面积分的定义,曲线弧长与曲面面积的定义,统一用赋范极限来定义,这使得学生更容易掌握定积分等较复杂的概念.

第二,重新叙述了极限的直观定义,给出了从极限直观定义到极限的数学定义间的直接转化过程,使得学生更容易接受、理解和运用极限的定义.

第三,强调了无穷小量理论在极限理论中的核心地位,特别是给出了柯西(Cauchy)准则与一致连续等概念的简洁的、便于理解或运用的无穷小量等价定义.

第四,提出了微分多中值定理与局部单射定理和向量函数的泰勒(Taylor)公式,使得多元微分学有了基本完整的定理体系,使得学生更容易掌握多元微积分中几个重大定理的证明.

第五,用函数语言给出了曲线、曲面、高维曲面的准确而严格的定义.

第六,给出了曲面面积的严格定义,结束了长期以来曲面面积无严格的数学定义的现状.

第七,用张量给出了多元泰勒公式简明易懂的表达式,由于张量是一类十分简单的多元函数,学生很容易掌握它.

第八,完整地叙述了康托的集合定义,用康托的集合定义,很容易指出罗素悖论和其他集合论悖论的逻辑错误所在.

第九,完整地叙述了集合论的公理系统.

本书原名《微积分学讲义》,由邝荣雨、薛宗慈、陈平尚、蒋铎、李有兰编著,于 1989 年 5 月出版.本书第 2 版仍用原名,由邝荣雨、薛宗慈、陈平尚、李有兰修订,于 2005 年 8 月出版.本书第 3 版由郑学安、邝荣雨、刘继志修订,将上面 9 个创见写进教材,使得这套教材产生了某种质的飞跃,并更名为《数学分析》,于 2010 年 10 月出版.本书第 4 版将第 3 版中出现的各种差错及不足之处加以修订,保留并增强了第 3 版的创见与特色,由郑学安、薛宗慈、唐仲伟等修订.

本书第1版的主要编著者邝荣雨及编著者蒋铎、李有兰已仙逝,在此谨表纪念.

感谢北京师范大学数学科学学院领导对本书修订工作的支持,感谢北京师范大学出版社对本书修订与出版的支持.

北京师范大学数学科学学院

郑学安

2020-08-30

第3版前言

1915 年北京高等师范学校成立数理部，1922 年成立数学系。2004 年成立北京师范大学数学科学学院。经过 95 年的风风雨雨，数学科学学院在学科建设、人才培养和教学实践中积累了丰富的经验。将这些经验落实并贯彻到教材编著中去是大有益处的。

作为国家重点大学，培养人才和编写教材是两项非常重要的工作。教材的编写是学院的基本建设之一。学院要抓好教材建设；教师要研究教学方法。在教材方面，学院推出一批自己的高水平教材，做到各科都有约 60 部。

写教材要慢一点，质量要好一点，教材修订连续化，教材出版系列化，是编写教材要注意的几项基本原则。学院希望教材要不断地继续修改和完善，对已经出版两版的教材，我们准备继续再版。在 2005 年 5 月，经由北京师范大学数学科学学院李仲来教授和北京师范大学出版社理科编辑部王松浦主任进行协商，由北京师范大学数学科学学院主编（李仲来教授负责），准备对北京师范大学数学科学学院教师目前使用的第 2 版数学教材进行修订后出版第 3 版。

教材的建设是长期的、艰苦的任务，每一位教师在教学中要自主地开发教学资源，创造性地编写和使用教材。学院建议：在安排教学时，应考虑同一教师在 3～5 年里能够稳定地上同一门课，并参与到教材的编写或修订工作中去。在学院从事教学的大多数教师，应该以在一生的教学生涯中自己为主编写或修订至少一种教材作为己任，并注意适时地修订或更新教材。我们还希望使用这些教材的校内外专家学者和广大读者，提出宝贵的修改意见，使其不断改进和完善。

本套教材可供高等院校本科生、教育学院数学系、函授（数学专业）和在职中学教师等使用和参考。

北京师范大学数学科学学院（李仲来执笔）

2010-03-16

第3版作者的话

这次修订有以下几个创见.

第一,定义了赋范极限,它与一元函数极限有相同的性质,它又将各种函数极限的定义,定积分、重积分、曲线积分与曲面积分的定义,曲线弧长与曲面面积的定义,统一用赋范极限来定义,这使得学生更容易掌握定积分等较复杂的概念.第二,重新叙述了极限的直观定义,给出了从极限直观定义到极限的数学定义间的直接转化过程,使得学生更容易接受、理解和运用极限的定义.第三,强调了无穷小量理论在极限理论中的核心地位,特别是给出了Cauchy准则与一致连续的简洁的、便于理解或运用的无穷小量等价定义.第四,提出了微分多中值定理与局部单射定理和向量函数的Taylor公式,使得多元微分学有了基本完整的定理体系,使得学生更容易掌握多元微积分中几个重大定理的证明.第五,用函数语言给出了曲线、曲面、高维曲面的准确而严格的定义.第六,给出了曲面面积的严格定义,结束了长期以来曲面面积无严格的数学定义的现状.第七,用张量给出了多元泰勒公式简明易懂的表达式,由于张量是一类十分简单的多元函数,学生很容易初步掌握它.第八,完整地叙述了康托的集合定义,用这个康托的集合定义,很容易指出罗素悖论和其他集合论悖论的逻辑错误所在.第九,完整地叙述了集合论的公理系统.

感谢北京师范大学数学科学学院领导对本书修订工作的支持.感谢北京师范大学出版社对本书修订与出版的支持.参加本次修订的人员有:郑学安、邝荣雨、刘继志.

北京师范大学数学科学学院

郑学安

2010-04-30

第2版作者的话

参加本次修订的人员有：邝荣雨、薛宗慈、陈平尚、李有兰. 本次修订，时间仓促，只好先抓紧时间，进行大大小小的各种勘误，然后，在时间允许下，在不改变原书结构、体系的情况下，对原书内容作了一些修订、增补. 例如，在函数一节中，对中学函数的公式法给出了较确切的含义，对函数之间的各种关系提高到函数空间中给予了定义等，在极限一节中，将原书的“再谈极限”中的内容，一部分放到“极限概念”中，一部分放到“极限性质”中，再适当删去关于“函数的阶”的内容，这就使得整节内容更精炼、更简洁；对书中某些定理与例题的证法与解法做了一些删繁就简的变动. 如带拉格朗日余项的泰勒公式的证明等；在级数、广义积分与极限计算中，突出并强调阶的估计法的运用等. 另外，对个别练习题与例题作了一些变动，适当增加了一些现在社会与经济方面的练习题. 并对全书的思考题进行了一次仔细的审阅，适当增加了一些思考题，相信它们对提高读者的钻研能力会有较大的帮助. 任何对本书的错误与不妥之处的批评指正都是对本书的最大支持！

非常感谢北京师范大学数学科学学院郑学安教授、王昆扬教授，他们将使用原书时所发现的错误与不妥之处提供给编者，我们已在修订中加以采纳. 非常感谢北京师范大学数学科学学院的领导对本次修订工作的鼓励与支持！非常感谢北京师范大学出版社的支持！

本书第 2 版编者

北京师范大学数学科学学院

2005 年 8 月

第1版作者的话

本讲义分四册出版，第一册是一元函数与多元函数微积分初步；第二册是一元函数微积分理论与方法；第三册是多元函数微积分理论与计算. 这三册内容可作为数学系本科数学分析课程教材或教学参考书. 最后一册为专册，它包含若干专题，供教学选用或课外参考.

编写本书最主要的想法是尝试把现行数学分析课程的内容分两阶段进行讲授，以期达到下述目的：

1. 使学生的学习由易到难，首先侧重概念、计算，进而侧重理论、方法. 例如第一册侧重极限、连续等概念和微分、积分的计算；第二册侧重实数域、级数、微积分理论和综合运用微积分方法.

2. 便于相对集中内容与时间，强化训练，按不同要求提高学生单项和综合解题能力. 例如把微分学、积分学分为两段讲授，前段(第一册)着重训练学生的计算能力和初步解应用题的能力；后段(第二册)综合运用微积分的理论、方法着重训练学生的论证和估值能力.

通过教学实践我们认为以上安排是可行的，我们还要继续完善它.

本书的内容安排次序，教材处理以及某些定理所采用的证明方法与目前国内通用的数学分析教材不尽相同. 例如一元微分学部分的前段(第一册)就不讲微分中值定理，直接利用连续函数性质证明函数单调性判别法，并利用它解决导数的应用问题，到后段(第二册)才出现中值定理及其在理论、估值等各方面的应用.

本书配有较多的练习题，它们有一定的广度和深度. 做一定数量并且具有一定难度的习题，是数学分析能力培养的重要一环. 本书除练习题外还增设了思考题，其中不少题是教学经验的积累，它们对于深入理解某些概念和定理可能会有好处.

本书在内容、例题与习题的安排和选取上都有一定的"弹性"，以便适应读者的不同需要，对此我们在相应的地方都作了说明，请读者自己选择.

编写本书，做了些尝试，深感难度很大，自觉力不从心，错误和缺点必然存在，切望得到批评指正.

编写本书，参考了很多兄弟院校的教材和习题，受益匪浅，谨致谢意.

本书的前身是北京师范大学数学系1982级、1986级学生使用的讲义,邝荣雨、薛宗慈在这两届学生中试用过该讲义.赵慈庚老师、董延闿老师曾提出了许多有指导性的修改意见,并亲自参与了部分章节的修改.孙永生老师经常鼓励和支持编者大胆进行试验.陈公宁及参与试用过程的许多同志对原讲义提出了许多宝贵意见.分析教研室不少同志都参与过对原讲义的讨论并提出了很多中肯的意见和看法.在此我们谨向关心、帮助我们的老师和同事们表示感谢.

编　者

北京师范大学数学系

1988年3月

目　录

第 4 章　一元函数的极限理论

4.1　实数概论

一元函数极限理论的基础是实数理论，首先研究实数的公理系统.

4.1.1　实数域

将实数的基本性质作为公理，就得到实数的公理系统.

实数公理系统包含 3 组公理.

第一组是刻画实数四则运算关系的公理，称为**域公理**.

设 X 是一个集合，在它的元素之间规定了两种分别称为加法"+"和乘法"·"的运算关系，使得对于 X 中任何两个元素 a,b，都有 $a+b\in X$，$a\cdot b\in X$，并且在取定 a 与 b 时，$a+b$ 与 $a\cdot b$ 均是唯一的，且这两种运算满足下面 9 条基本性质：

(1)（加法结合律）　$a+(b+c)=(a+b)+c$；

(2)（加法交换律）　$a+b=b+a$；

(3)（加法零元）　$\exists 0\in X$，对 $\forall a\in X$，有 $0+a=a$；

(4)（加法负元）　$\forall a\in X$，$\exists -a\in X$，使得 $a+(-a)=0$；

(5)（乘法结合律）　$a\cdot(b\cdot c)=(a\cdot b)\cdot c$；

(6)（乘法交换律）　$a\cdot b=b\cdot a$；

(7)（乘法单位元）　$\exists 1\in X$，且 $1\neq 0$，对 $\forall a\in X$，有 $a\cdot 1=a$；

(8)（乘法逆元）　$\forall a\in X$，且 $a\neq 0$，$\exists \dfrac{1}{a}\in X$，使得 $a\cdot\dfrac{1}{a}=1$；

(9)（乘法对加法的分配律）　$a\cdot(b+c)=a\cdot b+a\cdot c$，

就称集合 X 满足域公理，称集合 X 是一个域.

全体实数之集 **R**，关于实数的加法与乘法满足域公理，称 **R** 为实数域. 全体有理数之集 **Q**，关于有理数的加法与乘法满足域公理，称 **Q** 为有理数域. 全体复数之集 **C**，对复数的加法与乘法满足域公理，称 **C** 为复数域.

第二组是刻画实数顺序关系（即大、小关系）的公理，称为**序公理**.

设 X 是一个域，在它的元素之间规定了一种顺序关系"<"，并且满足下面 4 条性质：

(1)（三歧性）　$\forall a,b\in X$，以下 3 种关系有且仅有一种成立：$a<b$，$a=b$，$b<a$；

(2)（传递性）　若 $a<b$，$b<c$，则 $a<c$；

(3) 若 $a<b$，则对 $\forall c\in X$，有 $a+c<b+c$；

(4) 若 $a<b$，则对 $\forall c\in X$ 且 $c>0$，有 $a\cdot c<b\cdot c$，

就称域 X 满足序公理，称域 X 是有序域.

实数域与有理数域均是有序域，复数域不是有序域.

若集合 X 上定义了顺序关系"<"，且满足上面序公理的性质(1) 和(2)，称集合 X 是一

个有序集，有序集的非空子集可定义上界与下界，有界与无界．"$a < b$" 又可写成"$b > a$"．关系"$\leqslant$"表示"$<$"或"$=$"．

第三组是刻画实数连续性的公理，称为**连续(完备)公理**．依据 Dedekind 分划的思想，通常取分划原理作为实数域的连续公理．

分划原理(Dedekind)　设 A,B 是实数域 $\mathbf{R}$ 的非空子集且每个 $b \in B$ 均是 A 的上界，则存在实数 c，使得 c 既是 A 的上界，又是 B 的下界．

一般地，设 A,B 是有序集 X 的任意两个非空子集，且每个 $b \in B$ 均是 A 的上界，就必存在 $c \in X$，使得 c 既是 A 的上界，又是 B 的下界，则称有序集 X 满足连续公理．实数域就是满足连续公理的有序集．

上面从实数的基本性质出发，得到了实数域满足的 3 组公理，反之，如果一个集合满足上述 3 组公理，这个集合就叫作**实数域**，记作 $\mathbf{R}$，其中元素叫作**实数**．即**实数域是满足连续公理的有序域**．我们熟知的有关实数四则运算与不等式运算的一切性质都可以由上述域公理与序公理推导出来，这里就不一一叙述与证明了．

用上面 3 组公理，还可推出实数其他的重要性质，如定义实数的一些重要子集．称大于 0 的实数为正实数，小于 0 的实数为负实数，下面来定义正整数集与正整数．

设 $E \subset \mathbf{R}$，若对任何 $a \in E$，有 $a+1 \in E$，则称 E 是**归纳集**．

易知实数域 $\mathbf{R}$ 与正实数集是归纳集，任意多个非空归纳集的交集也是归纳集．由此可引进下面的定义．

所有包含数 1 的归纳集的交集称为正整数集，记作 $\mathbf{N}$，其中的元素叫作**正整数**．由此易得重要的正整数集的性质．

定理 1.1(数学归纳原理)　设 $E \subset \mathbf{N}$，有 $1 \in E$，若任取 $n \in E$，有 $n+1 \in E$，则 $E = \mathbf{N}$．

通常所说的数学归纳法是这样陈述的：给定命题 $p(n)$，设

1°　当 $n = 1$ 时，命题 $p(1)$ 成立；

2°　若只要对正整数 n 设命题 $p(n)$ 成立，必可推出命题 $p(n+1)$ 也成立，

则命题 $p(n)$ 对一切正整数 n 成立．

定理 1.1 的证明．由定理的条件知 E 是含 1 的归纳集，而 $\mathbf{N}$ 是一切含 1 的归纳集的交集，所以 $\mathbf{N} \subset E$，但由已知条件又有 $E \subset \mathbf{N}$，所以 $E = \mathbf{N}$．

用定理 1.1 立即可证明数学归纳法如下．

设 $E = \{n \in \mathbf{N} \mid 命题\ p(n)\ 成立\}$，则 $E \subset \mathbf{N}$，而条件 1° 表明 $1 \in E$，条件 2° 表明只要 $n \in E$ 就必须有 $n+1 \in E$，由定理 1.1，$E = \mathbf{N}$，即命题 $p(n)$ 对一切正整数 n 均成立．

在定义了正整数后，称正整数的负元为负整数，所有的正整数、零与负整数组成的集合叫作**整数集**，记作 $\mathbf{Z}$．把形如 $r = \dfrac{p}{q}$ (其中 $p,q \in \mathbf{Z}$，且 $q \neq 0$) 的实数所成之集叫作**有理数集**，记作 $\mathbf{Q}$，其中实数 r 叫作有理数．不是有理数的实数叫作无理数，它的全体叫作**无理数集**．所以，正整数集、整数集、有理数集、无理数集都是实数集的子集．当 $p,q \in \mathbf{Z}$ 且 $q \neq 0$ 时，又称 $\dfrac{p}{q}$ 为分数．若整数 p 与 q 没有大于 1 的正整数作为它们的公约数，称 p 与 q 互素或互质．若分数 $\dfrac{p}{q}$ 的

分子，分母互素，且 q 是正整数，称 $\frac{p}{q}$ 是一个**既约分数**. 则每个有理数必可唯一的表示为一个既约分数.

上面用实数满足的域公理和序公理，建立了实数的重要子集，即正整数集，整数集，有理数集，无理数集. 还可以用实数满足的连续公理(分划原理) 建立实数的具体表示法. 由连续公理的等价原理，即确界原理，可证明任何实数可表示成整数加正小数或 0 的形式，分别称它们为实数的整数部分和小数部分. 实数的连续公理又等价于闭区间套原理加阿基米德原理. 通过将区间十等分，用闭区间套原理容易证明，实数的小数部分可表示成十进制的无限小数，其中有理数可表示成无限循环小数，无理数可表示成无限不循环小数.

所以，当我们用公理化方法定义实数域后，就可用域公理，序公理与连续公理，证明熟知的实数的四则运算与不等式运算的性质均成立，就可用公理构造出正整数和正整数集，进而构造出整数集，有理数集与无理数集. 还可用公理将实数表示成整数加十进制无限小数的表示法，总之可用 3 组公理推出实数的所有性质.

4.1.2　确界原理与闭区间套原理

在第 1 章 1.1 节中，已经给出了非空实数集合 $E \subset \mathbf{R}$ 的上界、下界、最大值、最小值、上确界以及下确界的定义，其中 E 的最小上界称为 E 的上确界，E 的最大下界称为 E 的下确界，用不等式来描述 E 的最小上界与最大下界，就得到了如下 E 的上确界与下确界的等价定义.

定义 1.1　设 $E \subset \mathbf{R}$ 且 $E \neq \varnothing$,

若存在 $\beta \in \mathbf{R}$，满足下列条件：

1°(上界性)　对一切 $x \in E$，有 $x \leqslant \beta$;

2°(最小性)　对 E 的任一上界 β'，都有 $\beta' \geqslant \beta$,

则称 β 是 E 的**上确界**，记作 $\beta = \sup E$.

若存在 $\alpha \in \mathbf{R}$，满足下列条件：

1°(下界性)　对一切 $x \in E$，有 $x \geqslant \alpha$;

2°(最大性)　对 E 的任一下界 α'，都有 $\alpha' \leqslant \alpha$,

则称 α 是 E 的**下确界**，记作 $\alpha = \inf E$.

若数集 E 有上(下) 确界，此确界不一定属于 E. 例如，区间 $[0,1)$ 有上确界 1，但 $1 \notin [0,1)$，而 $[0,1)$ 的下确界 $0 \in [0,1)$.

易知，若 $b = \max E \Rightarrow b = \sup E$，但反之不然.

我们已经知道，任一数集的最大(小) 数不一定存在，那么任一有界数集的上(下) 确界一定存在吗?这个问题的答案是肯定的，这就是下面的确界原理.

定理 1.2(确界原理)　任意有上界的非空实数集存在唯一的上确界.

证明　设 A 是题设中给定的非空数集. 将 A 的所有上界组成集合，即令

$$B = \{b \in \mathbf{R} \mid b \text{ 是 } A \text{ 的上界}\},$$

则 B 也是非空实数集，且每个 $b \in B$ 均是 A 的上界，由分划原理，存在实数 c 是 A 的上界，所以 $c \in B$，且 c 又是 B 的下界，即每个 $b \in B$ 均有 $b \geqslant c$，所以 c 是 A 的最小上界，即 c 是 A 的上确界. 又因为 c 是 B 的最小值，所以 A 的上确界 c 是唯一的. □

推论 任意有下界的非空实数集存在唯一的下确界.

证明 设非空实数集合 E 有下界,定义集合

$$-E=\{-x \mid x\in E\},$$

则 $-E$ 非空有上界,且若 β 是 $-E$ 的上界,则 $-\beta$ 是 E 的下界,由确界原理,$-E$ 存在唯一的上确界 β,那么 $\alpha=-\beta$ 就是 E 的唯一的下确界. □

直接利用确界定义进行论证有时并不方便,因此需要给出较实用的判别方法.

定理 1.3(确界判别准则) 设 E 是非空实数集.

(1) $\beta=\sup E$ 的充要条件是实数 β 满足:

1° 对一切 $x\in E$,有 $x\leqslant\beta$;

2° 任给 $\varepsilon>0$,存在 $x'\in E$,使得 $\beta-\varepsilon<x'$.

(2) $\alpha=\inf E$ 的充要条件是实数 α 满足:

1° 对一切 $x\in E$,有 $x\geqslant\alpha$;

2° 任给 $\varepsilon>0$,存在 $x''\in E$,使得 $\alpha+\varepsilon>x''$.

证明 这里只对上确界进行证明.

必要性($\Rightarrow$) 设 $\beta=\sup E$ 存在,显然 1° 成立. $\forall\varepsilon>0$,因 $\beta-\varepsilon<\beta$,由最小上界性知 $\beta-\varepsilon$ 不是 E 的上界,再由上界定义的否定得,

$$\exists x'\in E,使得\ x'>\beta-\varepsilon.$$

充分性($\Leftarrow$) 设充要条件成立,即定理的(1)的 1° 和 2° 成立,如果 E 的上界 β 不是 E 的上确界即最小上界,则必存在 E 的上界 β',使得 $\beta'<\beta$,则取 $\varepsilon=\beta-\beta'>0$,由充要条件的 2°,就存在 $x'\in E$,使得 $x'>\beta-\varepsilon=\beta'$,这与 β' 是 E 的上界性质相矛盾.矛盾说明,充要条件成立时,β 必是 E 的上确界. □

利用确界判别准则论证问题时,特别要注意:由 $\varepsilon>0$ 确定的 $x'\in E$ 与 ε 有关,切不可把它当常数处理.

设实值函数 f 在数集 D 上有界,则它的值域 $f(D)$ 是有界数集,于是,$\sup f(D)$ 与 $\inf f(D)$ 皆存在,分别称为函数 f 在 D 的**上确界和下确界**.记作

$$\sup_{x\in D} f(x)=\sup\{f(x)\mid x\in D\}=\sup f(D),$$
$$\inf_{x\in D} f(x)=\inf\{f(x)\mid x\in D\}=\inf f(D).$$

当非空数集 E 无上界或无下界时,记作

$$\sup E=+\infty\ 或\ \inf E=-\infty.$$

将符号 $+\infty$,$-\infty$ 与实数域 $\mathbf{R}$ 的并集 $\mathbf{R}^*=\mathbf{R}\cup\{-\infty,+\infty\}$ 称为**广义实数系**,记作 $\mathbf{R}^*=[-\infty,+\infty]$.在 $\mathbf{R}^*$ 中我们规定如下顺序关系:保持 $\mathbf{R}$ 中原来的顺序关系,且对 $\forall x\in\mathbf{R}$,有 $-\infty<x<+\infty$.此外在 $\mathbf{R}^*$ 中还适当引进运算关系,即 $\forall x_0\in\mathbf{R}$,规定:

1° $(\pm\infty)\pm x_0=\pm\infty$, $x_0-(\pm\infty)=\mp\infty$,

$$\frac{x_0}{\pm\infty}=0,\qquad x_0\cdot(\pm\infty)=\begin{cases}\pm\infty, & x_0>0,\\ \mp\infty, & x_0<0;\end{cases}$$

2° $(\pm\infty)+(\pm\infty)=\pm\infty$, $(+\infty)-(-\infty)=+\infty$,

$(-\infty)-(+\infty)=-\infty$, $(\pm\infty)\cdot(\pm\infty)=+\infty$,

$(\pm\infty)\cdot(\mp\infty)=-\infty$.

但是下面运算$(\pm\infty)-(\pm\infty)$，$0\cdot(\pm\infty)$，$\frac{0}{0}$，$\frac{\pm\infty}{\pm\infty}$在广义实数系中是没有意义的. 这样一来，我们可以说，对任何非空数集 E，$\sup E$ 与 $\inf E$ 均有意义. 但是本书今后所说的“存在确界”仍然是指确界是实数的情形. 另外请读者注意：我们在第 1 册中广泛使用过的记号 ∞，既不是 $\mathbf{R}=(-\infty,+\infty)$ 的元素，也不是 $\mathbf{R}^*=[-\infty,+\infty]$ 的元素.

定理 1.4（确界的运算性质）

1°（单调性）　若非空有界实数集 $A\subset B$，则 $\sup A\leqslant\sup B$，$\inf A\geqslant\inf B$. 通俗地说，集合增加时，上确界单调增，下确界单调减.

2°（符号性质）　设 E 是非空实数集，$-E=\{-x\mid x\in E\}$，则有

$$\sup\{-E\}=-\inf E,\ \inf\{-E\}=-\sup E.$$

3°（数乘性质）　设 E 是非空实数集，实数 $a>0$，$aE=\{ax\mid x\in E\}$，则有

$$\sup\{aE\}=a\sup E,\ \inf\{aE\}=a\inf E.$$

4°（保序性）　设函数 f,g 均在 $D\subset\mathbf{R}$ 上有界且 $f(x)\leqslant g(x)$ 对一切 $x\in D$ 成立，则有

$$\sup_{x\in D}\{f(x)\}\leqslant\sup_{x\in D}\{g(x)\},\ \inf_{x\in D}\{f(x)\}\leqslant\inf_{x\in D}\{g(x)\}.$$

证明　只证明 1° 和 4°，2° 与 3° 留给读者自证.

1°　因为 $\sup B$ 是 B 的上界且 $A\subset B$，所以 $\sup B$ 必是 A 的上界，而 $\sup A$ 是 A 的最小上界，所以 $\sup A\leqslant\sup B$. 同理 $\inf B$ 是 A 的下界，而 $\inf A$ 是 A 的最大下界，所以 $\inf A\geqslant\inf B$.

4°　因为 $\sup\limits_{u\in D}\{g(u)\}\geqslant g(x)\geqslant f(x)$ 对一切 $x\in D$ 成立，所以$\sup\limits_{x\in D}\{g(x)\}$ 是实数集合 $\{f(x)\mid x\in D\}$ 的上界，4° 的第一个不等式成立. 同理可证明 4° 的第二个不等式. □

例 1　设函数 f 在数集 D 有界，求证：

$$\sup_{x\in D}\{-f(x)\}=-\inf_{x\in D}\{f(x)\}.$$

证明　记 $\alpha=\inf\limits_{x\in D}\{f(x)\}$. 由下确界定义，任取 $x\in D$，有 $f(x)\geqslant\alpha$，所以任取 $x\in D$，有 $-f(x)\leqslant-\alpha$，所以 $-\alpha$ 是数集 $E=\{-f(x)\mid x\in D\}$ 的上界；由确界判别准则又可得任取 $\varepsilon>0$，存在 $x'\in D$，使得 $f(x')<\alpha+\varepsilon$ 成立，所以有任取 $\varepsilon>0$，存在$x'\in D$，使得 $-f(x')>-\alpha-\varepsilon$ 成立. 再由确界判别准则得 $-\alpha=\sup\limits_{x\in D}\{-f(x)\}$.

例 2　设 A,B 是非空有界数集，且 A 中每个实数 a 均是 B 的下界，求证：$\sup A\leqslant\inf B$.

证明　因为 a 是 B 的下界，$\inf B$ 是 B 的最大下界，所以 $a\leqslant\inf B$，又因为上面不等式对每个 $a\in A$ 均成立，所以 $\inf B$ 是 A 的上界，而 $\sup A$ 是 A 的最小上界，所以有$\sup A\leqslant\inf B$.

例 3　设 $E\subset\mathbf{R}$，$E\neq\varnothing$，求证：$\beta=\sup E$ 存在的充要条件是：

(1) $\forall x\in E$，有 $x\leqslant\beta$；

(2) $\exists x_n\in E$，有$\lim\limits_{n\to\infty}x_n=\beta$.

证明　必要性（$\Rightarrow$）　设 $\beta=\sup E$ 存在，(1) 显然成立. 由上确界判别准则中 $\varepsilon>0$ 的任意性，对 $\varepsilon_n=\frac{1}{n}$，存在 $x_n\in E$，使 $\beta-\frac{1}{n}<x_n\leqslant\beta$ 成立，再由极限夹逼性知$\lim\limits_{n\to\infty}x_n=\beta$.

充分性（$\Leftarrow$）　设(1)(2) 成立，则 β 是 E 的一个上界. 由$\lim\limits_{n\to\infty}x_n=\beta$可得，任给$\varepsilon>0$，存在正整数 N，使得 $x_N>\beta-\varepsilon$，且 $x_N\in E$. 于是由确界判别准则知 $\beta=\sup E$.

例 4　求函数 $f(x)=\sin x+\arctan x$ 在 $\mathbf{R}$ 的上确界.

解 利用例 3 结论来解此题,显然有

$$f(x)=\sin x+\arctan x<1+\frac{\pi}{2},\ x\in\mathbf{R}.$$

取 $x_n=\left(2n+\frac{1}{2}\right)\pi$,有

$$\lim_{n\to\infty}f(x_n)=\lim_{n\to\infty}\left[\sin\left(2n+\frac{1}{2}\right)\pi+\arctan\left(2n+\frac{1}{2}\right)\pi\right]=1+\frac{\pi}{2},$$

故

$$\sup_{x\in\mathbf{R}}\{f(x)\}=1+\frac{\pi}{2}.$$

定理 1.5(阿基米德(Archimedes) 性质) 对任意两个实数 a,b,且 $a>0$,一定存在正整数 n,使得 $na>b$.

证明 用反证法.假若定理的结论不成立,即存在两个实数 a,b,且$a>0$,对一切正整数 n,有 $na\leqslant b$.构造集合 □

$$E=\{na\mid n\in\mathbf{N}\},$$

则 E 有上界 b.由确界原理知 $\beta=\sup E$ 存在,由确界判别准则(定理 1.3),对 $\varepsilon=a>0$,存在 $n_1a\in E$,使得 $n_1a>\beta-a$,即$(n_1+1)a>\beta$,但是(n_1+1) 属于 E,β是 E 的上界,又有$(n_1+1)\alpha\leqslant\beta$,从而得到$\beta<\beta$,矛盾.所以定理成立. □

推论 任给 $\varepsilon>0$,存在 $n\in\mathbf{N}$,使得$\frac{1}{n}<\varepsilon$.

只要对 $a=\varepsilon$,$b=1$ 应用定理 1.5 即得.这就严格地证明了$\lim\limits_{n\to\infty}\frac{1}{n}=0$.

定理 1.6 任给 $x\in\mathbf{R}$,存在唯一的 $m\in\mathbf{Z}$,使得 $m\leqslant x<m+1$.

证明 构造集合 $E=\{n\in\mathbf{Z}\mid n>x\}$.取 $a=1$,$b=x$,由阿基米德原理,必有正整数 $n>x$,所以集合 E 非空有下界,必有下确界 $m+1$. 再由例 3,知存在数列 $x_n\in E$,使得 $x_n\to m+1\ (n\to\infty)$.因 E 是整数集,x_n 是收敛的整数列,所以存在正整数 N,只要 $n>N$,有 $x_n=m+1$,所以 $m+1\in E$,$m+1>x$.如果 $m>x$,则 $m\in E$,E 的下确界 $m+1\leqslant m$,矛盾,从而必有 $m\leqslant x<m+1$,且 m 是整数.由下确界的唯一性知,m 是唯一的. □

我们已经知道,定理中唯一的整数 m 记作$[x]$,叫作 x 的**整数部分**,数$(x)=x-[x]$ 叫作 x 的 **小数部分**,即 $x=[x]+(x)$,且$(x)\geqslant 0$.所以有

$$[x]\leqslant x<[x]+1.$$

这个定理保证了取整函数 $y=[x]$ 的存在性.

定理 1.7(有理数稠密性) 任何两个相异实数之间存在有理数.

证明 设 $a,b\in\mathbf{R}$,且 $a<b$.因 $b-a>0$,由阿基米德性质知,$\exists n\in\mathbf{N}$,使得 $n(b-a)>1$ 即 $na+1<nb$.由定理 1.6 知,$\exists m\in\mathbf{Z}$,使 $m\leqslant na+1<m+1$.所以

$$na<m\leqslant na+1<nb,$$

故

$$a<\frac{m}{n}<b,\ 且\frac{m}{n}\in\mathbf{Q}.$$ □

利用确界原理可以把以前介绍过的各种不同形式的区间统一起来.

定义 1.2 设 I 是 $\mathbf{R}$ 的子集,若对 I 中任意两点 $x_1\leqslant x_2$,有$[x_1,x_2]\subset I$,称 I 为区间,其中,$[x_1,x_2]=\{x\in\mathbf{R}\mid x_1\leqslant x\leqslant x_2\}$.

现在证明区间的这种统一定义与过去的具体形式是一致的. 事实上，若 I 是 10 种区间中任意 1 种，则 I 显然符合上述定义. 反之，若 I 符合上述定义，我们来证明 I 必是 10 种区间中的 1 种. 例如：当 I 是无上界有下界的数集时，则 $\sup I = +\infty$，$\inf I = a$. 若 $a \in I$，有 $I = [a, +\infty)$；若 $a \notin I$，有 $I = (a, +\infty)$.

事实上，$\forall x \in (a, +\infty)$，由 $\inf I = a$ 知，对 $\varepsilon = x - a > 0$，$\exists x_1 \in I$，使得 $x_1 < a + \varepsilon = x$. 因 I 无上界，又可取 $x_2 > x$ 且 $x_2 \in I$，即 $x_1 < x < x_2$. 因 I 符合上述定义，所以有 $[x_1, x_2] \subset I$，特别有 $x \in I$，即 $(a, +\infty) \subset I$. 当 I 无上界且有下界 a 时，显然有 $I \subset [a, +\infty)$. 所以，当 $a \in I$，有 $I = [a, +\infty)$；当 $a \notin I$，有 $I = (a, +\infty)$.

至于 I 的其他情形，读者可仿上法证之. 例如，当 I 是有界数集时，则 $\sup I = b$，$\inf I = a$ 皆存在. 易证当 $a, b \in I$ 时，有 $I = [a, b]$；当 $a, b \notin I$ 时，有 $I = (a, b)$；当 $a \in I, b \notin I$ 时，有 $I = [a, b)$；当 $a \notin I, b \in I$ 时，有 $I = (a, b]$；当 $a = b$ 时，有 $I = \{a\}$（单点集）.

在定理 1.2 中，用分划原理证明了确界原理成立. 反之，又可用确界原理证明分划原理成立. 实际上，设 A, B 是两个非空实数集，且每个 $b \in B$ 均是 A 的上界，它等价于每个 $a \in A$ 均是 B 的下界，由确界原理与例 2，$\sup A$ 与 $\inf B$ 均存在，且 $\sup A \leqslant \inf B$，取实数 c 满足 $\sup A \leqslant c \leqslant \inf B$，则 c 必存在，且 c 既是 A 的上界，又是 B 的下界，所以分划原理成立.

上面证明表明了，确界原理也可作为实数的连续公理，它同样刻画了实数域的连续性.

定理 1.8（闭区间套原理（Cantor 原理））　设 $a_1 \leqslant a_2 \leqslant \cdots \leqslant a_n \leqslant \cdots \leqslant b_n \leqslant \cdots \leqslant b_2 \leqslant b_1$，且 $\lim\limits_{n\to\infty}(b_n - a_n) = 0$，则存在唯一的实数 ξ 属于一切闭区间 $[a_n, b_n]$.

证明　作集合 $A = \{a_n \mid n \in \mathbf{N}\}$ 和 $B = \{b_n \mid n \in \mathbf{N}\}$. 显然 A, B 非空有界，且每个 $b_n \in B$ 均是 A 的上界. 由分划原理，存在实数 ξ，既是 A 的上界，又是 B 的下界，所以对每个正整数 n 有 $a_n \leqslant \xi \leqslant b_n$，即有 $|a_n - \xi| \leqslant b_n - a_n$，$|b_n - \xi| \leqslant b_n - a_n$. 又因 $b_n - a_n \to 0 (n \to \infty)$ 得 $\xi = \lim\limits_{n\to\infty} a_n = \lim\limits_{n\to\infty} b_n$，由极限的唯一性，$\xi$ 是唯一的. □

闭区间套原理也可写成下面形式：

设 1°　$[a_n, b_n] \supset [a_{n+1}, b_{n+1}]$，$n \in \mathbf{N}$；

　2°　$\lim\limits_{n\to\infty}(b_n - a_n) = 0$，则

$$\bigcap_{n=1}^{\infty} [a_n, b_n] = \{\xi\}.$$

常将满足上述条件 1° 的有界闭区间列称为一个**闭区间套**. 则定理 1.8 可简述为：长度趋于 0 的闭区间套，必套住唯一的一点.

注意　条件中的"有界闭区间"是不可少的. 例如，若 $I_n = \left(0, \frac{1}{n}\right)$，有 $I_n \supset I_{n+1}$，且 $\lim\limits_{n\to\infty}\left(\frac{1}{n} - 0\right) = 0$，但 $\bigcap\limits_{n=1}^{\infty} I_n = \varnothing$.

推论　若有 $[a_n, b_n] \supset [a_{n+1}, b_{n+1}]$　$(n \in \mathbf{N})$，则存在 $\xi \in \bigcap\limits_{n=1}^{\infty} [a_n, b_n]$.

上面用确界原理证明了闭区间套定理和阿基米德性质. 反之，用闭区间套原理与阿基米德性质，又可证明确界原理如下.

设 E 是非空有上界的实数集，b 是 E 的上界，则可取得 $a < b$ 且 a 不是 E 的上界. 将 $[a, b]$ 等分成两个小区间，必有一个小区间，左端点不是 E 的上界，右端点是 E 的上界，记为 $[a_1, b_1]$. 再

将$[a_1,b_1]$等分成两个小区间,必有一个小区间,左端点不是E的上界,右端点是E的上界,记为$[a_2,b_2]$. 依此逆推,可得闭区间套$[a_n,b_n]$,满足:

(1) $b_n-a_n=\dfrac{b-a}{2^n}$.

(2) 对每个正整数n,a_n不是E的上界,b_n是E的上界.

由阿基米德原理得$\lim\limits_{n\to\infty}\dfrac{1}{n}=0$,因$2^n>n$,所以$\lim\limits_{n\to\infty}\dfrac{1}{2^n}=0$,从而得到$\lim\limits_{n\to\infty}(b_n-a_n)=0$. 由闭区间套定理,存在唯一的实数$\xi$,使得对每个正整数$n$,均有$a_n\leqslant\xi\leqslant b_n$. 因每个$b_n$是$E$的上界. $\lim\limits_{n\to\infty}b_n=\xi$,所以$\xi$也是$E$的上界. 因为$a_n$不是$E$的上界,所以存在$x_n\in E$,使得$a_n<x_n\leqslant b_n$. 又因$\lim\limits_{n\to\infty}a_n=\xi$,由夹逼性质得$\lim\limits_{n\to\infty}x_n=\xi$,再由例3得$\xi$是$E$的唯一的上确界.

关于实数的连续公理的注记

17—18世纪是微积分大发展的时期. 到了19世纪,由于本身逻辑基础不严密,以及前两个世纪沿袭下来的凭几何直觉和物理印象进行推证的方法的局限性,使得微积分的发展日益步履维艰. 虽然经过柯西(Cauchy)、魏尔斯特拉斯(Weierstrass)等人的艰苦努力,终于给微积分的基础——极限理论建立了一套严密的逻辑体系,但是问题并没有彻底解决. 由于极限理论的基础——实数理论还没有严格建立起来,因而极限理论的一些重大问题也没有得到彻底解决. 例如,我们在第1册中多次使用的单调数列收敛原理、连续函数整体性质(介值性、有界性、最值性)以及连续函数的可积性等重要定理都无法予以严格证明.

实数,看起来很浅显,几乎人人都认识它,也会用它作四则运算. 但数学家偏偏要问:什么是实数?它有什么性质?这些问题从古希腊开始一直困惑了数学家2 000多年. 直到19世纪后半叶才由梅莱(Mèray)、戴德金(Dedekind)、康托尔(Cantor)等人给出了满意的回答.

人类认识的第一个数系是正整数系,由于实际生活与数学运算的需要,逐渐地扩充到整数系,再扩充到有理数系. 有理数系是一个比较完美的数系:它具有稠密性,即任何两个有理数之间必含有有理数;它对四则运算是封闭的,即任何有理数经过加、减、乘、除四则运算后仍是有理数;它的元素有顺序关系,因而可以比较大小,进行不等式运算. 有理数系的这些性质使得古希腊人认为每一个数均是有理数,并且设想把它们由小到大、连续无空隙地排列在一条无限长的直线上. 即在全体有理数与直线上全体点之间建立一一对应关系,这种关系"形"与"数"自然和谐的连续性设想促使古希腊学者毕达哥拉斯(Pythagoras)喊出他的哲理名言"万物皆为数"(这里他所说的数指的是有理数). 但事实并非如此,在公元前500年前后,毕氏学派门徒希伯斯(Hippasus)发现并证明了正五边形的边长与其对角线长是不可公度的,接着他又证明了正方形的边长与其对角线长也是不可公度的. 这就是说,单位边长正五边形和单位边长正方形的对角线长竟然不是数(有理数)!希伯斯的发现动摇了古希腊几何理论的基础,同时也第一次向人们提示了有理数系的缺陷. 它告诉人们,有理数虽然密密麻麻排在数轴上,但并没有铺满整个数轴,它上面还存在很多不能用有理数填补的"孔隙". 我们应当怎样扩充有理数系,使得这条带有"孔隙"的直线真正成为"连续"的直线呢?

柯西在他的名著《国立工科大学的分析教程》(1821)一书中曾试图用有理数列的极限来定义无理数,但这必须先承认无理数的存在,这就产生了一个逻辑的自身循环. 如何克服这个恶性循环呢?戴德金分析了直线连续性的本质,是由于它上面任一点都能把直线划分为不重、不漏、不空、有序的两部分；反过来，只要直线被划分成了这样两部分，它就必然有一个分界点. 这就是说，直线上任一点与上述任一"分划"在本质上是一回事. 戴德金抓住了这个本质，认为"这样的平凡之见，暴露了连续性的秘密". 他通过对有理数系作分划的方法建立了实数系，建立了一整套严密的实数理论，奠定了微积分的坚实基础.

可以从正整数系出发，采用构造性的方法，逐步建立实数系，本书则按照公理化的方法定义实数系，然后再定义它的一些重要子集.

为了更好地理解实数的连续公理，可将实数域 **R** 的所有的非空开子集分成两类，一类开集是非空开区间(包括实数域 **R**)，它显然具有连续性，另一类开集不是开区间，具有间断点.

设 $G\subset \mathbf{R}$ 是有间断点的开集，即存在 $a\notin G$，使得

$$A=G\cap(-\infty,a),B=G\cap(a,+\infty)$$

均是 G 的非空开子集，则易见每个 $c\in G$ 不可能既是 A 的上界，又是 B 的下界. 所以 G 是 **R** 的有间断点的开集的充要条件是：存在 G 的两个非空子集 A 与 B，每个 $b\in B$ 均是 A 的上界，但是不存在 $c\in G$，使得 c 既是 A 的上界又是 B 的下界. 间断的反面是连续，上面刻画间断性的命题的逻辑非命题就刻画了实数域的连续性，这个逻辑非命题就是分划原理，所以可用分划原理作为实数的连续公理.

关于域公理与序公理的注记

从域公理与序公理出发，可推出实数的四则运算与不等式运算的全部性质. 这可从下面几个例题的证明中得出.

例 5　证明：方程 $a+x=b$ 在 **R** 中有唯一解.

证明　先证明 $x_0=b+(-a)$ 是方程的解，有

$$a+[b+(-a)]=a+[(-a)+b]=[a+(-a)]+b=0+b=b,$$

所以 $x_0=b+(-a)$ 是原方程的解. 再设 x_1 也是原方程的解，即 $a+x_1=b$ 成立，则在等式两边同加 $-a$，得

$$(a+x_1)+(-a)=b+(-a)=x_0.$$

因为

$$(a+x_1)+(-a)=(-a)+(a+x_1)=[(-a)+a]+x_1=0+x_1=x_1.$$

这就得到了 $x_1=x_0$，所以方程 $a+x=b$ 存在唯一的解，且这个解是 $x_0=b+(-a)$.

同理可证明，方程 $a\cdot x=b$ 在 **R** 中存在唯一的解($a\neq 0$).

例 6　证明：$-a=(-1)\cdot a, a\in\mathbf{R}$.

证明　已知有 $a+(-a)=0$，又有

$$a+(-1)\cdot a=1\cdot a+(-1)\cdot a=[1+(-1)]\cdot a=0\cdot a=0,$$

所以 $-a$ 与 $(-1)\cdot a$ 均是方程 $a+x=0$ 的解. 由解的唯一性，得 $-a=(-1)\cdot a$.

例 7　设 $a,b\in\mathbf{R}$，证明：

(1)$a>0\Leftrightarrow -a<0$；

(2)$a>0$ 且 $b>0$ 或 $a<0$ 且 $b<0$，则 $a\cdot b>0$，特别 $1>0$.

证明　因 $a>0$，同加 $-a$，得 $0=-a+a>-a+0=-a$，即 $-a<0$，必要性得证. 同理可得充分性，这就证明了(1).

由序公理的(4)，当 $a>0$ 且 $b>0$ 时，有 $a\cdot b>0$. 而当 $a<0$ 且 $b<0$ 时，有 $-a>0$，$-b>0$，

所以有

$$0 < (-a)\cdot(-b) = [(-1)\cdot a]\cdot[(-1)\cdot b] = [(-1)\cdot(-1)]\cdot(a\cdot b),$$

由例 8 得 $(-1)\cdot(-1) = 1$，又 $1\cdot(a\cdot b) = a\cdot b$，所以 $a\cdot b > 0$. 因 $1 \neq 0$ 及 $1 = 1\cdot 1$，所以 $1 > 0$.

例 8 证明：$-(-1) = (-1)\cdot(-1) = 1$.

证明 由例 6 得第一个等式成立，因 $-1+1=0$，而

$$\begin{aligned}-1+[-(-1)] &= (-1)\cdot 1 + (-1)\cdot(-1) = (-1)(1-1)\\ &= -1\cdot 0 = 0,\end{aligned}$$

所以 1 和 $-(-1)$ 均是方程 $-1+x=0$ 的解，由解的唯一性，得 $-(-1)=1$.

例 9 设 $a>b$，$c<0$，证明 $c\cdot a < c\cdot b$.

证明 显然 $-c>0$，所以 $(-c)\cdot a > (-c)\cdot b$.

将上面不等式两边同加上 $c\cdot a + c\cdot b$，即得

$$(-c)\cdot a + (c\cdot a) + c\cdot b > (-c)\cdot b + c\cdot a + c\cdot b,$$

即得 $c\cdot b > c\cdot a$，即 $c\cdot a < c\cdot b$.

用上面的方法，就可从域公理与序公理推出实数的四则运算与不等式运算的全部性质.

思 考 题

1. 只有实数集、有理数集是域公理的具体模型吗？请看下例. 设集 A 仅由两元素 a，b 组成，且按下表规定了 A 中两种运算：加法"+"与乘法"·".

+	a	b
a	a	b
b	b	a

·	a	b
a	a	a
b	a	b

你能证明集 A 关于上述两种代数运算构成一个域吗？若是域，请指出它的加法零元、加法负元、乘法单位元与乘法逆元.

2. 若 E 是非空数集，且 $\sup E = \inf E$，问：E 是什么样的数集？

3. 若 E 是无界且有最大数的非空数集，问：$\sup E$ 和 $\inf E$ 各等于什么？

4. 若 $\{x_n\}$ 为严格增且有上界的数列，试问下式成立吗？

$$\sup\{x_n\} \notin \{x_n\};\quad \inf\{x_n\} \in \{x_n\}.$$

注 上式中的 $\{x_n\}$ 看成数列的项 x_n 构成的集，即同一符号 $\{x_n\}$ 既看成数列，也看成数集.

5. 若数列 $\{x_n\}$ 收敛，关于 $\sup\{x_n\}$，$\inf\{x_n\}$，$\max\{x_n\}$ 和 $\min\{x_n\}$ 的存在性以及它们与集合 $\{x_n\}$ 的关系，你有何判断？

6. 若函数 f 在 D 上有界，且 $f>0$，能否断定，$\inf\limits_{x\in D}\{f(x)\}>0$？

7. 下面做法对吗？为什么？

设 E 是非空有上界数集 $\Rightarrow \beta = \sup E$ 存在 $\Rightarrow \forall\varepsilon>0$，$\exists x'\in E$，使得 $x'>\beta-\varepsilon$，令 $\varepsilon\to 0^+ \Rightarrow x'\geqslant\beta$.

8. 下面的命题及证明方法对吗？为什么？

命题："设函数 f，g 在 D 上有界，则 $\sup\limits_{x\in D}\{f(x)+g(x)\} \leqslant \sup\limits_{x\in D}\{f(x)\} + \inf\limits_{x\in D}\{g(x)\}$."

证明：记 $a = \sup\limits_{x\in D}\{f(x)\}$，$b = \inf\limits_{x\in D}\{g(x)\}$，$c = \sup\limits_{x\in D}\{f(x)+g(x)\}$. 由 $b = \inf\limits_{x\in D}\{g(x)\} \Rightarrow \forall\varepsilon>0$，$\exists x'\in D$，使得

$g(x') < b+\varepsilon \Rightarrow f(x)+g(x') < a+b+\varepsilon \Rightarrow \sup\limits_{x\in D}\{f(x)+g(x)\} \leqslant a+b+\varepsilon$. 由 $\varepsilon > 0$ 的任意性知 $c \leqslant a+b$.

9. 下面的命题及推导对吗?为什么?

命题:"若函数 f,g 在 D 上有 $f \leqslant g$,则 $\inf\limits_{x\in D}\{f(x)\} \geqslant \inf\limits_{x\in D}\{g(x)\}$."

证明:由 $f(x) \leqslant g(x), x \in D \Rightarrow \{f(x) \mid x \in D\} \subset \{g(x) \mid x \in D\}$. 因下确界关于集是单减的,故 $\inf\limits_{x\in D}\{f(x)\} \geqslant \inf\limits_{x\in D}\{g(x)\}$.

10. 下面两命题对吗?

(1) 若 $\exists x \geqslant 0, \forall n \in \mathbf{N}$,有 $x < \dfrac{1}{n}$,则 $x = 0$.

(2) 若 $\forall x \geqslant 0, \exists n \in \mathbf{N}$,有 $x < \dfrac{1}{n}$,则 $x = 0$.

11. 在闭区间套原理(定理 1.8)中,如果去掉条件 2°(即 $\lim\limits_{n\to\infty}(b_n - a_n) = 0$),会有什么结论?并请证明你的判断.

12. 利用闭区间套原理证明确界原理的过程中,什么地方用到了阿基米德性质?

13. 在闭区间套原理的证明中,何处用到了区间是闭的这一性质?并请考虑下面两个命题是否正确?

(1) 设 1°　$(a_n, b_n) \supset (a_{n+1}, b_{n+1})$　$(n \in \mathbf{N})$;

　2°　$\lim\limits_{n\to\infty}(b_n - a_n) = 0$,

则　$\bigcap\limits_{n=1}^{\infty}(a_n, b_n) = \{\xi\}$.

(2) 设 1°　$a_1 < a_2 < \cdots < a_n < \cdots < b_n < \cdots < b_2 < b_1$;

　2°　$\lim\limits_{n\to\infty}(b_n - a_n) = 0$,

则　$\bigcap\limits_{n=1}^{\infty}(a_n, b_n) = \{\xi\}$.

练　习　题

4.1　设 $a, b \in \mathbf{R}$,证明下列命题.

(1) 若 $b > 0 \Rightarrow \exists n \in \mathbf{N}$,使得 $\dfrac{1}{n} < b$.

(2) 若 $\forall n \in \mathbf{N}$,有 $a \leqslant x \leqslant \dfrac{b}{n} + a$　$(b > 0) \Rightarrow x = a$.

4.2　指出下列数集的确界,并指出确界是否是最大或最小数.

(1) $\{-n[3+(-3)^n] \mid 0 \in \mathbf{N}\}$;

(2) $\left\{1, 0; \dfrac{1}{2}, \dfrac{1}{2}; \dfrac{1}{3}, \dfrac{2}{3}; \dfrac{1}{4}, \dfrac{3}{4}; \cdots; \dfrac{1}{n}, \dfrac{n-1}{n}; \cdots \;\middle|\; n \in \mathbf{N}\right\}$;

(3) $\{\sin x \mid x \in \mathbf{R}\}$;　　(4) $\{\ln x \mid x \in (0, +\infty)\}$.

4.3　证明:如果数集 E 有最大(小)数,那么,这最大(小)数就是 E 的上(下)确界.

4.4　证明:有下界的非空实数集必有下确界.

4.5　设 $0 \in E \subset \mathbf{R}$,求证:$\beta = \sup E \geqslant 0$.

4.6　设函数 f 在 D 上有界,C 是常数,求证:

(1) $\sup\limits_{x\in D}\{f(x)+C\} = C + \sup\limits_{x\in D}\{f(x)\}$;

(2) $\inf\limits_{x\in D}\{f(x)+C\} = C + \inf\limits_{x\in D}\{f(x)\}$.

4.7 设函数 f 在 D 上有界,且 $f>c>0$,求证:

(1) $\sup\limits_{x\in D}\left\{\dfrac{1}{f(x)}\right\}=\dfrac{1}{\inf\limits_{x\in D}\{f(x)\}}$; (2) $\inf\limits_{x\in D}\left\{\dfrac{1}{f(x)}\right\}=\dfrac{1}{\sup\limits_{x\in D}\{f(x)\}}$.

4.8 设函数 f,g 在 D 上有界,求证:

(1) $\sup\limits_{x\in D}\{f(x)\}+\inf\limits_{x\in D}\{g(x)\}\leqslant\sup\limits_{x\in D}\{f(x)+g(x)\}\leqslant\sup\limits_{x\in D}\{f(x)\}+\sup\limits_{x\in D}\{g(x)\}$;

(2) $\inf\limits_{x\in D}\{f(x)\}+\inf\limits_{x\in D}\{g(x)\}\leqslant\inf\limits_{x\in D}\{f(x)+g(x)\}\leqslant\sup\limits_{x\in D}\{f(x)\}+\inf\limits_{x\in D}\{g(x)\}$.

4.9 利用确界原理证明:正整数集 $\mathbf{N}$ 没有上界.

4.10 证明:正整数集的任一非空子集必有最小数.

4.11 设 A 与 B 是实数集的非空子集,A 中每一个数小于 B 中任何一个数,且对于任意的 $\varepsilon>0$,存在 $x\in A$ 和 $y\in B$,使得 $y-x<\varepsilon$. 求证:$\sup A=\inf B$.

4.12 证明:收敛数列 $\{x_n\}$ 至少达到它的上、下确界之一.

4.13 证明:

(1) 若 $\lim\limits_{n\to\infty}x_n=+\infty$,则数列 $\{x_n\}$ 达到它的下确界;

(2) 若 $\lim\limits_{n\to\infty}x_n=-\infty$,则数列 $\{x_n\}$ 达到它的上确界.

4.14 设数集 A 满足下列条件:

(i) $A\neq\varnothing$,$A\neq\mathbf{R}$; (ii) 若 $x\in A$,且 $x'<x$,则 $x'\in A$;

(iii) 若 $x\in A$,则存在 $x_1\in A$,使 $x<x_1$.

求证:(1) A 有上界; (2) $A=\{x\mid x<\sup A\}$.

4.15 设函数 f 在 $[a,b]$ 无界. 求证:存在 $c\in[a,b]$,对 $\forall\delta>0$,f 在 $(c-\delta,c+\delta)\cap[a,b]$ 无界.

4.1.3 列紧性原理与有限覆盖原理

先给出子列的定义.

定义 1.3 给定数列 $\{x_n\}$,设 $\{n_k\}$ 是严格增的正整数列,称函数 $y=x_n$,$n\in\mathbf{N}$,与函数 $n=n_k$,$k\in\mathbf{N}$ 构成的复合函数,即数列 $\{x_{n_k}\}$ 为数列 $\{x_n\}$ 的**子列**,其中 x_{n_k} 表示数列 $\{x_n\}$ 的第 n_k 项.

请读者特别要注意,子列极限的 $\varepsilon-N$ 定义是

$$\lim_{k\to\infty}x_{n_k}=a\Leftrightarrow\forall\varepsilon>0,\exists N,\text{对 }\forall k>N,\text{有 }|x_{n_k}-a|<\varepsilon.$$

下面的性质虽然简单但很重要.

定理 1.9 若 $\{n_k\}$ 是严格增的正整数列,则 $n_k\geqslant k$.

证明 当 $k=1$ 时,显然有 $n_1\geqslant1$. 假若当 $k=m$ 时,有 $n_m\geqslant m$,因 $n_{m+1}>n_m\Rightarrow n_{m+1}>m$,所以 $n_{m+1}\geqslant m+1$. 由数学归纳法知 $\forall k\in\mathbf{N},n_k\geqslant k$. □

极限的同一性在第1章中已经证明:

定理 1.10(同一性) 收敛数列的所有子列都收敛于原数列的极限.

推论 若数列 $\{x_n\}$ 中有一个子列趋于无穷,或有两个子列收敛于不同的极限,则数列 $\{x_n\}$ 发散.

这个推论给出了判断数列发散的较为简易的一种方法. 能否由子列的收敛性判断原数列的收敛性呢?我们有下面的定理:

定理 1.11 设 $\{x_n\}$ 为单调数列,若存在一个子列 $\{x_{n_k}\}$ 收敛于 a,则数列 $\{x_n\}$ 也收敛于 a.

证明　不妨设$\{x_n\}$为单增数列，则$\{x_{n_k}\}$亦为单增数列，所以，任给$\varepsilon>0$，存在N_1，只要$k>N_1$，就有$a-\varepsilon<x_{n_k}<a+\varepsilon$成立. 先取定$n_k$满足$k>N_1$，再取正整数$N=n_k$，因$x_n$单增，$n_m\geqslant m$，所以只要$m>N=n_k$，就有

$$a-\varepsilon<x_{n_k}\leqslant x_m\leqslant x_{n_m}<a+\varepsilon,$$

成立，按定义有$\lim\limits_{n\to\infty}x_n=a$　□

下面定理的证明方法会使你受到一些启发.

定理 1.12　任何数列$\{x_n\}$至少含一个单调子列.

证明　对每个自然数n，作集合

$$E_n=\{x_n,x_{n+1},\cdots\}=\{x_k\mid k\geqslant n\},$$

则有

$$E_1\supset E_2\supset\cdots\supset E_n\supset E_{n+1}\supset\cdots$$

那么对集合列$\{E_n\}$，下面两种情形之一必然成立：情形(1) 存在自然数n_0，使得实数集合E_{n_0}无最大值，情形(2) 对每个自然数n，E_n均有最大值.

当情形(1) 成立时，对所有的$n\geqslant n_0$，E_n均无最大值(否则必有E_{n_0}有最大值，产生矛盾). 任取$x_{n_1}\in E_{n_0}$，因x_{n_1}不是E_{n_0}的最大值，必有$x_{n_2}\in E_{n_0}$和$n_2>n_1$，使得$x_{n_2}>x_{n_1}$. 因为x_{n_2}也不是E_{n_0}的最大值，又必有$x_{n_3}\in E_{n_0}$和$n_3>n_2$，使得$x_{n_3}>x_{n_2}$. 依此递推，由数学归纳法，就选出了数列$\{x_n\}$的单增子列$\{x_{n_k}\}$.

当情形(2) 成立时，选$x_{n_1}\in E_1$是E_1的最大值，再取$m_2=n_1+1$，选$x_{n_2}\in E_{m_2}$为E_{m_2}的最大值，则显然有$n_2\geqslant n_1+1>n_1$及$x_{n_1}\geqslant x_{n_2}$. 再取$m_3=n_2+1$，并取x_{n_3}为E_{m_3}的最大值，则有$x_{n_2}\geqslant x_{n_3}$. 依此递推，就选出了$\{x_n\}$的单减子列$\{x_{n_k}\}$.　□

列紧性原理是本节的中心定理之一.

定理 1.13(列紧性原理(Bolzano-Weierstrass 原理))　任何有界数列至少含一个收敛子列.

证明　**证法1**　设$\{x_n\}$为有界数列. 由定理1.12知，它含一个单调子列$\{x_{n_k}\}$，且为有界数列，再由单调数列收敛原理知$\{x_{n_k}\}$为收敛子列.

证法2　设$\{x_n\}$为有界数列. 所以可设$x_n\in[a_1,b_1]$　$(n\in\mathbf{N})$. 将$[a_1,b_1]$等分为两个小闭区间，则必有一个小闭区间含数列$\{x_n\}$的无穷多项，将它记为$[a_2,b_2]$，再将$[a_2,b_2]$闭等分为两个小区间，则必有一个小闭区间含数列$\{x_n\}$的无穷多项. 依此递推，就得到了闭区间套$[a_n,b_n]$，满足

(i) 每个$[a_n,b_n]$含$\{x_n\}$的无穷多项；

(ii) $b_n-a_n=\dfrac{b_1-a_1}{2^{n-1}}\to 0(n\to\infty)$.

由闭区间套原理有$\bigcap\limits_{n=1}^{\infty}[a_n,b_n]=\{\beta\}$. 下面要证实数$\beta$是某个子列的极限. 事实上：因$[a_1,b_1]$含$\{x_n\}$的无限项，则可取$x_{n_1}\in[a_1,b_1]$. 又$[a_2,b_2]$含$\{x_n\}$的无限项，所以可取$x_{n_2}\in[a_2,b_2]$，且满足$n_1<n_2$，依此逆推，就得到了$\{x_n\}$的子列$\{x_{n_k}\}$，满足$a_k\leqslant x_{n_k}\leqslant b_k$. 又因$a_k\leqslant\beta\leqslant b_k$，即得$|x_{n_k}-\beta|\leqslant|b_k-a_k|$，由条件(ii) 得$\lim\limits_{k\to\infty}x_{n_k}=\beta$.　□

常常把数列$\{x_n\}$的任一收敛子列的极限叫作数列$\{x_n\}$的**部分极限**. 于是列紧性原理又可叙述为：任何有界数列至少含一个部分极限.

给定实数集 D,若 D 中的任何数列都含收敛子列且子列的极限仍属于 D,则称 D 为**列紧集**. 例如,闭区间 $[a,b]$ 是列紧集,而开区间 (a,b) 不是列紧集,实数空间 $\mathbf{R}$ 也不是列紧集.

例 1 设 $\{x_n\}$ 是发散的有界数列,求证:存在两个子列 $\{x_{n_k}\}$ 与 $\{x_{m_k}\}$ 分别收敛于不同的极限.

证明 因 $\{x_n\}$ 是有界数列,由列紧性原理,有 $\lim\limits_{k\to\infty} x_{n_k}=\xi$. 因 $\{x_n\}$ 是发散数列,即 $\lim\limits_{n\to\infty} x_n \neq \xi$,它等价于,存在 $\varepsilon_0>0$,任取正整数 k,存在正整数 p_k,使得 $|x_{p_k}-\xi|\geqslant \varepsilon_0$ 成立(这就是 $\lim\limits_{n\to\infty} x_n=\xi$ 的逻辑非命题,见第 1 章定理 1.6),因 $\{x_{p_k}\}$ 也是有界数列必有收敛子列 $\{x_{m_k}\}$,且 $|x_{m_k}-\xi|\geqslant\varepsilon_0$,设 $\eta=\lim\limits_{n\to\infty} x_{m_k}$,在上面不等式中取极限,令 $k\to\infty$ 得 $|\eta-\xi|\geqslant\varepsilon_0$,即 $\xi\neq\eta$.

例 2 设函数 f 在 $[a,b]$ 的每一点局部有界,求证:f 在 $[a,b]$ 有界.

证明 用反证法. 假若 f 在 $[a,b]$ 无界,则对每个正整数 n,存在 $x_n\in[a,b]$,使得 $|f(x_n)|\geqslant n$,因 x_n 有界就存在子列 $x_{n_k}\to x_0\in[a,b]$,因为 $|f(x_{n_k})|\geqslant n_k$,所以 $\lim\limits_{n\to\infty} f(x_{n_k})\to\infty$ 且 $x_{n_k}\to x_0\,(k\to\infty)$,这与 f 在 x_0 局部有界相矛盾,所以 f 在 $[a,b]$ 有界.

下面我们要介绍本节另一个中心定理 —— 有限覆盖原理.

将确定的、互异的集合组成一个整体,就称该整体为一个集合族(集合类、集合集),称组成该整体的每个集合为属于该集合族的集合,常用花体字母 $\mathscr{A},\mathscr{B},\cdots$ 来表示一个集合族. 如果 I 是一个集合,且每个 $\alpha\in I$ 唯一对应了一个集合 X_α,则所有的 X_α 组成的集合族常记为 $\mathscr{A}=\{X_\alpha,\alpha\in I\}$,$I$ 则称为 $\mathscr{A}$ 的指标集.

如果 $\mathscr{A}$ 是一个集合族,且 $\mathscr{A}$ 的每一个集合均是实数域 $\mathbf{R}$ 的开子集,就称 $\mathscr{A}$ 是 $\mathbf{R}$ 的一个开集族. 设 $E\subset\mathbf{R}$,$\mathscr{A}$ 是 $\mathbf{R}$ 的一个开集族,如果属于 $\mathscr{A}$ 的所有开集的并集包含了集合 E,就称 $\mathscr{A}$ 是 E 的一个开覆盖. 设 $\mathscr{A}$ 是 E 的一个开覆盖,若存在 $\mathscr{A}$ 中有限个开集 $X_{\alpha_1},X_{\alpha_2},\cdots,X_{\alpha_m}$ 组成集合族 $\mathscr{A}_1$,即

$$\mathscr{A}_1=\{X_{\alpha_1},X_{\alpha_2},\cdots,X_{\alpha_m}\},$$

使得 $\mathscr{A}_1$ 也是 E 的一个开覆盖,就称 $\mathscr{A}_1$ 是 E 的开覆盖 $\mathscr{A}$ 的一个有限子覆盖.

给定实数集合 D,D 必然存在着开覆盖,例如当 $0\notin D$ 时,

$$\mathscr{A}=\left\{\left(\frac{x}{2},\frac{3x}{2}\right)\,\middle|\,x\in D\right\}$$

就是 D 的一个开覆盖,但是 D 的上述开覆盖 $\mathscr{A}$ 未必存在 D 的有限子覆盖. 例如取 $D=(0,1]$ 时,就可证明,$(0,1]$ 的上述开覆盖 $\mathscr{A}$ 没有 $(0,1]$ 的有限子覆盖.

以上例子表明,当集 D 被开集族 $\mathscr{A}$ 覆盖时,并不一定能从中选出一个有限子覆盖. 自然要问:集 D 具有什么性质时,才能断定从 D 的任何开覆盖中总能选出一个有限子覆盖. 产生这种兴趣的一个原因是想把困难的无限问题转化为有限问题进行研究. 下面的有限覆盖原理就是回答这个问题的.

定理 1.14(有限覆盖原理(Heine-Borel 原理)) 有界闭区间 $[a,b]$ 的任何一个开覆盖至少含 $[a,b]$ 的一个有限子覆盖.

证明 用反证法. 若不然,就存在 $[a,b]$ 的开覆盖 $\mathscr{A}$,它不含 $[a,b]$ 的有限子覆盖,即 $\mathscr{A}$ 的任何有限个开集组成的开集族,均不能覆盖 $[a,b]$.

将$[a,b]$等分成两个小区间，至少有一个小区间，$\mathscr{A}$是它的开覆盖，但$\mathscr{A}$不含该小区间的有限子覆盖，否则就与反证假设矛盾. 记这个小区间为$[a_1,b_1]$.

再将$[a_1,b_1]$等分成两个小区间，则至少有一个小区间，$\mathscr{A}$是它的开覆盖，但不含它的有限于覆盖，将这个小区记为$[a_2,b_2]$，依此递推，就得到了闭区间套$[a_n,b_n]$满足

(i) 对每个 n 有 $b_n-a_n=\dfrac{b-a}{2^n}\to 0(n\to\infty)$，

(ii) 对每个 n，$\mathscr{A}$是$[a_n,b_n]$的开覆盖，但不含它的有限子覆盖.

由闭区间套原理，存在唯一的实数ξ，属于每个$[a_n,b_n]$，因$\mathscr{A}$覆盖了$[a,b]$，故存在开集$G\in\mathscr{A}$，使得$\xi\in G$，因ξ是G的内点，存在$\varepsilon_0>0$，使得$(\xi-\varepsilon_0,\xi+\varepsilon_0)\subset G$. 又因$a_n,b_n$均收敛于$\xi$，所以对$\varepsilon_0>0$就存在$N$，只要$n>N$，有$|a_n-\xi|<\varepsilon_0$，$|b_n-\xi|<\varepsilon_0$，即只要$n>N$，有$[a_n,b_n]\subset G$，那么，$G$就是$[a_n,b_n]$的有限子覆盖，这与$[a_n,b_n]$满足的性质(ii)矛盾，矛盾说明有限覆盖原理成立.

根据有限覆盖原理，可定义紧集如下.

给定实数集D，若D的任何开覆盖都含D的有限子覆盖，则称D为**紧集**. 例如有界闭区间$[a,b]$是紧集，开区间(a,b)、半开半闭区间$(a,b]$不是紧集，实数空间$\mathbf{R}$也不是紧集.

例 3　用有限覆盖原理证明例 2.

证明　因函数f在$[a,b]$的每一点$x\in[a,b]$均局部有界，所以对每个$x\in[a,b]$，存在$K_x>0$和开区间$U_x=U(x;\varepsilon_x)$，$\varepsilon_x>0$，使得只要$t\in U_x\cap[a,b]$，有$|f(t)|\leqslant K_x$. 令$\mathscr{U}=\{U(x;\varepsilon_x)\mid x\in[a,b]\}$，显然$\mathscr{U}$是$[a,b]$的一个开覆盖，由有限覆盖原理知$\mathscr{U}$一定含$[a,b]$的一个有限子覆盖$\mathscr{U}_1=\{U(x_i;\varepsilon_i)\mid x_i\in[a,b],i=1,2,\cdots,m\}$，其中$x=x_i$时的$\varepsilon_x$简记为$\varepsilon_i$. 记$K=\max\{K_{x_1},K_{x_2},\cdots,K_{x_m}\}>0$，则只要$x\in[a,b]$，就存在$U(x_k;\varepsilon_k)\in\mathscr{U}_1$，使得$x\in U(x_k;\varepsilon_k)$，因而有

$$|f(x)|\leqslant K_{x_k}\leqslant K.$$

故f在$[a,b]$有界.

例 4　用有限覆盖原理证明列紧性原理.

证明　用反证法. 设$\{x_n\}$是有界数列，所以存在有界闭区间$[a,b]$，使得$x_n\in[a,b]$，$n\in\mathbf{N}$. 假若$\{x_n\}$不含任何收敛子列，则每个$x\in[a,b]$都不是$\{x_n\}$的任何子列$\{x_{n_k}\}$的极限. 因此对每个$x\in[a,b]$，存在包含x的开区间I_x，使得I_x至多含$\{x_n\}$的有限项. 那么，开集族

$$\mathscr{I}=\{I_x\mid x\in[a,b]\}$$

是$[a,b]$的一个开覆盖. 由有限覆盖原理，存在有限个开区间$\{I_{x_1},I_{x_2},\cdots,I_{x_m}\}$覆盖$[a,b]$，因每个$I_{x_k}$至多含数列$\{x_n\}$的有限项，且$\{I_{x_1},I_{x_2},\cdots,I_{x_m}\}$覆盖了$[a,b]$，所以$[a,b]$只含$\{x_n\}$的有限项，这与已知条件$\{x_n\}$的每一项均属于$[a,b]$矛盾. 矛盾说明，列紧性原理成立.

例 5　用有限覆盖原理证明阿基米德性质.

证明　任给$a>0,b>0$，要证：$\exists n\in\mathbf{N}$，使得$nb>a$. 考虑有界闭区间$[0,a]$，$\forall x\in[0,a]$，作邻域$U\left(x;\dfrac{b}{2}\right)$，令

$$\mathscr{U}=\left\{U\left(x;\frac{b}{2}\right)\middle|\,x\in[0,a]\right\}.$$

显然 $\mathscr{U}$ 是$[0,a]$的开覆盖. 由有限覆盖原理,存在有限个开区间所组成的族$\left\{U\left(x_1;\frac{b}{2}\right),U\left(x_2;\frac{b}{2}\right),\cdots,U\left(x_n;\frac{b}{2}\right)\right\}$覆盖$[0,a]$,故区间$[0,a]$的长度不超过 n 个开区间的长度之和,即有

$$a\leqslant\sum_{i=1}^{n}\left|U\left(x_i;\frac{b}{2}\right)\right|=\sum_{i=1}^{n}b=nb,$$

其中,$\left|U\left(x_i;\frac{b}{2}\right)\right|$表示邻域$U\left(x_i;\frac{b}{2}\right)$的长.

上面几个例题表明,要证明某个性质成立,只要证明该性质对有界闭区间的每一点均局部成立,或该性质可转化为某个有界闭区间在每一点的某个局部性质(如例 5),从而构造出有界闭区间的一个开覆盖,再应用有限覆盖原理,就可证明此性质.

还需指出的是,列紧性原理可代替分划原理作为实数的连续公理,有限覆盖原理也可作为实数的连续公理.

思　考　题

1. 设数列$\{x_n\}$.

(1) 问:数列 $x_1,x_3,x_5,x_7,x_9,\cdots$ 是$\{x_n\}$的子列吗?

(2) 问:若 $n_k=(-1)^k+2$,$\{x_{n_k}\}$是$\{x_n\}$的子列吗?

2. 下面的推导,对吗?

设数列$\{x_n\}$无上界 $\Rightarrow \forall E>0,\exists n'\in\mathbf{N}$,使 $x_{n'}>E$. 取 $E=k\in\mathbf{N}$,$\exists n_k\in\mathbf{N}$,使 $x_{n_k}>k$,故 $\lim\limits_{k\to+\infty}x_{n_k}=+\infty$.

3. 设 $x_n\in(a,b)\quad(n\in\mathbf{N})$.

(1) 能否断定存在$\{x_n\}$的收敛子列$\{x_{n_k}\}$?

(2) 能否断定收敛子列的极限 $x_0\in(a,b)$?

4. 设$\lim\limits_{n\to\infty}x_n=a$. 下面的命题,对吗?

(1) 若$\{n_k\}$是任一自然数列,且$\lim\limits_{k\to\infty}n_k=+\infty$,则$\lim\limits_{k\to\infty}x_{n_k}=a$.

(2) 若$\{n_k\}$是任一严格增的自然数列,则$\lim\limits_{k\to\infty}x_{n_k}=a$.

练　习　题

4.16　证明:任何无界数列$\{x_n\}$一定含有一个子列$\{x_{n_k}\}$,使得$\lim\limits_{k\to\infty}x_{n_k}=\infty$.

4.17　设数列$\{x_n\}$无界且非无穷大量,求证:存在两个子列$\{x_{n_k}\}$,$\{x_{m_k}\}$,使得$\lim\limits_{k\to\infty}x_{n_k}=\infty$,$\lim\limits_{k\to\infty}x_{m_k}=a$存在.

4.18　设$\{x_n\}$,$\{y_n\}$是有界数列,且$\lim\limits_{n\to\infty}(x_n-y_n)=0$. 求证:存在一个严格增的自然数列$\{n_k\}$,使得$\lim\limits_{k\to\infty}x_{n_k}=\lim\limits_{k\to\infty}y_{n_k}=a$存在.

4.19　证明:数列$\{x_n\}$有界的充要条件是它的任何子列$\{x_{n_k}\}$都含有收敛子列$\{x_{n_{k_l}}\}$.

4.20　设数列$\{x_n\}$为有界数列,求证:$\{x_n\}$是收敛列$\Leftrightarrow$$\{x_n\}$的任一子列$\{x_{n_k}\}$都收敛.

4.21　判断下列问题中,区间 J 是否被区间族 $\mathscr{S}$ 所覆盖,在 $\mathscr{S}$ 中是否存在能够覆盖 J 的有限子覆盖.

(1)$J=(3,5)$,$\mathscr{S}=\left\{\left(3+\frac{1}{n},5-\frac{1}{n}\right)\right\}$,$n\in\mathbf{N}$;

(2) $J=[1,2]$，$\mathscr{S}=\left\{\left(1+\frac{1}{2^n},2+\frac{1}{3^n}\right)\right\}$，$n\in\mathbf{N}$；

(3) $J=[0,1]$，$\mathscr{S}=\left\{\left(-\frac{1}{n},1+\frac{1}{n}\right)\right\}$，$n\in\mathbf{N}$.

4.22 (1) 证明：所有形如 $I_n=\left\{x\mid \frac{1}{n+2}<x<\frac{1}{n}\right\}$ 的开区间族 $\mathscr{S}$ 覆盖了区间 $J=\left\{x\mid 0<x<\frac{1}{2}\right\}$；

(2) 证明：$\mathscr{S}$ 不存在能够覆盖 J 的有限子覆盖；

(3) 设 $\mathscr{S}$ 是 (1) 中 $\mathscr{S}$ 添上区间 $\left\{x\mid -\frac{1}{6}<x<\frac{1}{6}\right\}$ 所成的开区间族，找出 $\mathscr{S}$ 对区间 $J=\left\{x\mid 0<x<\frac{1}{2}\right\}$ 的有限子覆盖.

4.23 设 $D=\left\{0,1,\frac{1}{2},\frac{1}{3},\cdots,\frac{1}{n},\cdots\right\}$，求证：覆盖 D 的任何开区间族 $\mathscr{I}$ 都含 D 的有限子覆盖.

4.24 设函数 f 在 $[a,b]$ 连续，且对任意的 $x\in[a,b]$，存在 $y\in[a,b]$，使得 $|f(y)|\leqslant\frac{1}{2}|f(x)|$. 求证：$f$ 在 $[a,b]$ 存在零点 x_0，即 $f(x_0)=0$.

4.2 极限理论

4.2.1 单调有界收敛原理与柯西收敛原理

下面来研究极限的存在性问题,先研究单调有界收敛原理.

1. 单调有界收敛原理

定理 2.1(单调数列收敛原理) 单调数列$\{x_n\}$收敛的充要条件是:$\{x_n\}$为有界数列.特别,单调有界数列必然收敛.

证明 必要性已证过,仅证充分性即可.不妨设$\{x_n\}$为单增有上界数列.则存在$M>0$,只要$n\in\mathbf{N}$,有$x_n\leqslant M$,构造集合

$$E=\{x_n \mid n\in\mathbf{N}\},$$

则E是非空有上界数集.由确界原理知$a=\sup E$存在.由确界性质知任给$\varepsilon>0$,存在$x_N\in E$,使得$a-\varepsilon<x_N$.由x_n单调增可得,只要$n>N$,有

$$a-\varepsilon<x_N\leqslant x_n\leqslant a<a+\varepsilon\Rightarrow|x_n-a|<\varepsilon.$$

故

$$\lim_{n\to\infty}x_n=a=\sup\{x_n \mid n\in\mathbf{N}\}.$$

□

推论 单增无上界(单减无下界)数列$\{x_n\}$有

$$\lim_{n\to\infty}x_n=+\infty\quad(\lim_{n\to\infty}x_n=-\infty).$$

定理 2.2 设函数f在区间I上单调有界,则当x_0是I的内点时,f在x_0点的左极限与右极限均存在,当x_0是区间I的端点时,f在x_0点的对应的单侧极限存在.

证明 不妨设f在I上单增有界,x_0是I的内点,$\beta=\sup\{f(x) \mid x<x_0\text{ 且}x\in I\}$.则任给$\varepsilon>0$,由确界的性质,存在$x'<x_0$且$x'\in I$,使得$\beta-\varepsilon<f(x')\leqslant\beta$,取$\delta=|x'-x_0|>0$,则只要$x_0-\delta<x<x_0$,就有$x'<x$,由于$f$在$I$上单调增,所以就有$\beta-\varepsilon<f(x')\leqslant f(x)\leqslant\beta$,即有$|f(x)-\beta|<\varepsilon$成立.所以$f$在$x_0$点的左极限必然存在,同理可证$f$在$x_0$的右极限存在,及$x_0$是$I$的端点时,$f$在$x_0$的单侧极限存在. □

注意,当x_0是I的端点时,x_0可能属于I,也可能不属于I,I的端点也可取为$+\infty$或$-\infty$,这时定理2.2仍然成立.

例 1 设$x_n=1+\frac{1}{\sqrt{2}}+\frac{1}{\sqrt{3}}+\cdots+\frac{1}{\sqrt{n}}-2\sqrt{n}$,证明:数列$\{x_n\}$收敛.

证明 因

$$x_{n+1}-x_n=\frac{1}{\sqrt{n+1}}-2(\sqrt{n+1}-\sqrt{n})$$

$$=\frac{1}{\sqrt{n+1}}-\frac{2}{\sqrt{n+1}+\sqrt{n}}=\frac{\sqrt{n}-\sqrt{n+1}}{n+1+\sqrt{n+1}}<0\Rightarrow x_n\text{ 严格减},$$

又

$$\frac{1}{\sqrt{k}}>\frac{2}{\sqrt{k+1}+\sqrt{k}}=2(\sqrt{k+1}-\sqrt{k}),$$

因上式对$k=1,2,\cdots,n$均成立,代入后相加得

$$1+\frac{1}{\sqrt{2}}+\frac{1}{\sqrt{3}}+\cdots+\frac{1}{\sqrt{n}}>2(\sqrt{n+1}-1),$$

所以 $x_n > 2(\sqrt{n+1}-\sqrt{n})-2>-2$，即$\{x_n\}$有下界 -2，故$\{x_n\}$收敛.

例 2 设 $\alpha>1, x_1>\sqrt{\alpha}, x_{n+1}=\dfrac{\alpha+x_n}{1+x_n}$，求$\lim\limits_{n\to\infty} x_n$.

解 如果$\lim\limits_{n\to\infty} x_n=b$存在，易知 $b=\sqrt{\alpha}$. 显然 $x_n>1\quad(n\in\mathbf{N})$，且

$$x_{n+1}-\sqrt{\alpha}=\frac{(1-\sqrt{\alpha})(x_n-\sqrt{\alpha})}{1+x_n}.$$

根据上式易用数学归纳法证明

$$1<x_{2n}<\sqrt{\alpha},\ x_{2n-1}>\sqrt{\alpha}\quad(n\in\mathbf{N}).$$

再将 $x_n=(\alpha+x_{n-1})/(1+x_{n-1})$ 代入 x_{n+1} 的递推公式中可得

$$x_{n+1}-x_{n-1}=\frac{2(\alpha-x_{n-1}^2)}{1+\alpha+2x_{n-1}},\tag{1}$$

由此易知$\{x_{2n}\}$单增有上界，$\{x_{2n-1}\}$单减有下界，所以$\lim\limits_{n\to\infty} x_{2n}=b$，$\lim\limits_{n\to\infty} x_{2n-1}=a'$. 再在式(1)中令 $n=2k$ 或令 $n=2k+1$，再令 $k\to\infty$ 得 $b=a'=\sqrt{\alpha}$，故

$$\lim_{n\to\infty} x_n=\sqrt{\alpha}.$$

此题可构造函数 $f(x)=\dfrac{\alpha+x}{1+x}$，并利用 f 在$(0,+\infty)$上严格减的性质证明：$1<x_{2n}<\sqrt{\alpha}$，$x_{2n-1}>\sqrt{\alpha}\quad(n\in\mathbf{N})$.

单调数列收敛原理可当作实数的连续(完备)公理的等价命题.

2. 柯西收敛原理

定义 2.1 若数列$\{x_n\}$满足条件：对任给的 $\varepsilon>0$，存在正整数 N，只要 $m,n>N$，就有

$$|x_m-x_n|<\varepsilon$$

成立，称这个条件为 Cauchy 条件，称数列$\{x_n\}$满足 Cauchy 条件，满足 Cauchy 条件的数列又称为**基本数列**或 **Cauchy 数列**.

在上面定义中，特别取 $m=n+p$，就得到 Cauchy 条件的等价定义："对任给的 $\varepsilon>0$，存在正整数 N，只要 $n>N$，对一切正整数 p，有 $|x_n-x_{n+p}|<\varepsilon$ 成立，则称数列$\{x_n\}$满足 Cauchy 条件."

定理 2.3(数列极限的 Cauchy 收敛原理) 数列$\{x_n\}$收敛的充要条件是$\{x_n\}$满足 Cauchy 条件.

证明 必要性($\Rightarrow$) 任给 $\varepsilon>0$，因$\lim\limits_{n\to\infty} x_n=a$，故存在 N，只要 $n>N$，有 $|x_n-a|<\dfrac{\varepsilon}{2}$ 成立. 又因为

$$|x_m-x_n|\leqslant|x_m-a|+|x_n-a|,$$

故只要 $m,n>N$，有 $|x_m-x_n|<\dfrac{\varepsilon}{2}+\dfrac{\varepsilon}{2}=\varepsilon$ 成立，必要性得证.

充分性($\Leftarrow$) 因$\{x_n\}$满足 Cauchy 条件，对于 $\varepsilon=1$，存在 N_1，只要 $m,n>N_1$，就有 $|x_n-x_m|<1$，特别取 $m=N_1+1>N_1$，则只要 $n>N_1$，就有

$$|x_n|\leqslant|x_m|+1=\text{正常数},$$

而 $n \leqslant N_1$ 的 x_n 只有有限项,所以$\{x_n\}$必然是有界数列.

由列紧性原理,就存在$\{x_n\}$的子列$\{x_{n_k}\}$使得 $x_{n_k} \to a(k \to \infty)$. 那么任给 $\varepsilon > 0$,就存在 N,只要 $n, n_k > N$,就有

$$|x_n - x_{n_k}| < \varepsilon$$

成立. 上式中令 $k \to \infty$,就得到了,只要 $n > N$,就有 $|x_n - a| \leqslant \varepsilon$ 成立,所以数列$\{x_n\}$收敛. □

推论 数列$\{x_n\}$收敛的充要条件是:二重数列 $a_{mn} = x_m - x_n$ 是无穷小量,也即 $x_m - x_n \to 0(m \to \infty, n \to \infty)$. 它又等于 $\alpha_n = \sup\limits_{p \in N} |x_{n+p} - x_n|$ 是无穷小量.

证明 因为数列$\{x_n\}$是 Cauchy 列的 $\varepsilon - N$ 定义,就是二重数列 $x_m - x_n$ 是无穷小量的 $\varepsilon - N$ 定义,所以二者等价. 对 Cauchy 条件等价定义中的 $|x_{n+p} - x_n| < \varepsilon$ 对 p 取上确界,即得 α_n 是无穷小量. 反之,若 α_n 是无穷小量,则$\{x_n\}$显然满足 Cauchy 条件,必收敛. □

Cauchy 收敛原理常称为 Cauchy 准则.

Cauchy 准则与阿基米德性质结合起来,可作为实数域的连续(完备)公理的等价命题. 凡基本列必为收敛列的空间(度量空间),称它具有完备性. 所以实数域具有完备性,而有理数域不具有完备性.

定义 2.2 设函数 f 在 $x = a$ 的空心邻域上有定义,且满足条件:"任给 $\varepsilon > 0$,存在 $\delta > 0$,只要 $x', x'' \in \mathring{U}(a;\delta)$(即只要 $0 < |x' - a|, |x'' - a| < \delta$),就有

$$|f(x') - f(x'')| < \varepsilon$$

成立",称这个条件是 $x \to a$ 时的 Cauchy 条件,称函数 f 满足 $x \to a$ 时的 Cauchy 条件.

$x \to a^+, a^-$ 或 $x \to +\infty, -\infty, \infty$ 时的 Cauchy 条件,可分别叙述如下.

设函数 f 在 $x = a$ 的右邻域$(a, a+\tau)$上有定义. 若 f 满足条件:"任给 $\varepsilon > 0$,存在 $\delta > 0$,只要 $x', x'' \in (a, a+\delta)$,即只要 $0 < x' - a, x'' - a < \delta$,就有 $|f(x') - f(x'')| < \varepsilon$ 成立",称这个条件是 $x \to a^+$ 时的 Cauchy 条件,称函数 f 满足 $x \to a^+$ 时的 Cauchy 条件.

设函数 f 在 $x = a$ 的左邻域$(a-\tau, a)$上有定义. 若 f 满足条件:"任给 $\varepsilon > 0$,存在 $\delta > 0$,只要 $x', x'' \in (a-\delta, a)$,即只要 $0 < a - x', a - x'' < \delta$,就有 $|f(x') - f(x'')| < \varepsilon$ 成立",称这个条件是 $x \to a^-$ 时的 Cauchy 条件,称函数 f 满足 $x \to a^-$ 时的 Cauchy 条件.

设函数 f 在$(a, +\infty)$上有定义. 若 f 满足条件:"任给 $\varepsilon > 0$,存在 $\Delta > 0$,只要 $x', x'' > \Delta$,就有 $|f(x') - f(x'')| < \varepsilon$ 成立",称这个条件是 $x \to +\infty$ 时的 Cauchy 条件,称函数 f 满足 $x \to +\infty$ 时的 Cauchy 条件.

设函数 f 在$(-\infty, b)$上有定义. 若 f 满足条件:"任给 $\varepsilon > 0$,存在 $\Delta > 0$,只要 $x', x'' < -\Delta$,就有 $|f(x') - f(x'')| < \varepsilon$ 成立",称这个条件是 $x \to -\infty$ 时的 Cauchy 条件,称函数 f 满足 $x \to -\infty$ 时的 Cauchy 条件.

设函数 f 在$(-\infty, b) \cup (a, +\infty)$上有定义. 若 f 满足条件:"任给 $\varepsilon > 0$,存在 $\Delta > 0$,只要 $|x'|, |x''| > \Delta$,就有 $|f(x') - f(x'')| < \varepsilon$ 成立". 称这个条件是 $x \to \infty$ 时的 Cauchy 条件,称函数 f 满足 $x \to \infty$ 时的 Cauchy 条件.

定理 2.4(函数极限的 Cauchy 收敛原理) 设函数 f 在 $x = a$ 的空心邻域有定义,则 $x \to a$ 时 $f(x)$ 收敛的充要条件是:f 满足 $x \to a$ 时的 Cauchy 条件.

证明 必要性仿数列的 Cauchy 准则即可证明,现证充分性. 因 $x \to a$ 时 f 满足 Cauchy

条件,所以任给 $\varepsilon>0$,存在 $\delta>0$,只要 $x',x''\in \mathring{U}(a;\delta)$,有

$$|f(x')-f(x'')|<\varepsilon. \tag{2}$$

任取收敛于 a 且恒不等于 a 的数列 $\{x_n\}$,对上面的 $\delta>0$,存在 N,只要 $n>N$,有 $0<|x_n-a|<\delta$,即只要 $n,m>N$,有 $x_m,x_n\in \mathring{U}(a;\delta)$,再由式(2)就得到了,只要 $m,n>N$,就有 $|f(x_m)-f(x_n)|<\varepsilon$,由数列极限的 Cauchy 准则,数列 $\{f(x_n)\}$ 收敛,再由 Heine 转换定理得 $\lim\limits_{x\to a}f(x)$ 存在.

用 $x\to\omega$ 表示 $x\to a,a^+,a^-,+\infty,-\infty,\infty$ 这 6 种性形之一,则六种函数极限的 Cauchy 收敛原理可统一叙述为:"$x\to\omega$ 时 $f(x)$ 收敛的充要条件是:f 满足 $x\to\omega$ 时的 Cauchy 条件."

推论　设函数 $f(x)$ 在 $x=a$ 点的空心邻域有定义,则当 $x\to a$ 时 $f(x)$ 收敛的充要条件是:当 $x'\to a,x''\to a$ 且 $x'\neq a,x''\neq a$ 时,函数 $f(x')-f(x'')$ 是无穷小量,即

$$f(x')-f(x'')\to 0(x'\to a,x''\to a \text{ 且 } x'\neq a,x''\neq a).$$

证明　因为 Cauchy 准则的 ε-δ 定义,也就是上面的二重极限为零的 ε-δ 定义,所以二者等价.

解方程历来是数学中的一个基本问题,作为柯西准则的应用,下面我们介绍一种利用不动点原理求解方程的方法.

为解方程 $f(x)=0$,把它改写成

$$x=\varphi(x)=x-f(x)$$

的形式,称方程 $x=\varphi(x)$ 的解称为函数 φ 的**不动点**. 这样就把解方程 $f(x)=0$ 的问题转换为求函数不动点问题. 利用不动点原理研究各种方程(函数方程、微分方程、积分方程)解的存在性及给出求解方法,已构成现代分析学的一个重要内容. 下面介绍的巴拿赫(Banach)不动点定理(亦称压缩映射原理)不仅给出了函数存在唯一不动点的充分条件,而且给出了求不动点的逐次逼近法(亦称迭代法)及逼近的误差估计.

定义 2.2(压缩映射)　设函数 $\varphi(x)$ 在有界闭区间 $[a,b]$ 上有定义且满足

1°　$\varphi([a,b])\subset[a,b]$,

2°　存在正常数 $0<q<1$,对任意的 $x',x''\in[a,b]$,有

$$|f(x')-f(x'')|\leqslant q|x'-x''|$$

成立,则称 φ 是 $[a,b]$ 上的**压缩映射**.

推论　若 φ 是 $[a,b]$ 上的压缩映射,则 φ 在 $[a,b]$ 上连续.

证明　任取 $x_0\in[a,b]$,在压缩映射的定义的条件 2° 中,取 $x''=x_0,x'=x$,就得到了 φ 在 x_0 连续,所以 φ 是 $[a,b]$ 上的连续函数. □

定理 2.5(压缩映射原理)　若函数 $\varphi(x)$ 是有界闭区间 $[a,b]$ 上的压缩映射,则 φ 在 $[a,b]$ 上存在唯一的不动点,即存在唯一的 $x^*\in[a,b]$,使得 $\varphi(x^*)=x^*$.

证明　任意取定 $x_0\in[a,b]$,令 $x_n=\varphi(x_{n-1}),n=1,2,\cdots$,这就定义了数列 $\{x_n\}$.

由上面的迭代公式得

$$|x_n-x_{x-1}|=|\varphi(x_{n-1})-\varphi(x_{n-2})|.$$

将压缩映射的性质 2° 应用于上式左边得

$$|x_n - x_{n-1}| \leqslant q |x_{n-1} - x_{n-2}|,$$

上式对 $n \geqslant 2$ 成立,用上式递推得

$$\begin{aligned}|x_n - x_{n-1}| &\leqslant q |x_{n-1} - x_{n-2}| \\ &\leqslant q^2 |x_{n-2} - x_{n-3}| \leqslant \cdots \leqslant q^{n-1} |x_1 - x_0|.\end{aligned}$$

用上式将 $|x_{n+p} - x_n|$ 适当放大,有

$$\begin{aligned}|x_{n+p} - x_n| &= \left|\sum_{k=1}^{p}(x_{n+k} - x_{n+k-1})\right| \leqslant \sum_{k=1}^{p}|x_{n+k} - x_{n+k-1}| \\ &= \sum_{k=1}^{p} q^{n+k-1}|x_1 - x_0| < \frac{q^n}{1-q}|x_1 - x_0|,\end{aligned}$$

当 $n \to \infty$ 时,上式右边收敛于0,由 Cauchy 准则得,$\lim\limits_{n\to\infty} x_n = x^* \in [a,b]$.

因 φ 在 $[a,b]$ 连续,在等式 $x_n = \varphi(x_{n-1})$ 中令 $n \to \infty$,得 $x^* = \varphi(x^*)$,所以 x^* 是 φ 的不动点(图4.2-1表明了 x_n 是如何逼近不动点 x^* 的),若 x' 也是 φ 的不动点,即 $x' = \varphi(x')$,则有

$$|x^* - x'| = |\varphi(x^*) - \varphi(x')| \leqslant q |x^* - x'|,$$

因为 $0 < q < 1$,这只能是 $x^* = x'$,故 φ 有唯一的不动点 x^*.

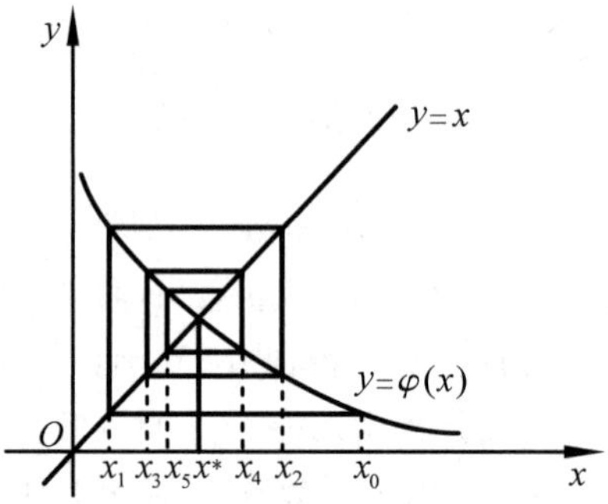

图 4.2-1

常称 x_n 是 x^* 的第 n 次迭代,其误差可估计如下,因

$$|x_{n+p} - x_n| < \frac{q^n}{1-q}|x_1 - x_0|,$$

令 $p \to +\infty$,得到

$$|x_n - x^*| \leqslant \frac{q^n}{1-q}|x_1 - x_0|.$$ □

例 3 设 $x_n = 1 + \frac{1}{2^2} + \frac{1}{3^2} + \cdots + \frac{1}{n^2}$,证明:数列 $\{x_n\}$ 收敛.

证明 不妨设 $m > n$,有

$$\begin{aligned}|x_m - x_n| &= \frac{1}{(n+1)^2} + \frac{1}{(n+2)^2} + \cdots + \frac{1}{m^2} \\ &\leqslant \frac{1}{(n+1)n} + \frac{1}{(n+2)(n+1)} + \cdots + \frac{1}{m(m-1)} \\ &= \frac{1}{n} - \frac{1}{m} < \frac{1}{n},\end{aligned}$$

由 Cauchy 准则知数列$\{x_n\}$收敛.

例 4　设 $x_n = 1+\frac{1}{\sqrt{2}}+\frac{1}{\sqrt{3}}+\cdots+\frac{1}{\sqrt{n}}$,证明:数列$\{x_n\}$发散.

证明　不妨设 $m>n$,有

$$|x_m - x_n| = \frac{1}{\sqrt{m}}+\frac{1}{\sqrt{m-1}}+\cdots+\frac{1}{\sqrt{n+2}}+\frac{1}{\sqrt{n+1}}$$
$$>\frac{1}{m}+\frac{1}{m-1}+\cdots+\frac{1}{n+2}+\frac{1}{n+1}>\frac{m-n}{m}.$$

当 $m=2n$ 时,有 $|x_{2n}-x_n|\geqslant\frac{1}{2}$,故$\{x_n\}$不满足 Cauchy 条件,$\{x_n\}$发散.

例 5　求$\sqrt{2}$的近似值,并估计误差.

解　因 $1<\sqrt{2}<2$,设$\sqrt{2}=1+x^*$,有 $0<x^*<1$,所以有

$$x^* = \sqrt{2}-1 = \frac{1}{\sqrt{2}+1} = \frac{1}{x^*+2},$$

即 x^* 是方程 $x=\frac{1}{x+2}$ 的根.设 $\varphi(x)=\frac{1}{x+2}$,则任取 $x',x''\in[0,1]$ 有

$$|\varphi(x')-\varphi(x'')| = \frac{|x'-x''|}{(x'+2)(x''+2)}\leqslant\frac{1}{4}|x'-x''|,$$

且易见有 $\varphi([0,1])\subset[0,1]$,故 φ 是$[0,1]$上的压缩映射,存在唯一的不动点 $x^*=\varphi(x^*)$,$x^*\in(0,1)$.任取 $x_0\in[0,1]$,作数列 $x_n=\varphi(x_{n-1})$,$n=1,2,\cdots$,则$\lim\limits_{n\to\infty}x_n=x^*$,并有误差估计

$$|x_n-x^*|\leqslant\frac{q^n}{1-q}|x_1-x_0|.$$

若给定绝对误差 $\varepsilon=10^{-5}$,取 $x_0=\frac{1}{2}$,有 $x_1=\varphi(x_0)=\frac{2}{5}$,且

$$|x_n-x^*|\leqslant\frac{1}{30\times4^{n-1}}.$$

要使 $|x_n-x^*|<\varepsilon$,只要$\frac{1}{30\times4^{n-1}}<\varepsilon$,即 $4^{n-1}>3\ 333.4$,由此知,取 $n=7$ 就可以了.通过计算得到

$$x_7=\frac{408}{985}\approx0.414\ 21.$$

故
$$\sqrt{2}\approx1.414\ 21,$$
且近似值的绝对误差不超过 $\varepsilon=10^{-5}$.

思　考　题

1. 用下面方法证明定理 2.2 行吗?

$\forall x_n<a, x_n\to a(n\to\infty)$,因函数 f 在$(-\infty,a)$单增有上界,所以数列$\{f(x_n)\}$单增有上界.由单调数列收敛原理知

$$\lim_{n\to\infty} f(x_n) = \sup\{f(x_n) \mid \forall x_n < a, x_n \to a \quad (n\to\infty)\},$$

由 Heine 转换定理得

$$\lim_{x\to a^-} f(x) = \sup\{f(x) \mid x \in (-\infty, a)\}.$$

2. (1) 若函数 f 在$(a,+\infty)$单增有下界,关于 $\lim\limits_{x\to a^+} f(x)$,你能得出什么结论?

(2) 若函数 f 在$(a,+\infty)$单减有上界,关于 $\lim\limits_{x\to a^+} f(x)$,你能得出什么结论?

3. 试问下面命题成立吗?

(1)$\{x_n\}$为基本列 $\Leftrightarrow \forall \varepsilon > 0, \exists N$,对 $\forall n \geqslant N$,有 $|x_n - x_N| < \varepsilon$.

(2)$\{x_n\}$为基本列 $\Leftrightarrow \forall p \in \mathbf{N}$,有 $\lim\limits_{n\to\infty}(x_{n+p} - x_n) = 0$.

4. 下面做法和结论对吗?

设 $x_n = 1 + \frac{1}{2} + \frac{1}{3} + \cdots + \frac{1}{n}$,$\forall p \in \mathbf{N}$,有 $|x_{n+p} - x_n| = \frac{1}{n+1} + \cdots + \frac{1}{n+p} < \frac{p}{n}$. $\forall \varepsilon > 0$,因 $\lim\limits_{n\to\infty}\frac{1}{n} = 0$,取 $\varepsilon' = \frac{\varepsilon}{p} > 0$,$\exists N$,对 $\forall n > N$,有 $\frac{1}{n} < \varepsilon'$,故 $|x_{n+p} - x_n| < \frac{p}{n} < \varepsilon$,由 Cauchy 准则知$\{x_n\}$收敛.

5. 基本数列一定是有界数列吗?

6. 设$\{x_n\}$是单增数列.下面命题成立吗?

$\{x_n\}$收敛 $\Leftrightarrow \forall \varepsilon > 0, \exists N$,对 $\forall n \geqslant N$,有 $x_n < x_N + \varepsilon$.

7. 设将压缩映射原理的条件:

1° $\forall x \in [a,b]$,有 $\varphi(x) \in [a,b]$;

2° $\forall x', x'' \in [a,b]$ 有 $|\varphi(x') - \varphi(x'')| \leqslant q|x' - x''| \quad (0 < q < 1)$.

改为:

(i) $\forall x \in I$(区间),有 $\varphi(x) \in I$;

(ii) φ 在 I 单调(或严格单调).

试问:由迭代公式 $x_{n+1} = \varphi(x_n) \quad (n \in \mathbf{N})$ 构造的数列$\{x_n\}$有何特性(如单调性、收敛性等)?比如,请思考下列问题:

(1) 当函数 φ 在区间 I 严格增时,数列 $x_{n+1} = \varphi(x_n)$ 严格单调吗?收敛吗?

(2) 当函数 φ 在区间 I 严格减时,数列 $x_{n+1} = \varphi(x_n)$ 严格单调吗?数列$\{x_{2n}\}$与$\{x_{2n-1}\}$严格单调吗?收敛吗?

练　习　题

4.25 利用单调数列收敛原理证明下列数列收敛.

(1) $x_n = p_0 + \frac{p_1}{10} + \frac{p_2}{10} + \cdots + \frac{p_n}{10^n} \quad (0 \leqslant p_i \leqslant q, i \in \mathbf{N})$;

(2) $x_n = \left(1 + \frac{1}{2}\right)\left(1 + \frac{1}{4}\right)\cdots\left(1 + \frac{1}{2^n}\right) \quad (n \in \mathbf{N})$;

(3) $x_0 = 0, x_{n+1} = 1 + \sin(x_n - 1) \quad (n \in \mathbf{N})$.

4.26 设数列$\{x_n\}$由下述递推公式定义:$x_0 = 1, x_{n+1} = \frac{1}{1 + x_n} \quad (n = 0,1,2,\cdots)$.证明:数列$\{x_n\}$收敛,并求其极限.

4.27 利用 Cauchy 收敛原理研究下列数列的敛散性.

(1) $x_n = c_0 + c_1 q + c_2 q^2 + \cdots + c_n q^n \quad (|q| < 1, |c_k| \leqslant M, k = 0,1,\cdots,n)$;

(2) $x_n = 1 - \frac{1}{2} + \frac{1}{3} - \frac{1}{4} + \cdots + \frac{(-1)^n}{n}$;

(3) $x_n = (-1)^n$;

(4) $x_n = \sin \frac{n\pi}{2}$.

4.28 利用 Cauchy 收敛原理研究下列函数在 x_0 点是否存在极限.

(1) $f(x) = x\sin \frac{1}{x}, x_0 = 0$;

(2) $f(x) = \cos \frac{1}{x}, x_0 = 0$.

4.29 设 $\sqrt{2} - 1 < x_1 \leqslant 1, x_{n+1} = \frac{1}{x_n + 2}$.

(1) 求证：$\{x_{2n}\}$ 单调增，且 $x_{2n} < \sqrt{2} - 1$；$\{x_{2n-1}\}$ 单调减，且 $x_{2n-1} > \sqrt{2} - 1$；

(2) 求 $\lim\limits_{n\to\infty} x_n$.

4.30 若存在 $M > 0$，对一切 $2 \leqslant n \in \mathbf{N}$，有 $S_n = \sum\limits_{k=2}^{n} |x_k - x_{k-1}| \leqslant M$，则称 $\{x_n\}$ 是有界变差数列. 求证：有界变差数列必是收敛数列.

4.31 设函数 f 在 $\mathbf{R}$ 严格减，且对任意的 $x', x'' \in \mathbf{R}$，且 $x' \neq x''$，有 $|f(x') - f(x'')| < |x' - x''|$，任取 x_1，令 $x_{n+1} = f(x_n)$ $(n \in \mathbf{N})$. 求证：

(1) 数列 $\{x_{2n}\}$ 与 $\{x_{2n-1}\}$ 之中，一个单增有上界，另一个单减有下界；

(2) $\lim\limits_{n\to\infty} x_n = \alpha$，且 α 是 f 的不动点.

4.32 设 $c > 0$，任取 $x_0: 0 < x_0 < \frac{1}{c}$，作迭代数列：$x_{n+1} = x_n(2 - cx_n)$，$n = 0, 1, 2, \cdots$，求 $\lim\limits_{n\to\infty} x_n$.

（提示：此题用迭代法给出了仅用加法与乘法运算求一个数的倒数的运算（除法运算）. 这是计算机仅用加、减、乘法运算实现除法运算的基本原理.）

4.2.2 上极限和下极限

给定数列 $\{x_n\}$，可构造出一个单调减的集合列 $\{E_n\}$，其中

$$E_n = \{x_n, x_{n+1}, \cdots\} = \{x_k \mid k \geqslant n\},$$

则 E_n 满足 $E_1 \supset E_2 \supset \cdots \supset E_n \supset E_{n+1} \supset \cdots$

当 $\{x_n\}$ 是有界数列时，每个 E_n 都是非空有界实数集合，记

$$\beta_n = \sup E_n = \sup_{k\geqslant n}\{x_k\},\ \alpha_n = \inf E_n = \inf_{k\geqslant n}\{x_k\}.$$

则由确界的单调性可得，数列 $\{\beta_n\}$ 单减有界，数列 $\{\alpha_n\}$ 单增有界，这两个数列均收敛.

定义 2.3 设数列 $\{x_n\}$ 有界，则 $\beta_n = \sup\limits_{k\geqslant n}\{x_k\}, \alpha_n = \inf\limits_{k\geqslant n}\{x_k\}$ 是两个单调收敛的数列. 称数列 $\{\beta_n\}$ 的极限为数列 $\{x_n\}$ 的上极限，称数列 $\{\alpha_n\}$ 的极限为数列 $\{x_n\}$ 的下极限，记作

$$\overline{\lim_{n\to\infty}} x_n = \lim_{n\to\infty} \beta_n = \lim_{n\to\infty} \sup_{k\geqslant n}\{x_k\},\ \underline{\lim_{n\to\infty}} x_n = \lim_{n\to\infty} \alpha_n = \lim_{n\to\infty} \inf_{k\geqslant n}\{x_k\}.$$

也常将数列 $\{x_n\}$ 的上极限记为 $\limsup\limits_{n\to\infty} x_n$，下极限记为 $\lim\limits_{n\to\infty} \inf x_n$. 若 $\{x_n\}$ 无上界，则记 $\overline{\lim\limits_{n\to\infty}} x_n = +\infty$. 若 $\{x_n\}$ 无下界，则记 $\underline{\lim\limits_{n\to\infty}} x_n = -\infty$.

数列 $\{x_n\}$ 的上极限与下极限有以下的基本性质.

定理 2.6 设数列 $\{x_n\}$ 有界，则对一切 n 有

$$\alpha_n=\inf_{k\geqslant n}\{x_k\}\leqslant x_n\leqslant\sup_{k\geqslant n}\{x_k\}=\beta_n.$$

证明　由上、下确界的上、下界性质即得证. □

定理 2.7　有界数列$\{x_n\}$的上、下极限控制了部分极限. 即当$\{x_{n_k}\}$是数列$\{x_n\}$的收敛子列时,有

$$\underline{\lim_{n\to\infty}}\,x_n\leqslant\lim_{k\to\infty}x_{n_k}\leqslant\overline{\lim_{n\to\infty}}\,x_n.$$

证明　由定理 2.6 可得 $\alpha_{n_k}\leqslant x_{n_k}\leqslant\beta_{n_k}$,令 $k\to\infty$,由极限的保序性与同一性即得证.

□

定理 2.8　有界数列$\{x_n\}$的上、下极限也是部分极限,即存在数列$\{x_n\}$的两个收敛子列$\{x_{n_k}\}$和$\{x_{m_k}\}$,使得

$$\overline{\lim_{n\to\infty}}\,x_n=\lim_{k\to\infty}x_{n_k},\ \underline{\lim_{n\to\infty}}\,x_n=\lim_{k\to\infty}x_{m_k}.$$

证明　设E_n,α_n,β_n定义同上. 因为β_1是E_1的上确界,所以存在x_{n_1}使得$\beta_1-1<x_{n_1}\leqslant\beta_1$,取$m_2=n_1+1$,因$\beta_{m_2}$是$E_{m_2}$的上确界,所以存在$n_2\geqslant m_2>n_1$,使得$\beta_{m_2}-\dfrac{1}{2}<x_{n_2}\leqslant\beta_{m_2}$,…,依此递推就得到了,对每个正整数$k$,存在正整数$n_k\geqslant m_k>n_{k-1}$,使得成立

$$\beta_{m_k}-\frac{1}{k}<x_{n_k}\leqslant\beta_{m_k},\ k=1,2,\cdots$$

上式中令$k\to\infty$,由极限的同一性与夹逼定理,就得到了$\overline{\lim\limits_{n\to\infty}}\,x_n=\lim\limits_{k\to\infty}x_{n_k}$且$\{x_{n_k}\}$是$\{x_n\}$的收敛子列,同理可证关于下极限的结论. □

推论　若数列$\{x_n\}$收敛,则$\overline{\lim\limits_{n\to\infty}}\,x_n=\underline{\lim\limits_{n\to\infty}}\,x_n=\lim\limits_{n\to\infty}x_n$.

定理 2.9　设数列$\{x_n\}$有界,$\{x_n\}$的所有部分极限组成的集合记为E,则E是有界集,且数列$\{x_n\}$的上极限是E的最大值,数列$\{x_n\}$的下极限是E的最小值.

证明　这是定理 2.7 和定理 2.8 的自然推论. □

下面的定理 2.10 是上、下极限的运算性质,其中 1° 和 2° 是上、下极限的保序性;3° 至 8° 是上、下极限的四则运算性质;9° 是上、下极限的控制性质.

定理 2.10　设$\{x_n\},\{y_n\}$是有界数列.

1°　$\underline{\lim\limits_{n\to\infty}}\,x_n\leqslant\overline{\lim\limits_{n\to\infty}}\,x_n$;

2°　若$x_n\leqslant y_n$,则$\underline{\lim\limits_{n\to\infty}}\,x_n\leqslant\underline{\lim\limits_{n\to\infty}}\,y_n$, $\overline{\lim\limits_{n\to\infty}}\,x_n\leqslant\overline{\lim\limits_{n\to\infty}}\,y_n$;

3°　$\overline{\lim\limits_{n\to\infty}}(-x_n)=-\underline{\lim\limits_{n\to\infty}}\,x_n$, $\underline{\lim\limits_{n\to\infty}}(-x_n)=-\overline{\lim\limits_{n\to\infty}}x_n$;

4°　$\underline{\lim\limits_{n\to\infty}}\,x_n+\underline{\lim\limits_{n\to\infty}}\,y_n\leqslant\underline{\lim\limits_{n\to\infty}}(x_n+y_n)\leqslant\overline{\lim\limits_{n\to\infty}}(x_n+y_n)\leqslant\overline{\lim\limits_{n\to\infty}}\,x_n+\overline{\lim\limits_{n\to\infty}}\,y_n$;

5°　当$x_n\geqslant0$, $y_n\geqslant0$时,有

$$(\underline{\lim_{n\to\infty}}\,x_n)(\underline{\lim_{n\to\infty}}\,y_n)\leqslant\underline{\lim_{n\to\infty}}(x_ny_n)\leqslant\overline{\lim_{n\to\infty}}(x_ny_n)\leqslant(\overline{\lim_{n\to\infty}}\,x_n)(\overline{\lim_{n\to\infty}}\,y_n);$$

6°　若$\lim\limits_{n\to\infty}x_n=a$存在,则

$$\overline{\lim_{n\to\infty}}(x_n+y_n)=\lim_{n\to\infty}x_n+\overline{\lim_{n\to\infty}}\,y_n,$$

$$\underline{\lim_{n\to\infty}}(x_n+y_n)=\lim_{n\to\infty}x_n+\underline{\lim_{n\to\infty}}y_n;$$

7°　若 $\lim\limits_{n\to\infty}x_n=a>0$，则

$$\overline{\lim_{n\to\infty}}(x_ny_n)=(\lim_{n\to\infty}x_n)(\overline{\lim_{n\to\infty}}y_n),$$
$$\underline{\lim_{n\to\infty}}(x_ny_n)=(\lim_{n\to\infty}x_n)(\underline{\lim_{n\to\infty}}y_n);$$

8°　若 $\underline{\lim\limits_{n\to\infty}}x_n>0$，则 $\overline{\lim\limits_{n\to\infty}}\dfrac{1}{x_n}=\dfrac{1}{\underline{\lim\limits_{n\to\infty}}x_n}$，$\underline{\lim\limits_{n\to\infty}}\dfrac{1}{x_n}=\dfrac{1}{\underline{\lim\limits_{n\to\infty}}x_n}$；

9°　若 $\{x_{n_k}\}$ 是 $\{x_n\}$ 的子列，则

$$\underline{\lim_{n\to\infty}}x_n\leqslant\underline{\lim_{k\to\infty}}x_{n_k}\leqslant\overline{\lim_{k\to\infty}}x_{n_k}\leqslant\overline{\lim_{n\to\infty}}x_n.$$

证明　设 $\alpha_n=\inf\limits_{k\geqslant n}\{x_k\}$，$\beta_n=\sup\limits_{k\geqslant n}\{x_k\}$，$\alpha'_n=\inf\limits_{k\geqslant n}\{y_k\}$，$\beta'_n=\sup\limits_{k\geqslant n}\{y_k\}$，则显然有 $\alpha_n\leqslant\beta_n$，令 $n\to\infty$ 就证明了 1°.

因为　$x_k\leqslant y_k$ 对一切 k 成立，由确界的保序性就得到

$$\alpha_n\leqslant\alpha'_n,\ \beta_n\leqslant\beta'_n.$$

令 $n\to\infty$，就证明了 2°.

由确界的符号性质可得，$\sup\limits_{k\geqslant n}\{-x_k\}=-\inf\limits_{k\geqslant n}\{x_k\}$，令 $n\to\infty$ 就证明了 3°. 因为

$$\alpha_n+\alpha'_n\leqslant x_n+y_n\leqslant\beta_n+\beta'_n.$$

由 2° 知，在第一个不等式中取下极限，在第二个不等式中取上极限，因为极限存在时，上、下极限等于极限，这就证明了 4°. 同理可证明定理的 5°.

由定理 2.8 存在 $\{y_n\}$ 的子列 $\{y_{n_k}\}$ 使得 $\overline{\lim\limits_{n\to\infty}}y_n=\lim\limits_{k\to\infty}y_{n_k}$，又因为 $\{x_n\}$ 收敛，所以有

$$\overline{\lim_{n\to\infty}}x_n+\overline{\lim_{n\to\infty}}y_n=\lim_{n\to\infty}x_n+\overline{\lim_{n\to\infty}}y_n=\lim_{k\to\infty}(x_{n_k}+y_{n_k}).$$

由于 $x_{n_k}+y_{n_k}\leqslant\sup\limits_{m\geqslant n_k}\{x_m+y_m\}$，令 $k\to\infty$ 就得到了

$$\overline{\lim_{n\to\infty}}x_n+\overline{\lim_{n\to\infty}}y_n\leqslant\overline{\lim_{n\to\infty}}(x_n+y_n),$$

再根据 4°，就得到了

$$\overline{\lim_{n\to\infty}}(x_n+y_n)=\overline{\lim_{n\to\infty}}x_n+\overline{\lim_{n\to\infty}}y_n=\lim_{n\to\infty}x_n+\overline{\lim_{n\to\infty}}y_n.$$

同理可证明 6° 的第二个等式和 7°.

由 8° 的条件，存在 N_0，当 $n>N_0$ 时 $x_n>0$，那么当 $n>N_0$ 时容易验证 $\sup\limits_{k\geqslant n}\left\{\dfrac{1}{x_k}\right\}=1/\inf\limits_{k\geqslant n}\{x_k\}$. 令 $n\to\infty$，就证明了 8°. 由定理 2.6 和 2° 立即可得 9° 成立. □

数列的上、下极限可用来研究数列的敛散性.

定理 2.11　设 $\{x_n\}$ 是有界数列，则 $\{x_n\}$ 收敛的充要条件是 $\underline{\lim\limits_{n\to\infty}}x_n=\overline{\lim\limits_{n\to\infty}}x_n$.

证明　必要性（⇒）　若 $\lim\limits_{n\to\infty}x_n=a$，则 $\{x_n\}$ 的每个收敛子列皆以 a 为极限. 故 $\underline{\lim\limits_{n\to\infty}}x_n=\overline{\lim\limits_{n\to\infty}}x_n=a$.

充分性($\Leftarrow$)　若$\underline{\lim}_{n\to\infty} x_n = \overline{\lim}_{n\to\infty} x_n = a$,由定理2.6和夹逼定理即得. □

推论　$\lim\limits_{n\to\infty} x_n = a$ 的充要条件是$\overline{\lim}_{n\to\infty} |x_n - a| = 0$.

例1　用上、下极限方法证明:基本列必是收敛列.

证明　设$\{x_n\}$是基本列$\Rightarrow \forall \varepsilon > 0, \exists N$,对$\forall m,n > N$,有

$$x_m - \varepsilon < x_n < x_m + \varepsilon.$$

易知$\{x_n\}$是有界列,所以$\underline{\lim}_{n\to\infty} x_n$,$\overline{\lim}_{n\to\infty} x_n$ 皆存在.上式中任意固定$m > N$,令$n \to \infty$,得

$$x_m - \varepsilon \leqslant \underline{\lim}_{n\to\infty} x_n \leqslant \overline{\lim}_{n\to\infty} x_n \leqslant x_m + \varepsilon;$$

再令$m \to \infty$,由上极限的保序性,即定理2.10的性质2°,得

$$\overline{\lim}_{m\to\infty} x_m - \varepsilon \leqslant \underline{\lim}_{n\to\infty} x_n \leqslant \overline{\lim}_{n\to\infty} x_n \leqslant \overline{\lim}_{m\to\infty} x_m + \varepsilon.$$

因$\varepsilon > 0$是任意的,上式中令$\varepsilon \to 0$得

$$\overline{\lim}_{m\to\infty} x_m \leqslant \underline{\lim}_{n\to\infty} x_n \leqslant \overline{\lim}_{n\to\infty} x_n \leqslant \overline{\lim}_{m\to\infty} x_m.$$

故$\underline{\lim}_{n\to\infty} x_n = \overline{\lim}_{n\to\infty} x_n$,即$\{x_n\}$是收敛列.

例2　设$\{x_n\}$是有界数列,且$\lim\limits_{n\to\infty}\left(x_n + \dfrac{1}{2}x_{2n}\right) = 1$,求$\lim\limits_{n\to\infty} x_n$.

解　$x_n = \left(x_n + \dfrac{1}{2}x_{2n}\right) - \dfrac{1}{2}x_{2n}$,有

$$\underline{\lim}_{n\to\infty} x_n = \lim_{n\to\infty}\left(x_n + \frac{1}{2}x_{2n}\right) + \underline{\lim}_{n\to\infty}\left(-\frac{1}{2}x_{2n}\right) = 1 - \frac{1}{2}\overline{\lim}_{n\to\infty} x_{2n} \geqslant 1 - \frac{1}{2}\overline{\lim}_{n\to\infty} x_n,$$

$$\overline{\lim}_{n\to\infty} x_n = \lim_{n\to\infty}\left(x_n + \frac{1}{2}x_{2n}\right) + \overline{\lim}_{n\to\infty}\left(-\frac{1}{2}x_{2n}\right) = 1 - \frac{1}{2}\underline{\lim}_{n\to\infty} x_{2n} \leqslant 1 - \frac{1}{2}\underline{\lim}_{n\to\infty} x_n,$$

所以

$$\overline{\lim}_{n\to\infty} x_n + \frac{1}{2}\underline{\lim}_{n\to\infty} x_n \leqslant \underline{\lim}_{n\to\infty} x_n + \frac{1}{2}\overline{\lim}_{n\to\infty} x_n.$$

由此知$\underline{\lim}_{n\to\infty} x_n = \overline{\lim}_{n\to\infty} x_n$,即$\lim\limits_{n\to\infty} x_n = a$存在.再由$\lim\limits_{n\to\infty}\left(x_n + \dfrac{1}{2}x_{2n}\right) = 1$,得$\lim\limits_{n\to\infty} x_n = \dfrac{2}{3}$.

例3　设数列$\{x_n\}$满足条件$0 \leqslant x_{n+m} \leqslant x_n + x_m (n,m \in \mathbf{N})$,求证:

$$\lim_{n\to\infty}\frac{x_n}{n} = \inf_{n\in\mathbf{N}}\left\{\frac{x_n}{n}\right\} = \alpha.$$

证明　显然下确界$\alpha \geqslant 0$.由下确界的性质,任给$\varepsilon > 0$,存在正整数n_1,使得$\alpha \leqslant \dfrac{x_{n_1}}{n_1} < \alpha + \varepsilon$.

因任取正整数$n > n_1$,存在正整数m,使得$n = mn_1 + k, 0 \leqslant k < n_1$,用已知不等式$x_{n+m} \leqslant x_n + x_m$作适当放大可得

$$\left|\frac{x_n}{n} - \alpha\right| = \frac{x_n}{n} - \alpha \leqslant \frac{x_{mn_1}}{n} + \frac{x_k}{n} - \alpha \leqslant \frac{x_{n_1}}{n_1} + \frac{x_k}{n} - \alpha < \varepsilon + \frac{x_k}{n},$$

上式令 $n\to\infty$ 得 $\overline{\lim\limits_{n\to\infty}}\left|\frac{x_n}{n}-\alpha\right|\leqslant\varepsilon$，由 $\varepsilon>0$ 的任意性得 $\overline{\lim\limits_{n\to\infty}}\left|\frac{x_n}{n}-\alpha\right|=0$，由定理 2.11 的推论即得证.

当数列 $\{x_n\}$ 无界时，运用定义中无界数列的上、下极限的记号，容易验证定理 2.6 至定理 2.11 这 6 个定理对无界数列也成立，且证明方法类似. 所以对任意的数列 $\{x_n\}$，均可以用定理 2.6 至定理 2.11 对它作上、下极限的各种运算.

用同样的方法，可以定义函数的上极限与下极限.

设函数 $f(x)$ 在 $x=a$ 点局部有界，即存在 $\delta_0>0$，使得 $f(x)$ 在 $\mathring{U}(a;\delta_0)$ 有界，这就可用 $f(x)$ 来定义一个集合族. 对每个 $x\in\mathring{U}(a;\delta_0)$，记

$$E_x=\{f(t)\mid 0<|t-a|\leqslant|x-a|\text{ 且 }t\in\mathring{U}(a;\delta_0)\},$$

显然 E_x 是非空有界实数集，且当 $|x-a|$ 增加时，集合族 $\{E_x\}$ 单调增. 用集合 E_x 的上、下确界可定义两个函数

$$\gamma(x)=\inf_{0<|t-a|\leqslant|x-a|}\{f(t)\}=\inf E_x,\quad \beta(x)=\sup_{0<|t-a|\leqslant|x-a|}\{f(t)\}=\sup E_x.$$

则 $\gamma(x)$ 与 $\beta(x)$ 均在 $\mathring{U}(a;\delta_0)$ 有定义，有界且满足

$$\gamma(a+t)=\gamma(a-t),\quad \beta(a+t)=\beta(a-t),\ |t|<\delta_0.$$

由确界的单调性又可得，$\beta(x)$ 在 $(a,a+\delta_0)$ 上单增有界，$\gamma(x)$ 在 $(a,a+\delta_0)$ 上单减有界，所以 $x\to a$ 时，$\gamma(x)$ 与 $\beta(x)$ 均收敛.

定义 2.4　设函数 $f(x)$ 在 $x=a$ 点局部有界，令

$$\gamma(x)=\inf_{0<|t-a|\leqslant|x-a|}\{f(t)\},\quad \beta(x)=\sup_{0<|t-a|\leqslant|x-a|}\{f(t)\},$$

则 $x\to a$ 时，$\gamma(x)$ 与 $\beta(x)$ 均收敛，称 $x\to a$ 时 $\beta(x)$ 的极限为 $x\to a$ 时 $f(x)$ 的上极限，称 $x\to a$ 时 $\gamma(x)$ 的极限为 $x\to a$ 时 $f(x)$ 的下极限，记作

$$\overline{\lim_{x\to a}}f(x)=\lim_{x\to a}\beta(x),\qquad \underline{\lim_{x\to a}}f(x)=\lim_{x\to a}\gamma(x).$$

如果对任意的 $\delta>0$，$f(x)$ 在 $\mathring{U}(a;\delta)$ 上均无上界，则记 $\overline{\lim\limits_{x\to a}}f(x)=+\infty$，而若 $f(x)$ 在任意的 $\mathring{U}(a;\delta)$ 上均无下界，则记 $\underline{\lim\limits_{x\to a}}f(x)=-\infty$，$x\to a$ 时 $f(x)$ 的上极限常记为 $\limsup\limits_{x\to a}f(x)$，$f(x)$ 的下极限常记为 $\liminf\limits_{x\to a}f(x)$.

对于函数的上极限与下极限同样有下列定理.

定理 2.12　设函数 $f(x)$ 在 $x=a$ 点局部有界，$\gamma(x)$ 与 $\beta(x)$ 由上面的定义给出，则下式成立

$$\gamma(x)\leqslant f(x)\leqslant\beta(x),\quad x\in\mathring{U}(a;\delta_0).$$

前面关于数列上、下极限的定理 2.7 至定理 2.11 这 5 个定理，对于函数的上、下极限也对应成立. 读者可自己写出对应的定理，并可直接运用这些定理来讨论函数的上极限与下极限.

类似地，可定义自变量 $x\to a^+$，$x\to a^-$，$x\to+\infty$，$x\to-\infty$，$x\to\infty$ 时，函数的上极限与下极限. 例如，函数 $f(x)$ 在 $(a,+\infty)$ 上有定义且有界，作集合

$$E_x=\{f(t)\mid t\geqslant x>a\},$$

再用上确界与下确界定义函数

$$\alpha(x)=\inf E_x=\inf_{t\geqslant x}\{f(t)\},\quad \beta(x)=\sup E_x=\sup_{t\geqslant x}\{f(t)\}.$$

则在$(a,+\infty)$上,$\alpha(x)$单增有界,$\beta(x)$单减有界. 定义$x\to+\infty$时f的上极限与下极限为

$$\varlimsup_{x\to+\infty}f(x)=\lim_{x\to+\infty}\beta(x),\quad \varliminf_{x\to+\infty}f(x)=\lim_{x\to+\infty}\alpha(x).$$

根据定理2.11,就可用上极限与下极限来求极限.

例 4 设函数f在$[a,b]$连续,求证:

$$\lim_{p\to+\infty}\left[\int_a^b|f(x)|^p\mathrm{d}x\right]^{1/p}=\max_{x\in[a,b]}\{|f(x)|\}.$$

证明 由$|f(x)|\leqslant\max\limits_{x\in[a,b]}\{|f(x)|\}\Rightarrow|f(x)|^p\leqslant[\max\limits_{x\in[a,b]}\{|f(x)|\}]^p$,所以

$$\left[\int_a^b|f(x)|^p\mathrm{d}x\right]^{1/p}\leqslant\max_{x\in[a,b]}\{|f(x)|\}(b-a)^{1/p},$$

故
$$\varlimsup_{p\to+\infty}\left[\int_a^b|f(x)|^p\mathrm{d}x\right]^{1/p}\leqslant\max_{x\in[a,b]}\{|f(x)|\}.$$

另一方面,因f在$[a,b]$连续,由最值性,$\exists x_0\in[a,b]$,使得$|f(x_0)|=\max\limits_{x\in[a,b]}\{|f(x)|\}$. 不妨设$x_0\in(a,b)$,则$\forall\varepsilon<0$,$\exists\delta>0$,$\forall x_0\leqslant x\leqslant x_0+\delta$,有$|f(x)|>|f(x_0)|-\varepsilon$,所以

$$\left[\int_a^b|f(x)|^p\mathrm{d}x\right]^{1/p}\geqslant\left[\int_{x_0}^{x_0+\delta}|f(x)|^p\mathrm{d}x\right]^{1/p}\geqslant[|f(x_0)|-\varepsilon]\delta^{1/p},$$

故
$$\varliminf_{p\to+\infty}\left[\int_a^b|f(x)|^p\mathrm{d}x\right]^{1/p}\geqslant|f(x_0)|-\varepsilon.$$

由$\varepsilon>0$的任意性知

$$\varliminf_{p\to+\infty}\left[\int_a^b|f(x)|^p\mathrm{d}x\right]^{1/p}\geqslant|f(x_0)|=\max_{x\in[a,b]}\{|f(x)|\}.$$

由此得知$\varliminf\limits_{p\to+\infty}\left[\int_a^b|f(x)|^p\mathrm{d}x\right]^{1/p}=\max\limits_{x\in[a,b]}\{|f(x)|\}$. 再由定理2.10的1°和定理2.11即得.

思　考　题

1. (1) 若数列$\{x_n\}$有下界. 试问$\varliminf\limits_{n\to\infty}x_n$一定存在吗?一定不存在吗?可能等于$+\infty$吗?可能等于$-\infty$吗?

(2) 若数列$\{x_n\}$有下界,且数列$\alpha_n=\inf\limits_{k\geqslant n}\{x_k\}$有上界,试问$\varliminf\limits_{n\to\infty}x_n$一定存在吗?

(3) 若数列$\{x_n\}$有上界,试问数列$\alpha_n=\inf\limits_{k\geqslant n}\{x_k\}$是否亦有上界?反之如何?

2. 设$\{x_n\}$为有界数列. 试问:下面各命题对吗?

(1) $x_n<a\Rightarrow\varliminf\limits_{n\to\infty}x_n\leqslant a$,$\varlimsup\limits_{n\to\infty}x_n\leqslant a$.

(2) $\varlimsup\limits_{n\to\infty}x_n>0\Rightarrow$对充分大的$n$,有$x_n>0$,

$\varlimsup\limits_{n\to\infty}x_n<0\Rightarrow$对充分大的$n$,有$x_n<0$.

(3) $\varliminf\limits_{n\to\infty}x_n>0\Rightarrow$对充分大的$n$,有$x_n>0$,

$\varliminf\limits_{n\to\infty}x_n<0\Rightarrow$对充分大的$n$,有$x_n<0$.

3. 试问下面命题成立吗?

(1) $\varliminf\limits_{n\to\infty} x_n = +\infty \Leftrightarrow \lim\limits_{n\to\infty} x_n = +\infty$；　(2) $\varlimsup\limits_{n\to\infty} x_n = -\infty \Leftrightarrow \lim\limits_{n\to\infty} x_n = -\infty$；

(3) $\varlimsup\limits_{n\to\infty} x_n = +\infty \Leftrightarrow \lim\limits_{n\to\infty} x_n = +\infty$；　(4) $\varliminf\limits_{n\to\infty} x_n = -\infty \Leftrightarrow \lim\limits_{n\to\infty} x_n = -\infty$.

4. 定理 2.7 充分性证明中,要证 β 是某个收敛子列的极限,采用下面方法行不行?

$\forall \varepsilon > 0$,由 2° 中 n 的任意性,取 $n = 1$,$\exists n_1 > 1$,使 $x_{n_1} > \beta - \varepsilon$;取 $n = n_1$,$\exists n_2 > n_1$,使 $x_{n_2} > \beta - \varepsilon$. 一般地,取 $n = n_{k-1}$,$\exists n_k > n_{k-1}$,使 $x_{n_k} > \beta - \varepsilon$. 由 1° 知对充分大的 k,有

$$\beta - \varepsilon < x_{n_k} < \beta + \varepsilon.$$

故存在子列 $\{x_{n_k}\}$,使得 $\lim\limits_{k\to\infty} x_{n_k} = \beta$.

5. 下面各式成立吗?

(1) $\varlimsup\limits_{n\to\infty} x_n \leqslant \sup\limits_n \{x_n\}$;$\varliminf\limits_{n\to\infty} x_n \geqslant \inf\limits_n \{x_n\}$.

(2) $\varliminf\limits_{n\to\infty} x_n = \varlimsup\limits_{n\to\infty} \dfrac{1}{x_n}$　$(x_n \neq 0)$.

(3) $\varliminf\limits_{n\to\infty} |x_n| = |\varliminf\limits_{n\to\infty} x_n|$;$\varlimsup\limits_{n\to\infty} |x_n| = |\varlimsup\limits_{n\to\infty} x_n|$.

练　习　题

4.33　写出定理 2.10 的详细证明.

4.34　求下面数列的上、下极限.

(1) $x_n = (-1)^{n-1}\left(2 + \dfrac{3}{n}\right)$;

(2) $x_n = \sqrt{1 + 2^{n(-1)^n}}$;

(3) $x_n = 1 + \dfrac{n}{n+1}\cos\dfrac{n\pi}{2}$.

4.35　设 $\{a_n\}$,$\{b_n\}$,$\{c_n\}$ 是有界数列,且满足:

$1^\circ a_n \leqslant b_n \leqslant c_n$;

2° $\varlimsup\limits_{n\to\infty} c_n \leqslant \varliminf\limits_{n\to\infty} a_n$.

求证:$\lim\limits_{n\to\infty} a_n = \lim\limits_{n\to\infty} b_n = \lim\limits_{n\to\infty} c_n$.

4.36　设 $x_n \geqslant c > 0$,且 $(\varlimsup\limits_{n\to\infty} x_n) \cdot \left(\varlimsup\limits_{n\to\infty} \dfrac{1}{x_n}\right) = 1$,求证:$\lim\limits_{n\to\infty} x_n$ 存在.

4.37　设数列 $\{x_n\}$,记 $y_n = \dfrac{x_1 + x_2 + \cdots + x_n}{n}$,求证:

(1) $\varliminf\limits_{n\to\infty} x_n \leqslant \varliminf\limits_{n\to\infty} y_n \leqslant \varlimsup\limits_{n\to\infty} y_n \leqslant \varlimsup\limits_{n\to\infty} x_n$;

(2) 若 $\{x_n\}$ 收敛于 a,则 $\{y_n\}$ 也收敛于 a.

4.38　设 $x_n > 0$,求证 $\varliminf\limits_{n\to\infty} \dfrac{x_{n+1}}{x_n} \leqslant \varliminf\limits_{n\to\infty} \sqrt[n]{x_n} \leqslant \varlimsup\limits_{n\to\infty} \sqrt[n]{x_n} \leqslant \varlimsup\limits_{n\to\infty} \dfrac{x_{n+1}}{x_n}$.

4.39　设数列 $\{x_n\}$ 有界,并满足 $\lim\limits_{n\to\infty}(x_{2n} + 2x_n) = 0$. 求证:$\lim\limits_{n\to\infty} x_n = 0$.

4.40　设 $\{a_n\}$ 是有界数列,如果对于任意有界数列 $\{b_n\}$,都有 $\varlimsup\limits_{n\to\infty}(a_n + b_n) = \varlimsup\limits_{n\to\infty} a_n + \varlimsup\limits_{n\to\infty} b_n$. 求证:数列 $\{a_n\}$

收敛.

4.41 设 $x_n > 0$,求证:

(1) $\overline{\lim\limits_{n\to\infty}} x_n = \beta$ 的充要条件是:$\overline{\lim\limits_{n\to\infty}} x_n^2 = \beta^2$;

(2) $\underline{\lim\limits_{n\to\infty}} x_n = \alpha$ 的充要条件是:$\underline{\lim\limits_{n\to\infty}} x_n^2 = \alpha^2$.

4.3　连续函数理论

4.3.1　连续函数的零值性、介值性、有界性与最值性

在第 1 章 1.3.2 节中已经指出，连续函数的性质分为局部性质与整体性质这两大类. 局部性质是指函数在一点连续时，它在该点附近具有的性质，整体性质是指区间上的连续函数与区间的结构相关的性质，并初步研究了连续函数的零值性、介值性、有界性、最值性这几种整体性质，下面用实数的连续公理及其等价的原理给出几种性质的证明.

定理 3.1(零值性)　设函数 f 在区间 I 连续，若 $a,b\in I,a<b$,且 $f(a)$ 与 $f(b)$ 异号，则存在$c\in(a,b)$,使得 $f(c)=0$.

证明　**证法 1**　不妨设 $f(a)<0,f(b)>0$. 把$[a,b]=[a_0,b_0]$二等分. 若 f 在分点的值为 0，则定理证毕；若 f 在分点的值不为 0，则必有一个小区间，f 在小区间的两个端点的值异号，记这个小区间为$[a_1,b_1]$. 再将$[a_1,b_1]$等分成两个小区间，则或者 f 在分点取值为 0，定理证毕；或者 f 在一个小区间的两个端点的值异号；依此进行下去，或者进行到某一步，f 在分点处的值为 0，定理证毕，否则就得到闭区间套$[a_n,b_n]$，满足：

(i) $b_n-a_n=\dfrac{b-a}{2^n}\Rightarrow\lim\limits_{n\to\infty}(b_n-a_n)=0$；

(ii) 每个$[a_n,b_n]$具有性质 $f(a_n)<0,f(b_n)>0$.

由闭区间套原理知$\bigcap\limits_{n=0}^{\infty}[a_n,b_n]=\{c\}$，且 $c\in[a,b]$，

$$\lim_{n\to\infty}a_n=\lim_{n\to\infty}b_n=c.$$

由性质(ii)、极限的保序性和 f 在点 c 连续得

$$\lim_{n\to\infty}f(a_n)=f(c)\leqslant 0,\quad \lim_{n\to\infty}f(b_n)=f(c)\geqslant 0.$$

故 $f(c)=0$.

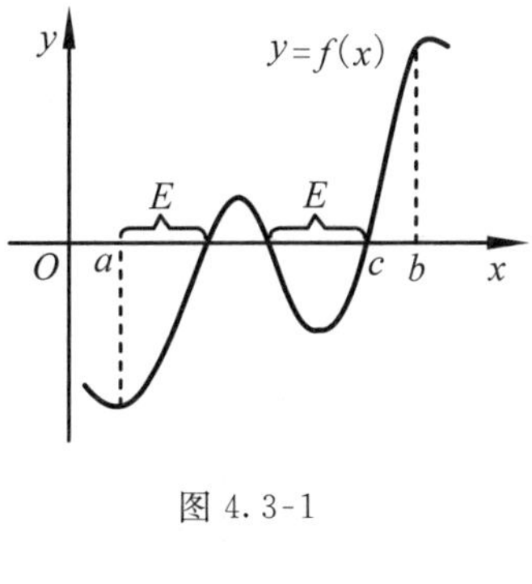

图 4.3-1

证法 2　将$[a,b]$中所有使得 $f(x)\leqslant 0$ 的 x 组成数集 $E=\{x\in[a,b]\mid f(x)\leqslant 0\}$. 因 $f(a)<0\Rightarrow a\in E$，所以 E 非空；又 E 显然是有界集 $\Rightarrow c=\sup E\in[a,b]$存在. 我们要用反证法证明 $f(c)=0$.

假若 $f(c)<0$，由连续函数保号性存在 $x'>c$，使 $f(x')<0$ 所以 $x'\in E$. 但 $x'>c$，这与 c 的定义矛盾.

假若 $f(c)>0$，由连续函数保号性 $\Rightarrow\exists\delta>0,\forall x\in(c-\delta,c]$，有 $f(x)>0$，所以对每个 $x\in(c-\delta,b]$ 均有 $f(x)>0$，即 x 是 E 的上界，与 c 是 E 的最小上界矛盾.

综上所述，只可能有 $f(c)=0,c\in(a,b)$.　□

定理的证法 1 原则上提供了一种求方程 $f(x)=0$ 根的简易近似方法. 定理的证法 2 所构造数集 E 的上确界 c 是方程 $f(x)=0$ 在$[a,b]$中的最大根.

定理 3.2(介值性)　设函数 f 在区间 I 连续，若 $a,b\in I,a<b$，且 $f(a)\neq f(b)$，则对于

介于 $f(a)$ 与 $f(b)$ 之间的任意实数 c，存在 $\xi\in[a,b]$，使得 $f(\xi)=c$.

证明 令 $\varphi(x)=f(x)-c, x\in[a,b]\subset I$，由连续函数零值性即可得证. □

定理 3.3(有界性) 设函数 f 在有界闭区间$[a,b]$连续，则 f 在$[a,b]$有界.

证明 **证法 1** 用反证法. 假若 f 在$[a,b]$无界，将$[a,b]$等分成两个小区间，f 必在某个小区间上无界，将它记为$[a_1,b_1]$，再将$[a_1,b_1]$等分成两个小区间，f 必在某个小区间上无界；将它记为$[a_2,b_2]$，依此递推，就得到了闭区间套$[a_n,b_n]$，满足：

(i) $b_n-a_n=\dfrac{b-a}{2^n}\Rightarrow\lim\limits_{n\to\infty}(b_n-a_n)=0$；

(ii) f 在每个$[a_n,b_n]$上均无界.

由闭区间套原理知 $\bigcap\limits_{n=0}^{\infty}[a_n,b_n]=\{c\}$.

因为 $c\in[a,b]$，f 在点 c 连续，所以存在 $\delta>0$，f 在 $(c-\delta,c+\delta)\cap[a,b]$ 上有界. 又因 $a_n\to c, b_n\to c(n\to\infty)$，所以存在正整数 N，只要 $n>N$ 就有$[a_n,b_n]\subset(c-\delta,c+\delta)\cap[a,b]$，所以 f 在$[a_n,b_n]$上有界，这与性质(ii)矛盾，所以 f 在$[a,b]$有界.

证法 2 反证法：假若 f 在$[a,b]$无界 $\Rightarrow\exists x_n\in[a,b]$，使得 $|f(x_n)|>n\Rightarrow\lim\limits_{n\to\infty}f(x_n)=\infty$. 此外，由列紧性原理 $\Rightarrow\exists\lim\limits_{k\to\infty}x_{n_k}=c\in[a,b]$，因 f 在 $x=c$ 连续，所以

$$\lim_{k\to\infty}f(x_{n_k})=f(c).$$

因为 $\lim\limits_{n\to\infty}f(x_n)=\infty$，又可得

$$\lim_{k\to\infty}f(x_{n_k})=\infty.$$

上面两个等式相矛盾.

证法 3 因 f 在$[a,b]$连续，对每个 $x\in[a,b]$，存在 $\delta_x>0$，使得 $|f(t)|$ 在 $U(x,\delta_x)\cap[a,b]$上有上界 $M_x>0$. 因为 $\{U(x,\delta_x)\mid x\in[a,b]\}$ 是$[a,b]$的开覆盖，必有有限子覆盖，简记为 $\{U(x_i;\delta_i)\mid i=1,2,\cdots,m\}$，使得

$$[a,b]\subset\bigcup_{i=1}^{m}U(x_i;\delta_i),$$

且 $|f(x)|$ 在 $U(x_i;\delta_i)\cap[a,b]$ 上有上界 $M_i>0, i=1,2,\cdots,m$.

令
$$M=\max\{M_1,M_2,\cdots,M_m\}>0,$$

则对每个 $x\in[a,b]$，必有某个 $1\leqslant k\leqslant m$，使得 $x\in U(x_k;\delta_k)\cap[a,b]$，所以有

$$|f(x)|\leqslant M_k\leqslant M.$$ □

定理 3.4(最值性) 设函数 f 在有界闭区间$[a,b]$连续，则 f 在$[a,b]$存在最大值与最小值，即存在 $\alpha,\beta\in[a,b]$，对一切 $x\in[a,b]$，有 $f(\alpha)\leqslant f(x)\leqslant f(\beta)$.

证明 **证法 1** 由有界性定理知 $M=\sup\limits_{a\leqslant x\leqslant b}\{f(x)\}$ 存在，只要证明 $M=\max\limits_{a\leqslant x\leqslant b}\{f(x)\}$ 就可以了. 反证法：假若 $\forall x\in[a,b]$，$M>f(x)$，于是可构造函数

$$\varphi(x)=\frac{1}{M-f(x)},\quad x\in[a,b].$$

显然 φ 在$[a,b]$连续，因而有界 $\Rightarrow\exists K>0,\forall x\in[a,b]$，有

$$0<\varphi(x)=\frac{1}{M-f(x)}\leqslant K\Rightarrow f(x)\leqslant M-\frac{1}{K},\quad x\in[a,b].$$

另一方面,由确界定义 $\Rightarrow$ 令 $\varepsilon=\frac{1}{K}>0$, $\exists x'\in[a,b]$,使得

$$f(x')>M-\frac{1}{K}.$$

二者矛盾,故 $M=\max\limits_{a\leqslant x\leqslant b}\{f(x)\}$. 同理可证下确界的情形.

证法 2　由有界性定理知 $M=\sup\limits_{a\leqslant x\leqslant b}\{f(x)\}$ 存在,由 4.1.2 节的例 3 知 $\exists\{x_n \mid x_n\in[a,b]\}$,使得 $\lim\limits_{n\to\infty}f(x_n)=M$. 由列紧性原理知,存在 $\{x_n\}$ 的子列 $\{x_{n_k}\}$ 使得 $\lim\limits_{k\to\infty}x_{n_k}=x_0\in[a,b]$,因 f 在 x_0 连续,所以

$$\lim_{k\to\infty}f(x_{n_k})=f(x_0).$$

因 $\{f(x_{n_k})\}$ 是 $\{f(x_n)\}$ 的子列,又 $\lim\limits_{n\to\infty}f(x_n)=M$,所以 $\lim\limits_{k\to\infty}f(x_{n_k})=M$.、$\Rightarrow M=f(x_0)$,即 $M=\max\limits_{a\leqslant x\leqslant b}\{f(x)\}$. □

例 1　设函数 f 在区间 I 连续,求证:f 的值域 $f(I)$ 也是区间.

证明　若 f 是常值函数,$f(I)$ 是单点集,自然是区间. 若 f 不是常值函数,则任取 $y_1,y_2\in f(I)$ 且 $y_1<y_2$,由介值定理,对每个 $c\in(y_1,y_2)$ 必存在 $\xi\in I$,使得 $c=f(\xi)\in f(I)$,所以 $[y_1,y_2]\subset f(I)$,由 4.1.2 节的定义 1.2 知,$f(I)$ 是区间.

例 2　设函数 f 在 $[a,b)$ 连续,且 $\lim\limits_{x\to b^-}f(x)=+\infty$,求证:$f$ 在 $[a,b)$ 存在最小值.

证明　因 $f(x)\to+\infty(x\to b^-)$,故存在 $\delta>0$,只要 $x\in(b-\delta,b)$,就有 $f(x)>|f(a)|$. 那么 f 就在 $[a,b-\delta]$ 上连续,必取到最小值 m,且 $m\leqslant f(a)\leqslant|f(a)|$,所以它也是 f 在 $[a,b)$ 上的最小值.

4.3.2　连续函数的一致连续性

连续函数的整体性质中除上面已证明的零值性、介值性、有界性、最值性外,还有一个很重要的性质,这就是一致连续性.

直观地说,函数 $f(x)$ 在一点 x_0 连续,是指只要 $|x-x_0|$ 越来越小,就有 $|f(x)-f(x_0)|$ 越来越小. 在这一变化趋势中,x_0 是取定的,只有 x 在变化. 而函数 $f(x)$ 在区间 I 上一致连续是指,对任意的两点 $x',x''\in I$,只要 $|x'-x''|$ 越来越小,就有 $|f(x')-f(x'')|$ 越来越小. 这个变化趋势与函数在一点连续时的变化趋势不同之处在于,x' 和 x'' 均在区间 I 上独立地变化. 用数学语言表述上面的一致连续的直观定义,就有下列定义.

定义 3.1　设函数 f 在区间 I 有定义,若任给 $\varepsilon>0$,存在 $\delta>0$,对一切满足 $|x'-x''|<\delta$ 的 $x',x''\in I$,有

$$|f(x')-f(x'')|<\varepsilon$$

成立,则称函数 f 在 I **一致连续**.

显然,若 f 在 I 一致连续,则 f 在 I 连续. 但反之不然.

推论　函数 f 在区间 I 上一致连续的充要条件是:存在定义在实轴上的单调增的无穷小量 $\alpha(t)\to0(t\to0)$,使得对任意的 $x',x''\in I$,成立

$$|f(x)'-f(x'')|\leqslant\alpha(|x'-x''|).$$

证明　必要性($\Rightarrow$)　设 f 在 I 上一致连续,定义函数 $\alpha(t)$ 为

$$\alpha(t)=\sup_{|x'-x''|\leqslant t}\{|f(x')-f(x'')|\},$$

由确界的单调性，$\alpha(t)$ 在$[0,+\infty)$上单调增，由一致连续性又有 $\alpha(t)\to 0(t\to 0^+)$，由上确界的上界性质可得，$|f(x')-f(x'')|\leqslant\alpha(|x'-x''|)$. 当 $t<0$ 时，令 $\alpha(t)=0$，则 $\alpha(t)$ 在实轴上单增且 $\alpha(t)\to 0(t\to 0)$，这就证明了必要性.

充分性($\Leftarrow$)任给 $\varepsilon>0$，因为 $\alpha(t)\to 0(t\to 0)$，存在 $\delta>0$，只要 $|t|<\delta$，就有 $|\alpha(t)|<\varepsilon$ 成立，根据充要条件，则只要 $|x'-x''|<\delta$，就有

$$|f(x')-f(x'')|\leqslant\alpha(|x'-x''|)<\varepsilon$$

也成立，所以 f 在 I 上一致连续.

例 1 证明：函数 $f(x)=x^2$ 在区间$[0,2]$一致连续.

证明 $\forall x_1,x_2\in[0,2]$，有

$$|f(x_1)-f(x_2)|=|x_1-x_2||x_1+x_2|\leqslant 4|x_1-x_2|,$$

那么推论中的 $\alpha(t)=4t$，根据一致连续定义的推论，$f(x)=x^2$ 在$[0,2]$上一致连续.

例 2 证明：函数 $f(x)=x+\sin x$ 在 $\mathbf{R}$ 一致连续.

证明 $\forall x_1,x_2\in\mathbf{R}$，有

$$\begin{aligned}&|f(x_1)-f(x_2)|\\ \leqslant&|x_1-x_2|+|\sin x_1-\sin x_2|\\ =&|x_1-x_2|+2\left|\sin\frac{x_1-x_2}{2}\right|\left|\cos\frac{x_1+x_2}{2}\right|\leqslant 2|x_1-x_2|.\end{aligned}$$

那么推论中的 $\alpha(t)=2t$，根据一致连续定义的推论，$f(x)=x+\sin x$ 在 $\mathbf{R}$ 上一致连续.

例 3 证明：函数 $f(x)=\sqrt{x}$ 在$[0,+\infty)$一致连续.

证明 $\forall x_1,x_2\in[0,+\infty)$，有

$$|f(x_1)-f(x_2)|=\frac{|x_1-x_2|}{\sqrt{x_1}+\sqrt{x_2}}\leqslant\sqrt{|x_1-x_2|}.$$

那么推论中的 $\alpha(t)$ 可取为 $\alpha(t)=\begin{cases}t^{\frac{1}{2}}, & t\geqslant 0,\\ 0, & t<0.\end{cases}$ 根据推论，$f(x)=\sqrt{x}$ 在$[0,+\infty)$上一致连续.

利用非命题的构造方法，立即得到函数 f 在区间 I **不一致连续**的定义是：

存在 $\varepsilon_0>0$，对任意的 $\delta>0$，存在满足 $|x'-x''|<\delta$ 的 $x',x''\in I$，使得

$$|f(x')-f(x'')|\geqslant\varepsilon_0.$$

它又等价于：存在 $\varepsilon_0>0$ 和两个数列 $x'_n,x''_n\in I$，满足 $|x'_n-x''_n|\to 0(n\to\infty)$，且使得 $|f(x'_n)-f(x''_n)|\geqslant\varepsilon_0$ 对一切 n 成立.

利用不一致连续概念可以得到一个较简便的充分判别法.

定理 3.5 设函数 f 定义在区间 I 上，若存在收敛数列 $\{x_n\}\subset I$，使得 $\lim\limits_{n\to\infty}|f(x_{n+1})-f(x_n)|=A>0$，则 f 在区间 I 上不一致连续.

证明 用反证法：若不然，f 在 I 上一致连续，由一致连续定义的推论，就存在无穷小量 $\alpha(t)\to 0(t\to 0)$，使得：

$$|f(x_{n+1})-f(x_n)|\leqslant\alpha(|x_{n+1}-x_n|),$$

因为$\{x_n\}$收敛，所以$|x_{n+1}-x_n|\to 0(n\to\infty)$，由上式和夹逼定理，就得到了$\lim\limits_{n\to\infty}|f(x_{n+1})-f(x_n)|=0$，与已知条件矛盾. 所以$f$在$I$上不一致连续. □

例 4 证明：$f(x)=\dfrac{1}{x}$在$(0,1)$上不一致连续.

证明 取$x_n=\dfrac{1}{n}\in(0,1)$，则$\{x_n\}$收敛且

$$|f(x_{n+1})-f(x_n)|=(n+1)-n=1\to 1(n\to\infty).$$

由定理3.5，$f(x)$在$(0,1)$上不一致连续.

例4表明区间I上的连续函数不一定一致连续. 那么，连续函数在什么条件下才能一致连续呢?显然这与区间的性质有关.

定理 3.6（一致连续性） 设函数f在有界闭区间$[a,b]$连续，则f在$[a,b]$一致连续.

证明 **证法1** 用反证法：假若f在$[a,b]$不一致连续，则$\exists\varepsilon_0>0$，并存在两个数列$x'_n\in[a,b]$和$x''_n\in[a,b]$. 满足$|x'_n-x''_n|\to 0(n\to\infty)$，且使得$|f(x'_n)-f(x''_n)|\geqslant\varepsilon_0$对一切$n$成立. 因$x'_n$是有界数列必有收敛子列$x'_{n_k}\to x_0(k\to\infty)$，且$x_0\in[a,b]$. 又因$|x'_n-x''_n|\to 0(n\to\infty)$，所以，$x''_{n_k}\to x_0(k\to\infty)$. 因$f$在$x_0$连续，由极限的保序性得$0<\varepsilon_0\leqslant\lim\limits_{k\to\infty}|f(x'_{n_k})-f(x''_{n_k})|=|f(x_0)-f(x_0)|=0$，即得到了$0<0$，矛盾. 矛盾说明，$f$在$[a,b]$一致连续.

证法2 因f在$[a,b]$连续，则任给$\varepsilon>0$，对每个$x\in[a,b]$，存在$\delta_x>0$，只要$x',x''\in U(x;\delta_x)\cap[a,b]$就有$|f(x')-f(x'')|<\varepsilon$成立. 那么$\left\{U\left(x;\dfrac{1}{2}\delta_x\right),x\in[a,b]\right\}$就是$[a,b]$的开覆盖，由有限覆盖原理，它必有有限子覆盖，即有

$$[a,b]\subset\bigcup_{i=1}^{m}U\left(x_i;\frac{\delta_i}{2}\right),\text{其中 } x=x_i \text{ 时的 } \delta_x \text{ 简记为 } \delta_i.$$

令
$$\delta_*=\min\left\{\frac{\delta_1}{2},\frac{\delta_2}{2},\cdots,\frac{\delta_m}{2}\right\}.$$

则只要$x',x''\in[a,b]$且$|x'-x''|<\delta_*$，就存在$U\left(x_k;\dfrac{\delta_k}{2}\right)(1\leqslant k\leqslant m)$，使$x'\in U\left(x_k;\dfrac{\delta_k}{2}\right)\subset U(x_k;\delta_k)$，

因
$$|x''-x_k|\leqslant|x''-x'|+|x'-x_k|<\delta_*+\frac{\delta_k}{2}\leqslant\frac{\delta_k}{2}+\frac{\delta_k}{2}=\delta_k,$$

故$x',x''\in U(x_k;\delta_k)$，所以$|f(x')-f(x'')|<\varepsilon$. 即$f$在$[a,b]$一致连续. □

定理 3.7 设函数f在有界开区间(a,b)连续，则f在(a,b)一致连续的充要条件是$f(a^+)$与$f(b^-)$皆存在.

证明 必要性（$\Rightarrow$） 设f在(a,b)一致连续，所以$\forall\varepsilon>0,\exists\delta>0$，$\forall|x'-x''|<\delta$，有$|f(x')-f(x'')|<\varepsilon$. 特别只要$0<b-x'<\delta,0<b-x''<\delta$，必有$|x'-x''|<\delta$，故必有

$$|f(x')-f(x'')|<\varepsilon.$$

由 Cauchy 准则知$f(b^-)$存在，同理$f(a^+)$存在.

充分性（$\Leftarrow$） 设$f(a^+)$，$f(b^-)$存在，构造函数

$$F(x)=\begin{cases} f(a^+), & x=a, \\ f(x), & a<x<b, \\ f(b^-), & x=b. \end{cases}$$

易知函数 F 在 $[a,b]$ 连续因而一致连续 $\Rightarrow F$ 在 (a,b) 一致连续. 因 $F(x)=f(x), x\in(a,b)$, 故 f 在 (a,b) 一致连续. □

例 5 设函数 f 在 $(a,b]$ 一致连续, 求证: f 在 $(a,b]$ 有界.

证明 **证法 1** 因 f 在 $(a,b]$ 一致连续 $\Rightarrow$ 取 $\varepsilon=1$, $\exists\delta>0$, 对 $\forall|x'-x''|<\delta$, 且 $x',x''\in(a,b]$, 有 $|f(x')|<|f(x'')|+1$.

把 $(a,b]$ 分成 n 个小区间 $I_i=(x_{i-1},x_i]$, $i=1,2,\cdots,n$, 其中 $x_0=a$, $x_n=b$, 且使得每个 I_i 的长 $|I_i|=x_i-x_{i-1}<\delta$, 则 $\forall x\in(x_{i-1},x_i]$, 有

$$|f(x)|<|f(x_i)|+1.$$

取 $M=\max\limits_{1\leqslant i\leqslant n}\{|f(x_i)|+1\}>0$, 则 $\forall x\in(a,b]$, 有 $|f(x)|<M$.

证法 2 由定理 3.7 $\Rightarrow f(a^+)$ 存在, 令

$$F(x)=\begin{cases} f(a^+), & x=a, \\ f(x), & a<x\leqslant b. \end{cases}$$

函数 F 在 $[a,b]$ 连续因而有界 $\Rightarrow F$ 在 $(a,b]$ 有界. 因 $F(x)=f(x), x\in(a,b]$, 故 f 在 $(a,b]$ 有界.

思 考 题

1. (1) 在有界性定理中, 如果将 $[a,b]$ 改为 (a,b), 定理还成立吗?

(2) 在有界性定理中, 如果将函数 f 的连续性条件减弱为 f 在 $[a,b]$ 的每点都存在极限, 定理还成立吗?

2. (1) 在最值性定理中, 若把 $[a,b]$ 改为 $[a_1,b_1]\cup[a_2,b_2]$, 且设函数 f 在 $[a_1,b_1]$ 与 $[a_2,b_2]$ 皆连续, 定理还成立吗?

(2) 在最值性定理中, 若把 $[a,b]$ 改为 $\bigcup\limits_{n=0}^{\infty}[a_n,b_n]$, 且设函数 f 在每个 $[a_n,b_n]$ 皆连续, 定理还成立吗?

3. 在一致连续性定理中, 若把 $[a,b]$ 改为 $[a_1,b_1]\cup[a_2,b_2]$, 且设函数 f 在 $[a_1,b_1]$, $[a_2,b_2]$ 皆连续, 定理还成立吗?

4. 下面对命题"f 在 $[0,+\infty)$ 连续, 且 $\lim\limits_{x\to+\infty}f(x)=A$, 则 f 在 $[0,+\infty)$ 一致连续"的证法对吗?

由 $\lim\limits_{x\to+\infty}f(x)=A\Rightarrow\forall\varepsilon>0$, $\exists x_1>0$, $\forall x\geqslant x_1$, 有 $|f(x)-A|<\varepsilon$. 易知, $\forall x',x''\geqslant x_1$, 有 $|f(x')-f(x'')|<\varepsilon$, 故 f 在 $[x_1,+\infty)$ 一致连续. 又 f 在 $[0,x_1]$ 一致连续, 因此, f 在 $[0,+\infty)$ 一致连续.

5. 判断下面命题及其证法是否正确.

命题: 若函数 f 在 $[0,+\infty)$ 连续, 则 f 在 $[0,+\infty)$ 一致连续.

有 $[0,+\infty)=\bigcup\limits_{n=0}^{+\infty}[n,n+1)$, 因 f 在每个 $[n,n+1)$ 连续, 且 $f(n^-)$ 存在, 由定理 3.7 知 f 在 $[n,n+1)$ 一致连续, 即 $\forall\varepsilon>0$, $\exists\delta>0$, 对 $\forall|x'-x''|<\delta$, 且 $x',x''\in[n,n+1)$, 有 $|f(x')-f(x'')|<\varepsilon$, 因 $\delta>0$ 与 $[0,+\infty)$ 的点无关, 故 f 在 $[0,+\infty)$ 一致连续.

6. (1) 是否存在定义域为 $[a,b]$、值域为 $[0,1]\cup[2,3]$ 的连续函数?

(2) 是否存在定义域为 $[a,b]$、值域为 $(-\infty,+\infty)$ 的连续函数?

(3) 是否存在定义域为$[a,b]$、值域为$(-1,1)$的连续函数？

7. 设函数 f 在(a,b)有定义.

(1) 若 f 在$(a,c]$与$[c,b)$一致连续，问 f 在(a,b)一致连续吗？

(2) 若 f 在(a,c)与(c,b)一致连续，问 f 在(a,b)一致连续吗？

(3) 若 f 在(a,c)与(c,b)一致连续，且 f 在 $x=c$ 连续，问 f 在(a,b)一致连续吗？

8. (1) 在有界区间上一致连续的函数一定有界吗？

(2) 在无界区间上一致连续的函数一定有界吗？

9. 设函数 f 在区间 I 连续，且不恒为常数，其值域为 J.

(1) J 是区间吗？

(2) 若 I 是开区间(有界或无界)，J 一定也是开区间吗？

(3) 若 I 是闭区间(有界或无界)，J 一定也是闭区间吗？

10. 下面的命题正确吗？

(1) 函数 f,g 在$[a,b)$一致连续 $\Rightarrow$ 函数 $f\circ g$ 在$[a,b)$一致连续.

(2) 函数 f,g 在$[a,+\infty)$一致连续 $\Rightarrow$ 函数 $f\circ g$ 在$[a,+\infty)$一致连续.

11. 用下面方法证明一致连续性定理行吗？

假若 f 在$[a,b]$不一致连续，将$[a,b]$二等分，则至少有一个区间，f 在其上不一致连续，取它为$[a_1,b_1]$. 如此继续下去，得到一个闭区间套$\{[a_n,b_n]\}$，每个$[a_n,b_n]$有性质 p："f 在$[a_n,b_n]$不一致连续". 由闭区间套原理知 $\bigcap\limits_{n=1}^{\infty}[a_n,b_n]=\{c\}$. 由 f 的连续性知 $\forall\varepsilon>0$，$\exists\delta>0$，对 $\forall x',x''\in U(c;\delta)$，有 $|f(x')-f(x'')|<\varepsilon$. 由 $\bigcap\limits_{n=1}^{\infty}[a_n,b_n]=\{c\}\Rightarrow\exists[a_N,b_N]\subset U(c;\delta)$，则对 $\forall x',x''\in[a_N,b_N]$，必有 $|f(x)-f(x'')|<\varepsilon$. 这与$[a_N,b_N]$所具有的性质 p 矛盾. 故 f 在$[a,b]$一致连续.

12. 设 f 在$[\alpha,\beta]$上有定义，若 $\forall c$：$f(\alpha)<c<f(\beta)$(或 $f(\alpha)>c>f(\beta)$)，$\exists\xi\in(\alpha,\beta)$，使 $f(\xi)=c$，则称 f 在$[\alpha,\beta]$具有介值性，称 ξ 为 f 在$[\alpha,\beta]$的介值点.

(1) 若 f 在$[a,b]$具有介值性，能否断定 f 在$[a,b]$的任一闭子区间$[\alpha,\beta]$也具有介值性？

$$\left(\text{提示：考虑 } f(x)=\begin{cases}x, & x\in\mathbf{Q},\\ -x, & x\in\mathbf{R}\backslash\mathbf{Q},\end{cases}\quad x\in[-1,1].\right)$$

(2) 若 f 在$[a,b]$的任一闭子区间$[\alpha,\beta]$具有介值性，能否断定 f 在$[a,b]$连续？

$$\left(\text{提示：考虑 } f(x)=\begin{cases}\sin\dfrac{1}{x}, & x\neq0,\\ 0, & x=0,\end{cases}\quad x\in[0,1].\right)$$

(3) 若 f 在$[a,b]$的任一闭子区间$[\alpha,\beta]$具有介值性，且 f 在每个$[\alpha,\beta]$的介值点 ξ 是唯一的，能否断定 f 在$[a,b]$连续？

(4) 若 f 在$[a,b]$上是严格单调函数，且在$[a,b]$的任一闭子区间$[\alpha,\beta]$具有介值性，能否断定 f 在$[a,b]$连续？

13. 若函数 f 在$[a,b]$有第一类间断点(我们把可去间断点也归于第一类间断点，因这类点 x_0 处的函数值 $f(x_0)$ 与极限值 $f(x_0^+)$，$f(x_0^-)$ 之间有一个**跳跃**)，能否断定 f 在$[a,b]$不具有介值性？

练　习　题

4.42 证明:若 $f \in C[a,b]$,且 f 无零点,则 f 在 $[a,b]$ 恒为正或恒为负.

4.43 (连续函数有界性推广)　设函数 f 在 (a,b) 连续.

(1) f 在 (a,b) 有界吗?

(2) 若想要 f 在 (a,b) 有界,需对 f 添加什么条件,请叙述并证明你的判断(发现).

(3) 把 (a,b) 改为 $(-\infty,+\infty)$,你的判断还成立吗?

4.44 (连续函数最值性推广)　设函数 f 在 (a,b) 连续.

(1) f 在 (a,b) 能取到最大、最小值吗?

(2) 若想要 f 在 (a,b) 取到最大或最小值,需对 f 添加什么条件,请叙述并证明你的判断(发现).

4.45 (连续函数介值性推广)　证明:若 $f \in C(a,b)$,$f(a^+)$,$f(b^-)$ 存在,且 $f(a^+) \neq f(b^-)$,则 $f(x)$ 可取到 $f(a^+)$、$f(b^-)$ 之间的一切值.又问:它是否一定能取到 $f(a^+)$,$f(b^-)$ 呢?

4.46 设 $f \in C[a,b]$,且 $f > 0$,求证:$\exists T > 0$ 使得对一切 $x \in [a,b]$,有 $f(x) > T$.

4.47 用一致连续的定义判断下面函数的一致连续性.

(1) $f(x) = \sqrt[3]{x},\ x \in [0,1]$;　　(2) $f(x) = \sin(x^2),\ x \in \mathbf{R}$;

(3) $f(x) = \dfrac{x}{1-x^2},\ x \in (-1,1)$;

(4) $f(x) = \begin{cases} x\sin\dfrac{1}{x}, & x \neq 0, \\ 0, & x = 0, \end{cases}\quad x \in [0,\pi]$.

4.48 设 $f \in C(\mathbf{R})$,证明:若 $\lim\limits_{x\to+\infty} f(x) = A$,$\lim\limits_{x\to-\infty} f(x) = B$,则 f 在 $\mathbf{R}$ 一致连续.反之成立吗?

4.49 若函数 f 在区间 I 上满足李普希兹条件,即存在 $M > 0$,使 $|f(x') - f(x'')| \leqslant M|x' - x''|$,$x',x'' \in I$.求证:$f$ 在 I 一致连续.

4.50 证明:单调有界函数的一切不连续点都是第一类间断点.

4.51 若 f 在 $[a,b]$ 是单调有界函数,且可取到 $f(a)$ 与 $f(b)$ 之间一切值,求证:f 在 $[a,b]$ 连续.

4.52 证明:函数 $f(x) = \dfrac{|\sin x|}{x}$ 分别在 $(-1,0)$ 与 $(0,1)$ 一致连续,但在 $(-1,0)\cup(0,1)$ 不一致连续.

4.53 设函数 f 在 $[a,+\infty)$ 连续,当 $x\to+\infty$ 时,曲线 $y = f(x)$ 以直线 $y = cx + d$ 为渐近线.求证:f 在 $[a,+\infty)$ 一致连续.

4.54 设 $f \in C[a,b]$,$f(a) = f(b) = 0$,$f'(a)f'(b) > 0$,求证:$\exists \xi \in (a,b)$,使得 $f(\xi) = 0$.

复习参考题

4.55　设函数 f 在 x_0 的邻域 $U(x_0;r)$ 有界，若

$$\omega_f(x_0)=\lim_{\delta\to 0^+}\omega_f(U(x_0;\delta))$$

存在（其中 $\omega_f(U(x_0;\delta))=\sup\limits_{x',x''\in U(x_0;\delta)}\{|f(x')-f(x'')|\}$），则称 $\omega_f(x_0)$ 为 f 在 x_0 的振幅. 求证：f 在 x_0 连续的充要条件是 $\omega_f(x_0)=0$.

4.56　设函数 f 在 $[a,b]$ 有界，记

$$m(x)=\inf_{a\leqslant t<x}\{f(t)\},M(x)=\sup_{a\leqslant t<x}\{f(t)\},\ x\in[a,b].$$

求证：$m(x)$ 和 $M(x)$ 在 $(a,b]$ 左连续.

4.57　证明：若 $f\in C[0,1]$，$f(x)\in[0,1]$，$f(0)=0$，$f(1)=1$，且 $(f\circ f)(x)=x\quad(x\in[0,1])$，则 $f(x)=x\quad(x\in[0,1])$.

4.58　设函数 f 在 $[a,b]$ 单调增，且 $f(a)\geqslant a$，$f(b)\leqslant b$，求证：f 在 $[a,b]$ 存在不动点 x_0，即 $f(x_0)=x_0$.

4.59　设函数 f 在 $[a,b]$ 的每一点严格增，求证：f 在 $[a,b]$ 严格增.

4.60　用闭区间套原理证明：数轴上任何闭区间 $[a,b]$ 是不可列集.（设 $E\subset\mathbf{R}$ 是一个无限集，若存在一个从 E 到 $\mathbf{N}$ 的一一映射，则称 E 为可列集，不是可列集的无限集叫作不可列集）

4.61　设数列 $\{x_n\}$，$\{y_n\}$ 满足

$$y_n=\sqrt{x_n+\sqrt{x_{n-1}+\sqrt{\cdots+\sqrt{x_1}}}}=\sqrt{x_n+y_{n-1}},$$

其中，$x_n>0$，$y_0=0$，求证：数列 $\{x_n\}$ 收敛 $\Leftrightarrow$ 数列 $\{y_n\}$ 收敛.

4.62　给定 $x_0\in\mathbf{R}$，设 $x_n=\underbrace{\cos(\cos(\cdots\cos(\cos}_{n}x_0)\cdots))\quad(n\in\mathbf{N})$. 求证：数列 $\{x_n\}$ 收敛.

4.63　给定 $x_0,x_1\in\mathbf{R}$，令 $x_{n+1}=x_n+r^nx_{n-1}\quad(0<r<1)$. 求证：数列 $\{x_n\}$ 收敛.

4.64　证明：函数 f 在有界区间 I 一致连续 $\Leftrightarrow$ $\forall$ Cauchy 列 $\{x_n\}\quad(x_n\in I)$，函数列 $\{f(x_n)\}$ 是 Cauchy 列.

4.65　设 $f\in C(a,+\infty)$，且 $\overline{\lim\limits_{x\to+\infty}}f(x)=A$，$\underline{\lim\limits_{x\to+\infty}}f(x)=B$，$B<\eta<A$. 求证：$\exists x_n\to+\infty\quad(n\to\infty)$，使得 $\lim\limits_{n\to\infty}f(x_n)=\eta$.

4.66　设函数 f 在 $[a,b]$ 只有第一类间断点，令

$$\omega(x)=|f(x^+)-f(x^-)|.$$

求证：$\forall\varepsilon>0$，$\omega(x)\geqslant\varepsilon$ 的点 x 只有有限多个.

4.67　设 $f\in C[a,b]$，且 $f(a)<0$，$f(b)>0$，求证：$\exists\xi\in(a,b)$，使得 $f(\xi)=0$，且 $\forall x\in(a,\xi)$，有 $f(x)<0$，即 ξ 是 f 在 (a,b) 上的最小零点.

4.68　设 $f\in C[a,b]$，且它的最大、最小值分别为 M 和 m $(m<M)$. 求证：存在区间 $[\alpha,\beta]$ 满足条件

(1) $f(\alpha)=M,f(\beta)=m$ 或 $f(\alpha)=m,f(\beta)=M$;

(2) $m<f(x)<M,x\in(\alpha,\beta)$.

4.69　设函数 f 定义在 $\mathbf{R}$ 上，$\forall x',x''\in\mathbf{R}$，有

$$f(x'+x'')=f(x')+f(x'').$$

若 f 在 $x=0$ 连续，求证：f 在 $\mathbf{R}$ 连续，且 $f(x)=f(1)x$.

4.70　设函数 f 在 $\mathbf{R}$ 一致连续，求证：$\exists A,B>0$，使得

$$|f(x)|<A|x|+B,\ x\in\mathbf{R}.$$

4.71　设开区间族 $\mathscr{S}$ 覆盖有界闭区间 $[a,b]$，求证：$\exists\lambda>0$，当 $A\subset[a,b]$，且 A 的直径

$$d(A)=\sup[\,|x-y|\,|\,x,y\in A]<\lambda$$

时,集 A 能被 $\mathscr{S}$ 中一个开区间盖住.数 λ 叫作 $\mathscr{S}$ 的一个勒贝格(Lebesgue)数.

4.72 设 I 是区间,且覆盖 I 的任何开区间族 $\mathscr{S}$ 都含有限子覆盖,求证:I 是有界闭区间.

4.73 设 $f\in C[a,b]$,求证:在 $(0,+\infty)$ 上存在函数 ψ,具有下述性质:

1° ψ 在 $(0,+\infty)$ 单调增,且当 $t\geqslant b-a$ 时,ψ 为常数;

2° $\forall x',x''\in[a,b]$,有 $|f(x')-f(x'')|\leqslant\psi(|x'-x''|)$;

3° $\lim\limits_{t\to0^+}\psi(t)=0$.

第 5 章 一元微积分学的基本理论

5.1 微分学理论

在第 2 章 2.1 节中，我们研究了导数(高阶导数)、微分、微分法则及其应用，本节将主要研究微分学基本理论(微分中值定理及 Taylor 公式)及其应用.

5.1.1 微分中值定理

我们知道，函数 f 在一点 x_0 可微的特征性质是在 x_0 的局部范围内可用一次函数 $P_1(x)=f(x_0)+f'(x_0)(x-x_0)$ 逼近函数 $f(x)$，通常叫作线性逼近，即

$$f(x)-f(x_0)=f'(x_0)(x-x_0)+o(x-x_0)(x\to x_0).$$

它表明可以用导数工具研究函数 f 在 x_0 的局部性质. 本部分将要介绍的微分中值定理就是用导数研究函数在区间上的整体性质的强有力工具.

定理 1.1(罗尔(Rolle) 定理) 设函数 f 在$[a,b]$上连续，在(a,b)内可导，且 $f(a)=f(b)$，则存在 $\xi\in(a,b)$，使得 $f'(\xi)=0$.

证明 因 f 在$[a,b]$连续 $\Rightarrow \exists\,\xi_1,\xi_2\in[a,b]$，使得 $f(\xi_1)$，$f(\xi_2)$ 分别是 f 的最大与最小值. 若能证明 ξ_1 与 ξ_2 之中至少有一个属于(a,b)，则由费马定理即可证得本定理.

当 $f(\xi_1)=f(\xi_2)$ 时，f 为常值函数，定理显然成立.

当 $f(\xi_1)\neq f(\xi_2)$ 时，因 $f(a)=f(b)\Rightarrow \xi_1$ 与 ξ_2 之中至少有一个属于(a,b)，设为 ξ，它必为 f 在(a,b)的极值点，又 f 在 ξ 可导，由费马定理知 $f'(\xi)=0$. □

Rolle 定理的几何意义是说(图 5.1-1)：若连接曲线两端点 A 与 B 的弦 AB 平行于 x 轴，则在曲线上必有一点 C 处的切线平行于 x 轴(亦平行于 AB). 如果 $f(a)\neq f(b)$，即弦 AB 不平行于 x 轴，我们要问：在曲线上是否仍有一点 C 处的切线平行于弦 AB 呢?这个问题的肯定回答就是下面要讲的本小节的中心命题.

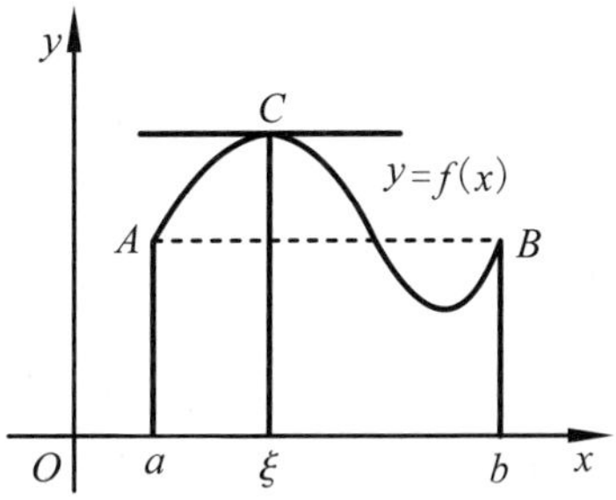

图 5.1-1

定理 1.2 (拉格朗日(Lagrange) 中值定理) 设函数 f 在$[a,b]$上连续，在(a,b)内可导，则存在 $\xi\in(a,b)$，使得

$$f(b)-f(a)=f'(\xi)(b-a).$$

分析 用函数的观点看求证的等式，变为证明 $F'(x)=f'(x)-\dfrac{f(b)-f(a)}{b-a}$ 存在零点 $\xi\in(a,b)$. 回到 F' 的原函数，变为证明 $F(x)=f(x)-\dfrac{f(b)-f(a)}{b-a}x$ 的导函数存在零点. 也可借助图 5.1-2 的几何性质构造函数 $F(x)$.

证明 构造新函数 $F(x)=f(x)-\dfrac{f(b)-f(a)}{b-a}x$，$x\in[a,b]$，则 F 在$[a,b]$连续，在

(a,b) 可导,且 $F(a)=F(b)=\dfrac{bf(a)-af(b)}{b-a}$. 由罗尔定理存在 $\xi\in(a,b)$,使得$F'(\xi)=0$,即存在 $\xi\in(a,b)$,使得

$$f'(\xi)=\frac{f(b)-f(a)}{b-a}.$$

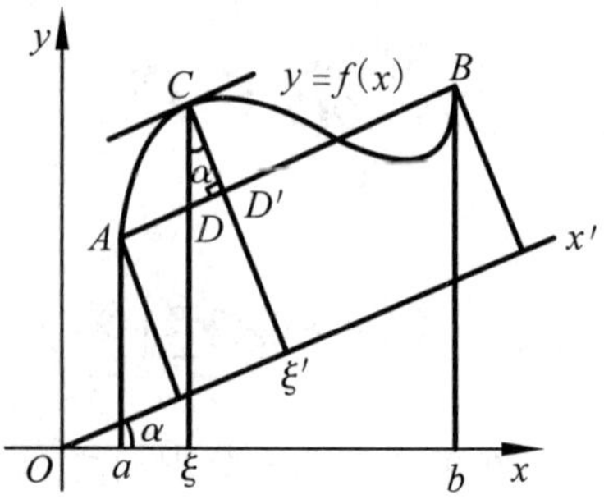

图 5.1-2

注 因 $a<\xi<b$,所以 $0<\dfrac{\xi-a}{b-a}<1$,记

$$\theta=\frac{\xi-a}{b-a}\in(0,1),$$

有 $$f(b)-f(a)=f'[a+\theta(b-a)](b-a).$$

易证上式对于 $b<a$ 也是成立的. 上式是 Lagrange 中值定理一种常用形式,它给出了函数在区间上的增量与函数在区间某点的导数之间的联系,提供了利用导数工具研究函数性质的重要途径.

定理 1.3 **(柯西(Cauchy)中值定理)** 设函数 f,g 在$[a,b]$连续,在(a,b)可导,则存在 $\xi\in(a,b)$,使得

$$[f(b)-f(a)]g'(\xi)=[g(b)-g(a)]f'(\xi).$$

当 $g'(x)\neq 0,x\in(a,b)$ 时,有

$$\frac{f(b)-f(a)}{g(b)-g(a)}=\frac{f'(\xi)}{g'(\xi)}.$$

证明 构造新函数

$$F(x)=[f(b)-f(a)]g(x)-[g(b)-g(a)]f(x),\ x\in[a,b].$$

易知函数 F 在$[a,b]$连续,在(a,b)可导,且

$$F(a)=F(b)=f(b)g(a)-f(a)g(b).$$

由 Rolle 定理 $\Rightarrow \exists\,\xi\in(a,b)$,使得 $F'(\xi)=0$,即

$$[f(b)-f(a)]g'(\xi)=[g(b)-g(a)]f'(\xi).$$

当 $g'(x)\neq 0,x\in(a,b)$ 时,由拉格朗日中值定理 $\Rightarrow \exists\,\eta\in(a,b)$,使得

$$g(b)-g(a)=g'(\eta)(b-a)\neq 0.$$

故 $$\frac{f(b)-f(a)}{g(b)-g(a)}=\frac{f'(\xi)}{g'(\xi)}.$$ □

在 Cauchy 中值定理中,如果 $g(x)=x$,它就成为 Lagrange 中值定理;在 Lagrange 中值定理中,如果 $f(a)=f(b)$,它就成为 Rolle 定理. 这 3 个定理统称为**微分中值定理**. 它们是研究可微函数性质的基本工具. 读者从下面几个重要定理的再证明中(它们已在第 2 章中用另外的方法证明过了),可以体会到运用微分中值定理证明问题的基本方法.

定理 1.4 设 f 在闭区间$[a,b]$上连续,在(a,b)上可微,则 f 在$[a,b]$为常值函数的充要条件是对一切$x\in(a,b)$,有

$$f'(x)=0.$$

证明 只需证充分性就可以了. 设 $f'(x)=0,\forall\,x\in(a,b)$. 在$[a,b]$上任取一定点 x_0,则对任何 $x\in[a,b]$,有

$$f(x)-f(x_0)=f'(\xi)(x-x_0)=0,\ \xi\in(x_0,x).$$

由此得

$$f(x) = f(x_0),\ x \in [a,b].$$ □

推论　若函数 f,g 在 $[a,b]$ 上连续，在 (a,b) 内可导，且 $f'(x) = g'(x),\ x \in (a,b)$，则

$$f(x) = g(x) + c,\ x \in [a,b],$$

其中 c 为常数.

定理 1.5（函数单调性准则）　设函数 f 在 $[a,b]$ 连续，在 (a,b) 可导，则 f 在 $[a,b]$ 单调增（单调减）的充要条件是

$$f'(x) \geqslant 0,\ x \in (a,b) \quad (f'(x) \leqslant 0, x \in (a,b)).$$

证明　必要性（⇒）　设 f 在 $[a,b]$ 单调增，由 $f'(x)$ 的极限定义，f 的单调性及极限保序性易知 $f'(x) \geqslant 0,\ x \in (a,b)$.

充分性（⇐）　设 $f'(x) \geqslant 0,\ x \in (a,b)$. 由 Lagrange 中值定理 ⇒ $\forall x_1 < x_2$，且 $x_1, x_2 \in [a,b]$，有

$$f(x_2) - f(x_1) = f'(\xi)(x_2 - x_1) \geqslant 0.$$

故 f 在 $[a,b]$ 单调增. □

推论　设函数 f 在 $[a,b]$ 连续，在 (a,b) 可导，若对一切 $x \in (a,b)$，有 $f'(x) > 0$（$f'(x) < 0$），则 f 在 $[a,b]$ 严格增（严格减）.

根据微积分基本定理，知道若函数 f 在 $[a,b]$ **连续**，且 F 是 f 在 $[a,b]$ 的一个原函数，则有

$$\int_a^b f(x)\mathrm{d}x = F(b) - F(a).$$

利用微分中值定理可以将条件减弱，得到以下的定理.

定理 1.6（微积分基本定理（Ⅱ））　设函数 f 在 $[a,b]$ **可积**，F 是 f 在 (a,b) 上的一个原函数，且在 $[a,b]$ 连续，则

$$\int_a^b f(x)\mathrm{d}x = F(b) - F(a).$$

证明　对 $[a,b]$ 作任一分法 $\Omega = \{a = x_0 < x_1 < \cdots < x_n = b\}$，有

$$F(b) - F(a) = \sum_{k=1}^{n}[F(x_k) - F(x_{k-1})].$$

因函数 F 在 $[a,b]$ 连续，在 (a,b) 可导，在每个子区间 $[x_{k-1}, x_k]$ 上应用 Lagrange 中值定理得

$$\begin{aligned} F(b) - F(a) &= \sum_{k=1}^{n}[F(x_k) - F(x_{k-1})] \\ &= \sum_{k=1}^{n} F'(\xi_k^*)\Delta x_k = \sum_{k=1}^{n} f(\xi_k^*)\Delta x_k, \end{aligned}$$

其中 $\xi_k^* \in [x_{k-1}, x_k]$. 因为 f 在 $[a,b]$ 可积，由极限存在的唯一性，上式右边当 $\|\Omega\| \to 0$ 时的极限，就是 f 在 $[a,b]$ 上的定积分. 所以，在上式中令 $\|\Omega\| \to 0$ 得到

$$F(b) - F(a) = \int_a^b f(x)\mathrm{d}x.$$ □

当 f' 在 $[a,b]$ **可积**时，微积分基本定理（Ⅱ）也常写成下面形式

$$\int_a^b f'(x)\mathrm{d}x = f(b) - f(a).$$

例 1　证明：当 $a > 0, b > 0$ 且 $a \neq b$ 时，有

$$\left(\frac{a+b}{2}\right)^p < \frac{a^p+b^p}{2},\ p>1,$$
$$\left(\frac{a+b}{2}\right)^p > \frac{a^p+b^p}{2},\ 0<p<1.$$

证明 不妨设 $0<a<b$. 令 $f(t)=t^p, t>0$. 将函数 $f(t)=t^p$ 分别在 $\left[a,\frac{a+b}{2}\right]$ 与 $\left[\frac{a+b}{2},b\right]$ 上应用 Lagrange 中值定理,得

$$b^p-\left(\frac{a+b}{2}\right)^p = p\xi_2^{p-1}\left(\frac{b-a}{2}\right),\ \frac{a+b}{2}<\xi_2<b;$$
$$\left(\frac{a+b}{2}\right)^p-a^p = p\xi_1^{p-1}\left(\frac{b-a}{2}\right),\ a<\xi_1<\frac{a+b}{2}.$$

当 $p>1 \Rightarrow \xi_1^{p-1}<\xi_2^{p-1}$;当 $0<p<1 \Rightarrow \xi_1^{p-1}>\xi_2^{p-1}$. 上面两式相减即可证得本题.

例 2 证明:**勒让德(Legendre) 多项式** $\frac{1}{2^n n!}\frac{\mathrm{d}^n}{\mathrm{d}x^n}(x^2-1)^n \quad (n\in\mathbf{N})$ 有且仅有 n 个不同实根,且都在 $(-1,1)$ 中.

证明 易知当 $k=0,1,2,\cdots,n-1$ 时,$(x^2-1)^n$ 的 k 阶导数 $\frac{\mathrm{d}^k}{\mathrm{d}x^k}(x^2-1)^n$ 均有根 -1 与 1. 由 Rolle 定理,因 $(x^2-1)^n$ 有实根 -1 和 1,$\frac{\mathrm{d}}{\mathrm{d}x}(x^2-1)^n$ 在 $(-1,1)$ 上至少有 1 个实根;由上可得 $\frac{\mathrm{d}}{\mathrm{d}x}(x^2-1)^n$ 在 $[-1,1]$ 上至少有 3 个互异的实根,所以 $\frac{\mathrm{d}^2}{\mathrm{d}x^2}(x^2-1)^n$ 在 $(-1,1)$ 上至少有 2 个互异的实根;由上可得 $\frac{\mathrm{d}^2}{\mathrm{d}x^2}(x^2-1)^n$ 在 $[-1,1]$ 上至少有 4 个互异的实根,则 $\frac{\mathrm{d}^3}{\mathrm{d}x^3}(x^2-1)$ 在 $(-1,1)$ 内至少有 3 个互异的实根;依此递推就可得到 $\frac{\mathrm{d}^{n-1}}{\mathrm{d}x^{n-1}}(x^2-1)^n$ 在 $(-1,1)$ 内至少有 $n-1$ 个不同实根,又 -1 与 1 也是它的根. 再由 Rolle 定理知,$\frac{\mathrm{d}^n}{\mathrm{d}x^n}(x^2-1)^n$ 在 $(-1,1)$ 内至少有 n 个不同实根. 因 $\frac{\mathrm{d}^n}{\mathrm{d}x^n}(x^2-1)^n$ 是 n 次多项式,故它只有这 n 个不同实根.

例 3 设函数 f 在 $x=a$ 的邻域 $U(a;\delta)$ 内二阶可导,且 $f''>0$,求证:$\forall\ |h|<\delta$,有 $f(a+h)+f(a-h)>2f(a)$.

证明 因

$$f(a+h)+f(a-h)>2f(a) \Leftrightarrow [f(a+h)-f(a)]+[f(a-h)-f(a)]>0,$$

由 Lagrange 中值定理知,存在 $\xi_1=a+\theta_1 h, \xi_2=a-\theta_2 h, 0<\theta_1,\theta_2<1$,使得成立

$$\begin{aligned}[f(a+h)-f(a)]+[f(a-h)-f(a)] &= hf'(\xi_1)-hf'(\xi_2)\\ &= h(\xi_1-\xi_2)f''(\xi)>0.\end{aligned}$$

故
$$f(a+h)+f(a-h)>2f(a).$$

例 4 设函数 f 在 $[a,+\infty)$ 可导,且 $f(a)=0$, $\lim\limits_{x\to+\infty}f(x)=0$,求证:存在 $\xi\in(a,+\infty)$,使得 $f'(\xi)=0$.

证明 不妨设 f 不恒等于 0,即存在 $x_0\in(a,+\infty)$,使得 $f(x_0)\neq 0$. 不妨设 $f(x_0)>0$.

因为 $\lim\limits_{x\to+\infty} f(x)=0<f(x_0)$，所以存在 $x_0<\Delta$，使得 $f(\Delta)<f(x_0)$，再取 $\max\{0,f(\Delta)\}<c<f(x_0)$，在 $[a,x_0]$ 和 $[x_0,\Delta]$ 上应用介值定理得，存在 $a<x_1<x_0<x_2<\Delta$，使得 $f(x_1)=f(x_2)=c$，如图 5.1-3 所示.

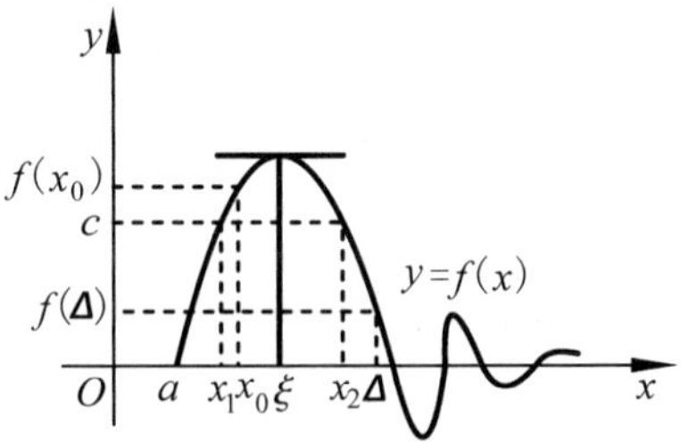

图 5.1-3

因 f 在 $[x_1,x_2]$ 连续，在 (x_1,x_2) 可导，由 Rolle 定理，存在 $\xi\in(x_1,x_2)\subset(a,+\infty)$，使得 $f'(\xi)=0$.

例 5　设函数 f 在 $[0,+\infty)$ 连续，在 $(0,+\infty)$ 可导，且 $f(0)=0$，又导函数 f' 在 $(0,+\infty)$ 严格增. 求证：函数 $g(x)=\dfrac{f(x)}{x}$ 在 $(0,+\infty)$ 严格增.

证明　因为 $g'(x)=\dfrac{xf'(x)-f(x)}{x^2}$，$x\in(0,+\infty)$，所以

$$g'(x)>0\Leftrightarrow f'(x)>\frac{f(x)}{x},\quad x\in(0,+\infty).$$

对函数 f 在 $[0,x]$ 上应用 Lagrange 中值定理知

$$\frac{f(x)}{x}=\frac{f(x)-f(0)}{x-0}=f'(\xi),\quad 0<\xi<x.$$

因 f' 在 $(0,+\infty)$ 严格增 $\Rightarrow\dfrac{f(x)}{x}=f'(\xi)<f'(x)$，故 $g'(x)>0$. 因而函数 $g(x)=\dfrac{f(x)}{x}$ 在 $(0,+\infty)$ 严格增.

例 6　设导函数 f' 在 $[a,b]$ 连续，求证：函数 f 在 $[a,b]$ **一致可导**，即 $\forall\varepsilon>0$，$\exists\delta>0$，$\forall 0<|h|<\delta$，$\forall x\in[a,b]$，有

$$\left|\frac{f(x+h)-f(x)}{h}-f'(x)\right|<\varepsilon.$$

证明　由 Lagrange 中值定理，有

$$f(x+h)-f(x)=f'(x+\theta h)h,\quad x\in[a,b],0<\theta<1,$$

所以

$$\left|\frac{f(x+h)-f(x)}{h}-f'(x)\right|=|f'(x+\theta h)-f'(x)|.$$

又 f' 在 $[a,b]$ 连续，因而一致连续 $\Rightarrow\forall\varepsilon>0$，$\exists\delta>0$，对 $\forall\ |x'-x''|<\delta$，有 $|f(x')-f(x'')|<\varepsilon$. 特别取 $x'=x+\theta h$，$x''=x$，有 $|x'-x''|=|(x+\theta h)-x|=\theta|h|<|h|$，于是，$\forall\varepsilon>0$，$\exists\delta>0$，对 $\forall 0<|h|<\delta$，$\forall x\in[a,b]$，必有

$$\left|\frac{f(x+h)-f(x)}{h}-f'(x)\right|=|f'(x+\theta h)-f'(x)|<\varepsilon.$$

例 7　设导函数 f' 在 $[a,b]$ 连续，且 $f(a)=f(b)=0$，记 $M_1=\max\limits_{x\in[a,b]}|f'(x)|$. 求证：

$$\frac{4}{(b-a)^2}\int_a^b f(x)\mathrm{d}x\leqslant M_1.$$

证明　设 $t=\dfrac{1}{2}(a+b)$，由 Lagrange 中值定理，有

$$\begin{aligned}\int_a^b f(x)\mathrm{d}x&\leqslant\int_a^b|f(x)|\mathrm{d}x=\int_a^t|f(x)-f(a)|\mathrm{d}x+\int_t^b|f(b)-f(x)|\mathrm{d}x\\&=\int_a^t|f'(\xi_1)||x-a|\mathrm{d}x+\int_t^b|f'(\xi_2)||b-x|\mathrm{d}x\end{aligned}$$

$$\leqslant M_1\left[\int_a^t (x-a)\mathrm{d}x+\int_t^b (b-x)\mathrm{d}x\right]$$

$$=M_1\left[\frac{(t-a)^2}{2}+\frac{(b-t)^2}{2}\right]\xlongequal{t=\frac{a+b}{2}}M_1\,\frac{(b-a)^2}{4}.$$

例 8 证明不等式

$$\frac{1}{n^{1+\alpha}}<\frac{1}{\alpha}\left[\frac{1}{(n-1)^\alpha}-\frac{1}{n^\alpha}\right]\quad(n=2,3,4,\cdots,\alpha>0),$$

并利用它证明数列 $x_n=1+\frac{1}{2^\sigma}+\frac{1}{3^\sigma}+\cdots+\frac{1}{n^\sigma}$ 当 $\sigma>1$ 时收敛.

证明 设 $f(x)=\frac{1}{x^\alpha}$,$x>0$,$\alpha>0$. 当 $n=2,3,4\cdots$ 时,对函数 f 在区间 $[n-1,n]$ 上应用 Lagrange 中值定理,得

$$\frac{1}{(n-1)^\alpha}-\frac{1}{n^\alpha}=-\frac{\alpha}{\xi^{\alpha+1}}[(n-1)-n]=\frac{\alpha}{\xi^{\alpha+1}}>\frac{\alpha}{n^{\alpha+1}}\quad(n-1<\xi<n).$$

因 $\sigma>1$,设 $\sigma=1+\alpha$,则 $\alpha>0$. 所以对每个正整数 n 与一切正整数 p 有

$$\begin{aligned}|x_{n+p}-x_n|=x_{n+p}-x_n&=\frac{1}{(n+1)^\sigma}+\frac{1}{(n+2)^\sigma}+\cdots+\frac{1}{(n+p)^\sigma}\\&=\frac{1}{(n+1)^{1+\alpha}}+\frac{1}{(n+2)^{1+\alpha}}+\cdots+\frac{1}{(n+p)^{1+\alpha}}\\&<\frac{1}{\alpha}\left\{\left[\frac{1}{n^\alpha}-\frac{1}{(n+1)^\alpha}\right]+\left[\frac{1}{(n+1)^\alpha}-\frac{1}{(n+2)^\alpha}\right]+\cdots\right.\\&\quad\left.+\left[\frac{1}{(n+p-1)^\alpha}-\frac{1}{(n+p)^\alpha}\right]\right\}\\&=\frac{1}{\alpha}\left[\frac{1}{n^\alpha}-\frac{1}{(n+p)^\alpha}\right]<\frac{1}{\alpha n^\alpha}.\end{aligned}$$

由 Cauchy 准则知,当 $\sigma>1$ 时数列 $\{x_n\}$ 收敛.

例 9 证明**杨格(Young)不等式**:当 $a>0$,$b>0$,$\frac{1}{p}+\frac{1}{q}=1$,$p,q\neq 0,1$ 时,

$$ab\leqslant\frac{a^p}{p}+\frac{b^q}{q}\quad(p>1),$$

$$ab\geqslant\frac{a^p}{p}+\frac{b^q}{q}\quad(p<1).$$

上式等号当且仅当 $a^p=b^q$ 时成立.

证明 将 $b>0$ 看作常数,$a=x>0$ 看作变量,要证明不等式,只需研究辅助函数

$$f(x)=\frac{b^q}{q}+\frac{x^p}{p}-bx,x>0.$$

f 的导函数是 $f'(x)=x^{p-1}-b$. $p\neq 1$ 时,$f'(x)$ 在 $(0,+\infty)$ 上严格单调. 又因 $\frac{1}{p}+\frac{1}{q}=1$,故 $p-1=\frac{p}{q}$,$1+\frac{q}{p}=q$,且 $f'(x)$ 在 $(0,+\infty)$ 上有唯一的零点 $x_0=b^{\frac{q}{p}}$,即 $f'(x_0)=0$,且使得 $f(x_0)=0$. 当 $p>1$ 时,$f'(x)$ 严格增,故当 $x>x_0$ 时,$f'(x)>0$;当 $0<x<x_0$ 时,$f'(x)<0$. 所以 $f(x)\geqslant f(x_0)=0$,等号成立当且仅当 $x=x_0$. 再用 $a=x$ 代入 $f(x)$,整

理后，就证明了第一个不等式，且等号成立当且仅当 $b^q = a^p$.

当 $p<1$ 且 $p\neq 0$ 时，$f'(x)$ 严格减，所以，当 $x>x_0$ 时，有 $f'(x)<0$；当 $0<x<x_0$ 时，有 $f'(x)>0$，故 $f(x)\leqslant f(x_0)=0$. 再用 $a=x$ 代入 $f(x)$，就证明了第二个不等式，且等号成立当且仅当 $b^q = a^p$.

当 $p=2$ 时，Young 不等式就是我们熟悉的不等式

$$ab\leqslant \frac{a^2+b^2}{2}.$$

例 10　证明赫尔德（Hölder）不等式：当 $a_i>0, b_i>0\quad (i=1,2,\cdots,n)$，$\dfrac{1}{p}+\dfrac{1}{q}=1, p,q\neq 0,1$ 时，

$$\sum_{i=1}^{n} a_i b_i \leqslant \Big(\sum_{i=1}^{n} a_i^p\Big)^{1/p}\Big(\sum_{i=1}^{n} b_i^q\Big)^{1/q}\quad (p>1),$$

$$\sum_{i=1}^{n} a_i b_i \geqslant \Big(\sum_{i=1}^{n} a_i^p\Big)^{1/p}\Big(\sum_{i=1}^{n} b_i^q\Big)^{1/q}\quad (p<1).$$

上式等号成立当且仅当存在 $\lambda\neq 0$，使得 $a_i^p=\lambda b_i^q\quad (i=1,2,\cdots,n)$.

证明　记 $A=\sum\limits_{i=1}^{n} a_i^p>0, B=\sum\limits_{i=1}^{n} b_i^q>0$，在 Young 不等式中令 $a=\dfrac{a_i}{A^{1/p}}, b=\dfrac{b_i}{B^{1/q}}$，然后加起来就得到

$$\sum_{i=1}^{n}\frac{a_i b_i}{A^{1/p}B^{1/q}}\leqslant \sum_{i=1}^{n}\frac{1}{p}\frac{a_i^p}{A}+\sum_{i=1}^{n}\frac{1}{q}\frac{b_i^q}{B}=1\quad (p>1),$$

或

$$\sum_{i=1}^{n}\frac{a_i b_i}{A^{1/p}B^{1/q}}\geqslant \sum_{i=1}^{n}\frac{1}{p}\frac{a_i^p}{A}+\sum_{i=1}^{n}\frac{1}{q}\frac{b_i^q}{B}=1\quad (p<1).$$

由 Young 不等式中等号成立的条件就能得到 Hölder 不等式中等号成立的条件.

例 11　证明闵可夫斯基(Minkowski) 不等式：当 $a_i>0, b_i>0\ (i=1,2,\cdots,n), p\neq 0$ 时，

$$\Big[\sum_{i=1}^{n}(a_i+b_i)^p\Big]^{1/p}\leqslant \Big(\sum_{i=1}^{n} a_i^p\Big)^{1/p}+\Big(\sum_{i=1}^{n} b_i^p\Big)^{1/p}\quad (p>1),$$

$$\Big[\sum_{i=1}^{n}(a_i+b_i)^p\Big]^{1/p}\geqslant \Big(\sum_{i=1}^{n} a_i^p\Big)^{1/p}+\Big(\sum_{i=1}^{n} b_i^p\Big)^{1/p}\quad (p<1).$$

上式中的等号成立当且仅当存在 $\lambda\neq 0$，使得 $b_i=\lambda a_i\quad (i=1,2,\cdots,n)$.

证明　有恒等式

$$\sum_{i=1}^{n}(a_i+b_i)^p=\sum_{i=1}^{n}a_i(a_i+b_i)^{p-1}+\sum_{i=1}^{n}b_i(a_i+b_i)^{p-1}.$$

对上式右端两项用 Hölder 不等式得到

$$\Big[\Big(\sum_{i=1}^{n} a_i^p\Big)^{1/p}+\Big(\sum_{i=1}^{n} b_i^p\Big)^{1/p}\Big]\Big[\sum_{i=1}^{n}(a_i+b_i)^p\Big]^{1/q}.$$

其中，$\dfrac{1}{p}+\dfrac{1}{q}=1$. 它从上方或下方控制着 $\sum\limits_{i=1}^{n}(a_i+b_i)^p$，由此即得 Minkowski 不等式.

思　考　题

1. 用下面方法证明 Cauchy 中值定理行吗?

分别对函数 f,g 应用 Lagrange 中值定理得

$$f(b)-f(a)=f'(\xi)(b-a),\xi\in(a,b);$$
$$g(b)-g(a)=g'(\xi)(b-a),\xi\in(a,b).$$

由此得$[f(b)-f(a)]g'(\xi)=[g(b)-g(a)]f'(\xi)$.

2. 下面的命题与证法对吗?

命题:"设 $h>0$,$f(x)$ 在$[a-h,a+h]$连续,在$(a-h,a+h)$可导,则

$$\frac{f(a+h)-f(a-h)}{h}=f'(a+\theta h)+f'(a-\theta h),0<\theta<1."$$

分别在$[a-h,a]$,$[a,a+h]$应用 Lagrange 中值定理,有

$$\frac{f(a+h)-f(a-h)}{h}=\frac{f(a+h)-f(a)}{h}+\frac{f(a)-f(a-h)}{h}$$
$$=f'(a+\theta h)+f'(a-\theta h),0<\theta<1.$$

3. 下面的命题与证法对吗?

"设函数 f 在(a,b)可导,则 f' 在(a,b)连续."

任取 $x_0\in(a,b)$,由 Lagrange 中值定理知$\dfrac{f(x)-f(x_0)}{x-x_0}=f'(\xi)$,$\xi$在$x_0$与$x$之间.$x\to x_0\Rightarrow\xi\to x_0$,故

$f'(x_0)=\lim\limits_{x\to x_0}\dfrac{f(x)-f(x_0)}{x-x_0}=\lim\limits_{x\to x_0}f'(\xi)=\lim\limits_{\xi\to x_0}f'(\xi)$.所以 $f'(x)$ 在 x_0 连续.

4. 例 6 的逆命题"若函数 f 在$[a,b]$一致可导,则 f' 在$[a,b]$连续"成立吗?

5. (1) 若函数 f 在 x_0 取极值,且 $f'_+(x_0)$ 存在,能否断定 $f'_+(x_0)=0$?

(2) 若函数 f 在 x_0 取极值,且 f'_+ 在 x_0 连续,能否断定 $f'_+(x_0)=0$?

(提示:由极限的保号性及反证法可知,结论是肯定的)

(3) 拉格朗日定理能否推广成下面形式:

f 在$[a,b]$连续,f'_+在(a,b)连续 $\Rightarrow\exists\xi\in(a,b)$,使

$$f(b)-f(a)=f'_+(\xi)(b-a).$$

6. 设 f 是 **R** 上的连续偶函数.

(1) 若 $f'(0)$ 存在,试问:$x=0$ 一定是 f 的极值点吗?

$\left(\text{提示:考虑 } f(x)=\begin{cases}x^3\sin\dfrac{1}{x}, & x\neq 0,\\ 0, & x=0\end{cases}\right)$

(2) 若 $f''(0)\neq 0$,试问:$x=0$ 一定是 f 的极值点吗?

练　习　题

5.1　指出下列各函数在给定区间上是否满足 Rolle 定理的要求.

(1) $y=\begin{cases}x\sin\dfrac{1}{x}, & x\in\left(0,\dfrac{1}{\pi}\right],\\ 0, & x=0.\end{cases}$

(2) $y=1-\sqrt[3]{x^2}$,$x\in[-1,1]$.

5.2　证明：$f(x)=\begin{cases}\dfrac{3-x^2}{2}, & 0\leqslant x\leqslant 1,\\ \dfrac{1}{x}, & 1<x\leqslant 2\end{cases}$ 在$[0,2]$上满足 Lagrange 中值定理条件，并求出中间值 ξ.

5.3　证明：方程 $x^3-3x+c=0$　(c 为常数) 在$[0,1]$不可能有两个相异实根.

5.4　应用 Lagrange 中值定理证明下面的不等式：

(1) $|\sin x_1-\sin x_2|\leqslant|x_1-x_2|$；

(2) $\dfrac{b-a}{b}<\ln\dfrac{b}{a}<\dfrac{b-a}{a}$　$(b>a>0)$.

5.5　设 $f\in C[a,b]$，f'' 在(a,b)存在，连接点 $A(a,f(a))$ 与 $B(b,f(b))$ 的直线与曲线 $y=f(x)$ 交于 $C(c,f(c))$　$(a<c<b)$. 求证：存在 $\xi\in(a,b)$，使得 $f''(\xi)=0$.

5.6　设函数 f 在$[a,b]$连续，在(a,b)可导，求证：$\exists\,\xi\in(a,b)$，使得

$$2\xi[f(b)-f(a)]=(b^2-a^2)f'(\xi).$$

5.7　设函数 f 在$[a,b]$有定义，在(a,b)可导.

(1) 问：Lagrange 中值定理在$[a,b]$还成立吗？

(2) 如果想要 Lagrange 中值定理在$[a,b]$成立，需对 f 添加什么条件？请叙述并证明你的判断.

5.8　证明：**拉盖尔(Laguerre) 多项式** $L_n(x)=e^x\dfrac{d^n}{dx^n}(x^ne^{-x})$ 有 n 个正实根.

5.9　设函数 f 在 x_0 连续且在 x_0 的空心邻域 $\mathring{U}(x_0)$ 可导，又 $\lim\limits_{x\to x_0}f'(x)=A\in(-\infty,+\infty)$，求证：$f$ 在 x_0 可导，且导函数 f' 在 x_0 连续，即 $\lim\limits_{x\to x_0}f'(x)=f'(x_0)$. 又问：条件"$f$ 在 x_0 连续"或条件"$\lim\limits_{x\to x_0}f'(x)=A$"能去掉吗？

(提示：此题给出了一种求某些函数的某些特殊点处导数的方法.)

5.10　设导函数 f' 在有界区间 I 有界，求证：函数 f 在 I 有界. 若将 I 改为无界区间，结论还成立吗？又问：上述命题的逆命题成立吗？

5.11　设函数 f 在$[a,b]$连续，在(a,b)可导，且 $f(a)=f(b)$，f 不恒为常数，求证：

(1) $\exists\,\xi\in(a,b)$，使得 $f'(\xi)>0$.

(2) 若 f 在(a,b)二阶可导，则 $\exists\,\xi_1\in(a,b)$，使 $f'(\xi_1)=0$；$\exists\,\xi_2\in(a,b)$，使$f''(\xi_2)\neq 0$.

5.12　设函数 f 在$(a,+\infty)$可导，求证：

(1) 当导函数 f' 有界时，函数 f 在$(a,+\infty)$一致连续.

(2) 当 $\lim\limits_{x\to+\infty}f'(x)=+\infty$ 时，函数 f 在$(a,+\infty)$不一致连续.

5.13　证明：$x\ln x+y\ln y>(x+y)\ln\dfrac{x+y}{2}$　$(x>0,y>0,x\neq y)$.

5.14　设 f 在 $\mathbf{R}$ 二阶导函数连续，且 $\forall\,x,h\in\mathbf{R}$，有

$$f(x+h)+f(x-h)\geqslant 2f(x).$$

求证：$f''(x)\geqslant 0,x\in\mathbf{R}$.

5.15　设函数 f 在$[0,+\infty)$可导，$f(0)=0$，且导函数 f' 在$[0,+\infty)$单减，求证：

$$\forall\,0\leqslant x_1\leqslant x_2,\ f(x_1+x_2)\leqslant f(x_1)+f(x_2).$$

5.16　设函数 f 在(a,b)可导，且 $f(x_1)=f(x_2)=0$，$x_1,x_2\in(a,b)$ 且 $x_1\neq x_2$.

(1) 求证：$\exists\,\xi\in(a,b)$，使得 $f(\xi)+f'(\xi)=0$.

(2) 若函数 g 在(a,b)可导，求证：$\exists\,\xi\in(a,b)$，使得 $f'(\xi)+f(\xi)g'(\xi)=0$.

5.17　设函数 f 在$[0,a]$二阶可导，且在$(0,a)$取到最大值，又 $|f''(x)|\leqslant M$，$x\in[0,a]$，求证：$|f'(0)|+|f'(a)|\leqslant Ma$.

5.18　设函数 f 在$[a,b]$可导. 证明：

(1) 若 $f'(a)<0, f'(b)>0$,则 $\exists\xi\in(a,b)$,使得 $f'(\xi)=0$.

(2)(**达布(Darboux)定理**) $\forall C\in(f'(a),f'(b))$,$\exists\xi\in(a,b)$,使得 $f'(\xi)=C$.(提示:它表明导函数具有介值性.)

(3) 导函数 f' 在$[a,b]$没有第一类间断点,即要么连续;要么只有第二类间断点.

5.19 设函数 f 在$(a,+\infty)$可导,求证:

(1) 若 $\lim\limits_{x\to+\infty}f'(x)=0$,则 $\lim\limits_{n\to+\infty}\dfrac{f(x)}{x}=0$;

(2) 若 $\lim\limits_{x\to+\infty}\dfrac{f(x)}{x}=0$,则 $\exists x_n\to+\infty\quad(n\to\infty)$,使得$\lim\limits_{n\to\infty}f'(x_n)=0$.

5.1.2 洛必达法则

关于未定式极限的各种形式,在第1章1.2,1.3节中已经介绍过,其中以$\dfrac{0}{0}$与$\dfrac{\infty}{\infty}$为基本形式,其他形式都可通过适当的变换化为这两种形式.当时已经注意到,寻求未定式极限并非总是轻而易举的事.有时需要较高的技巧来进行变换.有了微分中值定理这个工具,便可以介绍寻求$\dfrac{0}{0}$型与$\dfrac{\infty}{\infty}$型未定式极限的一种相当简便的方法——洛必达(L'Hospital)法则.

定理1.7(洛必达法则) 设函数 f,g 在 $x=a$ 的空心邻域$\mathring{U}(a)$可导,当 $x\in\mathring{U}(a)$,有 $g'(x)\neq0$,且满足 1° $\lim\limits_{x\to a}\dfrac{f'(x)}{g'(x)}=A\in\mathbf{R}$;

2° $x\to a$ 时,或者$\dfrac{f(x)}{g(x)}$是$\dfrac{0}{0}$型未定式,或者 $g(x)\to\infty$,则下式成立

$$\lim_{x\to a}\frac{f(x)}{g(x)}=\lim_{x\to a}\frac{f'(x)}{g'(x)}=A.$$

证明 情形1° $x\to a$ 时,$f(x)\to0, g(x)\to0$.

这时可补充定义 $f(a)=g(a)=0$,则 f 与 g 均在 $U(a)$ 连续,在 $\mathring{U}(a)$ 可导.任取 $x\in\mathring{U}(a)$,则 f,g 在$[a,x]$连续,在(a,x)可导,由Cauchy中值定理与复合函数极限定理,存在 $\xi=\xi(x)\in(a,x)$,使得

$$\lim_{x\to a}\frac{f(x)}{g(x)}=\lim_{x\to a}\frac{f(x)-f(a)}{g(x)-g(a)}=\lim_{x\to a}\frac{f'(\xi)}{g'(\xi)}=\lim_{\xi\to a}\frac{f'(\xi)}{g'(\xi)}=\lim_{x\to a}\frac{f'(x)}{g'(x)}=A.$$

情形2° $x\to a$ 时,$g(x)\to\infty$.

当 $x_0<x<a$ 或者 $a<x<x_0$ 时,f 在$[x_0,x]$或$[x,x_0]$上可微,则有

$$\begin{aligned}\frac{f(x)}{g(x)}&=\frac{f(x)-f(x_0)}{g(x)-g(x_0)}\cdot\frac{g(x)-g(x_0)}{g(x)}+\frac{f(x_0)}{g(x)}\\&=\frac{f'(\xi)}{g'(\xi)}\left[1-\frac{g(x_0)}{g(x)}\right]+\frac{f(x_0)}{g(x)},\xi=\xi(x)\in(x_0,x).\end{aligned}$$

因为$\lim\limits_{x\to a}\dfrac{f'(x)}{g'(x)}=A$,则任给 $0<\varepsilon<1$,存在 $\delta_1>0$,只要 $0<|x-a|<\delta_1$,就有 $\left|\dfrac{f'(x)}{g'(x)}-A\right|<\dfrac{\varepsilon}{2}$ 成立.当 $x<a$ 时,取 $x_0=a-\delta_1$,当 $x>a$ 时,取 $x_0=a+\delta_1$,则当 $x_0<x<a$ 或者 $a<x<x_0$ 时,就有 $0<|\xi-a|<\delta_1$,又因为

$$-\frac{f'(\xi)}{g'(\xi)}\cdot\frac{g(x_0)}{g(x)}+\frac{f(x_0)}{g(x)}\to0(x\to a),$$

所以存在 $\delta_1 > \delta > 0$，只要 $0 < |x-a| < \delta$，有 $\left|-\dfrac{f'(\xi)}{g'(\xi)} \cdot \dfrac{g(x_0)}{g(x)} + \dfrac{f(x_0)}{g(x)}\right| < \dfrac{\varepsilon}{2}$.

由上面 3 个等式或不等式就得到了，只要 $0 < |x-a| < \delta$，就有

$$\left|\frac{f(x)}{g(x)} - A\right| = \left|\frac{f'(\xi)}{g'(\xi)} - A - \frac{f'(\xi)}{g'(\xi)}\frac{g(x_0)}{g(x)} + \frac{f(x_0)}{g(x)}\right| < \frac{\varepsilon}{2} + \frac{\varepsilon}{2} = \varepsilon$$

成立，所以定理成立. □

注　当 $x \to a^+, x \to a^-, x \to \infty, x \to +\infty, x \to -\infty$ 时，定理 1.7 仍然成立. 在定理的条件 1° 中取 $A = \infty, +\infty, -\infty$，定理 1.7 仍然成立.

例 1　求 $I = \lim\limits_{x \to 0} \dfrac{\tan x - x}{x - \sin x}$.

解　这是 $\dfrac{0}{0}$ 型，由于

$$\lim_{x\to 0}\frac{(\tan x - x)'}{(x-\sin x)'} = \lim_{x\to 0}\frac{\sec^2 x - 1}{1-\cos x} = \lim_{x\to 0}\frac{1-\cos^2 x}{\cos^2 x(1-\cos x)}$$

$$= \lim_{x\to 0}\frac{1+\cos x}{\cos^2 x} = 2,$$

根据洛必达法则，即得 $\lim\limits_{x\to 0}\dfrac{\tan x - x}{x-\sin x} = 2$.

若导函数之比的极限仍是 $\dfrac{0}{0}$ 型或 $\dfrac{\infty}{\infty}$ 型，且满足定理条件，则可重复运用洛必达法则. 在运用洛必达法则计算极限过程中，要注意运用求极限的其他方法，如恒等变形、变量替换、约公因式、共轭根式、等价无穷小替换等各种方法以简化计算过程.

例 2　求 $I = \lim\limits_{x\to 0}\dfrac{\ln\cos x}{\sqrt[m]{\cos x} - \sqrt[n]{\cos x}}$　$(m \neq n \in \mathbf{N})$.

解　这是 $\dfrac{0}{0}$ 型. 先做变量替换 $t = \cos x$，当 $x \to 0$ 时，$t = \cos x \to 1$. 根据洛必达法则可得

$$I = \lim_{t\to 1}\frac{\ln t}{\sqrt[m]{t} - \sqrt[n]{t}} = \lim_{t\to 1}\frac{t^{-1}}{\dfrac{1}{m}t^{\frac{1}{m}-1} - \dfrac{1}{n}t^{\frac{1}{n}-1}} = \frac{mn}{n-m}.$$

例 3　证明：$\lim\limits_{x\to+\infty}\dfrac{\log_b x}{x^\alpha} = 0$　$(\alpha > 0, b > 1)$；

$\lim\limits_{x\to+\infty}\dfrac{x^\alpha}{b^x} = 0$　$(\alpha > 0, b > 1)$.

证明　它们都是 $\dfrac{\infty}{\infty}$ 型，据洛必达法则得

$$\lim_{x\to+\infty}\frac{\log_b x}{x^\alpha} = \lim_{x\to+\infty}\frac{\dfrac{1}{x\ln b}}{\alpha \cdot x^{\alpha-1}} = \lim_{x\to+\infty}\frac{1}{\alpha x^\alpha \ln b} = 0;$$

$$\lim_{x\to+\infty}\frac{x^\alpha}{b^x} = \lim_{x\to+\infty}\frac{\alpha x^{\alpha-1}}{b^x \cdot \ln b} = \lim_{x\to+\infty}\frac{\alpha(\alpha-1)x^{\alpha-2}}{b^x\ln^2 b} = \cdots$$

$$= \lim_{x\to+\infty}\frac{\alpha(\alpha-1)\cdots(\alpha-n+1)x^{\alpha-n}}{b^x\ln^n b} = 0 \quad (\text{其中 } n = [\alpha]+1).$$

此例表明：当 $x\to+\infty$ 时，无穷大量 $\log_b x, x^\alpha, b^x$ 的阶越来越高($\alpha>0, b>1$).

注 对于函数 $\ln x$ 在 $x=+\infty$ 时有下面阶的估计式：

$$\ln^p x=o(x^\varepsilon)\quad(x\to+\infty;\forall p\in\mathbf{R},\forall\varepsilon>0).$$

例 4 求 $\lim\limits_{x\to0^+}x^\alpha\ln x(\alpha>0)$.

解 这是 $0\cdot\infty$ 型，可化为 $\dfrac{\infty}{\infty}$ 型，再根据洛必达法则得

$$\lim_{x\to0^+}x^\alpha\ln x=\lim_{x\to0^+}\frac{\ln x}{x^{-\alpha}}=\lim_{x\to0^+}\frac{\frac{1}{x}}{-\alpha x^{-\alpha-1}}=\lim_{x\to0^+}\frac{x^\alpha}{-\alpha}=0.$$

注 对于函数 $\ln x$ 在 $x=0$ 点有下面阶的估计式：

$$\ln^p x=o\left(\frac{1}{x^\varepsilon}\right)\quad(x\to0^+,\forall p\in\mathbf{R},\forall\varepsilon>0).$$

例 5 求 $I=\lim\limits_{x\to0}\left(\dfrac{1}{x^2}-\cot^2x\right)$.

解 这是 $\infty-\infty$ 型. 利用恒等变形变为 $\dfrac{0}{0}$ 型，再计算得

$$\begin{aligned}I&=\lim_{x\to0}\left(\frac{1}{x^2}-\cot^2x\right)=\lim_{x\to0}\frac{\sin^2x-x^2\cos^2x}{x^2\sin^2x}\\&=\lim_{x\to0}\frac{\sin x+x\cos x}{\sin x}\cdot\lim_{x\to0}\frac{\sin x-x\cos x}{x^2\sin x}.\end{aligned}$$

其中
$$\lim_{x\to0}\frac{\sin x+x\cos x}{\sin x}=\lim_{x\to0}\left(1+\frac{x}{\sin x}\cos x\right)=2,$$

$$\lim_{x\to0}\frac{\sin x-x\cos x}{x^2\sin x}=\lim_{x\to0}\frac{\sin x-x\cos x}{x^3}=\lim_{x\to0}\frac{\cos x-\cos x+x\sin x}{3x^2}=\frac{1}{3},$$

故 $I=2\times\dfrac{1}{3}=\dfrac{2}{3}$.

例 6 求 $I=\lim\limits_{x\to0^+}x^{(x^x-1)}$.

解 由 $\lim\limits_{x\to0^+}x^x=\lim\limits_{x\to0^+}e^{x\ln x}=e^{\lim\limits_{x\to0^+}x\ln x}=e^0=1$ 知，原式是 0^0 型未定式.

由于
$$I=\lim_{x\to0^+}e^{(x^x-1)\ln x}=e^{\lim\limits_{x\to0^+}(x^x-1)\ln x},$$

问题转化为计算 $0\cdot\infty$ 未定式：

$$\lim_{x\to0^+}(x^x-1)\ln x=\lim_{x\to0^+}(e^{x\ln x}-1)\ln x=\lim_{x\to0^+}\frac{e^{x\ln x}-1}{x\ln x}(x\ln^2x).$$

由例 4 知
$$\lim_{x\to0^+}x\ln^2x=\lim_{x\to0^+}(\sqrt{x}\ln x)^2=0,$$

又
$$\lim_{x\to0^+}\frac{e^{x\ln x}-1}{x\ln x}\xlongequal{t=x\ln x}\lim_{t\to0}\frac{e^t-1}{t}=1,$$

故 $\lim\limits_{x\to0^+}(x^x-1)\ln x=0$，最后得到

$$I=e^{\lim\limits_{x\to0^+}(x^x-1)\ln x}=e^0=1.$$

例 7　有一半径为 r，圆心为 O 的圆，在圆上任取一小段弧$\overset{\frown}{CD}$，过 C 作 $BC \perp OC$，取 BC 线段之长等于$\overset{\frown}{CD}$ 弧段之长．设$\overset{\frown}{CD}$ 弧所对圆心角为 θ，连接 BD 交 CO 延长线于 A，如图 5.1-4 所示．令 $\theta \to 0$，问 A 点的极限位置在何处？

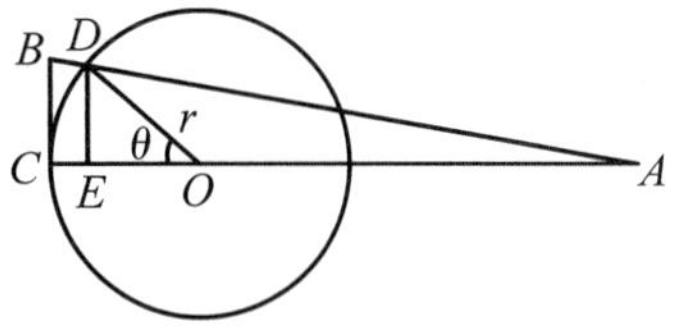

图 5.1-4

解　设 $AC = S(\theta)$．由$\dfrac{BC}{DE} = \dfrac{AC}{AE}$ 推出

$$\frac{BC}{BC - DE} = \frac{AC}{AC - AE}.$$

将 $BC = r\theta$，$DE = r\sin\theta$，$AC = S(\theta)$，$AC - AE = CE = r - r\cos\theta$ 代入上面最后一个等式，便可得：

$$S(\theta) = \frac{r\,\theta(1-\cos\theta)}{\theta - \sin\theta}.$$

故
$$\lim_{\theta\to 0} S(\theta) = r\lim_{\theta\to 0}\frac{1-\cos\theta+\theta\sin\theta}{1-\cos\theta} = r\left(1+\lim_{\theta\to 0}\frac{\theta^2}{1-\cos\theta}\right) = 3r.$$

这就是说，点 A 的极限位置在 OC 延长线上距离 C 点为 $3r$ 的地方．它给出了一种画直线段使它的长度近似于一小段圆弧之长的简便方法．

例 8　设函数 f 在点 x 的邻域 $U(x)$ 有定义，且 f 在点 x 存在二阶导数．求证：

$$f''(x) = \lim_{h\to 0}\frac{f(x+h)+f(x-h)-2f(x)}{h^2}.$$

证明　等式右边将 x 作为常数，从而是自变量为 h 的函数的极限，由洛必达法则，对自变量 h 求导可得

$$\begin{aligned}
&\lim_{h\to 0}\frac{f(x+h)+f(x-h)-2f(x)}{h^2}\\
&= \lim_{h\to 0}\frac{f'(x+h)-f'(x-h)}{2h}\\
&= \frac{1}{2}\lim_{h\to 0}\left[\frac{f'(x+h)-f'(x)}{h}+\frac{f'(x-h)-f'(x)}{-h}\right] = f''(x).
\end{aligned}$$

例 9　设 $f(x) = \displaystyle\int_0^x \cos\frac{1}{t}\,dt$，求 $f'(0)$．

解　分部积分可得

$$f(x) = \int_0^x -t^2\,d\left(\sin\frac{1}{t}\right) = -x^2\sin\frac{1}{x} + 2\int_0^x t\sin\frac{1}{t}\,dt,$$

所以

$$\begin{aligned}
f'(0) &= \lim_{x\to 0}\frac{f(x)-f(0)}{x-0} = \lim_{x\to 0}\left(-x\sin\frac{1}{x} + \frac{2\int_0^x t\sin\frac{1}{t}\,dt}{x}\right)\\
&= 2\lim_{x\to 0}\frac{\int_0^x t\sin\frac{1}{t}\,dt}{x} = 2\lim_{x\to 0}\frac{\left(\int_0^x t\sin\frac{1}{t}\,dt\right)'}{(x)'}\\
&= 2\lim_{x\to 0}x\sin\frac{1}{x} = 0.
\end{aligned}$$

这是因为第三个等式右边是 $\frac{0}{0}$ 型未定式,可以应用洛必达法则来求极限.

思　考　题

1. 下面的做法对吗?为什么?正确做法是什么?

(1) $\lim\limits_{x\to+\infty}\dfrac{x+\sin x}{x}=\lim\limits_{x\to+\infty}\dfrac{(x+\sin x)'}{x'}=\lim\limits_{x\to+\infty}\dfrac{1+\cos x}{1}$,极限不存在.

(2) $\lim\limits_{x\to0}\dfrac{1-\cos x}{1+\cos x}=\lim\limits_{x\to0}\dfrac{(1-\cos x)'}{(1+\cos x)'}=\lim\limits_{x\to0}\dfrac{\sin x}{-\sin x}=-1.$

(3) $\lim\limits_{n\to\infty}\dfrac{\ln n}{n^{\alpha}}=\lim\limits_{n\to\infty}\dfrac{(\ln n)'}{(n^{\alpha})'}=\lim\limits_{n\to\infty}\dfrac{\frac{1}{n}}{\alpha n^{\alpha-1}}=\lim\limits_{n\to\infty}\dfrac{1}{\alpha n^{\alpha}}=0\quad(\alpha>0).$

2. 下面的做法对吗?

设 f 在 x 存在二阶导数,由洛必达法则得

$$\begin{aligned}\lim_{h\to0}\frac{f(x+h)+f(x-h)-2f(x)}{h^2}&=\lim_{h\to0}\frac{f'(x+h)-f'(x-h)}{2h}\\&=\lim_{h\to0}\frac{f''(x+h)+f''(x-h)}{2}=f''(x).\end{aligned}$$

3. 洛必达法则的逆命题"设 f,g 在点 a 是无穷小量,且在点 a 的空心邻域可导,若 $\lim\limits_{x\to a}\dfrac{f(x)}{g(x)}=A\in[-\infty,+\infty]$,则 $\lim\limits_{x\to a}\dfrac{f'(x)}{g'(x)}=A$" 成立吗?

练　习　题

5.20　求下列极限.

(1) $\lim\limits_{x\to0}\dfrac{1-\cos x^2}{x^2\sin x^2}$;

(2) $\lim\limits_{x\to1}\dfrac{\ln\cos(x-1)}{1-\sin\frac{\pi x}{2}}$;

(3) $\lim\limits_{x\to0^+}x^{-100}\mathrm{e}^{-\frac{1}{x^2}}$;

(4) $\lim\limits_{x\to1^-}\ln x\ln(1-x)$;

(5) $\lim\limits_{x\to\frac{\pi}{2}}\dfrac{\tan x}{\tan 3x}$;

(6) $\lim\limits_{x\to0}\dfrac{\arcsin x-x}{\sin^3 x}$;

(7) $\lim\limits_{x\to0}\left(\dfrac{1}{\sin^2 x}-\dfrac{1}{x^2}\right)$.

5.21　求下列极限.

(1) $\lim\limits_{x\to0^+}(\tan x)^{\sin x}$;

(2) $\lim\limits_{x\to0}\left(\dfrac{\sin x}{x}\right)^{\frac{1}{x^2}}$;

(3) $\lim\limits_{x\to+\infty}\left[\dfrac{\ln(1+x)}{x}\right]^{\frac{1}{x}}$;

(4) $\lim\limits_{x\to+\infty}\left(1+\dfrac{1}{x}\right)^{x^2}\mathrm{e}^{-x}$.

5.22　求下列极限.

(1) $\lim\limits_{x\to 0}\dfrac{\int_0^x \cos t^2\,\mathrm{d}t}{x}$；　　(2) $\lim\limits_{x\to 0}\dfrac{\int_0^x \mathrm{e}^{-t^2}\,\mathrm{d}t}{1-\mathrm{e}^{x^2}}$；

(3) $\lim\limits_{x\to+\infty}\dfrac{\int_0^x (\arctan t)^2\,\mathrm{d}t}{\sqrt{1+x^2}}$.

5.23　求下列极限.

(1) $\lim\limits_{x\to+\infty}\dfrac{\mathrm{e}^x-\mathrm{e}^{-x}}{\mathrm{e}^x+\mathrm{e}^{-x}}$；　　(2) $\lim\limits_{x\to\infty}\dfrac{x}{x+\sin x}$；

(3) $\lim\limits_{n\to\infty}n(\sqrt[n]{x}-1)\quad(x>0)$.

下题(同题 5.19) 在上一节曾做过，那时你或许感到有些费劲，现在你再来做它，一定会觉得轻松多了.

5.24　设函数 f 在$(a,+\infty)$ 可导.

(1) 若 $\lim\limits_{x\to+\infty}f'(x)=0$，求证：$\lim\limits_{x\to+\infty}\dfrac{f(x)}{x}=0$；

(2) 若 $\lim\limits_{x\to+\infty}\dfrac{f(x)}{x}=0$，求证：$\exists\, x_n\to+\infty\quad(n\to\infty)$，使得 $\lim\limits_{n\to\infty}f'(x_n)=0$；并请考虑能否得到更强的结论：$\lim\limits_{x\to+\infty}f'(x)=0$.

5.25　设 f 在$(a,+\infty)$ 存在有界的导数，求证：$\lim\limits_{x\to+\infty}\dfrac{f(x)}{x^2}=0$.

5.26　设函数 f 在$(a,+\infty)$ 可导，且 $\lim\limits_{x\to+\infty}[f(x)+f'(x)]=A$，求证：$\lim\limits_{x\to+\infty}f(x)=A$.

5.27　设函数 f 在$(-\infty,+\infty)$ 二阶导函数连续，且 $f(0)=0$，设

$$g(x)=\begin{cases}f'(0), & x=0,\\ \dfrac{f(x)}{x}, & x\neq 0.\end{cases}$$

求证：函数 g 在$(-\infty,+\infty)$ 上的一阶导函数连续.

5.28　设函数 f 在(a,b) 可导，且导函数 f' 在(a,b) 单调，求证：导函数 f' 在(a,b) 连续.

5.1.3　泰勒公式

若一元函数 $f(x)$ 在 $U(x_0)$ 上有定义，且在点 x_0 存在 n 阶导数，则称下面的恒等式

$$f(x)=f(x_0)+\frac{f'(x_0)}{1!}(x-x_0)+\frac{f''(x_0)}{2!}(x-x_0)^2+\cdots+\frac{f^{(n)}(x_0)}{n!}(x-x_0)^n+R_n(x)$$

为函数 $f(x)$ 在点 x_0 的 **n 阶 Taylor(泰勒) 展开式**或 **n 阶 Taylor 公式**，称

$$T_n(x)=f(x_0)+\frac{f'(x_0)}{1!}(x-x_0)+\frac{f''(x_0)}{2!}(x-x_0)^2+\cdots+\frac{f^{(n)}(x_0)}{n!}(x-x_0)^n$$

为 $f(x)$ **在点 x_0 的 n 阶 Taylor 多项式**，称 $R_n(x)$ 为 Taylor 公式的 n 阶**余项**，它是 $f(x)$ 用 n 阶 Taylor 多项式 $T_n(x)$ 近似代替时的误差.

对于上述的函数 $f(x)$ 在点 x_0 的 Taylor 公式，最重要的问题是，确定余项 $R_n(x)$ 的性质，找出余项 $R_n(x)$ 新的表达式. 常用的 Taylor 公式余项有 3 种，它们分别是：皮亚诺(Peano) 余项、“大 O” 余项和 Lagrange 余项.

我们知道当函数 $y=f(x)$ 在 x_0 可导时，有

$$f(x)=f(x_0)+f'(x_0)(x-x_0)+o(x-x_0),\ (x\to x_0),$$

即当 x 充分靠近 x_0 时，可用一次多项式

$$T_1(x)=f(x_0)+f'(x_0)(x-x_0)$$

逼近 $f(x)$,其误差为 $R_1(x)=o(x-x_0)$.

定理 1.8 设函数 f 在 x_0 的附近有定义,并且 $f^{(n)}(x_0)$ 存在,则存在邻域 $U(x_0)$,对一切 $x\in U(x_0)$,有

$$f(x)=f(x_0)+\frac{f'(x_0)}{1!}(x-x_0)+\frac{f''(x_0)}{2!}(x-x_0)^2+\cdots$$
$$+\frac{f^{(n)}(x_0)}{n!}(x-x_0)^n+o((x-x_0)^n)\quad(x\to x_0).$$

证明 由 $f^{(n)}(x_0)$ 存在可知,存在 x_0 的邻域 $U(x_0)$,$\forall\, x\in U(x_0)$,$f^{(n-1)}(x)$ 存在,记

$$F(x)=f(x)-f(x_0)-\frac{f'(x_0)}{1!}(x-x_0)-\cdots-\frac{f^{(n)}(x_0)}{n!}(x-x_0)^n,$$
$$G(x)=(x-x_0)^n,$$

则 $x\to x_0$ 时,对 $k=0,1,\cdots,n-2$,$\dfrac{F^{(k)}(x)}{G^{(k)}(x)}$ 均是 $\dfrac{0}{0}$ 型未定式,连续运用 $n-1$ 次洛必达法则得

$$\lim_{x\to x_0}\frac{F(x)}{G(x)}=\lim_{x\to x_0}\frac{F^{(n-1)}(x)}{G^{(n-1)}(x)}=\lim_{x\to x_0}\left\{\frac{f^{(n-1)}(x)-f^{(n-1)}(x_0)}{n!(x-x_0)}-\frac{f^{(n)}(x_0)}{n!}\right\}=0.$$

故 $F(x)=o(G(x))$,$(x\to x_0)$. 整理后得到定理. □

定理 1.8 中的公式称为**带有皮亚诺(Peano)余项的 Taylor 公式**,系数 $a_k=\dfrac{f^{(k)}(x_0)}{k!}$ $(k=0,1,2,\cdots,n)$ 称为 **Taylor 系数**,余项 $R_n(x)=f(x)-T_n(x)=o((x-x_0)^n)$ 称为 **Peano 余项**. 特别地,当 $x_0=0$ 时,公式

$$f(x)=f(0)+\frac{f'(0)}{1!}x+\frac{f''(0)}{2!}x^2+\cdots+\frac{f^{(n)}(0)}{n!}x^n+o(x^n)\quad(x\to 0)$$

称为带皮亚诺余项的**麦克劳林(Maclaurin)公式.**

利用公式:

$$(\mathrm{e}^x)^{(n)}=\mathrm{e}^x,$$
$$(\sin x)^{(n)}=\sin\left(x+\frac{n\pi}{2}\right),$$
$$(\cos x)^{(n)}=\cos\left(x+\frac{n\pi}{2}\right),$$
$$[\ln(1+x)]^{(n)}=(-1)^{n-1}\frac{(n-1)!}{(1+x)^n},$$
$$[(1+x)^\alpha]^{(n)}=\alpha(\alpha-1)\cdots(\alpha-n+1)(1+x)^{\alpha-n},$$

不难得到下面 5 个初等函数带有 Peano 余项的 Maclaurin 公式:

$$\mathrm{e}^x=1+x+\frac{x^2}{2!}+\cdots+\frac{x^n}{n!}+o(x^n),\quad(x\to 0).\tag{1}$$

$$\sin x=x-\frac{x^3}{3!}+\frac{x^5}{5!}-\cdots+(-1)^{n-1}\frac{x^{2n-1}}{(2n-1)!}+o(x^{2n}),\quad(x\to 0).\tag{2}$$

$$\cos x=1-\frac{x^2}{2!}+\frac{x^4}{4!}-\cdots+(-1)^{n-1}\frac{x^{2n-2}}{(2n-2)!}+o(x^{2n-1}),\quad(x\to 0).\tag{3}$$

$$\ln(1+x)=x-\frac{x^2}{2}+\frac{x^3}{3}-\cdots+(-1)^{n-1}\frac{x^n}{n}+o(x^n),\quad(x\to 0).\tag{4}$$

$$(1+x)^{\alpha}=1+\alpha x+\frac{\alpha(\alpha-1)}{2!}x^{2}+\cdots+\frac{\alpha(\alpha-1)\cdots+(\alpha-n+1)}{n!}x^{n}+o(x^{n})\quad(x\to 0).\tag{5}$$

下面我们介绍一种带“大 O”余项的 Taylor 公式. 设 $f^{(n+1)}(x_0)$ 存在,则由定理 1.8 可得

$$f(x)=\sum_{k=0}^{n+1}\frac{f^{(k)}(x_0)}{k!}(x-x_0)^{k}+o((x-x_0)^{n+1}),$$

又有 $$\frac{f^{(n+1)}(x_0)}{(n+1)!}(x-x_0)^{n+1}+o((x-x_0)^{n+1})=O((x-x_0)^{n+1}),(x\to x_0),$$

代入上式就得到,当 $f^{(n+1)}(x_0)$ 存在时,有**带“大 O”余项的 Taylor 公式.**

定理 1.9 设函数 $f(x)$ 在 x_0 附近有定义,且 $f^{(n+1)}(x_0)$ 存在,则存在邻域 $U(x_0)$,对一切 $x\in U(x_0)$ 有

$$f(x)=f(x_0)+\frac{f'(x_0)}{1!}(x-x_0)+\frac{f''(x_0)}{2!}(x-x_0)^{2}+\cdots+\frac{f^{(n)}(x_0)}{n!}(x-x_0)^{n}+O((x-x_0)^{n+1}).$$

在上面 5 个初等函数的带 Peano 余项的 Maclaurin 公式中将 $o(x^n)$ 换成 $O(x^{n+1})$,将 $o(x^{2n})$ 换成 $O(x^{2n+1})$,将 $o(x^{2n-1})$ 换成 $O(x^{2n})$,就得到这 5 个函数的带 O 余项的 Maclaurin 公式.

一般地,若 $f(x)=o(1)\quad(x\to x_0)$,则将上面 5 个初等函数的 Maclaurin 公式中用 $f(x)$ 代替 x 可得下面的带大 O 余项的展式

$$\mathrm{e}^{f(x)}=1+f(x)+\cdots+\frac{f^{n}(x)}{n!}+O(f^{n+1}(x))\quad(x\to x_0),$$

$$\sin f(x)=f(x)-\frac{f^{3}(x)}{3!}+\cdots+(-1)^{n-1}\frac{f^{2n-1}(x)}{(2n-1)!}+O(f^{2n+1}(x))\quad(x\to x_0),$$

$$\cos f(x)=1-\frac{f^{2}(x)}{2!}+\cdots+(-1)^{n-1}\frac{f^{2n-2}(x)}{(2n-2)!}+O(f^{2n}(x))\quad(x\to x_0),$$

$$\ln[1+f(x)]=f(x)-\frac{f^{2}(x)}{2}+\cdots+(-1)^{n-1}\frac{f^{n}(x)}{n}+O(f^{n+1}(x))\quad(x\to x_0),$$

$$[1+f(x)]^{\alpha}=1+\alpha f(x)+\cdots+\frac{\alpha(\alpha-1)\cdots(\alpha-n+1)}{n!}f^{n}(x)+O(f^{n+1}(x))\quad(x\to x_0).$$

上面 5 个公式的大 O 余项也可用小 o 余项来代替.

例 1 求 $f(x)=\arctan x$ 带有 Peano 余项的 Maclaurin 公式.

解 只要求出 $f^{(k)}(0)$ 即可. 设 $y=\arctan x$,有

$$(1+x^{2})y'=1.$$

两边求 $n-1$ 次导数,得

$$(1+x^{2})y^{(n)}+(n-1)2xy^{(n-1)}+\frac{(n-1)(n-2)}{1\times 2}\times 2\times y^{(n-2)}=0.$$

令 $x=0$,便得递推公式

$$y^{(n)}(0)=-(n-1)(n-2)y^{(n-2)}(0).$$

由此得 $$f^{(2k)}(0)=0,\quad f^{(2k+1)}(0)=(-1)^{k}(2k)!.$$

于是有

$$\arctan x = x - \frac{x^3}{3} + \frac{x^5}{5} + \cdots + (-1)^{n-1}\frac{x^{2n-1}}{2n-1} + o(x^{2n}).$$

例 2 写出 $f(x) = e^{\cos x}$ 带有 Peano 余项的 Maclaurin 公式到 x^4 项.

解 求函数 f 的 Taylor 展开式可利用定理 1.9 通过求 $f^{(n)}(x_0)$ 的方法得到，也可利用已知的基本初等函数的 Taylor 展开式及 Taylor 展开式的唯一性来获得.

当 $x \to 0$ 时，$\cos x - 1 \to 0$，故由 e^x 的 Maclaurin 公式得

$$e^{\cos x - 1} = 1 + \frac{\cos x - 1}{1!} + \frac{(\cos x - 1)^2}{2!} + o((\cos x - 1)^2).$$

又
$$\cos x - 1 = -\frac{x^2}{2!} + \frac{x^4}{4!} + o(x^5),$$

$$(\cos x - 1)^2 = \left(-\frac{x^2}{2!} + o(x^3)\right)^2 = \frac{x^4}{4} + o(x^5) + [o(x^3)]^2 = \frac{x^4}{4} + o(x^5),$$

$$o((\cos x - 1)^2) = o\left(\frac{x^4}{4} + o(x^5)\right) = o(x^4),$$

故 $e^{\cos x} = e \cdot e^{\cos x - 1} = e\left[1 - \frac{x^2}{2} + \frac{x^4}{4!} + \frac{x^4}{8} + o(x^4)\right] = e - \frac{e}{2}x^2 + \frac{e}{6}x^4 + o(x^4).$

利用带“小 o”余项与带“大 O”余项的 Taylor 公式计算极限也是常用的方法，尤其对一些复杂的难度较高的极限，它更是一种锐利的工具.

例 3 求 $I = \lim\limits_{x \to 0}\left(1 + \frac{1}{x^2} - \frac{1}{x^3}\ln\frac{2+x}{2-x}\right).$

解 先应用 Taylor 公式展开，有

$$\begin{aligned}
\ln\frac{2+x}{2-x} &= \ln\frac{1+\frac{x}{2}}{1-\frac{x}{2}} = \ln\left(1+\frac{x}{2}\right) - \ln\left(1-\frac{x}{2}\right) \\
&= \left[\frac{x}{2} - \frac{1}{2}\left(\frac{x}{2}\right)^2 + \frac{1}{3}\left(\frac{x}{2}\right)^3 + o(x^3)\right] - \\
&\quad \left[\left(-\frac{x}{2}\right) - \frac{1}{2}\left(-\frac{x}{2}\right)^2 + \frac{1}{3}\left(-\frac{x}{2}\right)^3 + o(x^3)\right] \\
&= x + \frac{x^3}{12} + o(x^3).
\end{aligned}$$

故
$$I = \lim_{x \to 0}\left\{1 + \frac{1}{x^2} - \frac{1}{x^3}\left(x + \frac{x^3}{12} + o(x^3)\right)\right\} = \lim_{x \to 0}\left\{1 - \frac{1}{12} + \frac{o(x^3)}{x^3}\right\} = \frac{11}{12}.$$

例 4 求 $I = \lim\limits_{n \to \infty} \cos^n \frac{x}{\sqrt{n}}.$

解 因 $t = \frac{x}{\sqrt{n}} = o(1) \quad (n \to \infty)$. 所以

$$\cos\frac{x}{\sqrt{n}} = 1 - \frac{x^2}{2n} + O\left(\frac{1}{n^2}\right).$$

于是
$$\cos^n\frac{x}{\sqrt{n}} = \left[1 - \frac{x^2}{2n} + O\left(\frac{1}{n^2}\right)\right]^n = e^{n\ln\left[1 - \frac{x^2}{2n} + O\left(\frac{1}{n^2}\right)\right]}.$$

因为$\frac{x^2}{2n}-O\left(\frac{1}{n^2}\right)=o(1)\quad(n\to\infty)$，由 $\ln(1+t)$ 的 2 阶 Taylor 公式可得

$$\begin{aligned}&\ln\left[1-\left(\frac{x^2}{2n}-O\left(\frac{1}{n^2}\right)\right)\right]\\&=-\left[\frac{x^2}{2n}-O\left(\frac{1}{n^2}\right)\right]-\frac{1}{2}\left[\frac{x^2}{2n}-O\left(\frac{1}{n^2}\right)\right]^2+O\left(\left|\frac{x^2}{2n}-O\left(\frac{1}{n^2}\right)\right|^3\right)\\&=-\frac{x^2}{2n}+O\left(\frac{1}{n^2}\right)+O\left(\frac{1}{n^2}\right)+O\left(\frac{1}{n^3}\right)=-\frac{x^2}{2n}+O\left(\frac{1}{n^2}\right).\end{aligned}$$

于是
$$\cos^n\frac{x}{\sqrt{n}}=\mathrm{e}^{n\left[-\frac{x^2}{2n}+O\left(\frac{1}{n^2}\right)\right]}=\mathrm{e}^{-\frac{x^2}{2}}\mathrm{e}^{O\left(\frac{1}{n}\right)}=\mathrm{e}^{-\frac{x^2}{2}}\left[1+O\left(\frac{1}{n}\right)\right].$$

故
$$I=\lim_{n\to\infty}\mathrm{e}^{-\frac{x^2}{2}}\left[1+O\left(\frac{1}{n}\right)\right]=\mathrm{e}^{-\frac{x^2}{2}}.$$

若函数 f 在(a,b)可导，$x_0\in(a,b)$，则对任何 $x\in(a,b)$，根据 Lagrange 中值定理，存在 $\xi\in(x_0,x)$，使得

$$\begin{aligned}f(x)&=f(x_0)+f'(\xi)(x-x_0)\\&=f(x_0)+R_0(x).\end{aligned}$$

它可看作 0 阶的 Taylor 公式，它的余项是

$$R_0(x)=f'(\xi)(x-x_0),\ \xi\in(x_0,x).$$

将上面的想法，推广到一般情形，则有下列定理.

定理 1.10　设函数 f 在(a,b)有 $n+1$ 阶导数，$x_0\in(a,b)$，则对任何 $x\in(a,b)$，存在 $\xi\in(x_0,x)$ 或 $\xi\in(x,x_0)$，使得

$$\begin{aligned}f(x)=&f(x_0)+\frac{f'(x_0)}{1!}(x-x_0)+\frac{f''(x_0)}{2!}(x-x_0)^2+\cdots\\&+\frac{f^{(n)}(x_0)}{n!}(x-x_0)^n+\frac{f^{(n+1)}(\xi)}{(n+1)!}(x-x_0)^{n+1}.\end{aligned}$$

证明　记　$G(x)=(x-x_0)^{n+1}$，

$$F(x)=f(x)-f(x_0)-\frac{f'(x_0)}{1!}(x-x_0)-\cdots-\frac{f^{(n)}(x_0)}{n!}(x-x_0)^n.$$

则对于 $k=0,1,2,\cdots,n$，$F^{(k)}(x_0)=G^{(k)}(x_0)=0$，且 $F^{(k)}$ 与 $G^{(k)}$ 均在$[x_0,x]$上连续，在(x_0,x)上可导. 连续 $n+1$ 次运用 Cauchy 微分中值定理得

$$\begin{aligned}\frac{F(x)}{G(x)}&=\frac{F(x)-F(x_0)}{G(x)-G(x_0)}=\frac{F'(\xi_1)}{G'(\xi_1)}=\frac{F'(\xi_1)-F'(x_0)}{G'(\xi_1)-G'(x_0)}=\frac{F''(\xi_2)}{G''(\xi_2)}\\&=\cdots=\frac{F^{(n+1)}(\xi)}{G^{(n+1)}(\xi)}=\frac{f^{(n+1)}(\xi)}{(n+1)!},\end{aligned}$$

所以有　$F(x)=\dfrac{f^{(n+1)}(\xi)}{(n+1)!}G(x)$. 整理后即得到定理. □

定理 1.10 中的公式叫作**带有 Lagrange 余项的 Taylor 公式**. 余项

$$R_n(x)=\frac{f^{(n+1)}(\xi)}{(n+1)!}(x-x_0)^{n+1}\tag{6}$$

叫作 **Lagrange 余项**，其中 ξ 在 x_0 与 x 之间，它与 x_0,x,n 有关. 如同 Lagrange 中值定理那样，可以记 $\xi=x_0+\theta(x-x_0)$，其中 $0<\theta<1$，于是

$$R_n(x)=\frac{f^{(n+1)}[x_0+\theta(x-x_0)]}{(n+1)!}(x-x_0)^{n+1}. \tag{7}$$

当然 θ 也与 x_0,x 及 n 有关.

用 Lagrange 余项来求 Taylor 公式的余项估计比较方便.例如,若存在常数 $M>0$,使得对一切 $n\in N$ 和一切 $x\in(a,b)$ 均有

$$|f^{(n)}(x)|\leqslant M,$$

则误差 $R_n(x)$ 有如下估计式:

$$|R_n(x)|\leqslant\frac{M|x-x_0|^{n+1}}{(n+1)!},\quad x\in(a,b).$$

如果给出用 $T_n(x)$ 代替 $f(x)$ 所允许的最大绝对误差是 δ_y,那么,就得到 n,x,δ_y 这3个量之间的如下关系式:

$$\frac{M|x-x_0|^{n+1}}{(n+1)!}<\delta_y.$$

知道其中两个量可求出另一个量.

例5 函数 $f(x)=e^x$ 带有 Lagrange 余项的 Maclaurin 公式是

$$e^x=1+x+\frac{x^2}{2!}+\cdots+\frac{x^n}{n!}+R_n(x),$$

其中

$$R_n(x)=\frac{e^{\theta x}}{(n+1)!}x^{n+1},\quad 0<\theta<1.$$

若给出绝对误差限 δ_y,则只需要选择 n 满足:

当 $x\geqslant 0$ 时,$|R_n(x)|\leqslant\dfrac{e^x}{(n+1)!}x^{n+1}<\delta_y$;

当 $x<0$ 时,$|R_n(x)|\leqslant\dfrac{1}{(n+1)!}|x|^{n+1}<\delta_y$.

特别地,当 $x=1$ 时,有

$$e=1+1+\frac{1}{2!}+\cdots+\frac{1}{n!}+\frac{e^\theta}{(n+1)!},\quad 0<\theta<1.$$

若给出绝对误差限 δ_y,只需选择 n 满足

$$|R_n(1)|=\frac{e^\theta}{(n+1)!}\leqslant\frac{3}{(n+1)!}<\delta_y.$$

例6 函数 $f(x)=\sin x$ 带有 Lagrange 余项的 Maclaurin 公式是

$$\sin x=x-\frac{x^3}{3!}+\frac{x^5}{5!}-\cdots+(-1)^{n-1}\frac{x^{2n-1}}{(2n-1)!}+\frac{\sin\left[\theta x+(2n+1)\frac{\pi}{2}\right]}{(2n+1)!}x^{2n+1},\quad 0<\theta<1.$$

误差估计式为 $|R_{2n}(x)|\leqslant\dfrac{|x|^{2n+1}}{(2n+1)!}<\delta_y$.

若给定 $\delta_y=10^{-3}$,取 $n=2$,即 $\sin x=x-\dfrac{x^3}{6}$.

由误差估计式:$\dfrac{|x|^5}{5!}\leqslant 10^{-3}$,可求得 x 的变化范围,即

$$|x|\leqslant 0.654\,4(\text{弧度})\approx 37.5°.$$

再给定 $\delta_y=10^{-3}$，取 $x=1$，由误差估计式 $\dfrac{1}{(2n+1)!}\leqslant 10^{-3}$，可求得 $n=3$，即 $\sin 1\approx 1-\dfrac{1}{3!}+\dfrac{1}{5!}$，且误差小于 10^{-3}.

例 7　利用公式

$$[\ln(1+x)]^{(n)}=(-1)^{n-1}\frac{(n-1)!}{(1+x)^n}$$

可得 Taylor 公式

$$\ln(1+x)=x-\frac{x^2}{2}+\frac{x^3}{3}-\cdots+(-1)^{n-1}\frac{x^n}{n}+R_n(x)\quad(-1<x<+\infty),$$

其中

$$R_n(x)=\frac{(-1)^n x^{n+1}}{(n+1)(1+\theta x)^{n+1}}.$$

并且易于估计误差：

$$|R_n(x)|\leqslant\begin{cases}\dfrac{x^{n+1}}{n+1}, & \text{当 } x\geqslant 0,\\[2mm] \dfrac{|x|^{n+1}}{(n+1)(1+x)^{n+1}}, & \text{当 } -1<x<0.\end{cases}\tag{8}$$

我们仍以例 7 为例，介绍另一种估计 $R_n(x)$ 的方法. 这种方法的特点是设法将 $R_n(x)$ 写成积分形式，再对该积分进行估值. 对等式

$$\frac{1}{1+x}=1-x+x^2-\cdots+(-1)^{n-1}x^{n-1}+(-1)^n\frac{x^n}{1+x},\ x\neq -1$$

两端积分得

$$\int_0^x\frac{\mathrm{d}t}{1+t}=\int_0^x\mathrm{d}t-\int_0^x t\,\mathrm{d}t+\cdots+(-1)^{n-1}\int_0^x t^{n-1}\mathrm{d}t+(-1)^n\int_0^x\frac{t^n}{1+t}\mathrm{d}t.$$

即　$\ln(1+x)=x-\dfrac{x^2}{2}+\dfrac{x^3}{3}-\cdots+(-1)^{n-1}\dfrac{x^n}{n}+R_n(x),\ x>-1,$

其中

$$R_n(x)=(-1)^n\int_0^x\frac{t^n}{1+t}\mathrm{d}t.$$

当 $x\geqslant 0$ 时，

$$|R_n(x)|=\int_0^x\frac{t^n}{1+t}\mathrm{d}t\leqslant\int_0^x t^n\,\mathrm{d}t=\frac{x^{n+1}}{n+1};$$

当 $-1<x\leqslant 0$ 时，

$$\begin{aligned}|R_n(x)|&=\left|\int_0^x\frac{t^n}{1+t}\mathrm{d}t\right|\leqslant\int_x^0\frac{|t^n|}{|1+t|}\mathrm{d}t\\&\leqslant\int_x^0\frac{|t^n|}{1+x}\mathrm{d}t=\left|\int_x^0\frac{t^n}{1+x}\mathrm{d}t\right|=\frac{|x|^{n+1}}{(1+x)(n+1)}.\end{aligned}$$

这就得到比式(8)更优的 $\ln(1+x)$ 的 n 阶 Taylor 余项的误差估计：

$$|R_n(x)|\leqslant\begin{cases}\dfrac{x^{n+1}}{n+1}, & \text{当 } x\geqslant 0,\\[2mm] \dfrac{|x|^{n+1}}{(1+x)(n+1)}, & \text{当 } -1<x<0.\end{cases}\tag{9}$$

当 $-1<x<0$ 时，这一估计比前一种估计更优.

可将同样的方法应用于函数 arctan x.

例 8 在等式

$$\frac{1}{1+x^2}=1-x^2+x^4+\cdots+(-1)^{n-1}x^{2n-2}+(-1)^n\frac{x^{2n}}{1+x^2}$$

两端从 0 到 x 积分,得到

$$\arctan x=x-\frac{x^3}{3}+\frac{x^5}{5}+\cdots+(-1)^{n-1}\frac{x^{2n-1}}{2n-1}+R_{2n}(x),$$

其中
$$R_{2n}(x)=(-1)^n\int_0^x\frac{t^{2n}}{1+t^2}\mathrm{d}t.$$

当 $|x|\leqslant 1$ 时,不难得到下面的误差估计式

$$|R_{2n}(x)|\leqslant\frac{|x|^{2n+1}}{2n+1}.$$

它表明:当 $|x|\leqslant 1$ 时,可增加 Taylor 多项式的项数以使误差任意地小.

当 $|x|>1$ 时,有

$$|R_{2n}(x)|=\left|\int_0^x\frac{t^{2n}}{1+t^2}\mathrm{d}t\right|\geqslant\left|\int_0^x\frac{t^{2n}}{x^2+x^2}\mathrm{d}t\right|=\left|\frac{1}{2x^2}\int_0^x t^{2n}\mathrm{d}t\right|=\frac{|x|^{2n-1}}{4n+2}.$$

它表明:余项将随着 n 的增大而变大,因而想用增加 Taylor 多项式的项数的办法使误差减小是徒劳的.

例 9 设函数 f 定义在区间 I 上,且 $f''>0$,求证:

$$f\left(\frac{x_1+x_2+\cdots+x_n}{n}\right)\leqslant\frac{f(x_1)+f(x_2)+\cdots+f(x_n)}{n},$$

其中 $x_k\in I\quad(k=1,2,\cdots,n)$.

证明 令 $x_0=\dfrac{x_1+x_2+\cdots+x_n}{n}\in I$, $\forall x\in I$,有

$$\begin{aligned}f(x)&=f(x_0)+f'(x_0)(x-x_0)+\frac{f''(\xi)}{2!}(x-x_0)^2\\&\geqslant f(x_0)+f'(x_0)(x-x_0).\end{aligned}$$

故
$$\sum_{k=1}^n f(x_k)\geqslant nf(x_0)+f'(x_0)\left[\sum_{k=1}^n x_k-nx_0\right]=nf(x_0),$$

即
$$f\left(\frac{x_1+x_2+\cdots+x_n}{n}\right)\leqslant\frac{f(x_1)+f(x_2)+\cdots+f(x_n)}{n}.$$

特别地,当 $f(x)=-\ln x$ 时,$f''(x)=\dfrac{1}{x^2}\quad(x>0)$,故有

$$-\ln\frac{x_1+x_2+\cdots+x_n}{n}\leqslant\frac{-(\ln x_1+\ln x_2+\cdots+\ln x_n)}{n},$$

其中 $x_k>0,k=1,2,\cdots,n$. 即

$$\ln\sqrt[n]{x_1x_2\cdots x_n}\leqslant\ln\frac{x_1+x_2+\cdots+x_n}{n}.$$

最后得
$$\sqrt[n]{x_1x_2\cdots x_n}\leqslant\frac{x_1+x_2+\cdots+x_n}{n}\quad(x_k>0,k=1,2,\cdots,n).$$

例 10 设函数 f 在$[0,2]$二阶可导,且 $|f(x)|\leqslant 1$, $|f''(x)|\leqslant 1$, $x\in[0,2]$. 求证:

$|f'(x)|\leqslant 2, x\in[0,2]$.

证明　将 f 在任一点 $x\in[0,2]$ 展成 Taylor 公式：

$$f(t)=f(x)+f'(x)(t-x)+\frac{f''(\xi)}{2!}(t-x)^2,$$

$t\in[0,2]$，$t<\xi<x$ 或 $t>\xi>x$. 令 $t=0,2$，代入得

$$f(0)=f(x)+f'(x)(0-x)+\frac{f''(\xi_1)}{2}(0-x)^2,\ 0<\xi_1<x,$$

$$f(2)=f(x)+f'(x)(2-x)+\frac{f''(\xi_2)}{2}(2-x)^2,\ x<\xi_2<2.$$

两式相减，整理得

$$2f'(x)=f(2)-f(0)+\frac{x^2}{2}f''(\xi_1)-\frac{(2-x)^2}{2}f''(\xi_2).$$

由题设易知

$$2|f'(x)|\leqslant 2+\frac{x^2+(2-x)^2}{2},$$

考察函数 $g(x)=x^2+(2-x)^2$，易知它在 $[0,2]$ 上有最大值 4，故 $|f'(x)|\leqslant 2, x\in[0,2]$.

这个估计是最好的，因为它能被函数 $f(x)=\frac{x^2}{2}-1, x\in[0,2]$ 达到.

例 11　设函数 f 在 $[a,b]$ 二阶导函数连续，求证：$\exists\xi\in(a,b)$，使得

$$\int_a^b f(x)\mathrm{d}x=(b-a)f\left(\frac{a+b}{2}\right)+\frac{1}{24}(b-a)^3f''(\xi).$$

证明　设 $F(x)=\int_a^x f(t)\mathrm{d}t$. 令 $c=\frac{a+b}{2}$，由 Taylor 公式得

$$F(x)=F(c)+F'(c)(x-c)+\frac{F''(c)}{2!}(x-c)^2+\frac{F'''(\eta)}{3!}(x-c)^3,$$

$x\in[a,b]$，$c<\eta<x$ 或 $c>\eta>x$.

将 $x=a,b$ 分别代入上式，然后相减得

$$F(b)-F(a)=2F'(c)\left(\frac{b-a}{2}\right)+\frac{1}{3!}[F'''(\xi_1)+F'''(\xi_2)]\left(\frac{b-a}{2}\right)^3,$$

$a<\xi_2<c$，$c<\xi_1<b$，即

$$\int_a^b f(x)\mathrm{d}x=(b-a)f\left(\frac{a+b}{2}\right)+\frac{1}{24}(b-a)^3\left[\frac{f''(\xi_1)+f''(\xi_2)}{2}\right].$$

因 f'' 连续，由介值性 $\Rightarrow\exists\xi\in(a,b)$，使得

$$f''(\xi)=\frac{f''(\xi_1)+f''(\xi_2)}{2}.$$

由此证得本题.

思　考　题

1. 求 $\sqrt{3}$ 的近似值，下面两种方法哪种正确？

方法 1

因为 $\sqrt{1+x}=1+\frac{x}{2}+\frac{-1}{8}x^2+o(x^2)$，所以 $\sqrt{3}=\sqrt{1+2}\approx 1+\frac{2}{2}-\frac{2^2}{8}=1.5$.

方法 2

因为 $\sqrt{1+x}=1+\frac{x}{2}-\frac{x^2}{8}+o(x^2)$，所以 $\sqrt{3}=\sqrt{4-1}=2\sqrt{1-\frac{1}{4}}\approx 2\left[1+\frac{1}{2}\left(-\frac{1}{4}\right)-\frac{1}{8}\left(-\frac{1}{4}\right)^2\right]=1.734$.

2. 下面的做法对吗？

由 $e^x=1+x+\frac{x^2}{2!}+\cdots+\frac{x^n}{n!}+\frac{e^{\theta x}}{(n+1)!}x^{n+1}$，$0<\theta<1$，知 $e^x=1+xe^{\theta x}\quad(n=0)$，且 $e^x=1+x+\frac{e^{\theta x}}{2}x^2$ $(n=1)$，故 $e^{\theta x}=\frac{2}{2-x}$，所以 $x\to 2$ 时，有 $\theta\to+\infty$.

3. 下面两式哪个对，哪个错？

(1) $o(x)=O(x^2)\quad(x\to 0)$.

(2) $O(x^2)=o(x)\quad(x\to 0)$.

练　习　题

5.29 将多项式 $P_3(x)=1+3x+5x^2-2x^3$ 表示成 $x+1$ 的正整数幂的多项式.

5.30 已知 $f(x)$ 是四次多项式，且 $f(2)=-1$，$f'(2)=0$，$f''(2)=-2$，$f'''(2)=-12$，$f^{(4)}(2)=24$，求 $f(-1)$.

5.31 (1) 写出 $f(x)=\cos(x^2)$ 与 $g(x)=\frac{1}{1+x}$ 在 $x=0$ 点的带有 Peano 余项的 Maclaurin 公式.

(2) 写出 $f(x)=\ln x$ 与 $g(x)=\sqrt{x}$ 在 $x=1$ 点的带有 Peano 余项的 Taylor 公式.

(3) 写出 $f(x)=\frac{x}{x^2-5x+6}$ 与 $g(x)=\sin^2 x$ 在 $x=0$ 点的带有 Lagrange 余项的 Maclaurin 公式.

5.32 写出下列函数在 $x=0$ 点带有 Peano 余项的 Maclaurin 公式到所指定的项.

(1) $f(x)=\ln(1+\sin^2 x)$(到 x^4 项)；

(2) $f(x)=\sqrt[m]{a^m+x}$(到 x^2 项，$a>0$).

5.33 求下列极限.

(1) $\lim\limits_{x\to+\infty}\left[\left(x^3-x^2+\frac{x}{2}\right)e^{\frac{1}{x}}-\sqrt{x^6+1}\right]$；

(2) $\lim\limits_{x\to+\infty}x^{\frac{3}{2}}(\sqrt{x+1}+\sqrt{x-1}-2\sqrt{x})$；

(3) $\lim\limits_{x\to 0}\frac{\ln(1+x+x^2)+\ln(1-x+x^2)}{x\sin x}$；

(4) $\lim\limits_{n\to\infty}n^2\ln\left(n\sin\frac{1}{n}\right)$；

(5) $\lim\limits_{x\to+\infty}\left(\sqrt{x+\sqrt{x+\sqrt{x^\alpha}}}-\sqrt{x}\right)\quad(0<\alpha<2)$；

(6) $\lim\limits_{x\to 0}\frac{6+f(x)}{x^2}\quad\left(\text{已知}\lim\limits_{x\to 0}\frac{\sin 6x+xf(x)}{x^3}=0\right)$.

5.34 (1) 给出近似公式：$\sqrt{1+x}\approx 1+\frac{x}{2}-\frac{x^2}{8}$，$0\leqslant x\leqslant 1$，求绝对误差限 δ_y.

(2) 给出近似公式：$\cos x\approx 1-\frac{x^2}{2}$ 及绝对误差限 $\delta_y=10^{-4}$，求 x 的范围.

(3) 给出绝对误差限 $\delta_y=10^{-5}$，求 $\cos 9^\circ$ 的近似值.

5.35 当 $x\to 0$ 时，问 $y=\ln(1+\sin^2 x)+\alpha(\sqrt[3]{2-\cos x}-1)$ 是多少阶的无穷小量？

5.36　选择 a,b，使得当 $x \to 0$ 时，函数 $f(x) = \cos x - \dfrac{1+ax^2}{1+bx^2}$ 是尽可能高阶的无穷小量.

5.37　设函数 f 在 $(x_0-\delta, x_0+\delta)$ 的 5 阶导数有界，选择 a,b,α,β，使得
$f(x_0+h) - af(x_0-h) - h[bf'(x_0+h) + \alpha f'(x_0) + \beta f'(x_0-h)] = O(h^5) \quad (h \to 0)$.

5.38　设函数 f 在 $[a,b]$ 连续，在 (a,b) 二阶导数连续，求证：$\exists\, \xi \in (a,b)$，使得

$$f(b) - 2f\left(\frac{a+b}{2}\right) + f(a) = \frac{(b-a)^2}{4} f''(\xi).$$

5.39　设 $f(x) = 1 + kx + o(x) \quad (x \to 0)$，求证：$\lim\limits_{x\to 0}[f(x)]^{\frac{1}{x}} = \mathrm{e}^k$.

5.40　设函数 f 在 x_0 附近有直至 $n+1$ 阶连续导数，且 $f'(x_0) = f''(x_0) = \cdots = f^{(n)}(x_0) = 0$，$f^{(n+1)}(x_0) \neq 0$.
求证：当 n 为奇数时，x_0 是 f 的极值点；当 n 为偶数时，x_0 不是 f 的极值点.

5.41　设函数 f 在 $x=a$ 的邻域 $U(a;\delta)$ 二阶可导，$f''(a) \neq 0$，f'' 在 $x=a$ 连续，且

$$f(a+h) = f(a) + f'(a+\theta h)h,\quad 0 < \theta = \theta(h) < 1,\ |h| < \delta.$$

求证：

$$\lim_{h\to 0} \theta(h) = \frac{1}{2}.$$

5.42　设函数 f 在 $[a,b]$ 二阶可导，且 $f'(a) = f'(b) = 0$. 求证：$\exists\, \xi \in (a,b)$，使得

$$|f''(\xi)| \geqslant \frac{4}{(b-a)^2} |f(b) - f(a)|.$$

5.43　设 f 在 $[x_0-r, x_0+r]$ 连续且 f 的二阶导函数 $f''(x)$ 在 (x_0-r, x_0+r) 连续，求证：$\exists\, \xi \in (x_0-r, x_0+r)$，使得

$$f''(\xi) = \frac{3}{r^3}\int_{x_0-r}^{x_0+r} [f(x) - f(x_0)]\,\mathrm{d}x.$$

5.44　求 $\lim\limits_{x\to 0^+}\left(\dfrac{1}{x^5}\displaystyle\int_0^x \mathrm{e}^{-t^2}\,\mathrm{d}t - \dfrac{1}{x^4} + \dfrac{1}{3x^2}\right)$.

5.1.4　凸函数

凸函数理论主要是由詹森(Jensen)于 1906 年左右奠定的. 凸函数与连续函数、可微函数、可积函数之间有着紧密的联系. 它有很强烈的几何背景，如图 5.1-5 所示，函数 $y = f(x)$ 的图像，即曲线 $\overset{\frown}{AB}$ 若满足：任取曲线 $\overset{\frown}{AB}$ 上的两点 M_1 和 M_2，$\overset{\frown}{AB}$ 在 M_1 和 M_2 之间的弧段 $\overset{\frown}{M_1M_2}$ 总在连接 M_1 和 M_2 的直线段 $\overline{M_1M_2}$ 的下方，简单地说，若弦总在它所对的弧的上方，就称函数 $y = f(x)$ 是 $[a,b]$ 上的凸函数.

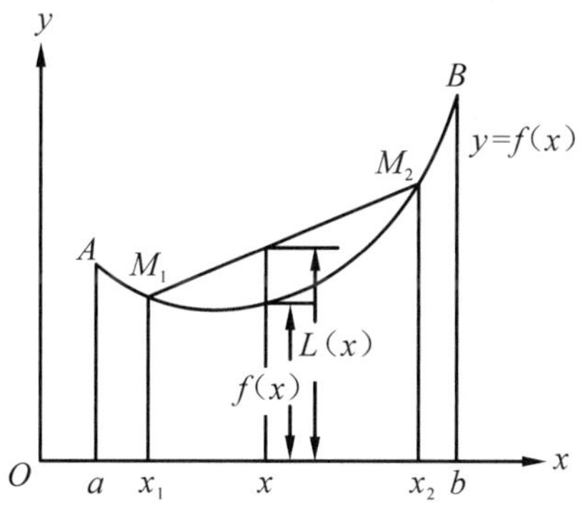

图 5.1-5

用函数的语言来表述上面的几何性质,则有,设函数 $y=f(x)$ 在区间 $I\subset\mathbf{R}$ 上定义,若任取 I 中的两点 $x_1<x_2$,下式恒成立

$$f(x)\leqslant f(x_1)+\frac{f(x_2)-f(x_1)}{x_2-x_1}(x-x_1),x\in[x_1,x_2],\tag{1}$$

就称 f 是区间 I 上的凸函数.

在式(1) 中,令 $x=tx_1+(1-t)x_2$,其中 $t\in[0,1]$,则 $x\in[x_1,x_2]$ 且有

$$t=\frac{x-x_2}{x_1-x_2},\quad 1-t=\frac{x-x_1}{x_2-x_1},$$

故
$$\begin{aligned}f[tx_1+(1-t)x_2]&=f(x)\leqslant f(x_1)+\frac{f(x_2)-f(x_1)}{x_2-x_1}(x-x_1)\\&=f(x_1)+[f(x_2)-f(x_1)](1-t)\\&=tf(x_1)+(1-t)f(x_2).\end{aligned}\tag{2}$$

这就得到了式(1) 的等价的不等式,于是有下列定义.

定义 5.1 设函数 f 定义在区间 I 上,若对任意的 $x_1,x_2\in I$ 以及任意的$t\in[0,1]$,有

$$f[tx_1+(1-t)x_2]\leqslant tf(x_1)+(1-t)f(x_2),$$

则称 f 在 I 是**凸函数**.若对每个 $t\in(0,1)$ 和任意的 $x_1\neq x_2$,上式为严格不等式即等号不成立时,称 f 在 I 是**严格凸函数**.若上述不等式反向,则称 f 在 I 是**凹函数(严格凹函数)**.凸函数与凹函数也称为**下凸函数**与**上凸函数**.

易知凸函数可改用下式来定义:

$\forall x_1,x_2\in I,\forall t_1\geqslant 0,t_2\geqslant 0$,且 $t_1+t_2=1$,有

$$f(t_1x_1+t_2x_2)\leqslant t_1f(x_1)+t_2f(x_2),$$

则称 f 在 I 是**凸函数**.当 $x_1\neq x_2,t_1>0,t_2>0$,且上式为严格不等式时,则称 f 在 I 是**严格凸函数**.

又知 f 是凹函数当且仅当 $-f$ 是凸函数,因此只要研究凸函数就可以了.

现代分析学与控制论的发展促使凸函数的研究进展迅速,形成了分析学一个新分支——凸分析.下面仅介绍(一元)凸函数最基本的概念与性质,它们带有鲜明的几何特色,别有一番风味.

定理 1.11 设函数 f 在区间 I 上有定义,则 f 在 I 是凸函数的充要条件是下面两条件之一成立:

1° $f(x)\leqslant f(x_1)+\dfrac{f(x_2)-f(x_1)}{x_2-x_1}(x-x_1),\forall x_1<x_2,\forall x\in[x_1,x_2]\subset I.$

2° $\forall x_1<x_2<x_3,x_1,x_2,x_3\in I$,记 $m_{ij}=\dfrac{f(x_i)-f(x_j)}{x_i-x_j},i,j=1,2,3;i\neq j$. 有 $m_{12}\leqslant m_{13}\leqslant m_{23}$.

若 1° 当 $x\in(x_1,x_2)$ 为严格不等式,或 2° 为严格不等式时,f 为严格凸.

证明 条件 1° 与 f 是凸函数的等价性已证过,因此,只要证明 1° 与 2° 等价就行了.

把 1° 应用到 x_1,x_3,得到

$$f(x)\leqslant f(x_1)+\frac{f(x_3)-f(x_1)}{x_3-x_1}(x-x_1),\ x\in[x_1,x_3].$$

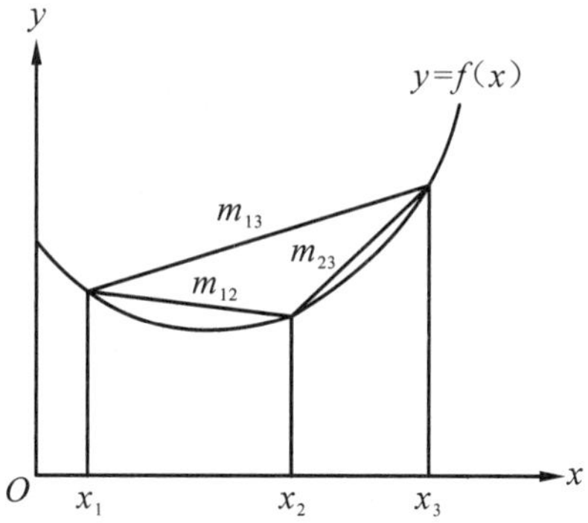

图 5.1-6

令 $x=x_2$ 代入,整理后,就得到 $m_{12}\leqslant m_{13}$. 因上面不等式又可写成

$$f(x)\leqslant f(x_1)+\frac{f(x_3)-f(x_1)}{x_3-x_1}(x-x_1)$$
$$=f(x_3)+\frac{f(x_1)-f(x_3)}{x_1-x_3}(x-x_3),$$

令 $x=x_2$ 代入,得到 $m_{13}\leqslant m_{23}$.

上述过程是可逆的,故 $1^\circ\Leftrightarrow 2^\circ$. □

推论　设 f 是区间 I 上的凸函数,则任取 I 中的 n 个点 $x_1<x_2<\cdots<x_n$,下面 3 个数列 $R_i=\dfrac{f(x_i)-f(x_{i-1})}{x_i-x_{i-1}}$,$R_i=\dfrac{f(x_n)-f(x_i)}{x_n-x_i}$,$R_i=\dfrac{f(x_i)-f(x_1)}{x_i-x_1}$ 均是单增数列.

证明　由定理 1.11 的 2° 即可得到.

例 1　证明:$f(x)=|x|$ 在 $\mathbf{R}$ 是凸函数.

证明　$\forall x_1,x_2\in\mathbf{R},\forall t_1,t_2\geqslant 0,t_1+t_2=1$,有

$$f(t_1x_1+t_2x_2)=|t_1x_1+t_2x_2|\leqslant t_1|x_1|+t_2|x_2|$$
$$=t_1f(x_1)+t_2f(x_2).$$

故 $f(x)=|x|$ 在 $\mathbf{R}$ 是凸函数.

例 2　证明:$f(x)=x^2$ 在 $\mathbf{R}$ 是严格凸函数.

证明　$\forall x_1\neq x_2\in\mathbf{R},\forall t_1,t_2>0,t_1+t_2=1$,有

$$f(t_1x_1+t_2x_2)=(t_1x_1+t_2x_2)^2=t_1^2x_1^2+2t_1t_2x_1x_2+t_2^2x_2^2$$
$$<t_1^2x_1^2+t_1t_2(x_1^2+x_2^2)+t_2^2x_2^2$$
$$=t_1(t_1+t_2)x_1^2+t_2(t_1+t_2)x_2^2$$
$$=t_1x_1^2+t_2x_2^2=t_1f(x_1)+t_2f(x_2).$$

故 $f(x)=x^2$ 在 $\mathbf{R}$ 是严格凸函数.

虽然凸函数不一定处处可导(如例 1),但它确实具有很好的分析性质.

定理 1.12　设函数 f 在区间 (a,b) 是凸函数,则

1°　f 在区间 (a,b) 连续;

2°　f 在区间 (a,b) 存在左、右导数,且 $\forall x\in(a,b)$,有 $f'_-(x)\leqslant f'_+(x)$;

3°　f'_- 与 f'_+ 在 (a,b) 皆为增函数.

证明 对每个 $x_0\in(a,b)$，任取(a,b)中两点 $y<x_0<x$，由定理 1.11 的 2° 有 $\dfrac{f(y)-f(x_0)}{y-x_0}\leqslant\dfrac{f(x)-f(x_0)}{x-x_0}$，再由定理 1.11 推论的第 2 个数列，$\dfrac{f(y)-f(x_0)}{y-y_0}$ 在(a,x_0)上单增有上界，故 $y\to x_0^-$ 的极限即 $f'_-(x_0)$ 存在，同理$\dfrac{f(x)-f(x_0)}{x-x_0}$在$(x_0,b)$上单增有下界，故 $x\to x_0^+$ 的极限即 $f'_+(x_0)$ 存在，所以 f 在 x_0 左右可导必连续. 再在上面不等式左边令 $y\to x_0^-$，右边令 $x\to x_0^+$ 得 $f'_-(x_0)\leqslant f'_+(x_0)$. 这就证明了 1° 和 2°.

再任取(a,b)中两点 $x_1<x_2$，并取 $x_1<x<y<x_2$，由定理 1.11 推论的第 1 个数列得 $\dfrac{f(x)-f(x_1)}{x-x_1}\leqslant\dfrac{f(y)-f(x_2)}{y-x_2}$，上式左边令 $x\to x_1^+$，$y\to x_2^-$ 得 $f'_+(x_1)\leqslant f'_-(x_2)$，再根据 2° 得 $f'_-(x_1)\leqslant f'_+(x_1)\leqslant f'_-(x_2)\leqslant f'_+(x_2)$，所以 f'_- 与 f'_+ 在(a,b)皆单调增.

寻找判别函数凹凸性的简便实用的方法是件很重要的工作，对于**可微函数**，我们有下面非常实用的判别准则.

定理 1.13 设 f 在(a,b)是可微函数，则 f 在(a,b)是(可微)凸函数的充要条件是下面两条件之一成立：

1° 导函数 f' 在(a,b)是单增函数；

2° 函数 f 的图像总不位于它任一条切线的下方，即任取 $x_0\in(a,b)$，对一切 $x\in(a,b)$，有

$$f(x)\geqslant f(x_0)+f'(x_0)(x-x_0).$$

证明 (i) (f 是可微凸函数 $\Rightarrow 1^\circ$) 由定理 1.12 的 3° 及定理条件即得证.

(ii) ($1^\circ\Rightarrow 2^\circ$) 任取 $x_0\in(a,b)$，$\forall x\in(a,b)$，由 Lagrange 中值定理有 $f(x)-f(x_0)=f'(\xi)(x-x_0)$.

当 $x>x_0$ 时，有 $x_0<\xi<x$，则 $f'(\xi)>f(x_0)$，$x-x_0>0$，可得

$$f(x)-f(x_0)=f'(\xi)(x-x_0)\geqslant f'(x_0)(x-x_0);$$

当 $x<x_0$ 时，有 $x<\xi<x_0$，则 $f'(\xi)\leqslant f'(x_0)$，$x-x_0<0$，可得

$$f(x)-f(x_0)=f'(\xi)(x-x_0)\geqslant f'(x_0)(x-x_0);$$

当 $x=x_0$ 时，显然有 $f(x)-f(x_0)=f'(x_0)(x-x_0)$. 所以 2° 成立.

(iii) ($2^\circ\Rightarrow f$ 是凸函数) $\forall x_1<x_0<x_2$，且 $x_1,x_0,x_2\in(a,b)$，由 2° 有

$$f(x_1)\geqslant f(x_0)+f'(x_0)(x_1-x_0);$$
$$f(x_2)\geqslant f(x_0)+f'(x_0)(x_2-x_0).$$

所以
$$\frac{f(x_1)-f(x_0)}{x_1-x_0}\leqslant f'(x_0)\leqslant\frac{f(x_2)-f(x_0)}{x_2-x_0}.$$

由定理 1.11 知 f 在(a,b)是凸函数. □

推论 设 f 在(a,b)是可微函数，则 f 在(a,b)是(可微)严格凸函数的充要条件是下面两条件之一成立：

1° 导函数 f' 在区间(a,b)严格增；

2° 函数 f 的图像总位于它任一条切线的上方，即任取 $x_0\in(a,b)$，对一切$x\in(a,b)$，且 $x\neq x_0$，有

$$f(x)>f(x_0)+f'(x_0)(x-x_0).$$

对于存在二阶导数的函数，还有下面判别凹凸性的简易方法.

定理 1.14　设函数 f 在(a,b)处处存在二阶导数.

1° f 在(a,b)是凸函数的充要条件是：$f''(x)\geqslant 0, x\in(a,b)$.

2° 若 $f''(x)>0, x\in(a,b)$，则 f 在(a,b)是严格凸函数.

证明　由定理 1.13 之 1° 立即证得本定理 1°. 我们来证 2°. 在(a,b)中任取 $x_1<x_2<x_3$，由 Lagrange 中值定理得

$$\frac{f(x_2)-f(x_1)}{x_2-x_1}=f'(\xi_1),\quad x_1<\xi_1<x_2;$$

$$\frac{f(x_3)-f(x_2)}{x_3-x_2}=f'(\xi_2),\quad x_2<\xi_2<x_3;$$

由 $f''>0\Rightarrow f'$ 严格增，所以 $f'(\xi_1)<f'(\xi_2)$，故

$$\frac{f(x_2)-f(x_1)}{x_2-x_1}<\frac{f(x_3)-f(x_2)}{x_3-x_2}.$$

由定理 1.11 知 f 在(a,b)是严格凸函数. □

例 3　设 $f(x)=x^\alpha, x\in(0,+\infty)$，研究函数 f 在$(0,+\infty)$上的凹凸性.

解　有 $f''(x)=\alpha(\alpha-1)x^{\alpha-2}, x\in(0,+\infty)$. 当 $\alpha<0$ 或 $\alpha>1$ 时，$f''(x)>0$，故此时 f 在$(0,+\infty)$严格凸；当 $0<\alpha<1$ 时，$f''(x)<0$，故此时 f 在$(0,+\infty)$严格凹.

例 4　易证函数 $f(x)=\mathrm{e}^x$ 在 $\mathbf{R}$ 严格凸，直线 $y=x+1$ 是 f 的图像过点 $A(0,1)$ 的切线方程. 因 $f(0)=1, f'(0)=1$，由定理 1.13 的推论知，$\forall x\in\mathbf{R}$ 且 $x\neq 0$，有

$$\mathrm{e}^x>1+x.$$

类似地，利用 $g(x)=\ln x$ 在$(0,+\infty)$的严格凹性知，$\forall x\in(0,+\infty)$且$x\neq 1$，有

$$\ln x<x-1.$$

讨论函数的凹凸性可以使其图像描绘得更准确些，这就自然要注意凹凸性改变的点，为此引进如下定义.

定义 5.2　设函数 f 在 x_0 的邻域 $U(x_0)$ 连续，若 f 在 x_0 左右两侧上的凹凸性相反，则称 x_0 是函数 f 的**拐点**.

仿照极值点的研究，利用凸函数性质，可以得到下面判别拐点的方法.

定理 1.15　若 x_0 是函数 f 的拐点，且 $f''(x_0)$ 存在，则 $f''(x_0)=0$.

证明　由 $f''(x_0)$ 存在 $\Rightarrow\exists U(x_0), \forall x\in U(x_0), f'(x)$ 存在. 因 x_0 是 f 的拐点 $\Rightarrow f$ 在 x_0 两侧的凹凸性相反. 由定理 1.13 的 1° 知 f' 在 x_0 两侧的增减性相反，故 x_0 是 f' 的极值点，由 Fermat 定理知 $f''(x_0)=0$. □

定理 1.16　设函数 f 在 x_0 的邻域 $U(x_0)$ 连续，在$\mathring{U}(x_0)$二阶可导，且 f'' 在 x_0 两侧异号，则 x_0 是 f 的拐点.

证明　因 f'' 在 x_0 两侧异号，由定理 1.14 知 f 在 x_0 两侧的凹凸性相反，故 x_0 是 f 的拐点.

定理 1.17　设函数 f 在 x_0 的邻域 $U(x_0)$ 二阶可导，且 $f''(x_0)=0$，若$f'''(x_0)\neq 0$，则 x_0 是 f 的拐点.

证明　将 $f''(x)$ 在 x_0 展成 Taylor 公式

$$f''(x)=f''(x_0)+f'''(x_0)(x-x_0)+o((x-x_0))$$

$$=[f'''(x_0)+o(1)](x-x_0),$$

利用定理 1.16 即可证得本定理. □

例 5 研究函数 $f(x)=\arctan x$(见图 5.1-17) 的凹凸性及拐点.

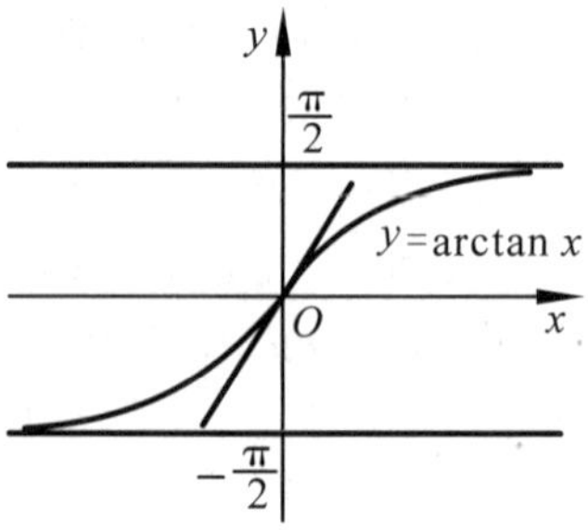

图 5.1-7

解 $f'(x)=\dfrac{1}{1+x^2}$, $f''(x)=\dfrac{-2x}{(1+x^2)^2}$.

当 $x=0$ 时,$f''(0)=0$;当 $x\in(-\infty,0)$ 时,$f''(x)>0$,故 f 在$(-\infty,0)$ 严格凸;当 $x\in(0,+\infty)$ 时,$f''(x)<0$,故 f 在$(0,+\infty)$ 严格凹.所以 $x=0$ 是 f 的唯一拐点.

最后我们把凸函数定义中的不等式推广为重要的詹森(Jensen) 不等式.

定理 1.18(Jensen 不等式) 设函数 f 在区间 I 有定义,则 f 在 I 是凸函数的充要条件是:对任意的 $x_i\in I\ (i=1,2,\cdots,n)$ 及任意满足条件 $\sum\limits_{i=1}^{n}t_i=1$ 的 $t_i\geqslant 0$,有

$$f(t_1x_1+t_2x_2+\cdots+t_nx_n)\leqslant t_1f(x_1)+t_2f(x_2)+\cdots+t_nf(x_n).$$

证明 只需证必要性就可以了.当 $n=2$ 时,由凸函数定义知命题成立.

现设命题对 $n-1$ 成立,要证命题对 n 成立.

首先要证 $\sum\limits_{i=1}^{n}t_ix_i\in I$.事实上,设 x_α 与 x_β 分别是 x_i 中的最小者与最大者,则

$$x_\alpha=\sum_{i=1}^{n}t_ix_\alpha\leqslant\sum_{i=1}^{n}t_ix_i\leqslant\sum_{i=1}^{n}t_ix_\beta=x_\beta.$$

因 $x_\alpha,x_\beta\in I$,所以 $\sum\limits_{i=1}^{n}t_ix_i\in I$.

下面来证詹森不等式.记 $t=\sum\limits_{i=1}^{n-1}t_i$,有 $1-t=t_n$,故

$$\begin{aligned}f\Big(\sum_{i=1}^{n}t_ix_i\Big)&=f\left[t\sum_{i=1}^{n-1}\left(\frac{t_i}{t}\right)x_i+(1-t)x_n\right]\\&\leqslant tf\left[\sum_{i=1}^{n-1}\left(\frac{t_i}{t}\right)x_i\right]+(1-t)f(x_n)\\&\leqslant t\sum_{i=1}^{n-1}\frac{t_i}{t}f(x_i)+t_nf(x_n)=\sum_{i=1}^{n-1}t_if(x_i)+t_nf(x_n)=\sum_{i=1}^{n}t_if(x_i).\end{aligned}$$ □

注 (1)f 在 I 是严格凸函数的充要条件是:对任意不全相等的 x_i 以及满足条件 $\sum\limits_{i=1}^{n}t_i=1$ 的至少有两个大于零的 t_i,使得上式为严格不等式.

(2) 上述不等式反向是凹函数的充要条件.

Jensen 不等式有广泛的应用,利用它要注意3个任意性:选择函数 f 的任意性;选择满足条件 $\sum\limits_{i=1}^{n}t_i=1$ 的 $t_i\geqslant 0$ 的任意性;选择 x_i 与 n 的任意性.

例 6 设 f 在区间 I 是凸函数,$\alpha_i\geqslant 0\quad(i=1,2,\cdots,n)$.

若令 $t_i=\dfrac{\alpha_i}{\alpha_1+\alpha_2+\cdots+\alpha_n}$,则 $\sum\limits_{i=1}^{n}t_i=1,t_i\geqslant 0$,由 Jensen 不等式得

$$f\left(\frac{\alpha_1 x_1+\cdots+\alpha_n x_n}{\alpha_1+\cdots+\alpha_n}\right) \leqslant \frac{\alpha_1 f(x_1)+\cdots+\alpha_n f(x_n)}{\alpha_1+\cdots+\alpha_n}.$$

例 7　证明　当 $x_i > 0 \quad (i=1,2,\cdots,n)$ 时，

$$\frac{n}{\dfrac{1}{x_1}+\dfrac{1}{x_2}+\cdots+\dfrac{1}{x_n}} \leqslant \sqrt[n]{x_1 x_2 \cdots x_n} \leqslant \frac{x_1+x_2\cdots+x_n}{n}. \tag{3}$$

上式等号当且仅当所有 x_i 全相等时成立.

证明　只要证明当 x_i 不全相等时，上式为严格不等式就行了.

设 $f(x)=\ln x \Rightarrow f''(x)=\dfrac{-1}{x^2}<0 \Rightarrow f$ 在$(0,+\infty)$是严格凹函数. 由 Jensen 不等式得

$$\ln \frac{x_1+x_2+\cdots+x_n}{n} > \frac{\ln x_1+\ln x_2+\cdots+\ln x_n}{n}.$$

因 $\ln x$ 是严格增函数，所以

$$\sqrt[n]{x_1 x_2 \cdots x_n} < \frac{x_1+x_2+\cdots+x_n}{n}.$$

再设 $g(x)=-\ln x$，易知 g 在$(0,+\infty)$是严格凸函数，由 Jensen 不等式即得

$$\frac{n}{\dfrac{1}{x_1}+\dfrac{1}{x_2}+\cdots+\dfrac{1}{x_n}} < \sqrt[n]{x_1 x_2 \cdots x_n},$$

从而式(3)得证. 式(3)的 3 项从左到右分别称为 $x_1,x_2,\cdots,x_n$ 的**调和平均值**、**几何平均值**、**算术平均值**.

例 8　若函数 f 在$[a,b]$二阶连续可微，$f(a)=f(b)=0$，且存在 $c\in(a,b)$，使得 $f(c)>0$. 求证：存在 $\xi\in(a,b)$，使得 $f''(\xi)<0$.

证明　用反证法. 假若 $\forall x\in(a,b), f''(x)\geqslant 0 \Rightarrow f$ 在$[a,b]$是凸函数. 令

$$t_1=\frac{b-c}{b-a}>0, \quad t_2=\frac{c-a}{b-a}>0,$$

有 $t_1+t_2=1, c=t_1 a+t_2 b$. 于是

$$f(c)=f(t_1 a+t_2 b)\leqslant t_1 f(a)+t_2 f(b)=0.$$

这与题设矛盾！

例 9　设 $f''(x)\geqslant 0, x\in\mathbf{R}$，$g$ 在$[0,a]$是连续函数. 求证：

$$\frac{1}{a}\int_0^a f[g(t)]\mathrm{d}t \geqslant f\left[\frac{1}{a}\int_0^a g(t)\mathrm{d}t\right].$$

证明　令 $A=\dfrac{1}{a}\displaystyle\int_0^a g(t)\mathrm{d}t$. 因 $f''\geqslant 0 \Rightarrow f$ 在 $\mathbf{R}$ 是凸函数，所以

$$f(x)\geqslant f(A)+f'(A)(x-A).$$

将 $x=g(t)$ 代入上式后再积分，得

$$\int_0^a f[g(t)]\mathrm{d}t \geqslant af(A)+f'(A)\int_0^a g(t)\mathrm{d}t-f'(A)Aa=af(A).$$

由此即可得证.

思 考 题

1. 设 f 在区间 (a,b) 是凸函数.

(1) 若 f'_+ 在 (a,b) 连续,能否断定 f 在 (a,b) 可导?

(提示:请仔细察看定理1.12的证明,很容易得到肯定的结论,比较困难的是下面的问题)

(2) 若 f 在 (a,b) 可导,能否断定 f'_+ 在 (a,b) 连续?

2. 两个凸函数的和与积仍是凸函数吗?

3. (1) 设 f 在 (a,b) 是凸函数,若 f 在 b 点局部有界,试问:f 能连续延拓到 $(a,b]$,成为 $(a,b]$ 上的连续凸函数吗?

(2) 设 f 在 (a,b) 是凸函数,若 f 在 b 点局部无界,试问:f 能连续延拓到 $(a,b]$,成为 $(a,b]$ 上的连续凸函数吗?

4. 存在3次及以上的凸奇次多项式函数吗?

练 习 题

5.45 设 f 在 (a,b) 是不恒为常数的凸函数,求证:至少存在 (a,α) 或 (β,b) 使得 f 在 (a,α) 或 (β,b) 上是单调函数.

5.46 若 f 在 $[a,b]$ 是凸函数,$f'_+(a)$,$f'_-(b)$ 存在,求证:f 在 $[a,b]$ 是连续函数.

5.47 若 f 在 $[0,+\infty)$ 是凸函数,且 $f(0)=0$,$f>0$,求证:f 在 $[0,+\infty)$ 严格增.

5.48 证明:f 在 (a,b) 是凸函数的充要条件是:$\forall x_0\in(a,b)$,$\exists c\in\mathbf{R}$,使得

$$f(x)\geqslant f(x_0)+c(x-x_0),\quad x\in(a,b).$$

5.49 设 f 在 (a,b) 是凸函数,g 在 (c,d) 是单增凸函数,且 $f(x)\in(c,d)$,求证:$g\circ f$ 在 (a,b) 是凸函数.

5.50 设 f 在 $[0,+\infty)$ 单增,求证:$F(x)=\int_0^x f(t)\mathrm{d}t$ 在 $[0,+\infty)$ 是凸函数.

5.51 设 f 在 $[a,b]$ 是可微凸函数,$x_0\in(a,b)$ 是 f 的临界点(驻点).求证:x_0 是 f 的最小值点.

5.52 证明:(1) $|a|^p+|b|^p\leqslant 2^{1-p}(|a|+|b|)^p\quad(0<p<1)$;

(2) $|a|^p+|b|^p\geqslant 2^{1-p}(|a|+|b|)^p\quad(p>1)$.

5.2 积分学理论

在第 2 章 2.3 节中,我们建立了定积分的定义,研究了定积分的基本性质与计算方法. 本节中,将研究定积分的可积性理论及其应用.

5.2.1 可积准则

函数 $f(x)$ 在区间 $[a,b]$ 上黎曼可积,是由分法范数趋于零时,积分和的极限存在定义的. 也就是说,若存在实数 J,对任意给定的 $\varepsilon > 0$,存在 $\delta > 0$,只要 $\|\Omega\| < \delta$ 且只要 $\xi = \{\xi_1, \xi_2, \cdots, \xi_n\}$ 是属于分法 Ω 的取法,就有

$$\left| \sum_{k=1}^{n} f(\xi_k)\Delta x_k - J \right| < \varepsilon$$

成立,就称 f 在 $[a,b]$ 可积. 区间 $[a,b]$ 上的可积函数族记作 $\mathscr{R}[a,b]$.

积分和随着分法与取法的变化而变化,它的变化非常复杂,这就要用确界的方法来简化积分和. 设函数 $f(x)$ 在 $D \subset \mathbf{R}$ 上有定义,称

$$M = M(f) = \sup_{x\in D}\{f(x)\}, m = m(f) = \inf_{x\in D}\{f(x)\}$$

分别是 f 在 D 上的上确界和下确界,再称 $\omega = \omega(f) = M - m$ 是 f 在 D 上的振幅.

设 f 是区间 $[a,b]$ 上的有界函数,即 $m \leqslant f(x) \leqslant M, x \in [a,b]$,

$$\Omega = \{a = x_0 < x_1 < \cdots < x_n = b\}$$

是 $[a,b]$ 的一个分法,并记

$$I_i = [x_{i-1}, x_i], \quad \Delta x_i = x_i - x_{i-1}, \quad \|\Omega\| = \max_{1\leqslant i\leqslant n}\{\Delta x_i\}.$$

设 $M_i = M_i(\Omega)$ 是 f 在 I_i 上的上确界,$m_i = m_i(\Omega)$ 是 f 在 I_i 上的下确界,$\omega_i = \omega_i(\Omega) = M_i - m_i$ 是 f 在 I_i 上的振幅,则分别称下面两个和

$$S^+(\Omega) = \sum_{i=1}^{n} M_i \Delta x_i, \quad S^-(\Omega) = \sum_{i=1}^{n} m_i \Delta x_i$$

为函数 f 在 $[a,b]$ 上关于分法 Ω 的达布(**Darboux**)**上和**与达布(**Darboux**)**下和**,简称为**上和**与**下和**. 又有 $S^+(\Omega) - S^-(\Omega) = \sum_{i=1}^{n} \omega_i \Delta x_i$,并称这个差为**振幅和**.

由定义可知:Darboux 和比 Riemann 和简单,因为它仅与分法 Ω 有关,而与取法 ξ 无关. 并且不难证明达布和的以下简单性质:

(1) $S^+(\Omega) = \sup_{\xi}\left\{ \sum_{k=1}^{n} f(\xi_k)\Delta x_k \right\}, \quad S^-(\Omega) = \inf_{\xi}\left\{ \sum_{k=1}^{n} f(\xi_k)\Delta x_k \right\}$.

(2) $m(b-a) \leqslant S^-(\Omega) \leqslant \sum_{k=1}^{n} f(\xi_k)\Delta x_k \leqslant S^+(\Omega) \leqslant M(b-a)$.

其中(1) 是对所有属于分法 Ω 的取法 $\xi = \{\xi_i\}$ 对应的积分和的集合取上确界和下确界,(2) 则对每个属于分法 Ω 的取法 $\xi = \{\xi_i\}$ 对应的积分和均成立.

设 Ω_1 与 Ω_2 是区间 $[a,b]$ 的两个分法,若 Ω_2 是由 Ω_1 增加新的分点而得到,就称 Ω_2 是 Ω_1 的**加细**;若用 Ω_1 和 Ω_2 的全部分点作为分点,就得到了 $[a,b]$ 的分法 Ω,称 Ω 是 Ω_1 与 Ω_2 的共

同加细,这是因为 Ω 是由 Ω_1(或 Ω_2)添加 Ω_2(或 Ω_1)中所有不属于 Ω_1(或 Ω_2)的分点而得到的.

定理 2.1 设 f 在 $[a,b]$ 是有界函数,Ω_1 是 $[a,b]$ 的一个分法,Ω_2 是 Ω_1 的一个加细,即 $\Omega_1 \subset \Omega_2$,则

$$S^-(\Omega_1) \leqslant S^-(\Omega_2), \quad S^+(\Omega_1) \geqslant S^+(\Omega_2).$$

简单地说,加细时,下和单调增,上和单调减.

证明 只需证明 Ω_2 比 Ω_1 多一个分点 $\mathring{x}$ 时,上述不等式成立就可以了.设

$$\Omega_1 = \{a = x_0 < x_1 < \cdots < x_{k-1} < x_k < \cdots < x_n = b\};$$
$$\Omega_2 = \{a = x_0 < x_1 < \cdots < x_{k-1} < \mathring{x} < x_k < \cdots < x_n = b\}.$$

分别用 M'_k, M''_k, M_k 表示 f 在 $[x_{k-1}, \mathring{x}], [\mathring{x}, x_k], [x_{k-1}, x_k]$ 的上确界,则有 $M'_k \leqslant M_k$, $M''_k \leqslant M_k$,于是

$$\begin{aligned} S^+(\Omega_1) - S^+(\Omega_2) &= M_k(x_k - x_{k-1}) - [M'_k(\mathring{x} - x_{k-1}) + M''_k(x_k - \mathring{x})] \\ &= (M_k - M'_k)(\mathring{x} - x_{k-1}) + (M_k - M''_k)(x_k - \mathring{x}) \geqslant 0. \end{aligned}$$

同理可证 $S^-(\Omega_1) - S^-(\Omega_2) \leqslant 0$. □

推论 1 若 Ω_1, Ω_2 是 $[a,b]$ 的任意两个分法,则

$$S^-(\Omega_1) \leqslant S^+(\Omega_2), \quad S^-(\Omega_2) \leqslant S^+(\Omega_1).$$

证明 设 Ω 是 Ω_1 和 Ω_2 的**共同加细**,则由定理 2.1 和推论 1 可得

$$S^-(\Omega_1) \leqslant S^-(\Omega) \leqslant S^+(\Omega) \leqslant S^+(\Omega_2);$$
$$S^-(\Omega_2) \leqslant S^-(\Omega) \leqslant S^+(\Omega) \leqslant S^+(\Omega_1).$$ □

推论 2 $\sup\limits_{\Omega}\{S^-(\Omega)\} \leqslant \inf\limits_{\Omega}\{S^+(\Omega)\}$.

由推论 1 即可得证.

我们分别记

$$\underline{\int_a^b} f(x)\mathrm{d}x = J^- = \sup_{\Omega}\{S^-(\Omega)\},$$

$$\overline{\int_a^b} f(x)\mathrm{d}x = J^+ = \inf_{\Omega}\{S^+(\Omega)\},$$

并称其为 f 在 $[a,b]$ 的 **Riemann 下积分**与 **Riemann 上积分**,简称为下积分与上积分.

(3)Darboux 和与上、下积分之间有以下重要关系:

$$S^-(\Omega) \leqslant J^- \leqslant J^+ \leqslant S^+(\Omega).$$

有了以上的准备,我们可以证明下面重要的可积准则.

定理 2.2(可积准则) 设 f 在 $[a,b]$ 是有界函数,则以下 4 个命题彼此等价:

1° f 在 $[a,b]$Riemann 可积,即 $f \in \mathscr{R}[a,b]$;

2° f 在 $[a,b]$ 的上、下积分相等,即 $J^+ = J^-$;

3° 任给 $\varepsilon > 0$,存在 $[a,b]$ 的一个分法 Ω^*,使得 $S^+(\Omega^*) - S^-(\Omega^*) < \varepsilon$;

4° $S^+(\Omega) - S^-(\Omega) = \sum\limits_{i=1}^{n} \omega_i \Delta x_i \to 0 (\|\Omega\| \to 0)$.

证明 (1°⇒2°)因为 f 在 $[a,b]$ 可积,任给 $\varepsilon > 0$,存在 $\delta > 0$,只要 $\|\Omega\| < \delta$ 且 $\xi = \{\xi_i\}$ 是属于 Ω 的取法,则下式成立

$$J-\frac{\varepsilon}{2}<\sum_{i=1}^{n}f(\xi_i)\Delta x_i<J+\frac{\varepsilon}{2}.$$

在上式中取定 Ω，对一切属于 Ω 的取法 ξ 分别取下确界和上确界，就得到了

$$J-\frac{\varepsilon}{2}\leqslant S^{-}(\Omega)\leqslant S^{+}(\Omega)\leqslant J+\frac{\varepsilon}{2}.$$

由上式和达布和的性质(3) 就得到了

$$0\leqslant J^{+}-J^{-}\leqslant S^{+}(\Omega)-S^{-}(\Omega)\leqslant J+\frac{\varepsilon}{2}-\left(J-\frac{\varepsilon}{2}\right)=\varepsilon.$$

由 $\varepsilon>0$ 的任意性，故有 $J^{+}=J^{-}$.

($2^\circ\Rightarrow3^\circ$) 由 J^{+} 与 J^{-} 的确界性质，任给 $\varepsilon>0$，存在 $[a,b]$ 的分法 Ω' 与 Ω''，使得

$$J^{+}\leqslant S^{+}(\Omega')<J^{+}+\frac{\varepsilon}{2},J^{-}\geqslant S^{-}(\Omega'')>J^{-}-\frac{\varepsilon}{2}.$$

设 Ω^{*} 是 Ω' 与 Ω'' 的共同加细，由定理 2.1 与上面两式可得

$$J^{+}\leqslant S^{+}(\Omega^{*})<J^{+}+\frac{\varepsilon}{2},J^{-}\geqslant S^{-}(\Omega^{*})>J^{-}-\frac{\varepsilon}{2}.$$

当 $J^{+}=J^{-}$ 时，用上面的第一个不等式减去第二个不等式得

$$0\leqslant S^{+}(\Omega^{*})-S^{-}(\Omega^{*})<\varepsilon.$$

($3^\circ\Rightarrow4^\circ$) 任给 $\varepsilon<0$，根据 3° 存在 $[a,b]$ 的分法 $\Omega^{*}=\{a=x_0^{*}<x_1^{*}<\cdots<x_m^{*}=b\}$，使得

$$S^{+}(\Omega^{*})-S^{-}(\Omega^{*})<\frac{\varepsilon}{2}.$$

任取 $[a,b]$ 的分法 $\Omega=\{a=x_0<x_1<\cdots<x_n=b\}$，设 ω_i^{*} 是 f 在 $I_i^{*}=[x_{i-1}^{*},x_i^{*}]$ 上的振幅，ω_i 是 f 在 $I_i=[x_{i-1},x_i]$ 上的振幅. 则对于分法 Ω 的小区间 I_i，下面两种情形之一必然成立：(a) 存在 I_k^{*}，使得 $I_i\subset I_k^{*}$，(b) 否则，必存在 $x_k^{*}\in\mathring{I}_i=(x_{i-1},x_i)$，于是有

$$S^{+}(\Omega)-S^{-}(\Omega)=\sum_{i=1}^{n}\omega_i\Delta x_i=\sum{}'\omega_i\Delta x_i+\sum{}''\omega_i\Delta x_i,$$

其中，$\sum'$ 表示对满足条件(a) 的下标 i 求和；$\sum''$ 表示对满足条件(b) 的下标 i 求和.

因为 $I_i\subset I_k^{*}$ 时必有 $\omega_i\leqslant\omega_k^{*}$，且所有包含于某个 I_k^{*} 的 I_i 的长度之和不超过 Δx_k^{*}，所以有

$$0\leqslant\sum{}'\omega_i\Delta x_i\leqslant\sum{}'\omega_k^{*}\Delta x_i\leqslant S^{+}(\Omega^{*})-S^{-}(\Omega^{*})<\frac{\varepsilon}{2}.$$

又因为满足条件(b) 的小区间 I_i 不超过 $m-1$ 个，再设 M 是 f 在 $[a,b]$ 的振幅，则可得

$$0\leqslant\sum{}''\omega_i\Delta x_i\leqslant\sum{}''M\Delta x_i\leqslant mM\|\Omega\|.$$

取 $\delta=\frac{\varepsilon}{2Mm}$，则只要 $\|\Omega\|<\delta$，就有

$$0\leqslant S^{+}(\Omega)-S^{-}(\Omega)=\sum{}'\omega_i\Delta x_i+\sum{}''\omega_i\Delta x_i<\frac{\varepsilon}{2}+Mm\cdot\frac{\varepsilon}{2Mm}=\varepsilon.$$

故　$S^{+}(\Omega)-S^{-}(\Omega)\to0(\|\Omega\|\to0)$.

($4^\circ\Rightarrow1^\circ$) 由定理 2.1 的推论 2 及分划原理可得，存在实数 J，使得对 $[a,b]$ 的任意一个分

法 Ω 有

$$S^-(\Omega)\leqslant J\leqslant S^+(\Omega),$$

由达布和的性质(2) 又可得,对任意一个属于分法 Ω 的取法 $\xi=\{\xi_i\}$ 有

$$S^-(\Omega)\leqslant\sum_{i=1}^{n}f(\xi_i)\Delta x_i\leqslant S^+(\Omega),$$

由上面两式即得,只要 ξ 是属于 Ω 的取法,就有

$$\left|\sum_{i=1}^{n}f(\xi_i)\Delta x_i-J\right|\leqslant S^+(\Omega)-S^-(\Omega).$$

根据 4°,当 $\|\Omega\|\to 0$ 时上式右边极限为 0,由夹逼定理可得,$\|\Omega\|\to 0$ 时,积分和 $\sum_{i=1}^{n}f(\xi_i)\Delta x_i$ 收敛于实数 J,所以 f 在 $[a,b]$ 黎曼可积,且积分为 J. □

推论(达布(Darboux) 定理) 设 f 在 $[a,b]$ 有界,$S^+(\Omega),S^-(\Omega),J^+,J^-$ 分别是 f 的达布上、下和与 f 在 $[a,b]$ 的上、下积分,则有

$$\lim_{\|\Omega\|\to 0}S^+(\Omega)=J^+,\ \lim_{\|\Omega\|\to 0}S^-(\Omega)=J^-.$$

证明 任给 $\varepsilon>0$,由 J^+ 的上确界性质,存在分法 $\Omega^*=\{a=x_0^*<x_1^*<\cdots<x_m^*=b\}$,使得

$$J^+\leqslant S^+(\Omega^*)<J^++\frac{\varepsilon}{2}.$$

再任取 $[a,b]$ 的分法 $\Omega=\{a=x_0<x_1<\cdots<x_n=b\}$,设 f 在 $I_k^*=[x_{k-1}^*,x_k^*]$ 上的上确界是 M_k^*,在 $I_i=[x_{i-1},x_i]$ 上的上确界是 M_i,则当 $I_i\subset I_k^*$ 时有 $M_i\leqslant M_k^*$,所以,当 $\|\Omega\|\leqslant\min\{\Delta x_1^*,\cdots,\Delta x_m^*\}$ 时有

$$S^+(\Omega)-S^+(\Omega^*)=\sum{}'(M_i-M_k^*)\Delta x_i+\sum{}''[(M_i-M_k^*)(x_k^*-x_{i-1})+(M_i-M_{k+1}^*)(x_i-x_k^*)]\leqslant 0+mM\|\Omega\|,$$

其中,$\sum{}'$ 表示对满足 $I_i\subset I_k^*$ 的下标 i 求和;$\sum{}''$ 表示对满足 $x_k^*\in(x_{i-1},x_i)=\mathring{I}_i$ 的下标 i 求和,这样的 I_i 不超过 $m-1$ 个;M 表示 f 在 $[a,b]$ 的振幅.

取 $\delta=\dfrac{\varepsilon}{2mM}$,则只要 $\|\Omega\|<\delta$,将上面第二个不等式移项后两边减去 J^+ 就得到了

$$0\leqslant S^+(\Omega)-J^+\leqslant S^+(\Omega^*)-J^++mM\|\Omega\|<\frac{\varepsilon}{2}+mM\cdot\frac{\varepsilon}{2mM}=\varepsilon.$$

所以,$S^+(\Omega)\to J^+(\|\Omega\|\to 0)$. 同理可得 $S^-(\Omega)\to J^-(\|\Omega\|\to 0)$. □

思　考　题

1. 可积准则中 3° ⇒ 1° 的证明改为下面的推导,是否正确?

   由简单性质(2) 及条件 3° 得到

$$\left|\sum_{i=1}^{n}f(\xi_i)\Delta x_i-J\right|\leqslant S^+(\Omega^*)-S^-(\Omega^*)<\varepsilon.$$

   故 $\lim\limits_{\|\Omega\|\to 0}\sum_{i=1}^{n}f(\xi_i)\Delta x_i=J$ 存在.

2. 设 f 在 $[a,b]$ 是有界函数. 能否用 f 在 $[a,b]$ 的上、下积分相等 $J^+ = J^-$ 作为 f 在 $[a,b]$ 可积的定义?

3. (1) 哪些函数,对任意的分法 Ω,都有 $S^+(\Omega) = S^-(\Omega)$?

(2) 哪些函数,存在两个不同分法 Ω_1,Ω_2,使得 $S^+(\Omega_1) = S^-(\Omega_2)$?

(3) 在连续函数类中,具有性质"对任意两个不同分法 Ω_1,Ω_2,皆有 $S^-(\Omega_1) = S^-(\Omega_2)$"的是什么样的函数?

4. 若函数 f 在 $[a,b]$ 连续或单调,试问:f 的积分和能达到它的上和与下和吗?

5. 设函数 f 在 $[a,b]$ 有界,下面的命题成立吗?

(1) $\exists J \in \mathbf{R}, \forall \varepsilon > 0, \exists N, \forall n > N, \forall \xi$,有 $\left| \sum_{i=1}^{n} f(\xi_i)\Delta x_i^{(n)} - J \right| < \varepsilon \Rightarrow f \in \mathscr{R}[a,b]$,其中 $\Delta x_i^{(n)} = \dfrac{b-a}{n} \quad (i = 1,2,\cdots,n)$.

(2) $\exists J \in \mathbf{R}, \forall \varepsilon > 0, \exists \delta > 0, \forall \|\Omega\| < \delta$,有 $\left| \sum_{i=1}^{n} f(\xi_i^*)\Delta x_i - J \right| < \varepsilon \Rightarrow f \in \mathscr{R}[a,b]$,其中 $\xi_i^* = x_{i-1}$ 或 $x_i \quad (i = 1,2,\cdots,n)$.

练　习　题

5.53 证明:

(1) $S^+(\Omega) = \sup\limits_{\xi}\left\{ \sum_{k=1}^{n} f(\xi_k)\Delta x_k \right\}, \quad S^-(\Omega) = \inf\limits_{\xi}\left\{ \sum_{k=1}^{n} f(\xi_k)\Delta x_k \right\}$;

(2) $m(b-a) \leqslant S^-(\Omega) \leqslant \sum_{k=1}^{n} f(\xi_k)\Delta x_k \leqslant S^+(\Omega) \leqslant M(b-a)$.

5.54 设函数 f 定义在 $[0,1]$,给出 $[0,1]$ 的一个分法序列

$$\Omega_n = \left\{0 < \frac{1}{n} < \frac{2}{n} < \cdots < \frac{n-2}{n} < \frac{n-1}{n} < 1\right\}.$$

针对下列函数,求 $\lim\limits_{n\to\infty} S^+(\Omega_n), \quad \lim\limits_{n\to\infty} S^-(\Omega_n)$.

(1) $f(x) = x$;　(2) $f(x) = x^2$;　(3) $f(x) = \begin{cases} 1, x \in \mathbf{Q}, \\ 0, x \in \complement_{\mathbf{R}}\mathbf{Q}. \end{cases}$

5.55 设函数 f 在 $[0,1]$ 有界,$\Omega_n = \left\{0 < \frac{1}{n} < \frac{2}{n} < \cdots < \frac{n-1}{n} < 1\right\}$ 是 $[0,1]$ 的一个分法序列,且 $\lim\limits_{n\to\infty} S^+(\Omega_n) = \lim\limits_{n\to\infty} S^-(\Omega_n) = A \in \mathbf{R}$.

求证:$\int_0^1 f(x)\mathrm{d}x = A$.

5.56 设 f 在 $[a,b]$ 是有界函数,求证 $f \in \mathscr{R}[a,b]$ 的充要条件是:$\forall \varepsilon > 0, \exists \delta > 0, \forall \|\Omega\| < \delta$,有 $S^+(\Omega) - S^-(\Omega) < \varepsilon$.

5.57 设函数 f,g 在 $[a,b]$ 有界,且 $f \leqslant g$,求证:

(1) $\underline{\int_a^b} f(x)\mathrm{d}x \leqslant \underline{\int_a^b} g(x)\mathrm{d}x$;　(2) $\overline{\int_a^b} f(x)\mathrm{d}x \leqslant \overline{\int_a^b} g(x)\mathrm{d}x$.

5.58 设函数 f 在 $[a,b]$ 有界,$m \leqslant f(x) \leqslant M$.

(1) 若 Ω_1 是 $[a,b]$ 的分法,Ω_2 是 Ω_1 的加细,且 Ω_2 比 Ω_1 多 l 个新分点,求证:

$$0 \leqslant S^+(\Omega_1) - S^+(\Omega_2) \leqslant l(M-m)\|\Omega_1\|;$$

$$0 \leqslant S^-(\Omega_2) - S^-(\Omega_1) \leqslant l(M-m)\|\Omega_1\|.$$

(2) 证明 Darboux 定理:

$$\lim_{\|\Omega\|\to 0} S^+(\Omega) = J^+,\ \lim_{\|\Omega\|\to 0} S^-(\Omega) = J^-.$$

(3) 利用 Darboux 定理证明可积准则.

5.59 设 f 在$[a,b]$是有界函数,求证:$f\in\mathscr{R}[a,b]$ 的充要条件是

$$\forall\varepsilon>0,\forall\eta>0,\exists\delta>0,\forall\Omega:\|\Omega\|<\delta,\text{有}\sum_{\omega'_i\geqslant\varepsilon}\Delta x'_i<\eta.$$

5.60 设 f 在$[a,b]$是连续的凸函数,求证:

$$\int_a^b f'_-(x)\mathrm{d}x = \int_a^b f'_+(x)\mathrm{d}x = f(b)-f(a).$$

5.2.2 定积分性质与可积函数类

本节我们将根据定积分定义以及可积准则来研究定积分的性质及可积函数类.

设 f 是数集 D 上的有界函数,称

$$\omega(f) = M(f) - m(f) = \sup_{x\in D}\{f(x)\} - \inf_{x\in D}\{f(x)\}$$

为 f 在 D 上的**振幅**.

引理 设 f 在 D 上的振幅为 $\omega(f)$,则

$$\omega(f) = \sup_{x',x''\in D}\{|f(x')-f(x'')|\}.$$

证明 $\forall x',x''\in D$,因为 $m=m(f)\leqslant f(x'),f(x'')\leqslant M(f)=M$,则有

$$|f(x')-f(x'')|\leqslant M-m=\omega(f).$$

又由 $M(f)$ 及 $m(f)$ 的定义 $\Rightarrow\forall\varepsilon>0,\exists x_1,x_2\in D$,使得

$$f(x_1)<m+\frac{\varepsilon}{2},\quad f(x_2)>M-\frac{\varepsilon}{2},$$

所以
$$|f(x_1)-f(x_2)|\geqslant f(x_2)-f(x_1)>M-m-\varepsilon.$$

由确界判别准则知

$$\omega(f) = \sup_{x',x''\in D}\{|f(x')-f(x'')|\}.$$ □

定理 2.3 若 $f,g\in\mathscr{R}[a,b]$,则 $f\pm g,fg\in\mathscr{R}[a,b]$,当 $|g|\geqslant C>0$ 时,$f/g\in\mathscr{R}[a,b]$.

证明 我们仅证 fg 的可积性,$f\pm g,\dfrac{f}{g}$ 的可积性的证明与之相似,故省略.

因 f,g 在$[a,b]$可积必有界,所以存在 $M>0$,使得对一切 $x\in[a,b]$,有$|f(x)|\leqslant M$ 及 $|g(x)|\leqslant M$. 再任取$[a,b]$的分法 $\Omega=\{a=x_0<x_1<\cdots<x_n=b\}$,设 $\omega_i(fg),\omega_i(f)$,$\omega_i(g)$ 分别是函数 fg,f 和 g 在小区间 $I_i=[x_{i-1},x_i]$ 上的振幅,那么任取 I_i 中的两点 x' 和 x'',就有

$$\begin{aligned}&|f(x')g(x')-f(x'')g(x'')|\\ =&|g(x')[f(x')-f(x'')]+f(x'')[g(x')-g(x'')]|\\ \leqslant& M(|f(x')-f(x'')|+|g(x')-g(x'')|).\end{aligned}$$

对上式取上确界,由确界的保序性和上面的引理得到

$$\omega_i(fg)\leqslant M(\omega_i(f)+\omega_i(g)).$$

上式对 $i=1,2,\cdots,n$ 均成立,所以有

$$0\leqslant\sum_{i=1}^n\omega_i(fg)\Delta x_i\leqslant M\Big(\sum_{i=1}^n\omega_i(f)\Delta x_i+\sum_{i=1}^n\omega_i(g)\Delta x_i\Big).$$

因 f,g 在 $[a,b]$ 可积，当 $\|\Omega\| \to 0$ 时上式右边极限为 0，由夹逼定理与可积准则，就得到 fg 在 $[a,b]$ 可积. □

定理 2.4　若 $f \in \mathscr{R}[a,b]$，则 $\forall [c,d] \subset [a,b]$，$f \in \mathscr{R}[c,d]$.

证明　因 f 在 $[a,b]$ 可积，由可积准则 3°，任给 $\varepsilon > 0$，存在分法 $\Omega^* = \{a = x_0^* < x_1^* < \cdots < x_n^* = b\}$ 使得 $S^+(\Omega^*) - S^-(\Omega^*) = \sum_{i=1}^{n} \omega_i(f)\Delta x_i < \varepsilon$. 又因 $[c,d] \subset [a,b]$，所以存在 $x_{k-1}^* \leqslant c < x_k^*$ 和 $x_l^* < d \leqslant x_{l+1}^*$，使得 $\Omega' = \{c < x_k^* < \cdots < x_l^* < d\}$ 是 $[c,d]$ 的分法，且显然有 $S^+(\Omega') - S^-(\Omega') \leqslant \sum_{i=k}^{l+1} \omega_i(f)\Delta x_i \leqslant \sum_{i=1}^{n} \omega_i(f)\Delta x_i = S^+(\Omega^*) - S^-(\Omega^*) < \varepsilon$. 由可积准则得到 f 在 $[c,d]$ 上黎曼可积，即 $f \in \mathscr{R}[c,d]$. □

定理 2.5　若 $f \in \mathscr{R}[a,b]$，则 $|f| \in \mathscr{R}[a,b]$.

证明　设 $\Omega = \{a = x_0 < x_1 < \cdots < x_n = b\}$ 是 $[a,b]$ 的方法，ω_i 是 f 在 $I_i = [x_{i-1}, x_i]$ 上的振幅，ω'_i 是 $|f|$ 在 I_i 上的振幅，$i = 1,2,\cdots,n$. 则任取 $x', x'' \in I_i$，有

$$\big||f(x')| - |f(x'')|\big| \leqslant |f(x') - f(x'')|,$$

对上式在 $x', x'' \in I_i$ 取上确界，得 $\omega'_i \leqslant \omega_i$，所以有

$$0 \leqslant \sum_{i=1}^{n} \omega'_i \Delta x_i \leqslant \sum_{i=1}^{n} \omega_i \Delta x_i,$$

因 f 在 $[a,b]$ 可积，由可积准则 4°，当 $\|\Omega\| \to 0$ 时上式右边趋于 0，由夹逼定理，左边 $|f|$ 的振幅和当 $\|\Omega\| \to 0$ 时也趋于 0，再由可积准则 4°，$|f|$ 在 $[a,b]$ 可积.

基于以上定理，第 2 章黎曼积分基本性质（线性性质、单调性质、绝对值性质、有限可加性质）的条件可以适当减弱. 例如，绝对值性质只需假定函数 f 在 $[a,b]$ 可积；而有限可加性也只需假定 f 在 $[a,b]$，$[b,c]$，$[c,a]$ 3 个区间中长度最大的区间上可积就行了.

利用可积准则可以得到一些重要的可积函数类.

定理 2.6　有界闭区间 $[a,b]$ 上的连续函数是可积函数.

证明　因 f 在 $[a,b]$ 连续必然一致连续，从而存在单增无穷小量 $\alpha(t) \to o(t \to 0)$，使得

$$|f(x') - f(x'')| \leqslant \alpha(|x' - x''|)$$

对任意的 $x', x'' \in [a,b]$ 成立（4.3.2 节定义 3.1 的推论），设 $\Omega = \{a = x_0 < x_1 < \cdots < x_n = b\}$ 是 $[a,b]$ 的分法，ω_i 是 f 在 $I_i = [x_{i-1}, x_i]$ 上的振幅，$i = 1,2,\cdots,n$，对上面不等式在 $x', x'' \in I_i$ 上取上确界，就得到了 $\omega_i \leqslant \alpha(|x_i - x_{i-1}|) \leqslant \alpha(\|\Omega\|)$，于是有

$$0 \leqslant S^+(\Omega) - S^-(\Omega) = \sum_{i=1}^{n} \omega_i \Delta x_i \leqslant \sum_{i=1}^{n} \alpha(\|\Omega\|)\Delta x_i = (b-a)\alpha(\|\Omega\|).$$

当 $\|\Omega\| \to 0$ 时上式右边极限为 0，由夹逼性质与可积准则 4° 得 f 在 $[a,b]$ 可积. □

定理 2.7　有界闭区间 $[a,b]$ 上仅有有限个间断点的有界函数是可积函数.

证明　只需证明 f 有一个间断点 $x = C$ 时 f 可积即可. 因 f 在 $[a,b]$ 有界，就存在 $M > 0$，使 $|f(x)| \leqslant M, x \in [a,b]$. 又不妨设 $C \in (a,b)$，则任给 $\varepsilon > 0$ 适当小，就有 $a < C - \frac{\varepsilon}{12M} = \alpha < \beta = C + \frac{\varepsilon}{12M} < b$. 因 f 在 $[a,\alpha]$，$[\beta,b]$ 上均连续，必可积，由可积准则 3° 存在 $[a,\alpha]$ 与 $[\beta,b]$ 的分法 $\Omega_1 = \{a = x_0 < x_1 < \cdots < x_k = \alpha\}$，$\Omega_2 = \{\beta = x_{k+1} < \cdots < x_n = b\}$ 使得

$$S^{+}(\Omega_1)-S^{-}(\Omega_1)<\frac{\varepsilon}{3},S^{+}(\Omega_2)-S^{-}(\Omega_2)<\frac{\varepsilon}{3}.$$

那么 $\Omega^{*}=\{a=x_0<x_1<\cdots<x_k=\alpha<x_{k+1}=\beta<\cdots<x_n=b\}$ 就是$[a,b]$ 的分法，且有

$$\begin{aligned}S^{+}(\Omega^{*})-S^{-}(\Omega^{*})&=S^{+}(\Omega_1)-S^{-}(\Omega_1)+\omega_{k+1}\Delta x_{k+1}+S^{+}(\Omega_2)-S^{-}(\Omega_2)\\&<\frac{\varepsilon}{3}+2M\cdot\frac{\varepsilon}{6M}+\frac{\varepsilon}{3}=\varepsilon\end{aligned}$$

由可积准则 3°，得 f 在$[a,b]$ 可积.

如果函数 f 在$[a,b]$ 上只有有限个间断点：$x_1<x_2<\cdots<x_n$，且每个 x_i 是 f 的第一类间断点，即 $f(x_i^-)$，$f(x_i^+)$ 存在，但 $f(x_i^-)$，$f(x_i^+)$，$f(x_i)$ 不全相等，则称函数 f 在$[a,b]$ **分段连续**.

推论 有界闭区间$[a,b]$ 上的分段连续函数是可积函数.

定理 2.8 有界闭区间$[a,b]$ 上的单调函数是可积函数.

证明 设 $\Omega=\{a=x_0<x_1<\cdots<x_n=b\}$ 是$[a,b]$ 的分法，ω_i 是 f 在$[x_{i-1},x_i]$ 上的振幅，$i=1,2,\cdots,n$，因 f 是单调函数，则有 $\omega_i=|f(x_i)-f(x_{i-1})|$，且不同的 $f(x_i)-f(x_{i-1})$ 同号，于是有

$$\begin{aligned}0\leqslant S^{+}(\Omega)-S^{-}(\Omega)&=\sum_{i=1}^{n}|f(x_i)-f(x_{i-1})|\Delta x_i\leqslant\|\Omega\|\sum_{i=1}^{n}|f(x_i)-f(x_{i-1})|\\&=\|\Omega\|\left|\sum_{i=1}^{n}(f(x_i)-f(x_{i-1}))\right|=\|\Omega\||f(b)-f(a)|.\end{aligned}$$

当 $\|\Omega\|\to 0$ 时上式右边极限为 0，由夹逼性质与可积准则 4°，就得到 f 在$[a,b]$ 可积.

应当指出一点，闭区间$[a,b]$ 上的单调函数可能有无穷多个间断点. 例如函数

$$f(x)=\begin{cases}0, & x=0,\\ \dfrac{1}{n}, & \dfrac{1}{n+1}<x\leqslant\dfrac{1}{n}\quad(n\in\mathbf{N}_{+})\end{cases}$$

在$[0,1]$ 单调增，尽管它有无穷多个间断点 $x_n=\dfrac{1}{n}\quad(n=2,3,\cdots)$，仍可根据定理 2.8 断定它在$[0,1]$ 可积.

例 1 研究函数 $f(x)=[x]$，$g(x)=x-[x]$，$\varphi(x)=\sqrt{x-[x]}$ 在任何区间$[a,b]$ 的可积性.

解 f,g,φ 在任何$[a,b]$ 上皆为有界函数，且在$[a,b]$ 上最多有有限个间断点，所以它们在$[a,b]$ 都是可积函数.

f,g,φ 的图像如图 5.2-1 所示.

例 2 研究函数

$$f(x)=\begin{cases}\sin\left[\dfrac{1}{x}\right], & x\neq 0;\\ 0, & x=0\end{cases}$$

在$[0,1]$ 的可积性.

证明 首先做一些分析. 易知 f 在$[0,1]$ 上有界，但它有无穷多个间断点：$x=0$ 及 $x_n=\dfrac{1}{n}$ $(n\in\mathbf{N})$，而且 f 又不是分段单调函数，因而不能直接应用以上各定理判定其可积性. 但

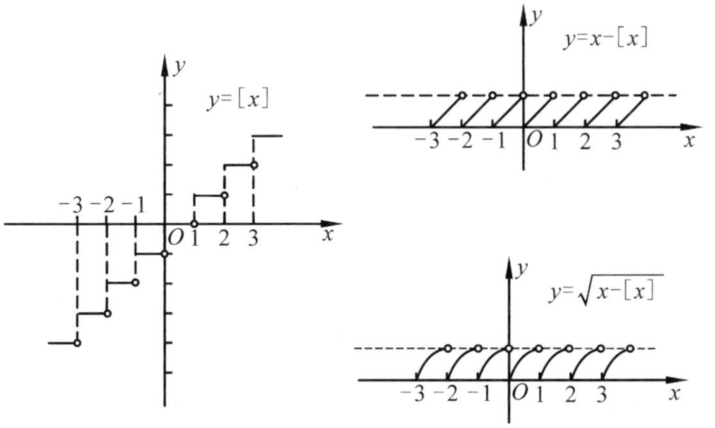

图 5.2-1

由于 f 在任何 $[c,1]$ $(0<c<1)$ 内有有限个间断点，因而在 $[c,1]$ 可积，由此也不难推断 f 在 $[0,1]$ 可积. 具体证明如下：

显然有 $|f(x)|\leqslant 1, x\in[0,1]$. $\forall\varepsilon>0$，f 在 $\left[\frac{\varepsilon}{4},1\right]$ 内有有限个间断点，因而可积，故存在 $\left[\frac{\varepsilon}{4},1\right]$ 的一个分法 Ω^0，使得 $S^+(\Omega^0)-S^-(\Omega^0)<\varepsilon/2$. 分法 Ω^0 的分点连同点 $x_0=0$ 一起组成 $[0,1]$ 的分法 Ω^*，则

$$S^+(\Omega^*)-S^-(\Omega^*)=\omega_1\Delta x_1+S^+(\Omega^0)-S^-(\Omega^0)<2\times\frac{\varepsilon}{4}+\frac{\varepsilon}{2}=\varepsilon.$$

由可积准则 $\Rightarrow f\in\mathscr{R}[0,1]$.

例 3　证明 Riemann 函数

$$R(x)=\begin{cases}\dfrac{1}{q}, x=\dfrac{p}{q} & \left(\text{其中}\dfrac{p}{q}\text{为既约分数(见 4.1.1 节)}\right),\\ 0,\ x\text{ 是无理数},\end{cases}$$

在 $[0,1]$ 可积，且 $\int_0^1 R(x)\mathrm{d}x=0$.

证明　设 $\Omega=\{0=x_0<x_1<\cdots<x_n=1\}$ 是 $[0,1]$ 的分法，ω_i 是 $R(x)$ 在小区间 $I_i=[x_{i-1},x_i]$ 上的振幅，$\Delta x_i=x_i-x_{i-1}$. 任给 $\varepsilon>0$，记

$$\sum_{i=1}^{n}\omega_i\Delta x_i=\sum{}'\omega_i\Delta x_i+\sum{}''\omega_i\Delta x_i,$$

其中，$\sum{}'$ 表示对于 $\omega_i<\frac{\varepsilon}{2}$ 的那些下标 i 求和，$\sum{}''$ 则是对 $\omega_i\geqslant\frac{\varepsilon}{2}$ 的那些下标 i 求和. 因为 $\omega_i\geqslant\frac{\varepsilon}{2}$ 当且仅当存在既约分数 $x=\frac{p}{q}\in I_i$，使得 $\frac{1}{q}\geqslant\frac{\varepsilon}{2}$. 而满足 $\frac{1}{q}\geqslant\frac{\varepsilon}{2}$ 的既约分数 $x=\frac{p}{q}\in[0,1]$ 的个数，不超过 $m=\frac{1}{2}\left[\frac{2}{\varepsilon}\right]^2$ 个，所以满足 $\omega_i\geqslant\frac{\varepsilon}{2}$ 的小区间 I_i 的个数，不超过 $2m$ 个，又显然有 $\omega_i\leqslant 1$，于是可得

$$\sum_{i=1}^{n}\omega_i\Delta x_i=\sum{}'\omega_i\Delta x_i+\sum{}''\omega_i\Delta x_i<\sum{}'\frac{\varepsilon}{2}\cdot\Delta x_i+\sum{}''\Delta x_i<\frac{\varepsilon}{2}+2m\|\Omega\|.$$

取 $\delta = \frac{\varepsilon}{4m}$,则只要 $\|\Omega\| < \delta$,就有

$$0 \leqslant S^{+}(\Omega) - S^{-}(\Omega) = \sum_{i=1}^{n} \omega_i \Delta x_i < \frac{\varepsilon}{2} + 2m \cdot \frac{\varepsilon}{4m} = \varepsilon.$$

由可积准则,$R(x)$ 在$[0,1]$可积. 又显然对每个$[0,1]$的分法有 $S^{-}(\Omega) = 0$ 即 $J^{-} = 0$,因 $R(x)$ 可积,则$\int_0^1 R(x)\mathrm{d}x = J^{-} = 0$.

例 4 设函数 f 在 $[a,b]$ 可积,求证:$\forall \varepsilon > 0$,存在阶梯函数 φ,使得$\int_a^b |f(x) - \varphi(x)| \mathrm{d}x < \varepsilon$.

先介绍阶梯函数概念. 设函数 φ 在$[a,b]$有定义,如果存在$[a,b]$的一个分法 $\Omega = \{a = x_0 < x_1 < \cdots < x_m = b\}$ 及有限个常数 $c_1, c_2, \cdots, c_m$,使得

$$\varphi(x) = c_i, x \in (x_{i-1}, x_i),\ i = 1, 2, \cdots, m,$$

则称 φ 在$[a,b]$是**阶梯函数**. 其中 φ 在 $x = x_i$ 的值可任意给定.

此例表明:可用较简单的阶梯函数逼近可积函数.

证明 因 $f \in \mathscr{R}[a,b]$,所以任给 $\varepsilon > 0$,存在 $\Omega = \{a = x_0 < \cdots < x_n = b\}$,使得

$$\sum_{i=1}^{n} \omega_i(\Omega) \Delta x_i < \varepsilon,$$

其中,$\omega_i(\Omega)$ 和 $m_i = m_i(\Omega)$ 分别是 f 在$[x_{i-1}, x_i]$上的振幅和下确界. 再令

$$\varphi(x) = \begin{cases} m_i(\Omega), x \in [x_{i-1}, x_i), i = 1, 2, \cdots, n, \\ f(b), \quad x = b. \end{cases}$$

则下式成立

$$\int_a^b |f(x) - \varphi(x)| \mathrm{d}x = \sum_{i=1}^{n} \int_{x_{i-1}}^{x_i} |f(x) - \varphi(x)| \mathrm{d}x$$

$$= \sum_{i=1}^{n} \int_{x_{i-1}}^{x_i} |f(x) - m_i| \mathrm{d}x \leqslant \sum_{i=1}^{n} \omega_i(\Omega) \Delta x_i < \varepsilon.$$

例 5 设 $f, g \in \mathscr{R}[a,b]$,求证:对$[a,b]$的任意分法 $\Omega = \{a = x_0 < x_1 < \cdots < x_n = b\}$ 及任意取定的属于 Ω 的取法 $\xi = \{\xi_1 \leqslant \xi_2 \leqslant \cdots \leqslant \xi_n\}$,有

$$\lim_{\|\Omega\| \to 0} \sum_{i=1}^{n} f(\xi_i) \int_{x_{i-1}}^{x_i} g(x)\mathrm{d}x = \int_a^b f(x) g(x) \mathrm{d}x.$$

证明 适当放大可得

$$\left| \int_a^b f(x) g(x) \mathrm{d}x - \sum_{i=1}^{n} f(\xi_i) \int_{x_{i-1}}^{x_i} g(x) \mathrm{d}x \right|$$

$$\leqslant \sum_{i=1}^{n} \int_{x_{i-1}}^{x_i} |f(x) - f(\xi_i)| |g(x)| \mathrm{d}x$$

$$\leqslant \sum_{i=1}^{n} \int_{x_{i-1}}^{x_i} \omega_i(f) \cdot M \mathrm{d}x = M \sum_{i=1}^{n} \omega_i(f) \Delta x_i.$$

其中,$\omega_i(f)$ 是 f 在分法 $\Omega = \{a = x_0 < x_i < \cdots < x_n = b\}$ 的小区间 $I_i = [x_{i-1}, x_i]$ 上的振幅,$|g(x)| \leqslant M, x \in [a,b]$.

因 f 在$[a,b]$可积，当 $\|\Omega\| \to 0$ 时上式右边极限为 0，由夹逼定理就得到求证的等式.

思　考　题

1. 下面的证法对吗？

命题：有界闭区间$[a,b]$上的连续函数是可积函数.

设 f 在$[a,b]$连续 $\Rightarrow \forall \varepsilon > 0, \forall x' \in (a,b), \exists \delta > 0$，对一切满足 $|x''-x'|<\delta$ 的$x'' \in (a,b)$，有

$$|f(x')-f(x'')|<\frac{\varepsilon}{2(b-a)}.$$

取满足 $\|\Omega^*\|<\delta$ 的分法 Ω^*，它的子区间为 I_i^*，有

$$\omega_i = M_i - m_i = \sup_{x',x''\in I_i^*}\{|f(x')-f(x'')|\} \leqslant \frac{\varepsilon}{2(b-a)}.$$

故 $S^+(\Omega^*)-S^-(\Omega^*) = \sum_{i=1}^{n}\omega_i(\Omega^*)\Delta x_i^* \leqslant \frac{\varepsilon}{2(b-a)}\sum_{i=1}^{n}\Delta x_i^* = \frac{\varepsilon}{2} < \varepsilon.$

由可积准则 $\Rightarrow f \in \mathscr{R}[a,b]$.

2. 若 $|f| \in \mathscr{R}[a,b]$，函数 f 在$[a,b]$一定可积吗？

3. 若函数 f 在$[a,b]$及$[b,c]$可积，f 在$[a,c]$一定可积吗？若 f 在每个$[a_n,b_n]$($n \in \mathbf{N}_+$)可积，f 在 $\bigcup_{n=1}^{\infty}[a_n,b_n]$ 一定可积吗？

4. 下面的命题成立吗？

(1) $f \in \mathscr{R}[a,b] \Leftrightarrow f^2 \in \mathscr{R}[a,b]$.

(2) $|f| \in \mathscr{R}[a,b] \Leftrightarrow f^2 \in \mathscr{R}[a,b]$.　（“$\Leftarrow$”提示：有 $\omega_{|f|}^2 \leqslant \omega_{f^2}$）

5. 若 $f \in \mathscr{R}[a,b], g \notin \mathscr{R}[a,b]$，能否断定 $fg \notin \mathscr{R}[a,b]$？

6. 若 $f \in \mathscr{R}[a,b], g \notin \mathscr{R}[a,b]$，能否断定 $f+g \notin \mathscr{R}[a,b]$？

练　习　题

5.61　设函数 f 在$[0,1]$有界，且有满足条件 $\lim\limits_{n\to\infty}c_n = 0$ 的间断点列 $c_n \in [0,1]$，求证：$f \in \mathscr{R}[0,1]$.

5.62　研究下列函数在$[0,1]$的可积性.

(1) $f(x) = \begin{cases} 0, & x = 0, x = \dfrac{1}{n}; \\ \operatorname{sgn}\left(\sin\dfrac{\pi}{x}\right), & 0 < x < 1, x \neq \dfrac{1}{n} \quad (n \in \mathbf{N}_+). \end{cases}$

(2) $f(x) = \begin{cases} \dfrac{1}{x} - \left[\dfrac{1}{x}\right], & x \neq 0; \\ 0, & x = 0. \end{cases}$

5.63　设 $f \in \mathscr{R}[a,b]$，证明：

(1) 若 $f \geqslant c > 0$，则$\dfrac{1}{f} \in \mathscr{R}[a,b]$；

(2) 若 $f \geqslant 0$，则$\sqrt{f} \in \mathscr{R}[a,b]$.

5.64　设 f 是$[a,b]$上的严格增函数.

(1) 设 $\Omega = \{a = x_0 < x_1 < \cdots < x_n = b\}$ 是$[a,b]$的一个分法，$\Omega' = \{\alpha = y_0 < y_1 < \cdots <$

$y_n = \beta\}$ 是$[\alpha,\beta]$的一个分法,其中 $\alpha = f(a),\beta = f(b),y_i = f(x_i),x_i = f^{-1}(y_i)$.

证明:$S^+(f,\Omega) + S^-(f^{-1},\Omega') = bf(b) - af(a)$.

(2) 证明:$\int_a^b f(x)\mathrm{d}x + \int_{f(a)}^{f(b)} f^{-1}(x)\mathrm{d}x = xf(x)\Big|_a^b$ (请考虑它的几何意义).

(3) 证明 **Young 不等式** (请考虑(a)的几何意义):

(a)(积分形式) $\int_0^b f(x)\mathrm{d}x + \int_0^a f^{-1}(x)\mathrm{d}x \geqslant ab$ (其中 $f(0) = 0,a,b > 0$);

(b)(有限形式) $\dfrac{a^p}{p} + \dfrac{b^q}{q} \geqslant ab$ (其中 $a,b > 0,\dfrac{1}{p} + \dfrac{1}{q} = 1,p > 1$).

5.65 设函数 f 在$[a,b]$有界,如果 $\forall \alpha \in [a,b),f \in \mathscr{R}[a,\alpha]$,求证:$f \in \mathscr{R}[a,b]$,且

$$\lim_{\alpha \to b^-}\int_a^\alpha f(x)\mathrm{d}x = \int_a^b f(x)\mathrm{d}x.$$

5.66 设 $f,g \in \mathscr{R}[a,b],\Omega = \{a = x_0 < x_1 < \cdots < x_n = b\}$ 是$[a,b]$的任一分法,$\forall \xi_i,\eta_i \in [x_{i-1},x_i]$ $(i = 1,2,\cdots,n)$,求证:

$$\lim_{\|\Omega\| \to 0}\sum_{i=1}^n f(\xi_i)g(\eta_i)\Delta x_i = \int_a^b f(x)g(x)\mathrm{d}x.$$

5.67 设 $f,g \in \mathscr{R}[a,b]$,求证:$F(x) = \max\{f(x),g(x)\} \in \mathscr{R}[a,b]$; $G(x) = \min\{f(x),g(x)\} \in \mathscr{R}[a,b]$.

5.68 设 $y = f(u),u \in [c,d]$ 与 $u = g(x),x \in [a,b]$ 能构成复合函数 $y = f[g(x)],x \in [a,b]$. 若 $f \in C[c,d],g \in \mathscr{R}[a,b]$,求证:$f \circ g \in \mathscr{R}[a,b]$. 又问:如果只假定 $f \in \mathscr{R}[c,d]$,还能断定 $f \circ g \in \mathscr{R}[a,b]$ 吗?

5.69 设 $f \in C[a,b],\Omega = \{a = x_0 < x_1 < \cdots < x_n = b\}$ 是$[a,b]$的分法,$S^+(\Omega),S^-(\Omega)$ 分别是上、下和,求证:$\forall T \in [S^-(\Omega),S^+(\Omega)],\exists \xi = \{\xi_1 \leqslant \xi_2 \leqslant \cdots \leqslant \xi_n\}$,使得 $\sum_{i=1}^n f(\xi_i)\Delta x_i = T$,即对任意给定的分法 Ω,Riemann 和有介值性.

5.2.3 积分中值定理

在第2章黎曼积分中我们曾经证明过积分中值定理,现在我们再介绍一个很有用的积分中值定理,而把以前的中值定理叫作第一中值定理.

定理 2.9(积分第一中值定理) 设 $f,g \in \mathscr{R}[a,b]$,g 在$[a,b]$不变号,记 $m = \inf\limits_{a \leqslant x \leqslant b}\{f(x)\},M = \sup\limits_{a \leqslant x \leqslant b}\{f(x)\}$,则存在 $\mu \in [m,M]$,使得

$$\int_a^b f(x)g(x)\mathrm{d}x = \mu\int_a^b g(x)\mathrm{d}x.$$

推论 1 若 $f \in C[a,b]$,g 在$[a,b]$可积且不变号,则存在 $\xi \in [a,b]$,使得

$$\int_a^b f(x)g(x)\mathrm{d}x = f(\xi)\int_a^b g(x)\mathrm{d}x.$$

推论 2 若 $f \in C[a,b]$,则存在 $\xi \in [a,b]$,使得

$$\int_a^b f(x)\mathrm{d}x = f(\xi)(b - a).$$

在介绍积分第二中值定理之前,先介绍一个简单而有用的恒等式,通常称为**阿贝尔(Abel)变换**.

设 $B_i = \beta_1 + \beta_2 + \cdots + \beta_i,i = 1,2,\cdots,m$. $B_0 = 0$,则

$$\sum_{i=1}^{m}\alpha_i\beta_i = \sum_{i=1}^{m}\alpha_i(B_i - B_{i-1}) = \sum_{i=1}^{m}\alpha_i B_i - \sum_{i=0}^{m-1}\alpha_{i+1}B_i$$
$$= \sum_{i=1}^{m-1}(\alpha_i - \alpha_{i+1})B_i + \alpha_m B_m - \alpha_1 B_0 = \sum_{i=1}^{m-1}(\alpha_i - \alpha_{i+1})B_i + \alpha_m B_m,$$

即
$$\sum_{i=1}^{m}\alpha_i\beta_i = \sum_{i=1}^{m-1}(\alpha_i - \alpha_{i+1})B_i + \alpha_m B_m. \tag{1}$$

上式也叫作阿贝尔分部求和公式,它相当于积分中的分部积分公式,所不同的只是它是对离散变量的求和.

事实上,$\forall \Omega = \{a = x_0 < x_1 < \cdots < x_{m-1} < x_m = b\}$,令 $\alpha_i \equiv u(x_{i-1})$. 记 $\Delta u_i \equiv u(x_i) - u(x_{i-1}) = \alpha_{i+1} - \alpha_i$. $\beta_i \equiv v(x_i) - v(x_{i-1}) \equiv \Delta v_{i-1}$,则 $B_i = v(x_i) - v(x_0) \quad (i = 1,2,\cdots,m)$,易知式(1) 可写成:

$$\sum_{i=1}^{m}u(x_{i-1})\Delta v_{i-1} = u(x)v(x)\Big|_a^b - \sum_{i=1}^{m}v(x_i)\Delta u_i. \tag{2}$$

若 α_k,β_k 具有某些特殊性质,则有下面非常实用的

定理 2.10(Abel 引理)　设 $\alpha_k \geqslant 0$,且 $\alpha_k \geqslant \alpha_{k+1} \quad (k = 1,2,\cdots,n-1)$,记 $B_p = \sum_{k=1}^{p}\beta_k$,有 $m \leqslant B_p \leqslant M$,$p = 1,2,\cdots,n$. 则

$$\alpha_1 m \leqslant \sum_{k=1}^{n}\alpha_k\beta_k \leqslant \alpha_1 M.$$

证明　先作 Abel 变换,再适当放大有

$$\sum_{k=1}^{n}\alpha_k\beta_k = \alpha_n B_n + \sum_{k=1}^{n-1}(\alpha_k - \alpha_{k+1})B_k \leqslant M\Big[\alpha_n + \sum_{k=1}^{n-1}(\alpha_k - \alpha_{k+1})\Big] = M\alpha_1.$$

同理,$\sum_{k=1}^{n}\alpha_k\beta_k \geqslant \alpha_1 m$. □

注　Abel 引理也可写为:若 α_n 非负单减,则 $\left|\sum_{k=1}^{n}\alpha_k\beta_k\right| \leqslant \alpha_1\max\{|m|, |M|\}$.

定理 2.11(积分第二中值定理)　设 $g \in \mathscr{R}[a,b]$.

1°　若函数 f 在$[a,b]$ 单减,且 $f(x) \geqslant 0$,则存在 $\xi \in [a,b]$,使得

$$\int_a^b f(x)g(x)\mathrm{d}x = f(a)\int_a^{\xi} g(x)\mathrm{d}x.$$

2°　若函数 f 在$[a,b]$ 单增,且 $f(x) \geqslant 0$,则存在 $\xi \in [a,b]$,使得

$$\int_a^b f(x)g(x)\mathrm{d}x = f(b)\int_{\xi}^{b} g(x)\mathrm{d}x.$$

证明　这里只证 1°,2° 的证明留给读者.

令 $G(x) = \int_a^x g(x)\mathrm{d}t$,它在$[a,b]$ 连续,令 $m = \min\limits_{a\leqslant x\leqslant b}G(x)$,$M = \max\limits_{a\leqslant x\leqslant b}G(x)$.

由 5.2.2 节例 5 并取 $\xi_i = x_{i-1}$ 得

$$\int_a^b f(x)g(x)\mathrm{d}x = \lim_{\|\Omega\|\to 0}\sum_{i=1}^{n}f(x_{i-1})\int_{x_{i-1}}^{x_i}g(x)\mathrm{d}x$$
$$= \lim_{\|\Omega\|\to 0}\sum_{i=1}^{n}f(x_{i-1})[G(x_i) - G(x_{i-1})].$$

令 $\alpha_i = f(x_{i-1}), \beta_i = G(x_i) - G(x_{i-1}) \quad (i = 1,2,\cdots,n)$，有 $B_i = \sum_{k=1}^{i} \beta_k = G(x_i)$，所以 $m \leqslant B_i \leqslant M$.

由 Abel 引理知

$$mf(a) \leqslant \sum_{i=1}^{n} f(x_{i-1})[G(x_i) - G(x_{i-1})] \leqslant Mf(a).$$

上式令 $\|\Omega\| \to 0$ 得

$$mf(a) \leqslant \int_a^b f(x)g(x)\mathrm{d}x \leqslant Mf(a).$$

当 $f(a) = 0$，则 $f(x)$ 恒等于 0，定理显然成立. 而当 $f(a) > 0$，则有

$$m \leqslant \frac{1}{f(a)}\int_a^b f(x)g(x)\mathrm{d}x \leqslant M.$$

因 $G \in C[a,b] \Rightarrow \exists \xi \in [a,b]$，使得 $G(\xi) = \frac{1}{f(a)}\int_a^b f(x)g(x)\mathrm{d}x$，即

$$\int_a^b f(x)g(x)\mathrm{d}x = f(a)\int_a^\xi g(x)\mathrm{d}x.$$ □

推论 若 $g \in \mathscr{R}[a,b]$，函数 f 在 $[a,b]$ 单调，则存在 $\xi \in [a,b]$，使得

$$\int_a^b f(x)g(x)\mathrm{d}x = f(a)\int_a^\xi g(x)\mathrm{d}x + f(b)\int_\xi^b g(x)\mathrm{d}x.$$

证明 不妨设 f 在 $[a,b]$ 单增，令 $F(x) = f(x) - f(a)$，则 F 在 $[a,b]$ 非负单增，据积分第二中值定理 $\Rightarrow \exists \xi \in [a,b]$，使得

$$\int_a^b F(x)g(x)\mathrm{d}x = F(b)\int_\xi^b g(x)\mathrm{d}x = [f(b) - f(a)]\int_\xi^b g(x)\mathrm{d}x.$$

又

$$\int_a^b F(x)g(x)\mathrm{d}x = \int_a^b f(x)g(x)\mathrm{d}x - f(a)\int_a^b g(x)\mathrm{d}x,$$

故

$$\begin{aligned}\int_a^b f(x)g(x)\mathrm{d}x &= f(a)\int_a^b g(x)\mathrm{d}x - f(a)\int_\xi^b g(x)\mathrm{d}x + f(b)\int_\xi^b g(x)\mathrm{d}x \\ &= f(a)\int_a^\xi g(x)\mathrm{d}x + f(b)\int_\xi^b g(x)\mathrm{d}x.\end{aligned}$$ □

定理及推论中的几个积分等式通常称为**波内(Bonnet)公式**.

和积分第一中值定理一样，积分第二中值定理也常用于积分的估值. 对于同一个具体的积分，用不同的定理进行估值，它们的精细程度往往不一样. 当被积函数变号时，利用积分第二中值定理进行估值，常常更为精细.

例 1 估计积分 $\int_a^b \frac{\sin x}{x}\mathrm{d}x$ 的值，即找出它的上界(其中 $b > a > 0$).

解 利用积分第一中值定理可得以下两种估值：

$$\left|\int_a^b \frac{\sin x}{x}\mathrm{d}x\right| = \left|\frac{\sin \xi}{\xi}\int_a^b \mathrm{d}x\right| = \left|\frac{\sin \xi}{\xi}(b-a)\right| \leqslant \frac{b-a}{a} = \frac{b}{a} - 1,$$

或

$$\left|\int_a^b \frac{\sin x}{x}\mathrm{d}x\right| = \left|\sin \eta \int_a^b \frac{\mathrm{d}x}{x}\right| \leqslant \ln\left|\frac{b}{a}\right|.$$

利用积分第二中值定理，有

$$\left|\int_a^b \frac{\sin x}{x}\mathrm{d}x\right| = \left|\frac{1}{a}\int_a^\xi \sin x\,\mathrm{d}x\right| \leqslant \frac{2}{a}.$$

当正实数 b 远远大于正实数 a 时,最后一种估值最精细.

例 2　设导函数 f' 在 $[a,b]$ 单调减且 $f'(x) \geqslant c > 0$,求证:

$$\left|\int_a^b \cos f(x)\mathrm{d}x\right| \leqslant \frac{2}{c}.$$

证明　因 $f'(x)$ 恒正且单调减,所以 $\frac{1}{f'(x)}$ 恒正且单调增,由积分第二中值定理得

$$\left|\int_a^b \cos f(x)\mathrm{d}x\right| = \left|\int_a^b [f'(x)\cos f(x)]\frac{1}{f'(x)}\mathrm{d}x\right|$$

$$= \frac{1}{f'(b)}\left|\int_\xi^b f'(x)\cos f(x)\mathrm{d}x\right| \xlongequal{t=f(x)} \frac{1}{f'(b)}\left|\int_{f(\xi)}^{f(b)}\cos t\,\mathrm{d}t\right|$$

$$\leqslant \frac{2}{f'(b)} \leqslant \frac{2}{c}.$$

例 3　证明:$\lim\limits_{x\to 0^+}\frac{1}{x^m}\int_0^x \sin\frac{1}{t}\mathrm{d}t = 0 \quad (m < 2)$.

证明　关键在于对积分 $\int_0^x \sin\frac{1}{t}\mathrm{d}t$ 进行估值. 利用积分第二中值定理可得

$$\left|\int_0^x \sin\frac{1}{t}\mathrm{d}t\right| = \lim_{a\to 0^+}\left|\int_a^x t^2\frac{\sin\frac{1}{t}}{t^2}\mathrm{d}t\right| = x^2\lim_{a\to 0^+}\left|\int_\xi^x \frac{\sin\frac{1}{t}}{t^2}\mathrm{d}t\right|$$

$$\xlongequal{u=\frac{1}{t}} x^2\lim_{a\to 0^+}\left|\int_{1/x}^{1/\xi}\sin u\,\mathrm{d}u\right| \leqslant 2x^2.$$

因 $x > 0, 2-m > 0$,有

$$\left|\frac{1}{x^m}\int_0^x \sin\frac{1}{t}\mathrm{d}t\right| \leqslant \frac{2x^2}{x^m} = 2x^{2-m} \to 0 \quad (x\to 0^+),$$

故

$$\lim_{x\to 0^+}\frac{1}{x^m}\int_0^x \sin\frac{1}{t}\mathrm{d}t = 0 \quad (m < 2).$$

例 4　设 $f \in C[a,b]$,且对任何 $[\alpha,\beta] \subset [a,b]$,有

$$\left|\int_\alpha^\beta f(x)\mathrm{d}x\right| \leqslant M\,|\,\beta-\alpha\,|^{1+\delta},$$

其中,M,δ 是正常数,求证:$f(x) = 0, x \in [a,b]$.

证明　$\forall\,\alpha \in (a,b)$,再取 $\beta = \alpha + \varepsilon_n$,其中 $\varepsilon_n \to 0 \quad (n\to\infty)$,由题设有

$$\left|\int_\alpha^{\alpha+\varepsilon_n} f(x)\mathrm{d}x\right| \leqslant M\,|\,\varepsilon_n\,|^{1+\delta}.$$

由积分第一中值定理得

$$\left|\int_\alpha^{\alpha+\varepsilon_n} f(x)\mathrm{d}x\right| = |\,f(\xi_n)\,|\,|\,\varepsilon_n\,|,\quad \alpha \leqslant \xi_n \leqslant \alpha+\varepsilon_n.$$

于是有 $|\,f(\xi_n)\,| \leqslant M\,|\,\varepsilon_n\,|^\delta$,故 $\lim\limits_{n\to\infty}f(\xi_n) = 0$. 又 $\lim\limits_{n\to\infty}\xi_n = \alpha$,因为 f 在 $[a,b]$ 连续,所以

$$0 = \lim_{n\to\infty}f(\xi_n) = f(\lim_{n\to\infty}\xi_n) = f(\alpha).$$

由 $\alpha \in (a,b)$ 的任意性知,$\forall\,x \in (a,b)$,有 $f(x) = 0$. 再由 f 在端点 a,b 的连续性知

$$f(x)=0,\ x\in[a,b].$$

思 考 题

1. 微分中值定理中的 $\xi\in(a,b)$. 积分中值定理中的 $\xi\in[a,b]$,是否能换成 $\xi\in(a,b)$ 呢?(提示:结论是肯定的,但证明中要用到"复习参考题"中第 5.112 题的结论)
2. 积分中值定理中的 ξ 与什么量有关?请问下面推导正确吗?

$$\lim_{n\to\infty}\int_0^1\frac{x^n}{1+x}dx=\lim_{n\to\infty}\xi^n\int_0^1\frac{dx}{1+x}=\lim_{n\to\infty}\xi^n\ln 2=(\ln 2)\lim_{n\to\infty}\xi^n=0\quad(0\leqslant\xi\leqslant 1).$$

3. 如果把积分第二中值定理的条件加强为:函数 $g\in C[a,b]$,函数 $f'\in C[a,b]$,即 $f\in C^1[a,b]$①,且 $f'(x)\geqslant 0$. 你能用分部积分法与积分第一中值定理证明积分第二中值定理吗?

练 习 题

5.70 设函数 f 在 $[a,b]$ 连续,在 (a,b) 可导,且 $f'(x)\leqslant 0$,若

$$F(x)=\frac{1}{x-a}\int_a^x f(t)dt,$$

求证:$F'(x)\leqslant 0,x\in(a,b)$.

5.71 设 $f\in C(\mathbf{R})$,令 $F(x)=\int_0^x(x-2t)f(t)dt$,若 f 是单减函数,求证:F 在 $\mathbf{R}$ 是单增函数.

5.72 设函数 f 在 $[a,b]$ 连续且单调增,求证:$(a+b)\int_a^b f(x)dx\leqslant 2\int_a^b xf(x)dx$.

5.73 设 $\beta>0,0<a<b$,求证:$\exists\ |\xi|<1$,使得 $\int_a^b\frac{e^{-\beta x}}{x}\sin x\,dx=\frac{2}{a}\xi$.

5.74 设函数 f 在 $[0,2\pi]$ 单调有界,求证:

(1) $\lim\limits_{\lambda\to+\infty}\int_0^{2\pi}f(x)\sin\lambda x\,dx=0$;

(2) $\lim\limits_{\lambda\to+\infty}\int_0^{2\pi}f(x)\cos\lambda x\,dx=0$.

5.75 设函数 f 在 $[0,2\pi]$ 单调下降,求证:$b_n=\frac{1}{\pi}\int_0^{2\pi}f(x)\sin nx\,dx\geqslant 0$.

并问:若把 $[0,2\pi]$ 改为 $[-\pi,\pi]$,上述结论还成立吗?

5.76 设 $e^2<a<b$,求证:$\int_a^b\frac{dx}{\ln x}<\frac{2b}{\ln b}$.

5.77 设 $p<3$,求证:$\lim\limits_{n\to\infty}\int_{\frac{1}{n}}^1\frac{\sin\frac{n}{x}}{x^p}dx=0$.

5.2.4 定积分方法举例

积分学问题形形色色,常见的有积分不等式、积分估值和积分的极限等. 解决这些问题需要综合运用积分学的许多重要性质、定理和公式,而且方法又比较灵活多样,需要一定的技巧. 通过下面的几个例题,可以了解若干重要的定积分方法.

---

① $C^1[a,b]$ 即在 $[a,b]$ 上一阶导函数连续的函数集合.

例 1　在微分学理论中，利用单调性与极值理论建立了杨格(Young) 不等式

$$ab \leqslant \frac{a^p}{p} + \frac{b^q}{q}, \tag{1}$$

其中，$a>0, b>0, \frac{1}{p}+\frac{1}{q}=1, p>1$. 然后利用杨格不等式可得到很重要的(有限和形式)赫尔德(Hölder) 不等式与闵可夫斯基(Minkowski) 不等式.

证明　上述不等式都有积分形式. Young 不等式的积分形式是

$$ab \leqslant \int_0^a f(x)\mathrm{d}x + \int_0^b f^{-1}(x)\mathrm{d}x.$$

其中，$a>0, b>0$，f 为严格增函数，且 $f(0)=0$. 它的几何意义如图 5.2-2 所示(练习题 5.64).

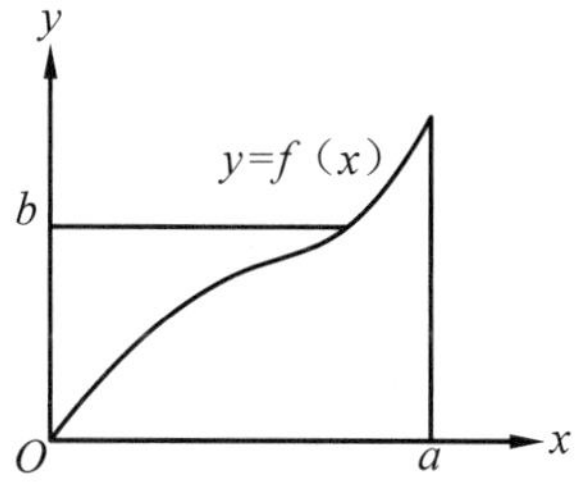

图 5.2-2

当 $f(x)=x^{p-1}\quad(p>1)$，容易由积分形式的 Young 不等式得到有限形式的 Young 不等式(1). 当 $f(x)=x$ 时，Young 不等式就是我们熟知的平均值不等式

$$\sqrt{|xy|} \leqslant \frac{|x|+|y|}{2}.$$

下面用有限形式的 Young 不等式来证明积分形式的 Hölder 不等式与 Minkowski 不等式.

设 $f, g \in \mathscr{R}[a,b]$，$\frac{1}{p}+\frac{1}{q}=1, p>1$，由可积准则易知 $|f|^p$，$|g|^q$ 在 $[a,b]$ 可积. 令

$$a = \frac{|f(x)|}{\left[\int_a^b |f(x)|^p \mathrm{d}x\right]^{1/p}}, \quad b = \frac{|g(x)|}{\left[\int_a^b |g(x)|^q \mathrm{d}x\right]^{1/q}},$$

并代入式(1)，然后积分就得到 **Hölder 不等式**

$$\left|\int_a^b f(x)g(x)\mathrm{d}x\right| \leqslant \left[\int_a^b |f(x)|^p \mathrm{d}x\right]^{1/p}\left[\int_a^b |g(x)|^q \mathrm{d}x\right]^{1/q}.$$

再对显然的不等式

$$|f+g|^p \leqslant |f|\,|f+g|^{p-1} + |g|\,|f+g|^{p-1}$$

进行积分，然后利用 **Hölder 不等式**就得到 **Minkowski 不等式**

$$\left[\int_a^b |f(x)+g(x)|^p \mathrm{d}x\right]^{1/p} \leqslant \left[\int_a^b |f(x)|^p \mathrm{d}x\right]^{1/p} + \left[\int_a^b |g(x)|^p \mathrm{d}x\right]^{1/p}.$$

当 $p=2$ 时，Hölder 不等式常称为 **Cauchy-Schwarz 不等式**，即

$$\left[\int_a^b f(x)g(x)\mathrm{d}x\right]^2 \leqslant \left[\int_a^b f^2(x)\mathrm{d}x\right]\left[\int_a^b g^2(x)\mathrm{d}x\right].$$

例 2　设 $f' \in \mathscr{R}[0,1]$，且 $f(1)-f(0)=1$，求证：

$$\int_0^1 [f'(x)]^2 \mathrm{d}x \geqslant 1.$$

证明　由微积分基本定理得

$$\int_0^1 f'(x)\mathrm{d}x = f(1)-f(0) = 1.$$

再由 Schwarz 不等式 $\Rightarrow$

$$1=\left[\int_0^1 f'(x)\cdot 1\mathrm{d}x\right]^2\leqslant\left\{\int_0^1[f'(x)]^2\mathrm{d}x\right\}\left(\int_0^1 1^2\mathrm{d}x\right)=\int_0^1[f'(x)]^2\mathrm{d}x.$$

例 3 设 f 在 $[a,b]$ 是连续单增函数,求证:

$$(a+b)\int_a^b f(x)\mathrm{d}x\leqslant 2\int_a^b xf(x)\mathrm{d}x.$$

证明 $\displaystyle\int_a^b xf(x)\mathrm{d}x-\frac{a+b}{2}\int_a^b f(x)\mathrm{d}x$

$$=\int_a^{\frac{a+b}{2}}f(x)\left(x-\frac{a+b}{2}\right)\mathrm{d}x+\int_{\frac{a+b}{2}}^b f(x)\left(x-\frac{a+b}{2}\right)\mathrm{d}x$$

$$=f(\xi_1)\left.\frac{\left(x-\dfrac{a+b}{2}\right)^2}{2}\right|_a^{\frac{a+b}{2}}+f(\xi_2)\left.\frac{\left(x-\dfrac{a+b}{2}\right)^2}{2}\right|_{\frac{a+b}{2}}^b$$

$$=[f(\xi_2)-f(\xi_1)]\frac{(b-a)^2}{8}\quad\left(a\leqslant\xi_1\leqslant\frac{a+b}{2}\leqslant\xi_2\leqslant b\right).$$

由 f 的单调性 $\Rightarrow f(\xi_2)\geqslant f(\xi_1)$,故有

$$\int_a^b xf(x)\mathrm{d}x-\frac{a+b}{2}\int_a^b f(x)\mathrm{d}x\geqslant 0.$$

注 例 3 的方法,就是根据被积函数的性质,将定积分分成几段(几个积分)后,分别进行计算或证明的方法,常称之为"分段法".将一个积分限化为变量,用变限积分函数性质进行计算或证明的定积分方法,常称之为"变限法".

例 4 设 f 在 $[a,b]$ 是凸函数,求证:

$$f\left(\frac{a+b}{2}\right)\leqslant\frac{1}{b-a}\int_a^b f(x)\mathrm{d}x\leqslant\frac{f(a)+f(b)}{2}.$$

(请读者画图说明此不等式的几何意义)

证明 $\displaystyle\int_a^b f(x)\mathrm{d}x=\int_a^{\frac{a+b}{2}}f(x)\mathrm{d}x+\int_{\frac{a+b}{2}}^b f(x)\mathrm{d}x.$

在第一个积分中令 $x=a+b-u$,得

$$\int_a^b f(x)\mathrm{d}x=-\int_b^{\frac{a+b}{2}}f(a+b-u)\mathrm{d}u+\int_{\frac{a+b}{2}}^b f(x)\mathrm{d}x$$

$$=\int_{\frac{a+b}{2}}^b[f(a+b-x)+f(x)]\mathrm{d}x.$$

因 f 是凸函数,故有

$$f\left(\frac{a+b}{2}\right)=f\left[\frac{1}{2}(a+b-x)+\frac{x}{2}\right]\leqslant\frac{1}{2}f(a+b-x)+\frac{1}{2}f(x).$$

因而有

$$\int_a^b f(x)\mathrm{d}x=\int_{\frac{a+b}{2}}^b[f(a+b-x)+f(x)]\mathrm{d}x$$

$$\geqslant\int_{\frac{a+b}{2}}^b 2f\left(\frac{a+b}{2}\right)\mathrm{d}x=(b-a)f\left(\frac{a+b}{2}\right).$$

由此证得

$$f\left(\frac{a+b}{2}\right)\leqslant\frac{1}{b-a}\int_a^b f(x)\mathrm{d}x.$$

再令 $t=\dfrac{b-x}{b-a}$,有

$$\begin{aligned}\int_a^b f(x)\mathrm{d}x &= \int_0^1 (b-a)f[ta+(1-t)b]\mathrm{d}t \\ &\leqslant (b-a)\int_0^1 [tf(a)+(1-t)f(b)]\mathrm{d}t \\ &= (b-a)\,\frac{f(a)+f(b)}{2}.\end{aligned}$$

综合以上两不等式，最后得到

$$f\left(\frac{a+b}{2}\right)\leqslant \frac{1}{b-a}\int_a^b f(x)\mathrm{d}x \leqslant \frac{f(a)+f(b)}{2}.$$

注　例4是根据被积函数性质作适当的换元，来计算或证明定积分的方法，通常称这一定积分方法为换元法.

例5　设 $f,g\in\mathscr{R}[0,1]$，且 f 与 g 在 $[0,1]$ 同时单增或单减，求证：

$$\int_0^1 f(x)g(x)\mathrm{d}x \geqslant \left[\int_0^1 f(x)\mathrm{d}x\right]\left[\int_0^1 g(x)\mathrm{d}x\right].$$

证明　设 $D=[0,1]\times[0,1]\subset\mathbf{R}^2$，由于 f,g 在 $[0,1]$ 是同时单增或单减函数，所以对任意 $(x,y)\in D\subset\mathbf{R}^2$，有

$$[f(y)-f(x)][g(y)-g(x)]\geqslant 0.$$

故有

$$\begin{aligned}0 &\leqslant \frac{1}{2}\iint_D [f(y)-f(x)][g(y)-g(x)]\,\mathrm{d}x\mathrm{d}y \\ &= \frac{1}{2}\iint_D [f(y)g(y)-f(x)g(y)-f(y)g(x)+f(x)g(x)]\,\mathrm{d}x\mathrm{d}y \\ &= \iint_D f(x)g(x)\,\mathrm{d}x\mathrm{d}y - \iint_D f(x)g(y)\,\mathrm{d}x\mathrm{d}y \\ &= \int_0^1 f(x)g(x)\mathrm{d}x - \left(\int_0^1 f(x)\mathrm{d}x\right)\left(\int_0^1 g(x)\mathrm{d}x\right).\end{aligned}$$

这就证明了

$$\int_0^1 f(x)g(x)\mathrm{d}x \geqslant \left(\int_0^1 f(x)\mathrm{d}x\right)\left(\int_0^1 g(x)\mathrm{d}x\right).$$

注　利用重积分理论(重积分法)是证明积分不等式的一种重要方法.

例6　证明：若 f 在 $[a,b]$ 有一阶连续导数，且 $f(a)=0$，则 $\left|\int_a^b f(x)\mathrm{d}x\right|\leqslant M_1\,\dfrac{(b-a)^2}{2}$，其中，$M_1=\max\limits_{a\leqslant x\leqslant b}\{|f'(x)|\}$.

证明　**证法1**　利用微分中值定理可得

$$\begin{aligned}\left|\int_a^b f(x)\mathrm{d}x\right| &= \left|\int_a^b [f(x)-f(a)]\mathrm{d}x\right| = \left|\int_a^b f'(\xi_x)(x-a)\mathrm{d}x\right| \\ &\leqslant M_1\int_a^b (x-a)\mathrm{d}x = \frac{(b-a)^2}{2}M_1.\end{aligned}$$

需要注意，由 $f'(x)$ 在 $[a,b]$ 连续，可知 $|f'(x)|$ 在 $[a,b]$ 连续，因而最大值 M_1 存在.

证法2　利用分部积分法，可得

$$\begin{aligned}\int_a^b f(x)\mathrm{d}x &= \int_a^b f(x)\mathrm{d}(x-b) \\ &= (x-b)f(x)\Big|_a^b - \int_a^b (x-b)f'(x)\mathrm{d}x = \int_a^b (b-x)f'(x)\mathrm{d}x.\end{aligned}$$

再利用积分第一中值定理,就有

$$\left|\int_a^b f(x)\mathrm{d}x\right| = \left|\int_a^b (b-x)f'(x)\mathrm{d}x\right| = \left|f'(\xi)\int_a^b (b-x)\mathrm{d}x\right|$$

$$\leqslant M_1\int_a^b (b-x)\mathrm{d}x = \frac{M_1}{2}(b-a)^2.$$

注 1° 若添加条件:“$f(b)=0$”,则有$\int_a^b |f(x)|\mathrm{d}x \leqslant M_1\frac{(b-a)^2}{4}$.

2° 证法2的方法,称为分部积分法,若$f''(x)$在$[a,b]$连续(可积)且$f(a)=f(b)=0$,则有

$$\left|\int_a^b f(x)\mathrm{d}x\right| \leqslant M_2\frac{(b-a)^3}{12},\text{其中 } M_2=\max_{x\in[a,b]}\{|f''(x)|\}.$$

这只要对下面(1)中左边作分部积分,证明(1)成立,然后再对(1)左边应用积分第一中值定理,就可证明(2)成立.

(1)$\int_a^b f''(x)(b-x)(x-a)\mathrm{d}x = -2\int_a^b f(x)\mathrm{d}x$;

(2)$\left|\int_a^b f(x)\mathrm{d}x\right| \leqslant \frac{(b-a)^3}{12}M_2$.

例7 设$f'(x)$在$[a,b]$可积,$f(a)=0$,求证:

$$\int_a^b f^2(x)\mathrm{d}x \leqslant \frac{(b-a)^2}{2}\int_a^b [f'(x)]^2\mathrm{d}x - \frac{1}{2}\int_a^b [f'(x)]^2(x-a)^2\mathrm{d}x.$$

证明 因为$f'(x)$在$[a,b]$可积,所以$f(x)$可表示为$f'(x)$的积分,即

$$f(x)=\int_a^x f'(t)\mathrm{d}t + f(a) = \int_a^x f'(t)\mathrm{d}t,\ a\leqslant x\leqslant b.$$

再由Schwarz不等式得

$$f^2(x) = \left[\int_a^x f'(t)\mathrm{d}t\right]^2 \leqslant \left(\int_a^x [f'(t)]^2\mathrm{d}t\right)\left(\int_a^x 1^2\mathrm{d}t\right)$$

$$=(x-a)\int_a^x [f'(t)]^2\mathrm{d}t.$$

所以

$$\int_a^b f^2(x)\mathrm{d}x \leqslant \int_a^b \mathrm{d}x\int_a^x (x-a)[f'(t)]^2\mathrm{d}t$$

$$=\int_a^b \mathrm{d}t\int_t^b (x-a)[f'(t)]^2\mathrm{d}x$$

$$=\int_a^b \left\{[f'(t)]^2\int_t^b (x-a)\mathrm{d}x\right\}\mathrm{d}t$$

$$=\int_a^b [f'(t)]^2\left\{\frac{(b-a)^2}{2}-\frac{(t-a)^2}{2}\right\}\mathrm{d}t$$

$$=\frac{(b-a)^2}{2}\int_a^b [f'(t)]^2\mathrm{d}t - \frac{1}{2}\int_a^b [f'(t)]^2(t-a)^2\mathrm{d}t.$$

例8 证明:$\lim\limits_{n\to\infty}\int_n^{2n}\frac{\sin x}{x}\mathrm{d}x = 0$.

证明 因函数$\frac{1}{x}$在$[n,2n]$上单减,由积分第二中值定理,得

$$\left|\int_n^{2n}\frac{\sin x}{x}\mathrm{d}x\right| = \left|\frac{1}{n}\int_n^{\xi}\sin x\mathrm{d}x\right| \leqslant \frac{2}{n}\to 0\quad (n\to\infty).$$

于是有
$$\lim_{n\to\infty}\int_n^{2n}\frac{\sin x}{x}\mathrm{d}x = 0.$$

读者不妨试用积分第一中值定理对积分 $\int_n^{2n}\frac{\sin x}{x}\mathrm{d}x$ 进行估值,看看是否也能达到目的.

例 9　设 $f\in C[0,1]$,求证:
$$\lim_{n\to\infty}\int_0^1 nx^n f(x)\mathrm{d}x = f(1).$$

证明　因 f 在 $x=1$ 左连续,所以任给 $\varepsilon>0$,存在 $0<\delta<1$,只要 $1-\delta<x\leqslant 1$,有 $|f(x)-f(1)|<\frac{\varepsilon}{2}$ 成立. 又 f 在$[0,1]$有界,可设 $|f(x)|\leqslant M$,对求证的极限适当放大,则有

$$\left|\int_0^1 nx^n f(x)\mathrm{d}x - f(1)\right| = \left|\int_0^{1-\delta} nx^n f(x)\mathrm{d}x + \int_{1-\delta}^1 nx^n f(x)\mathrm{d}x - f(1)\right|$$
$$= \left| f(\xi_n)\int_0^{1-\delta} nx^n\mathrm{d}x + f(\eta_n)\int_{1-\delta}^1 nx^n\mathrm{d}x - f(1)\right|$$
$$= \left| f(\xi_n)\frac{n}{n+1}(1-\delta)^{n+1} + f(\eta_n) - f(1) - f(\eta_n)\cdot\frac{1}{n+1} - f(\eta_n)\frac{n}{n+1}(1-\delta)^{n+1}\right|$$
$$\leqslant |f(\eta_n)-f(1)| + M\left[\frac{1}{n+1}+2(1-\delta)^n\right] \leqslant \frac{\varepsilon}{2} + M\left[\frac{1}{n+1}+2(1-\delta)^n\right],$$

其中,$1-\delta<\eta_n<1$. 因 $M\left[\frac{1}{n+1}+2(1-\delta)^n\right]\to 0(n\to\infty)$,所以存在正整数 N,只要 $n>N$,上式右边就小于 ε,按极限定义,就有
$$\lim_{n\to\infty}\int_0^1 nx^n f(x)\mathrm{d}x = f(1).$$

读者可以仿照例 9 的证法证明以下两个命题:

(1) 若 $f(x)$ 在$[0,a]$连续,则
$$\lim_{h\to 0^+}\int_0^a \frac{h}{h^2+x^2}f(x)\mathrm{d}x = \frac{\pi}{2}f(0);$$

(2) 若 $f(x)$ 在$[0,1]$连续,则
$$\lim_{t\to+\infty}\int_0^1 t\mathrm{e}^{-t^2x^2}f(x)\mathrm{d}x = \frac{\sqrt{\pi}}{2}f(0).$$

例 10　设 $f\in\mathscr{R}[a,b]$,求证:
$$\lim_{n\to\infty}\int_a^b f(x)\cos nx\mathrm{d}x = 0,\quad \lim_{n\to\infty}\int_a^b f(x)\sin nx\mathrm{d}x = 0.$$

证明　因 $f[a,b]$ 可积,所以任给 $\varepsilon>0$,存在$[a,b]$的分法 $\Omega^* = \{a=x_0<x_1<\cdots<x_m=b\}$,使得 $\sum_{i=1}^m \omega_i\Delta x_i<\frac{\varepsilon}{2}$,其中 ω_i 是 f 在$[x_{i-1},x_i]$上的振幅,且有 $M>0$,使 $|f|\leqslant M$,适当放大可得

$$\left|\int_a^b f(x)\cos nx\,\mathrm{d}x\right| = \left|\sum_{i=1}^m\int_{x_{i-1}}^{x_i} f(x)\cos nx\,\mathrm{d}x\right|$$

$$
\begin{aligned}
&= \left| \sum_{i=1}^{m}\int_{x_{i-1}}^{x_i} [f(x)-f(x_i)]\cos nx \,\mathrm{d}x + \sum_{i=1}^{m} f(x_i)\int_{x_{i-1}}^{x_i} \cos nx \,\mathrm{d}x \right| \\
&\leqslant \sum_{i=1}^{m}\int_{x_{i-1}}^{x_i} |f(x)-f(x_i)| \,\mathrm{d}x + \sum_{i=1}^{m} M\left|\int_{x_{i-1}}^{x_i} \cos nx \,\mathrm{d}x\right| \\
&\leqslant \sum_{i=1}^{m}\omega_i \Delta x_i + \sum_{i=1}^{m}\frac{M}{n} |\sin nx_i - \sin nx_{i-1}| < \frac{\varepsilon}{2} + \frac{2mM}{n},
\end{aligned}
$$

取 $N = \left[\frac{4mM}{\varepsilon}\right]+1$,则只要 $n > N$,上式右边就小于 ε,按定义有

$$
\lim_{n\to\infty}\int_a^b f(x)\cos nx \,\mathrm{d}x = 0,
$$

同理可证明另一个极限。

例 10 给出一个很重要的公式,称为 **Riemann 引理**. 它在今后的傅立叶(Fourier) 级数理论中扮演着极重要的角色.

大家都知道分部积分法是计算定积分的一种重要方法,但可能还没体会它也是研究用积分构造的函数性质的重要工具. 我们举例如下.

例 11 设 $a_n = \int_0^1 \frac{x^n}{1+x}\mathrm{d}x$,求证:

$$
a_n = \frac{1}{2n} - \frac{1}{4n^2} + o\left(\frac{1}{n^3}\right) \quad (n\to\infty).
$$

证明 直接利用积分第一中值定理可以得到较粗糙的估值式,即

$$
\lim_{n\to\infty} a_n = \lim_{n\to\infty}\frac{1}{1+\xi_n}\int_0^1 x^n \mathrm{d}x = \lim_{n\to\infty}\frac{1}{(1+\xi_n)(n+1)} = 0,
$$

其中,$0\leqslant \xi_n \leqslant 1$,亦即 $a_n = o(1) \quad (n\to\infty)$.

我们现在利用分部积分法可以得到更精确的估值式,有

$$
\begin{aligned}
a_n &= \frac{1}{n}\int_0^1 \frac{x}{1+x}\mathrm{d}(x^n) = \frac{1}{n}\left[\frac{x^{n+1}}{1+x}\Big|_0^1 - \int_0^1 \frac{x^n \mathrm{d}x}{(1+x)^2}\right] \\
&= \frac{1}{2n} - \frac{1}{n^2}\int_0^1 \frac{x}{(1+x)^2}\mathrm{d}(x^n) = \frac{1}{2n} - \frac{1}{4n^2} + \frac{1}{n^2}\int_0^1 x^n \frac{1-x}{(1+x)^3}\mathrm{d}x \\
&= \frac{1}{2n} - \frac{1}{4n^2} + \frac{1}{n^3}\int_0^1 \frac{x(1-x)}{(1+x)^3}\mathrm{d}(x^n) \\
&= \frac{1}{2n} - \frac{1}{4n^2} - \frac{1}{n^3}\left[\int_0^1 x^n \frac{1-4x+x^2}{(1+x)^4}\mathrm{d}x\right].
\end{aligned}
$$

记 $b_n = \int_0^1 x^n \frac{1-4x+x^2}{(1+x)^4}\mathrm{d}x$,由积分第一中值定理,有

$$
b_n = \frac{1-4\xi_n+\xi_n^2}{(1+\xi_n)^4}\int_0^1 x^n \mathrm{d}x = \frac{1-4\xi_n+\xi_n^2}{(1+\xi_n)^4}\,\frac{1}{n+1} \leqslant \frac{2}{n+1},
$$

所以 $b_n = o(1)$,于是 $\frac{1}{n^3}b_n = o\left(\frac{1}{n^3}\right) \quad (n\to\infty)$.

故

$$
a_n = \frac{1}{2n} - \frac{1}{4n^2} + o\left(\frac{1}{n^3}\right) \quad (n\to\infty).
$$

利用较简单的函数或已被掌握的函数在局部范围内逼近较复杂的函数,从而研究它的

性质,这就是所谓函数的渐近性质.例 11 就是数列的一种渐近展开式.

例 12　设 $f(x)=\int_0^{+\infty}\frac{e^{-t}}{x+t}dt\quad(x\geqslant 1)$,研究函数 $f(x)$ 当 $x\to+\infty$ 时的渐近性质.

解　首先研究函数 $f(x)\quad(x\geqslant 1)$ 的存在性.

任给 $x\geqslant 1$,当 $t\geqslant 0$,有 $\frac{e^{-t}}{x+t}\leqslant e^{-t}$,且 $\int_0^{+\infty}e^{-t}dt$ 收敛,故 $f(x)=\int_0^{+\infty}\frac{e^{-t}}{x+t}dt\quad(x\geqslant 1)$ 存在.

其次利用分部积分法写出函数 f 的渐近展开.

$$\begin{aligned}f(x)&=\int_0^{+\infty}\frac{-d(e^{-t})}{x+t}=-\left(\frac{e^{-t}}{x+t}\bigg|_0^{+\infty}-\int_0^{+\infty}e^{-t}\frac{-1}{(x+t)^2}dt\right)\\&=\frac{1}{x}+\int_0^{+\infty}\frac{d(e^{-t})}{(x+t)^2}\\&=\frac{1}{x}+\left[\frac{e^{-t}}{(x+t)^2}\bigg|_0^{+\infty}-\int_0^{+\infty}e^{-t}\frac{-2}{(x+t)^3}dt\right]\\&=\frac{1}{x}-\frac{1}{x^2}-2!\int_0^{+\infty}\frac{d(e^{-t})}{(x+t)^3}\\&=\frac{1}{x}-\frac{1}{x^2}+\frac{2!}{x^3}+3!\int_0^{+\infty}\frac{d(e^{-t})}{(x+t)^4}\\&=\frac{1}{x}-\frac{1}{x^2}+\frac{2!}{x^3}-\frac{3!}{x^4}-4!\int_0^{+\infty}\frac{d(e^{-t})}{(x+t)^5}.\end{aligned}$$

继续上述分部积分法的过程,可以得到

$$f(x)=\sum_{k=1}^{n}\frac{(-1)^{k-1}(k-1)!}{x^k}+R_n(x),\ x\in[1,+\infty),$$

其中

$$R_n(x)=(-1)^n n!\int_0^{+\infty}\frac{e^{-t}dt}{(x+t)^{n+1}}.$$

而

$$|R_n(x)|=n!\int_0^{+\infty}\frac{e^{-t}}{(x+t)^{n+1}}dt\leqslant\frac{n!}{x^{n+1}}\int_0^{+\infty}e^{-t}dt=\frac{n!}{x^{n+1}},$$

所以

$$R_n(x)=O\left(\frac{1}{x^{n+1}}\right).$$

故

$$f(x)=\sum_{k=1}^{n}\frac{(-1)^{k-1}(k-1)!}{x^k}+O\left(\frac{1}{x^{n+1}}\right)\quad(x\to+\infty).$$

本节的例题具有综合的性质,证明它们要用到积分学的许多重要定理及公式,如牛顿－莱布尼茨公式、定积分的分部与换元公式、积分中值定理、Schwarz 不等式等,其证明方法也是典型的.希望读者细心体会并可通过一定的练习逐步掌握.

5.2.5　黎曼可积函数的特征

当函数 $f(x)$ 在有界闭区间 $[a,b]$ 上黎曼可积时,$f(x)$ 具有何种函数特征呢?从可积准则出发,应用一些 Lebesgue 积分的结果,就可得到黎曼可积函数的刻画.先介绍几个概念.

设 $E\subset\mathbf{R}$,$\{I_n\}$ 是一列开区间,如果 $\bigcup_{n=1}^{\infty}I_n\supset E$,就称开区间列 $\{I_n\}$ 是 E 的一个 Lebesgue 覆盖.设 $E\subset\mathbf{R}$,$|I_n|$ 表示区间 I_n 的长度,若任给 $\varepsilon>0$,存在 E 的 Lebesgue 覆盖 $\{I_n\}$,使得

$\sum_{n=1}^{\infty}|I_n|<\varepsilon$,就称 E 是一个 Lebesgue 零测集.

设函数 $f(x)$ 在区间 I 上有定义,如果 f 的不连续点全体之集是 Lebesgue 零测集,就称 f 在 I 上几乎处处连续;如果 $f(x)\neq 0$ 的点 x 全体之集是 Lebesgue 零测集,就称 f 在 I 上几乎处处等于零.

设 X 是一个集合,$\mathbf{N}$ 是正整数集,若存在双射 $F:X\to\mathbf{N}$,就称集合 X 是一个可列集.若集合 X 只含有限个元素,就称 X 是有限集,有限集与可列集统称为可数集.

由可列集的定义立即可得,集合 X 是可列集的充要条件是 X 可排成一列,即 $X=\{x_1,x_2,\cdots,x_n,\cdots\}$.

例 1 整数集 $\mathbf{Z}\subset\mathbf{R}$ 是可列集.

证明 因为 $\mathbf{Z}=\{0,1,-1,2,-2,\cdots,n,-n,\cdots\}$ 可排成一列,所以整数集 $\mathbf{Z}$ 是可列集.

例 2 设 $X=\{a_{mn}\mid m,n=1,2,\cdots\}$ 其中 a_{mn} 互不相同,则 X 是可列集.

证明 设 $x_k=a_{mn}$,满足 $k=\frac{1}{2}(m+n-1)(m+n-2)+m$,则有

$$X=\{x_1,x_2,\cdots,x_k,\cdots\}.$$

即 X 可排成一列,所以 X 是可列集.

例 3 设 $\mathbf{Q}\subset\mathbf{R}$ 是有理数集,则 $\mathbf{Q}$ 是可列集.

证明 设 $f:\mathbf{N}\to\mathbf{Z},n\to f(n)$,是从正整数集 $\mathbf{N}$ 到整数集 $\mathbf{Z}$ 上的双射,设 $X=\{a_{mn}\mid m,n=1,2,\cdots\}$.再定义映射 $F:X\to\mathbf{Q}$,满足

$$F(a_{mn})=\frac{f(m)}{n},$$

则 F 是满射,因为每个 $x\in\mathbf{Q}$ 可唯一地表示成既约分数 $x=\frac{m}{n}$,其中 n 是正整数,m 是整数,且 m 与 n 互素.那么将 X 排成一列的方法,就对应地将 $\mathbf{Q}$ 排成一列,所以 $\mathbf{Q}$ 是可列集.

例 4 若 $E\subset\mathbf{R}$ 是可列集,则 E 是 Lebesgue 零测集.

证明 将 E 排成一列,即 $E=\{x_1,x_2,\cdots,x_n,\cdots\}$.

任给 $\varepsilon>0$,作开区间列 $I_n=\left(x_n-\frac{\varepsilon}{2^{n+2}},x_n+\frac{\varepsilon}{2^{n+2}}\right)$,则 $\{I_n\}$ 覆盖了 E,且 $\sum_{n=1}^{\infty}|I_n|=\sum_{n=1}^{\infty}\frac{\varepsilon}{2^{n+1}}=\frac{\varepsilon}{2}<\varepsilon$,所以 E 是 Lebesgue 零测集.

下面定义函数在一点的振幅.

设函数 $f(x)$ 在有界闭区间 $[a,b]$ 上有定义.设 $x\in[a,b]$,任取 $\delta>0$,令

$$\omega_f(x,\delta)=\sup\{|f(x')-f(x'')|\mid x',x''\in(x-\delta,x+\delta)\cap[a,b]\}.$$

由确界的单调性,$\omega_f(x,\delta)$ 作为 δ 的函数在 $\delta>0$ 上单增有下界,所以极限

$$\omega_f(x)=\lim_{\delta\to0^+}\omega_f(x,\delta)$$

对每个 $x\in[a,b]$ 均存在.称 $\omega_f(x)$ 为 f 在 $x\in[a,b]$ 点的**振幅**.

引理 设函数 $f(x)$ 在 $[a,b]$ 有定义,$x\in[a,b]$,$\omega_f(x)$ 是 f 在 x 点的振幅,则 f 在 $x\in[a,b]$ 点连续的充要条件是 $\omega_f(x)=0$.

证明 必要性($\Rightarrow$) 设 f 在 $x_0\in[a,b]$ 连续,则任给 $\varepsilon>0$,存在 $\delta>0$,只要 $|x-x_0|$

$<\delta$,就有 $|f(x)-f(x_0)|<\varepsilon$ 成立,所以只要 $x',x''\in(x_0-\delta,x_0+\delta)\cap[a,b]$,就有 $|f(x')-f(x'')|\leqslant|f(x')-f(x_0)|+|f(x'')-f(x_0)|<2\varepsilon$. 即

$$0\leqslant\omega_f(x_0)\leqslant\omega_f(x_0,\delta)\leqslant 2\varepsilon,$$

由 $\varepsilon>0$ 的任意性得 $\omega_f(x_0)=0$,必要性成立.

充分性($\Leftarrow$)　设 $\omega_f(x_0)=0$,则任取 $x\in[a,b]$ 且 $x\neq x_0$,令 $\delta=2|x-x_0|$,则显然有 $x\in(x_0-\delta,x_0+\delta)\cap[a,b]$,所以有

$$|f(x)-f(x_0)|\leqslant\omega_f(x_0,\delta)=\omega_f(x_0,2|x-x_0|),$$

因为 $\omega_f(x_0)=0$,所以当 $x\to x_0$(等价于 $\delta\to 0^+$)时上式右边的极限为 $\omega_f(x_0)=0$,所以 f 在 x_0 点连续. □

定理 2.12　设函数 $f(x)$ 在有界闭区间 $[a,b]$ 上有定义,则 f 在 $[a,b]$ 黎曼可积的充要条件是:f 是 $[a,b]$ 上几乎处处连续的有界函数.

证明　必要性($\Rightarrow$)　设 $\Omega=\{a=x_0<x_1<\cdots<x_n=b\}$ 是 $[a,b]$ 的分法,$S^+(\Omega)$ 与 $S^-(\Omega)$ 是 f 关于分法 Ω 的积分上和与下和,ω_i 是 f 在区间 $I_i=[x_{i-1},x_i]$ 上的振幅,定义 $[a,b]$ 上的函数

$$\varphi(\Omega,x)=\begin{cases}\omega_i,\text{若 } x\in[x_{i-1},x_i) \text{ 且 } i=1,2,\cdots,n-1,\\ \omega_n,\text{若 } x\in[x_{n-1},x_n],\end{cases}\tag{1}$$

则显然有

$$S^+(\Omega)-S^-(\Omega)=\int_a^b\varphi(\Omega,x)\mathrm{d}x.$$

当 $x\in[a,b]$ 不是 Ω 的分点时,必有 i,使得 $x\in(x_{i-1},x_i)$,再令

$$\delta_i=\min\{|x_{i-1}-x|,|x_i-x|\},\delta_0=2\|\Omega\|,$$

因为 $(x-\delta_i,x+\delta_i)\subset[x_{i-1},x_i]\subset(x-\delta_0,x+\delta_0)$,由确界的保序性与 $\omega_f(x)$ 的定义得

$$0\leqslant\omega_f(x)\leqslant\omega_f(x,\delta_i)\leqslant\omega_i=\varphi(\Omega,x)\leqslant\omega_f(x,2\|\Omega\|).\tag{2}$$

对式(2)在 $[a,b]$ 上取上积分,因为除去有限个点之外均有 $\varphi(\Omega,x)\geqslant\omega_f(x)$,由上积分的单调性得到

$$0\leqslant\overline{\int_a^b}\omega_f(x)\mathrm{d}x\leqslant\overline{\int_a^b}\varphi(\Omega,x)\mathrm{d}x=\int_a^b\varphi(\Omega,x)\mathrm{d}x=S^+(\Omega)-S^-(\Omega).$$

因为 f 在 $[a,b]$ 可积,所以当 $\|\Omega\|\to 0$ 时上式右边极限为 0,所以 $\omega_f(x)$ 在 $[a,b]$ 的上积分为零,即 $\omega_f(x)$ 在 $[a,b]$ 上非负黎曼可积,且 $\int_a^b\omega_f(x)\mathrm{d}x=0$. 那么由 Lebesgue 积分的已知结果,就得到了,$\omega_f(x)$ 在 $[a,b]$ 上几乎处处等于零. 再根据引理就得到了,f 是 $[a,b]$ 上几乎处处连续的有界函数.

充分性($\Leftarrow$)　当 f 是 $[a,b]$ 上几乎处处连续的有界函数时,$\omega_f(x)$ 就在 $[a,b]$ 上几乎处处等于零,所以它的 Lebesgue 积分满足 $\int_a^b\omega_f(x)\mathrm{d}x=0$. 作 $[a,b]$ 的分法列

$$\Omega_n=\{a=x_0^n<x_1^n<\cdots<x_n^n=b\},$$

且满足 $x_k^n=a+\dfrac{k}{n}(b-a)$,$k=1,2,\cdots,n$,则显然有 $\|\Omega_n\|=\dfrac{b-a}{n}\to 0(n\to\infty)$. 所有的分点组成的集合 $E=\{x_k^n\mid k=0,1,\cdots,n,n\in\mathbf{N}\}$ 是可列集,即 E 是 Lebesgue 零测集. 根据

式(1) 作函数列 $\varphi(\Omega_n,x)$, $x\in[a,b]$. 再根据式(2) 得,只要 $x\in[a,b]\backslash E$,就有

$$\omega_f(x)\leqslant\varphi(\Omega_n,x)\leqslant\omega_f(x,2\|\Omega_n\|),$$

因为 $\|\Omega_n\|\to 0(n\to\infty)$,上式中令 $n\to\infty$,由 $\omega_f(x)$ 的定义就得到了

$$\lim_{n\to\infty}\varphi(\Omega_n,x)=\omega_f(x),x\in[a,b]\backslash E,$$

即函数列 $\varphi(\Omega_n,x)$ 在$[a,b]$上几乎处处收敛于 $\omega_f(x)$. 因 f 在$[a,b]$有界,所以由实变函数论中的 Lebesgue 控制收敛定理,函数列 $\varphi(\Omega_n;x)$ 的积分可在积分号下取极限,即有

$$\lim_{n\to\infty}(S^+(\Omega_n)-S^-(\Omega_n))=\lim_{n\to\infty}\int_a^b\varphi(\Omega_n;x)\mathrm{d}x=\int_a^b\lim_{n\to\infty}\varphi(\Omega_n;x)\mathrm{d}x$$
$$=\int_a^b\omega_f(x)\mathrm{d}x=0,$$

由上式及可积准则 3°, f 在$[a,b]$可积.

练　习　题

5.78　证明: $2\leqslant\int_{-1}^1\sqrt{1+x^4}\,\mathrm{d}x\leqslant\frac{8}{3}$.

5.79　设函数 f 在$[2,+\infty)$可导, $f>0$,且$\frac{\mathrm{d}}{\mathrm{d}x}[xf(x)]\leqslant-nf(x)$, $x\in[2,+\infty)$.

求证: $f(x)\leqslant\frac{A}{x^{n+1}}$　(其中 A 是常数, $n\in\mathbf{N}$).

5.80　设 f 在$[0,1]$是单减函数,求证: $\forall a\in(0,1)$,有

$$\int_0^a f(x)\mathrm{d}x\geqslant a\int_0^1 f(x)\mathrm{d}x.$$

5.81　设 $f\in\mathscr{R}[a,b]$,求证: $\left[\int_a^b f(x)\mathrm{d}x\right]^2\leqslant(b-a)\int_a^b f^2(x)\mathrm{d}x$.

5.82　设 $f\in\mathscr{R}[0,1]$, $f(x)\geqslant c>0$,求证: $\int_0^1\frac{\mathrm{d}x}{f(x)}\geqslant\frac{1}{\int_0^1 f(x)\mathrm{d}x}$.

5.83　设 $f'\in\mathscr{R}[a,b]$, $f(a)=0$. 求证:

(1) $|f(x)|\leqslant\int_a^x|f'(t)|\,\mathrm{d}t$, $a\leqslant x\leqslant b$;

(2) $\int_a^b f^2(x)\mathrm{d}x\leqslant\frac{(b-a)^2}{2}\int_a^b[f'(x)]^2\mathrm{d}x$.

5.84　证明: $\int_1^{x^2}\frac{\mathrm{e}^t}{t}\mathrm{d}t\sim\frac{1}{x^2}\mathrm{e}^{x^2}$　$(x\to+\infty)$.

5.85　(1) 设 $f''\in\mathscr{R}[a,b]$,记 $R_1(x)=f(x)-f(x_0)-f'(x_0)(x-x_0)$, $x_0,x\in(a,b)$,求证: $R_1(x)=\int_{x_0}^x(x-t)f''(t)\mathrm{d}t$.

(2) 设 $f^{(n+1)}\in\mathscr{R}[a,b]$,记 $R_n(x)=f(x)-f(x_0)-\frac{f'(x_0)}{1!}(x-x_0)-\cdots-\frac{f^{(n)}(x_0)}{n!}(x-x_0)^n$, x_0, $x\in(a,b)$. 求证: $R_n(x)=\frac{1}{n!}\int_{x_0}^x(x-t)^n f^{(n+1)}(t)\mathrm{d}t$.

上式称为 Taylor 公式的**积分余项**.

(3) 由积分余项推出 **Lagrange 余项**(设 $f^{(n+1)}\in C[a,b]$).

(4) 由积分余项推出 **Cauchy 余项**(设 $f^{(n+1)}\in C[a,b]$),

$$R_n(x)=\frac{f^{(n+1)}[x_0+\theta(x-x_0)]}{n!}(1-\theta)^n(x-x_0)^{n+1},\ 0<\theta<1.$$

5.86 证明：(1) $\int_x^{x+1}\sin t^2\,\mathrm{d}t=\frac{\cos x^2}{2x}-\frac{\cos(x+1)^2}{2(x+1)}+o\left(\frac{1}{x^2}\right)\quad(x\to+\infty)$；

(2) $\lim\limits_{x\to+\infty}\int_x^{x+1}\sin t^2\,\mathrm{d}t=0$.

5.87 设 $f\in\mathscr{R}[a,b]$，$f\geqslant 0$，$\int_a^b f(x)\mathrm{d}x=1$，求证：

$$\left(\int_a^b f(x)\cos kx\,\mathrm{d}x\right)^2+\left(\int_a^b f(x)\sin kx\,\mathrm{d}x\right)^2\leqslant 1.$$

5.88 设 $f'\in C[0,1]$，求证：

(1) $|f(x)|\leqslant\int_0^1|f(t)|\mathrm{d}t+\int_0^1|f'(t)|\mathrm{d}t,\ x\in[0,1]$；

(2) $\left|f\left(\frac{1}{2}\right)\right|\leqslant\int_0^1|f(t)|\mathrm{d}t+\frac{1}{2}\int_0^1|f'(t)|\mathrm{d}t$.

5.89 证明：$\lim\limits_{n\to\infty}\int_0^{\frac{\pi}{2}}\sin^n x\,\mathrm{d}x=0\quad(n\in\mathbf{N})$.

5.90 设 $f\in C[0,1]$，$f>0$. 求证：

(1) 存在唯一的 $\xi\in(0,1)$，使得 $\int_0^{\xi}f(x)\mathrm{d}x=\int_{\xi}^1\frac{1}{f(x)}\mathrm{d}x$；

(2) 对每个 $n\in\mathbf{N}$，存在唯一的 x_n，使得 $\int_{\frac{1}{n}}^{x_n}f(x)\mathrm{d}x=\int_{x_n}^1\frac{1}{f(x)}\mathrm{d}x$，且 $\lim\limits_{n\to\infty}x_n=\xi$.

复习参考题

5.91 设函数 f 在$(a,+\infty)$ 可导,且 $\lim\limits_{x\to+\infty} f(x)=A\in\mathbf{R}$,求证:

(1) 若 $\lim\limits_{x\to+\infty} f'(x)$ 存在,则 $\lim\limits_{x\to+\infty} f'(x)=0$.

(若去掉条件 $\lim\limits_{x\to+\infty} f'(x)$ 存在,结论还成立吗?)

(2) 若 $\lim\limits_{x\to+\infty} f''(x)$ 存在,则 $\lim\limits_{x\to+\infty} f''(x)=0$.

(你能够推广上述结论吗?)

5.92 设函数 f 在$(a,+\infty)$ 二阶可导,且 $\lim\limits_{x\to a^+} f(x)=\lim\limits_{x\to+\infty} f(x)=0$. 求证:

(1) $\exists\,\xi_n\to+\infty\quad(n\to\infty)$,使得 $\lim\limits_{n\to\infty} f'(\xi_n)=0$.

(2) $\exists\,\eta\in(a,+\infty)$,使得 $f''(\eta)=0$.

5.93 设函数 f 在 $\mathbf{R}$ 二阶可导,$f''(x)>0$,且 $\lim\limits_{x\to+\infty} f'(x)=\alpha>0$,$\lim\limits_{x\to-\infty} f'(x)=\beta<0$. 又 $\exists\,x_0$,使得 $f(x_0)<0$. 求证:f 在 $\mathbf{R}$ 有且仅有两个零点.

5.94 设 $f(x)=\int_0^x \cos\frac{1}{t}\,\mathrm{d}t$,求 $f'(0)$.

5.95 设函数 f 在(a,b) 二阶可导,且 $f'(a)$,$f'(b)$ 存在. 求证:$\exists\,\xi\in(a,b)$,使得

$$f'(b)-f'(a)=f''(\xi)(b-a).$$

5.96 设函数 f 在$(a-\delta,a+\delta)$ 有 n 阶导数,且 $f^{(n+1)}(a)\neq0$,并有 $f(a+h)=f(a)+f'(a)h+\cdots+\frac{f^{(n)}(a+\theta h)}{n!}h^n$,$0<\theta<1$,$-\delta<h<\delta$,求证:$\lim\limits_{h\to0}\theta=\frac{1}{n+1}$.

5.97 设函数 f 在 $\mathbf{R}$ 二阶可导,记 $M_k=\sup\limits_{x\in\mathbf{R}}|f^{(k)}(x)|\quad(k=0,1,2)$.

(1) 写出 $f(x+h)$,$f(x-h)$ 在 x 点的 Taylor 公式;

(2) 求证:$\forall\,h>0$,有 $|f'(x)|\leqslant\frac{hM_2}{2}+\frac{M_0}{h}$;

(3) 求证:$M_1\leqslant\sqrt{2M_0M_2}$.

5.98 设 $f(x)$ 是 $\mathbf{R}$ 上以 T 为周期的连续周期函数,求证:

(1) $f(x)$ 的任一原函数可表为以 T 为周期的周期函数与线性函数之和;

(2) $\lim\limits_{x\to\infty}\frac{1}{x}\int_0^x f(t)\,\mathrm{d}t=\frac{1}{T}\int_0^T f(x)\,\mathrm{d}x$.

5.99 证明:若 f 在 $\mathbf{R}$ 是凸函数,则 f 在 $\mathbf{R}$ 不是单减就是单增. 要不然一定存在数 c,使得函数 f 在$(-\infty,c]$ 单减,在$[c,+\infty)$ 单增.

5.100 设 $f\in C[0,1]$,$x_0\in(0,1)$. 若 $\forall\,h\in\mathbf{Q}$,有 $\lim\limits_{h\to0}\frac{f(x_0+h)-f(x_0)}{h}=l$ 存在. 求证:f 在 x_0 可微.

5.101 设函数 f 在 $\mathbf{R}$ 满足方程

$$\begin{cases} f''(x)+f(x)=0,\\ f(0)=f'(0)=0. \end{cases}$$

求证:$f(x)=0$,$x\in\mathbf{R}$.

5.102 设 f 在(a,b) 是凸函数,求证:f 在 $x_0\in(a,b)$ 可微 $\Leftrightarrow f'_+$ 在 x_0 连续.

5.103 设 $f\in\mathscr{R}[a,b]$,求证:

(1) $\forall\,\varepsilon>0$,存在阶梯函数 φ,使得 $\int_a^b|f(x)-\varphi(x)|\,\mathrm{d}x<\varepsilon$;

(2) $\forall\,\varepsilon>0$,存在连续函数 g,使得 $\int_a^b|f(x)-g(x)|\,\mathrm{d}x<\varepsilon$.

5.104　证明积分连续性：若 $f \in \mathscr{R}[A,B]$，则

$$\lim_{h\to 0}\int_a^b |f(x+h)-f(x)|\,\mathrm{d}x = 0,$$

其中 $a<b$，且 $a,b\in(A,B)$.

5.105　设 $f(x)=\begin{cases}\displaystyle\int_0^x \sin\frac{1}{t}\mathrm{d}t, & x\neq 0;\\ 0, & x=0.\end{cases}$

求证：(1) $\displaystyle\lim_{x\to 0}\frac{f(2x)-f(x)}{x}=0$；(2) $f'(0)=0$.

5.106　(1) 证明：$\forall\,\delta\in(0,1)$，有 $\displaystyle\lim_{n\to\infty}\frac{\int_\delta^1(1-t^2)^n\mathrm{d}t}{\int_0^1(1-t^2)^n\mathrm{d}t}=0$.

(2) 设 $f\in C[-1,1]$，$\lambda_n = 2\int_0^1(1-t^2)^n\mathrm{d}t$，求证：

$$\lim_{n\to\infty}\frac{1}{\lambda_n}\int_{-1}^1(1-t^2)^n f(t)\mathrm{d}t = f(0).$$

5.107　设 f,g 在 $[a,b]$ 是连续正值函数，求证：

$$\lim_{n\to\infty}\left\{\int_a^b[f(x)]^n g(x)\mathrm{d}x\right\}^{\frac{1}{n}} = \max_{x\in[a,b]}\{f(x)\}.$$

5.108　设 $f,g\in\mathscr{R}[a,b]$，且 f 在 $[a,b]$ 单减，$0<g(x)\leqslant 1$，求证：

$$\int_{b-\lambda}^b f(x)\mathrm{d}x \leqslant \int_a^b f(x)g(x)\mathrm{d}x \leqslant \int_a^{a+\lambda} f(x)\mathrm{d}x,$$

其中 $\lambda = \int_a^b g(x)\mathrm{d}x$.

5.109　设 f'' 在 $[a,b]$ 连续，求证：$\exists\,\xi\in[a,b]$，使得

$$\int_a^b f(x)\mathrm{d}x = \frac{b-a}{2}[f(b)+f(a)] - \frac{1}{12}f''(\xi)(b-a)^3.$$

5.110　设 $f,g\in\mathscr{R}[0,1]$，且 $g(x+1)=g(x)$，$x\in(-\infty,+\infty)$，求证：

$$\lim_{n\to\infty}\int_0^1 f(x)g(nx)\mathrm{d}x = \left[\int_0^1 f(x)\mathrm{d}x\right]\left[\int_0^1 g(x)\mathrm{d}x\right].$$

5.111　设 f 在 $(0,+\infty)$ 是凸函数，求证：$F(x)=\dfrac{1}{x}\displaystyle\int_0^x f(t)\mathrm{d}t$ 在 $(0,+\infty)$ 是凸函数.

5.112　设 $f\in\mathscr{R}[a,b]$，求证：f 在 $[a,b]$ 的连续点集 A 是 $[a,b]$ 的**稠集**，即 $\forall\,x\in[a,b]$，$\forall\,\delta>0$，有 $U(x;\delta)\cap A\neq\varnothing$.

提供一种用闭区间套方法证明本题的步骤如下，供参考.

(1) 若 $\exists\,\Omega=\{a=x_0<x_1<\cdots<x_n=b\}$，使得 $S^+(\Omega)-S^-(\Omega)<b-a$，则 $\exists\,k\in\{1,2,\cdots,n\}$，使得 $\sup\limits_{x\in I_k}\{f(x)\}-\inf\limits_{x\in I_k}\{f(x)\}<1$　（其中 $I_k=[x_{k-1},x_k]$）.

(2) $\exists\,\bar{I}_1=[a_1,b_1]\subset I_0=(a,b)$　（即 $a<a_1<b_1<b$），使得 $\sup\limits_{x\in\bar{I}_1}\{f(x)\}-\inf\limits_{x\in\bar{I}_1}\{f(x)\}<1$；$\exists\,\bar{I}_2=[a_2,b_2]\subset I_1=(a_1,b_1)$　（即 $a_1<a_2<b_2<b_1$），使得 $\sup\limits_{x\in\bar{I}_2}\{f(x)\}-\inf\limits_{x\in\bar{I}_2}\{f(x)\}<\dfrac{1}{2}$；$\exists\,\bar{I}_n=[a_n,b_n]\subset I_{n-1}=(a_{n-1},b_{n-1})$，使得 $\sup\limits_{x\in\bar{I}_n}\{f(x)\}-\inf\limits_{x\in\bar{I}_n}\{f(x)\}<\dfrac{1}{n}$.

(3) $\exists\,x_0\in\bigcap\limits_{n=1}^{\infty}[a_n,b_n]$，使得 f 在 x_0 连续.

(4) f 在 $[a,b]$ 的连续点集 A 是 $[a,b]$ 的稠集.

5.113　设 $f\in\mathscr{R}[a,b]$　$(a<b)$，且 $f>0$，求证：$\int_a^b f(x)\mathrm{d}x>0$.

第6章 数项级数与广义积分

在代数中,一般只讨论有限次的运算.例如,可以把任意有限个数 $a_1,a_2,\cdots,a_n$ 相加,结果仍然得到一个数.然而,长期实践的结果,人类逐渐形成无穷多个数"相加"的观念.例如,在我国古代《庄子·天下篇》中,就有"一尺之棰,日取其半,虽万世不竭"的话.把这句话用数与运算表达起来,就是 $\frac{1}{2}+\frac{1}{2^2}+\frac{1}{2^3}+\cdots+\frac{1}{2^n}+\cdots$ 这样一个表达式.在古希腊,亚里士多德(公元前384—前322)就已经知道公比 q 小于1的等比数列 $a,aq,aq^2,\cdots,aq^n,\cdots$ 能够求和:

$$a+aq+aq^2+\cdots+aq^n+\cdots=\frac{a}{1-q}.$$

这也是数学中最早出现的无穷级数.17—18世纪微积分的蓬勃发展给级数以巨大的推动.这是因为微积分研究的对象是函数,而把比较复杂的代数函数和超越函数展成无穷级数,并用逐项微分和逐项积分的方法研究函数性质是行之有效的方法,因此,它是牛顿和莱布尼茨微积分工作的一个重要组成部分.除了微积分之外,级数的重要应用之一是可以用它来计算一些特殊的数值,例如 π,e 的计算以及对数表和三角函数表的制造等.然而,直到18世纪,在级数方面的工作大都是形式的.数学家们大多把级数看成是多项式的代数的推广,他们大概没有意识到,由于把求和推广到无穷多项,而引进了新的问题.例如在表达式

$$\frac{1}{1+x}=1-x+x^2-x^3+\cdots$$

中令 $x=1$,得到

$$\frac{1}{2}=1-1+1-1+\cdots$$

这引起了很大的争议.因为如果把上式右端级数写成

$$(1-1)+(1-1)+(1-1)+\cdots$$

它就应该是零,而如果把它写成

$$1+[(-1)+1]+[(-1)+1]+\cdots$$

它就应该是1,这些矛盾现象说明有必要弄清楚级数概念并建立它的理论体系.直到19世纪,人们对实数、极限有了清晰的概念之后,级数理论才有了牢固的基础,许多模糊的认识才得以澄清.

6.1 数项级数

6.1.1 基本概念与一般性质

定义 1.1 给定数列 $\{a_n\}$,下面的和式

$$\sum_{n=1}^{\infty}a_n=a_1+a_2+\cdots+a_n+\cdots$$

叫作**无穷级数**,简称为**级数**. a_n 叫作级数的**第 n 项**,也称**通项**.

定义 1.2 称 $S_n=\sum_{k=1}^{n}a_k=a_1+a_2+\cdots+a_n$ 为级数 $\sum_{n=1}^{\infty}a_n$ 的**部分和**. 如果部分和数列 $\{S_n\}$ 收敛于 S,就说级数 $\sum_{n=1}^{\infty}a_n$ **收敛**,并称 S 为级数的**和**,记作

$$S=\sum_{n=1}^{\infty}a_n.$$

如果部分和数列 $\{S_n\}$ 发散,就说级数 $\sum_{n=1}^{\infty}a_n$ **发散**. 当 $\lim\limits_{n\to\infty}S_n=\pm\infty$ 时,也记作 $\sum_{n=1}^{\infty}a_n=\pm\infty$.

若一个级数的部分和的通项公式可具体计算出,或可进行具体的估计,就可以用求极限的方法来判断级数的敛散性.

例 1 研究等比级数(几何级数)$\sum_{n=1}^{\infty}q^{n-1}$ 的敛散性.

解 易知等比级数 $\sum_{n=1}^{\infty}q^{n-1}$ 的部分和为

$$S_n=\begin{cases}\dfrac{1-q^n}{1-q}, & q\neq\pm 1\text{ 时},\\ n, & q=1\text{ 时},\\ \dfrac{1+(-1)^{n-1}}{2}, & q=-1\text{ 时}.\end{cases}$$

因此,当 $|q|<1$ 时,等比级数收敛,且 $\sum_{n=1}^{\infty}q^{n-1}=\dfrac{1}{1-q}$;当 $|q|>1$ 时,等比级数发散;当 $q=1$ 时,等比级数发散,且 $\sum_{n=1}^{\infty}1=+\infty$;当 $q=-1$ 时,级数为 $1+(-1)+1+(-1)+\cdots$ 常把它简记作 $1-1+1-1+\cdots$

因为它的前 $2n-1$ 项部分和为 $S_{2n-1}=1$,前 $2n$ 项部分和为 $S_{2n}=0$,所以部分和数列 $\{S_n\}$ 发散,即级数发散.

请牢记

> 等比级数 $\sum_{n=1}^{\infty}q^{n-1}$ 当 $|q|<1$ 时收敛;当 $|q|\geqslant 1$ 时发散.

例 2 研究级数 $\sum_{n=1}^{\infty}\dfrac{1}{n(n+1)}$ 的敛散性.

解 将通项积化和差得

$$\begin{aligned}S_n&=\sum_{k=1}^{n}\frac{1}{k(k+1)}=\sum_{k=1}^{n}\left(\frac{1}{k}-\frac{1}{k+1}\right)\\&=\left(1-\frac{1}{2}\right)+\left(\frac{1}{2}-\frac{1}{3}\right)+\cdots+\left(\frac{1}{n}-\frac{1}{n+1}\right)=1-\frac{1}{n+1}.\end{aligned}$$

故级数收敛且和 $S=\sum_{n=1}^{\infty}\dfrac{1}{n(n+1)}=1$.

此例中求部分和的“积化和差”方法,值得读者体会.

例 3　研究调和级数 $\sum\limits_{n=1}^{\infty}\frac{1}{n}$ 的敛散性.

解　因为

$$\begin{aligned}S_{2^n}&=1+\frac{1}{2}+\left(\frac{1}{3}+\frac{1}{4}\right)+\left(\frac{1}{5}+\frac{1}{6}+\frac{1}{7}+\frac{1}{8}\right)+\cdots+\left(\frac{1}{2^{n-1}+1}+\cdots+\frac{1}{2^n}\right)\\&>1+\frac{1}{2}+\left(\frac{1}{4}+\frac{1}{4}\right)+\left(\frac{1}{8}+\frac{1}{8}+\frac{1}{8}+\frac{1}{8}\right)+\cdots+\left(\frac{1}{2^n}+\cdots+\frac{1}{2^n}\right)\\&=1+\frac{1}{2}+\frac{1}{2}+\frac{1}{2}+\cdots+\frac{1}{2}=1+\frac{n}{2},\end{aligned}$$

所以 $\lim\limits_{n\to\infty}S_{2^n}=+\infty$. 又 $\{S_n\}$ 是单增数列,而 $\{S_{2^n}\}$ 是它的一个子列,故 $\lim\limits_{n\to\infty}S_n=+\infty$,即调和级数发散,且 $\sum\limits_{n=1}^{\infty}\frac{1}{n}=+\infty$.

例 4　研究级数 $\sum\limits_{n=1}^{\infty}\frac{1}{\sqrt{n}}$ 的敛散性.

解　因为

$$S_n=1+\frac{1}{\sqrt{2}}+\frac{1}{\sqrt{3}}+\cdots+\frac{1}{\sqrt{n}}\geqslant n\cdot\frac{1}{\sqrt{n}}=\sqrt{n},$$

所以 $\lim\limits_{n\to\infty}S_n=+\infty$. 因此,级数发散,且 $\sum\limits_{n=1}^{\infty}\frac{1}{\sqrt{n}}=+\infty$.

例 5　证明:数列 $\{a_n\}$ 与级数 $\sum\limits_{n=1}^{\infty}(a_n-a_{n+1})$ 有相同的敛散性.

证明　因为 $S_n=\sum\limits_{k=1}^{n}(a_k-a_{k+1})$

$$=(a_1-a_2)+(a_2-a_3)+\cdots+(a_n-a_{n+1})=a_1-a_{n+1},$$

所以 $\{S_n\}$ 与 $\{a_n\}$ 的敛散性是相同的,即 $\{a_n\}$ 与 $\sum\limits_{n=1}^{\infty}(a_n-a_{n+1})$ 有相同的敛散性.

定理 1.1　设级数 $\sum\limits_{n=1}^{\infty}a_n$, $\sum\limits_{n=1}^{\infty}b_n$ 收敛,则级数 $\sum\limits_{n=1}^{\infty}(a_n+b_n)$ 及 $\sum\limits_{n=1}^{\infty}ca_n$ 收敛(其中 c 为常数),且

$$\sum_{n=1}^{\infty}(a_n+b_n)=\sum_{n=1}^{\infty}a_n+\sum_{n=1}^{\infty}b_n,\quad\sum_{n=1}^{\infty}ca_n=c\sum_{n=1}^{\infty}a_n.$$

由级数收敛的极限定义(定义 1.2)与极限的运算性质即得定理.

级数研究的基本问题之一是寻求判别级数敛散性的方法. 由于级数 $\sum\limits_{n=1}^{\infty}a_n$ 的敛散性,就是它的部分和数列 $\{S_n\}$ 的敛散性. 而判断数列收敛的基本准则是 Cauchy 准则,因此,只要把它换成级数的形式就得到下面的定理.

定理 1.2(级数的 Cauchy 准则)　级数 $\sum\limits_{n=1}^{\infty}a_n$ 收敛的充要条件是:对于任给的 $\varepsilon>0$,存在正整数 $N\in\mathbf{N}$,只要 $m>n>N$,有

$$|a_{n+1}+a_{n+2}+\cdots+a_m|<\varepsilon.$$

或者说,对任给的 $\varepsilon>0$,存在 $N\in\mathbf{N}$,只要 $n>N$,对一切 $p\in\mathbf{N}$,有

$$|a_{n+1}+a_{n+2}+\cdots+a_{n+p}|<\varepsilon.$$

推论 1 级数 $\sum\limits_{n=1}^{\infty}a_n$ 发散的充要条件是:存在 $\varepsilon_0>0$ 和两个严格增的正整数列 m_n 和 p_n,使得

$$|a_{m_n+1}+a_{m_n+2}+\cdots+a_{m_n+p_n}|\geqslant\varepsilon_0.$$

推论 2 在级数 $\sum\limits_{n=1}^{\infty}a_n$ 中去掉、增加或改变它的有限多项,不影响它的敛散性.

证明 设 $\sum\limits_{n=1}^{\infty}b_n$ 是 $\sum\limits_{n=1}^{\infty}a_n$ 去掉、增加或改变有限项后的级数,则存在正整数 n_0 和 m_0,使得 $a_{n_0+n}=b_{m_0+n}$,$n\in\mathbf{N}$,所以 $|a_{n_0+n+1}+\cdots+a_{n_0+n+p}|=|b_{m_0+n+1}+\cdots+b_{m_0+n+p}|$ 对一切正整数 n 和 p 均成立.由 Cauchy 准则(定理 1.2)及其推论 1,两级数的敛散性相同. □

推论 3(级数收敛必要条件) 若级数 $\sum\limits_{n=1}^{\infty}a_n$ 收敛,则 $\lim\limits_{n\to\infty}a_n=0$.

证明 在 Cauchy 准则中,取 $m=n+1$ 即可. □

注 由此得到判定级数发散的一个简易方法.即若 $\lim\limits_{n\to\infty}a_n\neq0$ 或 $\{a_n\}$ 发散,则级数 $\sum\limits_{n=1}^{\infty}a_n$ 发散.但是,$a_n\to0$ 并不能保证 $\sum\limits_{n=1}^{\infty}a_n$ 收敛.

注 定理 1.2 中的充要条件称为级数的 Cauchy 条件.

例 6 用 Cauchy 准则证明:级数 $\sum\limits_{n=1}^{\infty}\dfrac{1}{n^2}$ 收敛.

证明 考察

$$\begin{aligned}|a_{n+1}+a_{n+2}+\cdots+a_{n+p}|&=\frac{1}{(n+1)^2}+\frac{1}{(n+2)^2}+\cdots+\frac{1}{(n+p)^2}\\&\leqslant\frac{1}{n(n+1)}+\frac{1}{(n+1)(n+2)}+\cdots+\frac{1}{(n+p-1)(n+p)}\\&=\frac{1}{n}-\frac{1}{n+p}<\frac{1}{n},\end{aligned}$$

由此得证.

例 7 用 Cauchy 准则证明:$\sum\limits_{n=1}^{\infty}\dfrac{1}{n}$ 发散.

证明 取 $m_n=p_n=n$,则有

$$|a_{n+1}+a_{n+2}+\cdots+a_{2n}|=\frac{1}{n+1}+\frac{1}{n+2}+\cdots+\frac{1}{n+n}>\frac{n}{n+n}=\frac{1}{2},$$

对一切正整数 n 成立,由定理 1.2 的推论 1,$\sum\limits_{n=1}^{\infty}\dfrac{1}{n}$ 发散.

例 8 证明:级数 $\sum\limits_{n=1}^{\infty}\dfrac{1-n}{1+2n}$ 发散.

证明 因为 $\lim\limits_{n\to\infty}\dfrac{1-n}{1+2n}=-\dfrac{1}{2}\neq0$,所以据 Cauchy 准则的推论 3 知此级数发散.

思　考　题

1. 若 $S = a_1 + a_2 + \cdots + a_n + \cdots$，试问：$a_1 + 0 + a_2 + 0 + \cdots + a_n + 0 + \cdots$ 一定等于 S 吗？

2. 级数 $a_1 - a_1 + a_2 - a_2 + \cdots + a_n - a_n + \cdots$ 一定收敛吗？你能找到它收敛的条件吗？

3. 若有常数 c，使得 $\sum\limits_{n=1}^{\infty} ca_n$ 收敛，试问：$\sum\limits_{n=1}^{\infty} a_n$ 是否收敛？

4. (1) 若 $\sum\limits_{n=1}^{\infty} a_n$ 与 $\sum\limits_{n=1}^{\infty} b_n$ 皆发散，能否断定 $\sum\limits_{n=1}^{\infty} (a_n + b_n)$ 必发散？

   (2) 若 $\sum\limits_{n=1}^{\infty} a_n$ 收敛，$\sum\limits_{n=1}^{\infty} b_n$ 发散，能否断定 $\sum\limits_{n=1}^{\infty} (a_n + b_n)$ 必发散？

5. 试用级数收敛定义直接证明定理 1.2 的推论 3.

6. 设 $\sum\limits_{n=1}^{\infty} a_n$ 发散，记 $S_n = \sum\limits_{k=1}^{n} a_k$，试问：是否一定有 $\lim\limits_{n\to\infty} S_n = \infty$？

7. 试问下面两个级数有相同的敛散性吗？

   (1) $a_1 + b_1 + a_2 + b_2 + \cdots + a_n + b_n + \cdots$

   (2) $(a_1 + b_1) + (a_2 + b_2) + \cdots + (a_n + b_n) + \cdots$

8. 试问：下面命题成立吗？

   $\sum\limits_{n=1}^{\infty} a_n$ 收敛 $\Leftrightarrow$ $\sum\limits_{n=1}^{\infty} a_{2n-1}$ 与 $\sum\limits_{n=1}^{\infty} a_{2n}$ 皆收敛.

9. (1) 试问：若 $\sum\limits_{n=1}^{\infty} a_n$ 与 $\sum\limits_{n=1}^{\infty} b_n$ 皆收敛，能否断定 $\sum\limits_{n=1}^{\infty} a_n b_n$ 必收敛？

   (2) 试问：若 $\sum\limits_{n=1}^{\infty} a_n (a_n \geqslant 0)$ 与 $\sum\limits_{n=1}^{\infty} b_n (b_n \geqslant 0)$ 皆收敛，能否断定 $\sum\limits_{n=1}^{\infty} a_n b_n$ 必收敛？

10. 下面的命题成立吗？

    (1) $\sum\limits_{n=1}^{\infty} a_n$ 收敛 $\Leftrightarrow$ $\forall\, \varepsilon > 0, \exists\, N$，对 $\forall\, n \geqslant N$，有 $|a_N + a_{N+1} + \cdots + a_n| < \varepsilon$.

    (2) $\sum\limits_{n=1}^{\infty} a_n$ 收敛 $\Leftrightarrow$ $\forall\, \varepsilon > 0, \forall\, p \in \mathbf{N}_+, \exists\, N$，对 $\forall\, n > N$，有 $|a_{n+1} + \cdots + a_{n+p}| < \varepsilon$.

11. (1) 若 $\sum\limits_{n=1}^{\infty} a_n (a_n > 0)$ 收敛，是否一定有 $\lim\limits_{n\to\infty} na_n = 0$？

    $\left(\text{提示：考虑 } a_n = \begin{cases} \dfrac{1}{n^2}, n \neq k^2, \\ \dfrac{1}{k^2}, n = k^2. \end{cases} (k \in \mathbf{N}_+)\right)$

    (2) 若 $\sum\limits_{n=1}^{\infty} a_n \ (a_n > 0)$ 收敛，且 $\{a_n\}$ 为减数列，是否一定有 $\lim\limits_{n\to\infty} na_n = 0$？(考虑 Cauchy 准则)

    (3) 若 $\sum\limits_{n=1}^{\infty} a_n \ (a_n > 0)$ 收敛，且 $\lim\limits_{n\to\infty} na_n$ 存在，是否一定有 $\lim\limits_{n\to\infty} na_n = 0$？

12. 我们知道：如果 $\sum\limits_{n=1}^{\infty} a_n$ 收敛，则部分和数列 $\{S_n\}$ 必有界，且 $\lim\limits_{n\to\infty} a_n = 0$. 自然会问：反之成立吗？即若 $\{S_n\}$ 有界，且 $\lim\limits_{n\to\infty} a_n = 0$，能否断定 $\sum\limits_{n=1}^{\infty} a_n$ 收敛？

    $\left(\text{提示：考虑 } \{a_n\}: 1, -\dfrac{1}{2}, -\dfrac{1}{2}, \dfrac{1}{3}, \dfrac{1}{3}, \dfrac{1}{3}, -\dfrac{1}{4}, -\dfrac{1}{4}, -\dfrac{1}{4}, -\dfrac{1}{4}, \cdots\right)$

13. 设 $\sum\limits_{n=1}^{\infty} a_n$ 的部分和为 S_n.

(1) 若部分和数列 $\{S_n\}$ 无界，能否断定 $\sum\limits_{n=1}^{\infty} a_n$ 发散？

(2) 若 $\sum\limits_{n=1}^{\infty} a_n$ 发散，能否断定 $\{S_n\}$ 无界？

练　习　题

6.1　判断下列级数敛散性，如果收敛，求它的和.

(1) $\sum\limits_{n=1}^{\infty}(\sqrt{n+2}-2\sqrt{n+1}+\sqrt{n})$；　　(2) $\sum\limits_{n=1}^{\infty}\ln\left(1+\dfrac{1}{n}\right)$；

(3) $\sum\limits_{n=1}^{\infty}\left(a_n+\dfrac{1}{n}\right)$ （其中 $\sum\limits_{n=1}^{\infty} a_n$ 收敛）；　(4) $\sum\limits_{n=1}^{\infty}\dfrac{2^n-1}{2^n+1}$；

(5) $\sum\limits_{n=0}^{\infty}\dfrac{(-1)^n+2^n}{3^n}$.

6.2　不用 Cauchy 准则，直接用定义证明定理 1.2 的推论 3.

6.3　若 $\sum\limits_{n=1}^{\infty} a_n$ 收敛，$\sum\limits_{n=1}^{\infty} b_n$ 发散，求证：$\sum\limits_{n=1}^{\infty}(a_n+b_n)$ 发散.

6.4　证明：若 $\sum\limits_{n=1}^{\infty} a_n$，$\sum\limits_{n=1}^{\infty} b_n$ 收敛，且 $a_n \leqslant c_n \leqslant b_n$，则 $\sum\limits_{n=1}^{\infty} c_n$ 收敛.

试问：若 $\sum\limits_{n=1}^{\infty} a_n$，$\sum\limits_{n=1}^{\infty} b_n$ 发散，且 $a_n \leqslant c_n \leqslant b_n$，则 $\sum\limits_{n=1}^{\infty} c_n$ 的敛散性如何？

6.5　用 Cauchy 准则证明下列级数收敛.

(1) $a_0+\dfrac{a_1}{10}+\dfrac{a_2}{10^2}+\cdots+\dfrac{a_n}{10^n}+\cdots \quad (0 \leqslant a_i \leqslant 9, i \in \mathbf{N}_+)$；

(2) $10+\dfrac{10^2}{2!}+\dfrac{10^3}{3!}+\cdots+\dfrac{10^n}{n!}+\cdots$.

6.6　(1) 证明：$\sum\limits_{n=1}^{\infty}\dfrac{\cos nx-\cos(n+1)x}{n}$ 收敛.

(2) 证明：$\sum\limits_{n=2}^{\infty}\dfrac{(-1)^n}{\sqrt{n}+(-1)^n}$ 发散.

6.7　证明下面级数发散：

$$1+\frac{1}{2}-\frac{1}{3}+\frac{1}{4}+\frac{1}{5}-\frac{1}{6}+\cdots+\frac{1}{3n+1}+\frac{1}{3n+2}-\frac{1}{3n+3}+\cdots.$$

6.8　若 $\sum\limits_{n=1}^{\infty} a_n\,(a_n>0)$ 收敛，$a_n \geqslant a_{n+1}\,(n \in \mathbf{N}_+)$. 求证：$\lim\limits_{n\to\infty} na_n=0$.

6.1.2　同号级数判敛法

除了通过研究部分和数列的敛散性来研究级数的敛散性外，还可通过对级数的通项加以适当的条件，来研究级数的敛散性. 先研究同号级数的敛散性的判敛法.

定义 1.3　给定级数 $\sum\limits_{n=1}^{\infty} a_n$，若存在 $N \in \mathbf{N}$，只要 $n \geqslant N$，就有 $a_n \geqslant 0$（或 $a_n \leqslant 0$），则称

$\sum_{n=1}^{\infty} a_n$ 是**非负项级数(非正项级数)**. 非负项级数和非正项级数统称为**同号级数**. 以后我们分别简称非负项级数与非正项级数为**正项级数与负项级数**.

易知,若要研究同号级数的判敛法只要研究正项级数判敛法就可以了. 又因为级数增加或减少有限阶级数的敛散性不变,所以只需讨论所有的 $a_n \geqslant 0$ 的正项级数.

定理 1.3(正项级数判敛准则) 正项级数 $\sum_{n=1}^{\infty} a_n$ 收敛的充要条件是:它的部分和数列 $\{S_n\}$ 有上界.

证明 因 $a_n \geqslant 0$,所以级数 $\sum_{n=1}^{\infty} a_n$ 的部分和 $S_n = \sum_{n=1}^{n} a_k$ 是单增数列,由单增数列收敛原理即可证得本定理. □

此定理表明,对于正项级数 $\sum_{n=1}^{\infty} a_n$,有且只有两种情况:$\sum_{n=1}^{\infty} a_n < +\infty$(收敛);$\sum_{n=1}^{\infty} a_n = +\infty$(发散).

例 1 研究 p 级数 $\sum_{n=1}^{\infty} \frac{1}{n^p} \quad (p \in \mathbf{R})$ 的敛散性.

解 当 $p = 1$ 时,由上节例 3 知,此时级数发散.

当 $p < 1$ 时,有 $\frac{1}{n^p} > \frac{1}{n}$,所以 $S_n = \sum_{k=1}^{n} \frac{1}{k^p} > \sum_{k=1}^{n} \frac{1}{k} = \sigma_n$. 由 $\sum_{n=1}^{\infty} \frac{1}{n}$ 发散,知 $\{\sigma_n\}$ 无上界,因而 $\{S_n\}$ 无上界,故此时级数发散.

当 $p > 1$ 时,令 $p = 1 + \alpha \quad (\alpha > 0)$,由第 5 章 5.1.1 节的例 8 知级数收敛.

请牢记正项级数判敛法的两个"标兵":

> 正项等比级数 $\sum_{n=1}^{\infty} q^{n-1}$ 当 $0 < q < 1$ 时收敛;当 $q \geqslant 1$ 时发散.
>
> p 级数 $\sum_{n=1}^{\infty} \frac{1}{n^p}$ 当 $p > 1$ 时收敛;当 $p \leqslant 1$ 时发散.

定理 1.4(比较判敛法) 设 $\sum_{n=1}^{\infty} a_n$ 与 $\sum_{n=1}^{\infty} b_n$ 都是正项级数,如果存在 $c > 0$ 及 $N \in \mathbf{N}$,当 $n \geqslant N$ 时,有 $a_n \leqslant c\, b_n$,那么

1° 若 $\sum_{n=1}^{\infty} b_n$ 收敛,则 $\sum_{n=1}^{\infty} a_n$ 收敛;

2° 若 $\sum_{n=1}^{\infty} a_n$ 发散,则 $\sum_{n=1}^{\infty} b_n$ 发散.

证明 由级数的 Cauchy 准则的推论 2 知,不妨设 $a_n \leqslant cb_n$ 对一切 $n \in \mathbf{N}$ 成立,记 $A_n = \sum_{k=1}^{n} a_k$,$B_n = \sum_{k=1}^{n} b_k$. 由 $0 \leqslant a_n \leqslant c\, b_n$ 知 $A_n \leqslant c\, B_n$. 再由定理 1.3 就证明了定理. □

例 2 证明:级数 $\sum_{n=2}^{\infty} (\ln n)^{-\ln n}$ 收敛.

证明 取正整数 $N=3^9$，则当 $n>N$ 时有 $\ln\ln n>2$，所以有

$$(\ln n)^{-\ln n}=\mathrm{e}^{-\ln n(\ln\ln n)}=n^{-\ln\ln n}<n^{-2}=\frac{1}{n^2}.$$

由于 $\sum\limits_{n=1}^{\infty}\frac{1}{n^2}$ 收敛，故原级数收敛.

请注意本题使用“换底法”的技巧.

例 3 证明级数 $\sum\limits_{n=1}^{\infty}\left[\frac{1}{n}-\ln\left(1+\frac{1}{n}\right)\right]$ 收敛.

证明 由 $\ln(1+x)<x, x>0$ 及 $\left(1+\frac{1}{n}\right)^{n+1}$ 严格减趋于 e 得

$$\frac{1}{n+1}<\ln\left(1+\frac{1}{n}\right)<\frac{1}{n}\quad(n\in\mathbf{N}).$$

所以

$$0<\frac{1}{n}-\ln\left(1+\frac{1}{n}\right)<\frac{1}{n}-\frac{1}{n+1}=\frac{1}{n(n+1)}<\frac{1}{n^2}.$$

因 $\sum\limits_{n=1}^{\infty}\frac{1}{n^2}$ 收敛，故原级数收敛. 设它的和为 C，即

$$\lim_{n\to\infty}\left[\sum_{k=1}^{n}\frac{1}{k}-\sum_{k=1}^{n}\ln\left(1+\frac{1}{k}\right)\right]=C.$$

由此得到重要的公式

$$\boxed{\lim_{n\to\infty}\left(1+\frac{1}{2}+\frac{1}{3}+\cdots+\frac{1}{n}-\ln n\right)=C.}$$

其中，C 称为 **Euler 常数**，它的数值是

$$C=0.577\ 215\cdots$$

上式大概是 Euler 常数最简单的表达式了. Euler 在 1735 年左右已经得到了类似的表达式，即

$$1+\frac{1}{2}+\frac{1}{3}+\cdots+\frac{1}{n}=\ln n+C+\varepsilon_n,$$

其中 $\lim\limits_{n\to\infty}\varepsilon_n=0$，并计算过 C 的近似值. 遗憾的是我们至今还不知道 Euler 常数是有理数还是无理数.

使用比较判敛法时，运用不等式是比较困难的，它的极限形式在实际应用中常常更为方便.

推论（比较法的极限形式） 设 $\sum\limits_{n=1}^{\infty}a_n$，$\sum\limits_{n=1}^{\infty}b_n$ 是正项级数，且有 $\lim\limits_{n\to\infty}\frac{a_n}{b_n}=l$，那么

1° 当 $0<l<+\infty$ 时，级数 $\sum\limits_{n=1}^{\infty}a_n$ 与 $\sum\limits_{n=1}^{\infty}b_n$ 同时收敛或发散；

2° 当 $l=0$ 时，若 $\sum\limits_{n=1}^{\infty}b_n$ 收敛，则 $\sum\limits_{n=1}^{\infty}a_n$ 收敛；

3° 当 $l=+\infty$ 时，若 $\sum\limits_{n=1}^{\infty}b_n$ 发散，则 $\sum\limits_{n=1}^{\infty}a_n$ 发散.

证明　由$\frac{l}{2}<l<\frac{3l}{2}$及极限保序性知,对充分大的 n,有

$$\frac{l}{2}b_n<a_n<\frac{3l}{2}b_n,$$

由此可证得 1°. 同理可证明 2° 和 3°,请读者自证 2°,3°. □

例 4　证明:级数$\sum\limits_{n=1}^{\infty}\ln\left(1+\frac{1}{n}\right)$发散.

证明　因为

$$\lim_{n\to\infty}\frac{\ln\left(1+\frac{1}{n}\right)}{\frac{1}{n}}=1,$$

且$\sum\limits_{n=1}^{\infty}\frac{1}{n}$发散,故原级数发散.

例 5　设正项级数$\sum\limits_{n=1}^{\infty}a_n$ 收敛,且$\lim\limits_{n\to\infty}na_n=a$. 求证:$a=0$.

证明　采用反证法. 假若 $a\neq 0$,即

$$\lim_{n\to\infty}\frac{a_n}{\frac{1}{n}}=a\neq 0,$$

由比较法的极限形式知$\sum\limits_{n=1}^{\infty}a_n$ 发散,矛盾!故 $a=0$.

运用比较判敛法及其极限形式时,必须选定用以比较的“标兵”,最常用的“标兵”就是:正项等比级数与 p 级数. 下面我们以正项等比级数为“标兵”,得到两个简单而实用的判敛法.

定理 1.5(D'Alembert 比值判敛法)　设$\sum\limits_{n=1}^{\infty}a_n$ 为正项级数.

1°　若存在正数 $q<1$ 及 $N\in\mathbf{N}$,当 $n\geqslant N$ 时,有$\frac{a_{n+1}}{a_n}\leqslant q<1$,则级数$\sum\limits_{n=1}^{\infty}a_n$ 收敛;

2°　若存在正数 $N\in\mathbf{N}$,当 $n\geqslant N$ 时,有$\frac{a_{n+1}}{a_n}\geqslant 1$,则级数$\sum\limits_{n=1}^{\infty}a_n$ 发散.

证明　1°　不妨设对一切正整数 n 均有$\frac{a_{n+1}}{a_n}\leqslant q$,故

$$a_n\leqslant q\,a_{n-1}\leqslant q^2a_{n-2}\leqslant\cdots\leqslant q^{n-1}a_1.$$

因$\sum\limits_{n=1}^{\infty}q^{n-1}$　$(0<q<1)$ 收敛,所以$\sum\limits_{n=1}^{\infty}a_n$ 收敛.

2°　不妨设对一切正整数 n 均有$\frac{a_{n+1}}{a_n}\geqslant 1$,且 $a_1>0$,所以

$$a_n\geqslant a_{n-1}\geqslant\cdots\geqslant a_1>0,$$

由此知$\lim\limits_{n\to\infty}a_n\neq 0$,故$\sum\limits_{n=1}^{\infty}a_n$ 发散. □

推论 1(比值法的极限形式)　设$\sum\limits_{n=1}^{\infty}a_n$ 为正项级数,且$\lim\limits_{n\to\infty}\frac{a_{n+1}}{a_n}=q$,则

1°　当 $q<1$ 时，级数 $\sum\limits_{n=1}^{\infty}a_n$ 收敛；

2°　当 $q>1$ 时，级数 $\sum\limits_{n=1}^{\infty}a_n$ 发散.

证明　1°　由 $q<1$ 知 $1-q>0$，取 ε_1 使得 $0<\varepsilon_1<1-q$. 由 $\lim\limits_{n\to\infty}\frac{a_{n+1}}{a_n}=q<q+\varepsilon_1$，由极限的保序性，存在正整数 N，只要 $n\geqslant N$，有 $\frac{a_{n+1}}{a_n}<q+\varepsilon_1<1$. 由比值判敛法知 $\sum\limits_{n=1}^{\infty}a_n$ 收敛. 同理可证 2°. □

注　当 $q=1$ 时，此法失效. 例如 $\sum\limits_{n=1}^{\infty}\frac{1}{n}$ 与 $\sum\limits_{n=1}^{\infty}\frac{1}{n^2}$，它们的 $q=1$，但一个发散，一个收敛.

如果 $\lim\limits_{n\to\infty}\frac{a_{n+1}}{a_n}$ 不存在，可用下面的推论.

推论 2（比值法的上、下极限形式）　设 $\sum\limits_{n=1}^{\infty}a_n$ 是正项级数，则

1°　当 $\overline{\lim\limits_{n\to\infty}}\frac{a_{n+1}}{a_n}=q<1$ 时，级数收敛；

2°　当 $\underline{\lim\limits_{n\to\infty}}\frac{a_{n+1}}{a_n}=q>1$ 时，级数发散.

证明方法与推论 1 类似，请读者自行证之.

例 6　判断级数 $\sum\limits_{n=1}^{\infty}\frac{1\cdot3\cdot\cdots\cdot(2n-1)}{(2n)!}$ 的敛散性.

解　因为

$$\frac{a_{n+1}}{a_n}=\frac{2n+1}{(2n+1)(2n+2)}=\frac{1}{2n+2},$$

所以 $\lim\limits_{n\to\infty}\frac{a_{n+1}}{a_n}=0<1$，故级数收敛.

例 7　判断级数 $\sum\limits_{n=1}^{\infty}\frac{x^n}{n}$　$(x>0)$ 的敛散性.

解　$\frac{a_{n+1}}{a_n}=\frac{x^{n+1}n}{(n+1)x^n}=\frac{nx}{n+1}\Rightarrow\lim\limits_{n\to\infty}\frac{a_{n+1}}{a_n}=x$. 所以，当 $0<x<1$ 时，级数收敛；当 $x>1$ 时，级数发散；当 $x=1$ 时，用比值法不能判定，但这时级数为 $\sum\limits_{n=1}^{\infty}\frac{1}{n}$，故发散.

例 8　研究级数 $\sum\limits_{n=1}^{\infty}\frac{2+(-1)^n}{b^{n-1}}$　$(b>0)$ 的敛散性.

解　由于

$$\frac{a_{n+1}}{a_n}=\frac{2+(-1)^{n+1}}{b[2+(-1)^n]}=\begin{cases}\frac{1}{3b}, & n=2m,\\ \frac{3}{b}, & n=2m-1,\end{cases}\quad(m\in\mathbf{N})$$

故极限 $\lim\limits_{n\to\infty}\frac{a_{n+1}}{a_n}$ 不存在. 我们若用推论 2. 因 $\overline{\lim\limits_{n\to\infty}}\frac{a_{n+1}}{a_n}=\frac{3}{b}$，知 $b>3$ 时，级数收敛；又因 $\underline{\lim\limits_{n\to\infty}}\frac{a_{n+1}}{a_n}=\frac{1}{3b}$，知 $b<\frac{1}{3}$ 时，级数发散；而当 $\frac{1}{3}\leqslant b\leqslant 3$ 时，推论 2 失效.

其实，此题直接用比较法更为方便. 事实上，当 $b>1$ 时，有 $\frac{2+(-1)^n}{b^{n-1}} \leqslant \frac{3}{b^{n-1}}=3\left(\frac{1}{b}\right)^{n-1}$，故原级数收敛. 当 $0<b\leqslant 1$ 时，有 $\frac{2+(-1)^n}{b^{n-1}} \geqslant \frac{1}{b^{n-1}} \geqslant 1$，故原级数发散.

定理 1.6(Cauchy 根值判敛法) 设 $\sum\limits_{n=1}^{\infty} a_n$ 是正项级数.

1° 如果存在正数 $q<1$ 及正整数 N，当 $n \geqslant N$ 时，有 $\sqrt[n]{a_n} \leqslant q<1$，那么级数收敛；

2° 如果存在无穷多个正整数 n，使得 $\sqrt[n]{a_n} \geqslant 1$，那么级数发散.

证明 1° 不妨设对一切正整数 n 有 $\sqrt[n]{a_n} \leqslant q \Rightarrow a_n \leqslant q^n \quad (q<1)$. 因 $\sum\limits_{n=1}^{\infty} q^n$ 收敛，故原级数收敛.

2° 因有无穷多项不小于 1，所以 $\lim\limits_{n \rightarrow \infty} a_n \neq 0$，故原级数发散. □

推论 1(根值法的极限形式) 设 $\sum\limits_{n=1}^{\infty} a_n$ 是正项级数，且 $\lim\limits_{n \rightarrow \infty} \sqrt[n]{a_n}=q$，则

1° 当 $q<1$ 时，级数收敛；

2° 当 $q>1$ 或 $q=+\infty$ 时，级数发散.

仿照定理 1.5 的推论 1 中方法，应用极限的保序性即可证明，

注 当 $q=1$ 时，此法失效. 例如，p 级数 $\sum\limits_{n=1}^{\infty} \frac{1}{n^p}$，有

$$\lim_{n \rightarrow \infty} \sqrt[n]{\frac{1}{n^p}}=\lim_{n \rightarrow \infty}\left(\frac{1}{\sqrt[n]{n}}\right)^p=1.$$

但当 $p=1$ 时，级数发散；$p=2$ 时，级数收敛.

推论 2(根值法的上极限形式) 设 $\sum\limits_{n=1}^{\infty} a_n$ 是正项级数，且 $\varlimsup\limits_{n \rightarrow \infty} \sqrt[n]{a_n}=q$，则

1° 当 $q<1$ 时，级数收敛；

2° 当 $q>1$ 时，级数发散.

仿定理 1.5 推论 1 的证明方法，应用上极限的保序性即可证明，

例 9 判断级数 $\sum\limits_{n=1}^{\infty} \frac{1}{(a+\ln n)^n}$ 的敛散性.

解 因 $\lim\limits_{n \rightarrow \infty} \sqrt[n]{a_n}=\lim\limits_{n \rightarrow \infty} \frac{1}{a+\ln n}=0<1$，所以级数收敛.

例 10 判断级数 $\sum\limits_{n=1}^{\infty} \frac{2+(-1)^n}{b^{n-1}} \quad (b>0)$ 的敛散性.

解 由 Cauchy 根值判敛法知

$$\lim_{n \rightarrow \infty} \sqrt[n]{a_n}=\lim_{n \rightarrow \infty} \frac{\sqrt[n]{b} \cdot \sqrt[n]{2+(-1)^n}}{b}=\frac{1}{b}.$$

因此，当 $b>1$ 时，级数收敛；当 $b<1$ 时，级数发散；当 $b=1$ 时，级数的一般项 $a_n=2+(-1)^n \geqslant 1$，故此时级数发散.

例 10 表明：当 $\frac{1}{3} \leqslant b \leqslant 3$ 时，用 D'Alembert 比值法无法判断级数

$$\sum_{n=1}^{\infty}\frac{2+(-1)^n}{b^{n-1}}$$

的敛散性，而用 Cauchy 根值法就能判断该级数的敛散性. 这给我们提出一个问题：这是不是普遍的结论？事实上，我们可以证明，只要用比值判敛法能判断级数 $\sum_{n=1}^{\infty}a_n$ 的敛散性，那么用根值判敛法也必能判断其敛散性（由上例知，反之不成立）. 为此我们只需证明下列定理.

定理 1.7　对于任何正数数列 $\{a_n\}$，有

$$\underline{\lim_{n\to\infty}}\frac{a_{n+1}}{a_n}\leqslant\underline{\lim_{n\to\infty}}\sqrt[n]{a_n},$$

$$\overline{\lim_{n\to\infty}}\sqrt[n]{a_n}\leqslant\overline{\lim_{n\to\infty}}\frac{a_{n+1}}{a_n}.$$

证明　今证第二个不等式（第一个的证法与之类似）. 记 $\overline{\lim\limits_{n\to\infty}}\frac{a_{n+1}}{a_n}=\alpha$. 若 $\alpha=+\infty$，则命题已成立. 设 α 为有限数. 任取 $\beta>\alpha$，则有 $N\in\mathbf{N}$，使得 $n\geqslant N$ 时，$\frac{a_{n+1}}{a_n}<\beta$. 于是 $a_{N+1}<\beta a_N$，$a_{N+2}<\beta^2a_N,\cdots,a_{N+p}<\beta^pa_N$. 记 $n=N+p$，则

$$\sqrt[n]{a_n}<(\beta^pa_N)^{\frac{1}{n}}=\beta^{1-\frac{N}{n}}a_N^{\frac{1}{n}},$$

因此

$$\overline{\lim_{n\to\infty}}\sqrt[n]{a_n}\leqslant\beta.$$

再由 β 的任意性即可证得第二个不等式. □

下面给出级数与积分之间的一种关系，从而给出一个利用积分判断级数敛散性的方法.

定理 1.8（Cauchy 积分判敛法）　设函数 $f(x)$ 在 $[1,+\infty)$ 上是非负单减连续函数. 若 $a_n=f(n)$，则正项级数 $\sum_{n=1}^{\infty}a_n$ 收敛的充要条件是：广义积分 $\int_1^{+\infty}f(x)\mathrm{d}x$ 收敛.

证明　因 $f(x)$ 单减，当 $k\leqslant x\leqslant k+1$ 时，$f(k+1)\leqslant f(x)\leqslant f(k)$. 所以

$$a_{k+1}=f(k+1)\leqslant\int_k^{k+1}f(x)\mathrm{d}x\leqslant f(k)=a_k.$$

因此

$$\sum_{k=1}^{n}a_{k+1}\leqslant\sum_{k=1}^{n}\int_k^{k+1}f(x)\mathrm{d}x\leqslant\sum_{k=1}^{n}a_k,$$

即

$$S_{n+1}-a_1\leqslant\int_1^{n+1}f(x)\mathrm{d}x\leqslant S_n.$$

若 $\int_1^{+\infty}f(x)\mathrm{d}x$ 收敛，则 $\lim\limits_{n\to\infty}\int_1^{n+1}f(x)\mathrm{d}x=\int_1^{+\infty}f(x)\mathrm{d}x$ 存在. 由上式左端不等式看出，正项级数 $\sum_{n=1}^{\infty}a_n$ 的部分和有上界因而收敛.

若 $\sum_{n=1}^{\infty}a_n$ 收敛，则它的部分和有上界，由上式右端看出，$\forall B\in\mathbf{R},B\geqslant1,\exists n>B$，使得

$$\int_1^Bf(x)\mathrm{d}x\leqslant\int_1^{n+1}f(x)\mathrm{d}x\leqslant\sum_{n=1}^{\infty}a_n<+\infty.$$

故单增函数 $\Phi(B)=\int_1^Bf(x)\mathrm{d}x$ 有上界，因而

$$\lim_{B\to+\infty}\int_1^B f(x)\mathrm{d}x=\int_1^{+\infty}f(x)\mathrm{d}x$$

存在,即$\int_1^{+\infty}f(x)\mathrm{d}x$ 收敛. □

例 11 研究级数$\sum\limits_{n=2}^{\infty}\frac{1}{n(\ln n)^p}$的敛散性.

解 令 $f(x)=\frac{1}{x(\ln x)^p}$,易知 f 在$[2,+\infty]$是非负单减连续函数,且广义积分$\int_2^{+\infty}\frac{\mathrm{d}x}{x(\ln x)^p}\xlongequal{t=\ln x}\int_{\ln 2}^{+\infty}\frac{\mathrm{d}t}{t^p}$,当 $p>1$ 时收敛;当 $p\leqslant 1$ 时发散.故原级数当 $p>1$ 时收敛;当 $p\leqslant 1$ 时发散.

利用 p 级数为标兵,并用阶的估计形式表达的下述定理在实用中是很方便的.

定理 1.9 设$\sum\limits_{n=1}^{\infty}a_n$ 是正项级数,那么

1° 当 $a_n\sim\frac{c}{n^p}\ (n\to\infty)$ 时(其中 $c\neq 0$),级数$\sum\limits_{n=1}^{\infty}a_n$ 与$\sum\limits_{n=1}^{\infty}\frac{1}{n^p}$ 同时收敛或发散.

2° 当 $a_n=o\left(\frac{1}{n^p}\right)$或 $a_n=O\left(\frac{1}{n^p}\right)$,且 $p>1$ 时,级数$\sum\limits_{n=1}^{\infty}a_n$ 收敛.

证明 由 p 级数的敛散性及比较法的极限形式即可证得本定理. □

例 12 判断级数$\sum\limits_{n=1}^{\infty}\frac{1}{\sqrt{n^3+1}}$的敛散性.

解

$$\frac{1}{\sqrt{n^3+1}}=\frac{1}{n^{3/2}\cdot\sqrt{1+\frac{1}{n^3}}}\sim\frac{1}{n^{3/2}}\quad(n\to\infty),$$

因 $p=\frac{3}{2}>1$,故级数收敛.

例 13 判断级数$\sum\limits_{n=1}^{\infty}\frac{1}{n^\alpha}\sin\frac{1}{n}$ 的敛散性.

解 因 $\sin\frac{1}{n}\sim\frac{1}{n}\ (n\to\infty)$,所以$\frac{1}{n^\alpha}\sin\frac{1}{n}\sim\frac{1}{n^{\alpha+1}}\ (n\to\infty)$.故当 $\alpha>0$ 时,级数收敛;$\alpha\leqslant 0$ 时,级数发散.

例 14 判断级数$\sum\limits_{n=1}^{\infty}(\sqrt{n+1}-\sqrt{n})^p\ln\frac{n-1}{n+1}$ 的敛散性.

解 因$(\sqrt{n+1}-\sqrt{n})^p=\left(\frac{1}{\sqrt{n+1}+\sqrt{n}}\right)^p\sim\left(\frac{1}{2\sqrt{n}}\right)^p\quad(n\to\infty)$,

$$\ln\left(\frac{n-1}{n+1}\right)=\ln\left(1-\frac{2}{n+1}\right)\sim-\frac{2}{n}\quad(n\to\infty),$$

所以

$$(\sqrt{n+1}-\sqrt{n})^p\ln\left(\frac{n-1}{n+1}\right)\sim\left(\frac{-1}{n^{\frac{p}{2}+1}}\right)\frac{1}{2^{p-1}}\quad(n\to\infty).$$

所以,当$\frac{p}{2}+1>1$,即 $p>0$ 时,级数收敛;当$\frac{p}{2}+1\leqslant 1$,即 $p\leqslant 0$ 时,级数发散.

例 15　判断级数$\sum\limits_{n=1}^{\infty}\left(n\ln\frac{2n+1}{2n-1}-1\right)$的敛散性.

解　因为　$\ln(1+x)=x-\frac{x^2}{2}+\frac{x^3}{3}+o(x^3)\quad(x\to 0)$，

所以
$$\ln\frac{2n+1}{2n-1}=\ln\left(1+\frac{1}{2n}\right)-\ln\left(1-\frac{1}{2n}\right)=\frac{1}{n}+\frac{1}{12n^3}+o\left(\frac{1}{n^3}\right),$$

故
$$a_n=n\ln\frac{2n+1}{2n-1}-1=\frac{1}{12n^2}+o\left(\frac{1}{n^2}\right)\sim\frac{1}{12n^2}\quad(n\to\infty).$$

因$\sum\limits_{n=1}^{\infty}\frac{1}{n^2}$收敛，故原级数收敛.

例 16　研究级数$\sum\limits_{n=1}^{\infty}\frac{\left(1-\cos\frac{1}{n}\right)^{\alpha}}{\ln^{\beta}(1+n)}$的敛散性.

解
$$\left(1-\cos\frac{1}{n}\right)^{\alpha}=\left[\frac{1}{2n^2}+o\left(\frac{1}{n^3}\right)\right]^{\alpha}=\frac{1}{2^{\alpha}n^{2\alpha}}\left[1+o\left(\frac{1}{n}\right)\right]^{\alpha}$$
$$=\frac{1}{2^{\alpha}n^{2\alpha}}\left[1+\alpha\cdot o\left(\frac{1}{n}\right)+o\left[o\left(\frac{1}{n}\right)\right]\right]$$
$$=\frac{1}{2^{\alpha}n^{2\alpha}}\left[1+o\left(\frac{1}{n}\right)\right],$$

所以
$$\frac{\left(1-\cos\frac{1}{n}\right)^{\alpha}}{\ln^{\beta}(n+1)}=\frac{1}{2^{\alpha}}\cdot\frac{1}{n^{2\alpha}\ln^{\beta}(n+1)}\left[1+o\left(\frac{1}{n}\right)\right]\sim\frac{1}{2^{\alpha}}\cdot\frac{1}{n^{2\alpha}\ln^{\beta}(n+1)}.$$

当$\alpha>\frac{1}{2}$时，因$\frac{1}{n^{2\alpha}\ln^{\beta}(n+1)}\sim\frac{1}{n^{2\alpha}\ln^{\beta}n}<\frac{1}{n^{2\alpha-\varepsilon}}\quad(\forall\varepsilon>0)$，取$\varepsilon$使得$2\alpha-1>\varepsilon>0$，故原级数收敛.

当$\alpha=\frac{1}{2}$时，因$\frac{1}{n^{2\alpha}\ln^{\beta}(n+1)}=\frac{1}{n\ln^{\beta}(n+1)}$，由例 11 知当$\beta>1$时，原级数收敛；当$\beta\leqslant 1$时，原级数发散.

当$\alpha<\frac{1}{2}$时，因$\ln^{r}(n+1)=o(n^{\varepsilon})$，特别有$|_{n}^{r}(n+1)\leqslant\frac{n^{\varepsilon}}{M}\quad(\forall r\in\mathbf{R},\forall\varepsilon>0)$，所以
$$\frac{1}{n^{2\alpha}\ln^{\beta}(n+1)}>\frac{1}{n^{2\alpha}}\cdot\frac{M}{n^{\varepsilon}}=\frac{M}{n^{2\alpha+\varepsilon}}.$$
取ε使得$2\alpha+\varepsilon<1$，即取$0<\varepsilon<1-2\alpha$，则原级数发散.

综上所述，当$\alpha>\frac{1}{2}$或$\alpha=\frac{1}{2},\beta>1$时，级数收敛；当$\alpha<\frac{1}{2}$或$\alpha=\frac{1}{2},\beta\leqslant 1$时，级数发散.

以上介绍的比值法与根值法是采用正项等比级数为标准而得到的判敛法，如果采用比等比级数“收敛得慢”的级数为标准，就能得到应用范围更广也更精细的判敛法. 下面介绍以p级数为标准所得到的拉贝(Raabe)判敛法.

定理 1.10(Raabe 判敛法)　设$\sum\limits_{n=1}^{\infty}a_n$为正项级数，且$a_n>0,n\in\mathbf{N}$.

1° 如果存在常数 $q>1$ 及 $N\in\mathbf{N}$,当 $n>N$ 时,有 $n\left(\frac{a_n}{a_{n+1}}-1\right)\geqslant q>1$,则级数 $\sum\limits_{n=1}^{\infty}a_n$ 收敛.

2° 如果存在 $N\in\mathbf{N}$,当 $n\geqslant N$ 时,有 $n\left(\frac{a_n}{a_{n+1}}-1\right)\leqslant 1$,则级数 $\sum\limits_{n=1}^{\infty}a_n$ 发散.

证明 1° $\forall n\geqslant \mathbf{N}$,有 $\frac{a_n}{a_{n+1}}\geqslant 1+\frac{q}{n}$. 取定 $1<p<q$,有

$$\left(1+\frac{1}{n}\right)^p=1+\frac{p}{n}+o\left(\frac{1}{n}\right)=1+\frac{p+\alpha_n}{n},$$

其中 $\alpha_n\to 0(n\to\infty)$,由 $\lim\limits_{n\to\infty}(p+\alpha_n)=p<q\Rightarrow\exists N_1$,对 $\forall n\geqslant N_1$,有 $p+\alpha_n<q$,因而对 $\forall n\geqslant N_1$,有

$$\left(1+\frac{1}{n}\right)^p=1+\frac{p+\alpha_n}{n}<1+\frac{q}{n}\leqslant\frac{a_n}{a_{n+1}}.$$

由上式可得 $\forall n\geqslant N_1$,有

$$a_{n+1}\leqslant\left(1+\frac{1}{n}\right)^{-p}\left(1+\frac{1}{n-1}\right)^{-p}\cdot\cdots\cdot\left(1+\frac{1}{N_1}\right)^{-p}a_{N_1}=\left(\frac{1}{n+1}\right)^p\cdot(N_1)^p a_{N_1},$$

由比较法知 $\sum\limits_{n=1}^{\infty}a_n$ 收敛.

2° $\forall n\geqslant N$,有

$$\frac{a_n}{a_{n+1}}\leqslant 1+\frac{1}{n}=\frac{\frac{1}{n}}{\frac{1}{n+1}},\text{ 即}\frac{a_{n+1}}{a_n}\geqslant\frac{\frac{1}{n+1}}{\frac{1}{n}}.$$

由上式可得,$\forall n\geqslant N$,有

$$a_{n+1}\geqslant\frac{n}{n+1}\cdot\frac{n-1}{n}\cdot\cdots\cdot\frac{N}{N+1}a_N=\frac{1}{n+1}Na_N.$$

由比较法知 $\sum\limits_{n=1}^{\infty}a_n$ 发散. □

推论 1(Raabe 判敛法的极限形式) 设 $\sum\limits_{n=1}^{\infty}a_n$ 是正项级数,且 $\lim\limits_{n\to\infty}n\left(\frac{a_n}{a_{n+1}}-1\right)=q$. 则

1° 当 $q>1$ 时,级数收敛;

2° 当 $q<1$ 时,级数发散.

推论 2(Raabe 判敛法的上、下极限形式) 设 $\sum\limits_{n=1}^{\infty}a_n$ 是正项级数.

1° 若 $\varliminf\limits_{n\to\infty}n\left(\frac{a_n}{a_{n+1}}-1\right)=q>1$,则级数收敛;

2° 若 $\varlimsup\limits_{n\to\infty}n\left(\frac{a_n}{a_{n+1}}-1\right)=q<1$,则级数发散.

例 17 研究超越几何级数

$$F(\alpha,\beta,\gamma,x)=1+\sum_{n=1}^{\infty}\frac{\alpha(\alpha+1)\cdots(\alpha+n-1)\beta(\beta+1)\cdots(\beta+n-1)}{\gamma(\gamma+1)\cdots(\gamma+n-1)n!}x^n$$

的敛散性，其中 α,β,γ,x 都是正数. 当 $\alpha=\beta=\gamma=1$ 时，上述级数就是通常的几何级数(等比级数).

解　因为 $\dfrac{a_{n+1}}{a_n}=\dfrac{(\alpha+n)(\beta+n)x}{(\gamma+n)(1+n)}\to x\quad(n\to\infty)$，由比值法知，当 $0<x<1$ 时，级数收敛；当 $x>1$ 时，级数发散. 当 $x=1$ 时，比值法失效，改用 Raabe 法. 因为

$$n\left(\frac{a_n}{a_{n+1}}-1\right)=\frac{n^2(1+\gamma-\beta-\alpha)+(\gamma-\alpha\beta)n}{(\alpha+n)(\beta+n)}\to 1+\gamma-\beta-\alpha\quad(n\to\infty),$$

所以，当 $r>\beta+\alpha,x=1$ 时，级数收敛；当 $\gamma<\beta+\alpha,x=1$ 时，级数发散. 当 $\gamma=\beta+\alpha,x=1$ 时，Raabe 法失效. 要想研究此时级数的敛散性，必须寻找更精细的判敛法，我们在此就不介绍了.

思　考　题

1. 比较判敛法仅仅适合于正项级数吗?

2. 比较判敛法的不等式形式与极限形式等价吗?

3. 比值(或根值) 判敛法与其推论是等价的吗?

4. 比值判敛法的逆命题成立吗?即下面命题成立吗?

(1) 若 $\sum\limits_{n=1}^{\infty}a_n(a_n>0)$ 收敛 $\Rightarrow\exists\,0<q<1$，使 $\dfrac{a_{n+1}}{a_n}\leqslant q<1$；

(2) 若 $\sum\limits_{n=1}^{\infty}a_n(a_n>0)$ 发散 $\Rightarrow\dfrac{a_{n+1}}{a_n}\geqslant 1$.

5. 设 $\sum\limits_{n=1}^{\infty}a_n$，若 $\exists N,\forall n\geqslant N$，有 $\left|\dfrac{a_{n+1}}{a_n}\right|\geqslant 1$ 或 $\sqrt[n]{|a_n|}\geqslant 1$，能否断定 $\sum\limits_{n=1}^{\infty}a_n$ 发散?

6. 下面的推导有无问题，请指出并说明理由.

(1) 因 $\lim\limits_{n\to\infty}\dfrac{n\tan\dfrac{\pi}{2^n}}{\dfrac{\pi}{2^n}}=+\infty$，而 $\sum\limits_{n=1}^{\infty}\dfrac{\pi}{2^n}$ 收敛，故 $\sum\limits_{n=1}^{\infty}n\tan\dfrac{\pi}{2^n}$ 收敛.

(2) 因 $\lim\limits_{n\to\infty}\dfrac{\left(\dfrac{3}{4}\right)^n}{n\left(\dfrac{3}{4}\right)^n}=0$，而 $\sum\limits_{n=1}^{\infty}\left(\dfrac{3}{4}\right)^n$ 收敛，故 $\sum\limits_{n=1}^{\infty}n\left(\dfrac{3}{4}\right)^n$ 收敛.

7. (1) 若 $\sum\limits_{n=1}^{\infty}a_n(a_n>0)$ 收敛，是否必有 $\lim\limits_{n\to\infty}\dfrac{a_{n+1}}{a_n}=q<1$?

(2) 若 $\sum\limits_{n=1}^{\infty}a_n(a_n>0)$ 收敛，且 $\lim\limits_{n\to\infty}\dfrac{a_{n+1}}{a_n}=q$ 存在，是否必有 $q\leqslant 1$?

8. 若 $\sum\limits_{n=1}^{\infty}a_n(a_n>0)$ 收敛，能否断定 $\sum\limits_{n=1}^{\infty}a_{2n}$，$\sum\limits_{n=1}^{\infty}a_{2n-1}$ 皆收敛?反之如何?

练　习　题

6.9　利用比较判敛法判断下列级数的敛散性.

(1) $\sum\limits_{n=1}^{\infty}\dfrac{1}{2n-1}$；　　(2) $\sum\limits_{n=1}^{\infty}\dfrac{1}{\sqrt{(2n-1)(n+1)}}$；

(3) $\sum_{n=1}^{\infty}\frac{1}{2^n-n}$;　　(4) $\sum_{n=1}^{\infty}\frac{1}{n\sqrt[n]{n}}$;

(5) $\sum_{n=1}^{\infty}\frac{1}{1+\alpha^n}\quad(\alpha>0)$;　　(6) $\sum_{n=2}^{\infty}\frac{1}{\ln n}$.

6.10 利用比值判敛法判断下列级数的敛散性.

(1) $\sum_{n=1}^{\infty}\frac{a^n n!}{n^n}$;　　(2) $\sum_{n=1}^{\infty}\frac{1\times3\times5\times\cdots\times(2n-1)}{n!}$;

(3) $\sum_{n=1}^{\infty}\frac{n^2}{\alpha^n}\quad(\alpha>0)$;　　(4) $\sum_{n=1}^{\infty}\frac{x^n}{(1+x)(1+x^2)\cdots(1+x^n)}\quad(x>0)$.

6.11 利用根值判敛法判断下列级数的敛散性.

(1) $\sum_{n=1}^{\infty}\frac{2+(-1)^n}{2^n}$;　　(2) $\sum_{n=1}^{\infty}\frac{n^{n-1}}{(2n^2+n+1)^{(n+1)/2}}$;

(3) $\sum_{n=1}^{\infty}\frac{m^n}{n^m}\quad(m>0)$;　　(4) $\sum_{n=1}^{\infty}\left(\frac{b}{a_n}\right)^n$ (其中$\lim\limits_{n\to\infty}a_n=a>0,b>0$);

(5) $\sum_{n=2}^{\infty}\frac{n^{\ln n}}{(\ln n)^n}$.

6.12 判断下列级数的敛散性.

(1) $\sum_{n=1}^{\infty}2^n\sin\frac{\pi}{3^n}$;　　(2) $\sum_{n=2}^{\infty}\frac{1}{(n\ln n)(\ln\ln n)^p}$;

(3) $\sum_{n=1}^{\infty}\frac{n^2}{\left(2+\frac{1}{n}\right)^n}$;　　(4) $\sum_{n=1}^{\infty}\frac{(\ln n)^2}{(\ln 2)^n}$;

(5) $1+\frac{1}{\left(\frac{1+2}{2}\right)^2}+\frac{1}{2^2}+\frac{1}{\left(\frac{2+3}{2}\right)^2}+\frac{1}{3^2}+\cdots$;

(6) $\sum_{n=1}^{\infty}r^{\ln n}\quad(r>0)$;　　(7) $\sum_{n=1}^{\infty}\frac{1}{3^{\sqrt{n}}}$.

6.13 利用阶的估计方法判断下列级数的敛散性.

(1) $\sum_{n=1}^{\infty}\frac{\sin\frac{1}{n}}{\ln(n+1)}$;　　(2) $\sum_{n=2}^{\infty}\frac{1}{\sqrt{n}}\ln\frac{n-1}{n+1}$;

(3) $\sum_{n=3}^{\infty}\ln^p\sec\frac{\pi}{n}$;　　(4) $\sum_{n=1}^{\infty}\left(\sqrt{n+a}-\sqrt[4]{n^2+n+b}\right)$;

(5) $\sum_{n=1}^{\infty}\left(\sqrt[n]{a}-\sqrt{1+\frac{1}{n}}\right)\quad(a>0)$;　　(6) $\sum_{n=1}^{\infty}\frac{\ln n!}{n^p}$.

6.14 设正项级数$\sum_{n=1}^{\infty}a_n$收敛,求证:$\sum_{n=1}^{\infty}a_n^2$收敛.试问:若把“正项”的条件去掉,结论还成立吗?逆命题成立吗?

6.15 设数列$\{na_n\}$有界,求证:$\sum_{n=1}^{\infty}a_n^2$收敛.

6.16 设$\sum_{n=1}^{\infty}a_n^2,\sum_{n=1}^{\infty}b_n^2$收敛,求证:下列级数收敛.

(1) $\sum_{n=1}^{\infty}|a_nb_n|$;　　(2) $\sum_{n=1}^{\infty}(a_n+b_n)^2$;　　(3) $\sum_{n=1}^{\infty}\frac{|a_n|}{n}$.

6.17 设$\sum_{n=1}^{\infty}a_n$是正项级数,且$\{a_n\}$是单减数列,记$S_n=a_1+a_2+\cdots+a_n$,$T_k=a_1+2a_2+\cdots+2^ka_{2^k}$.求

证：

(1) 当 $n < 2^k$ 时，$S_n \leqslant T_k$；当 $n > 2^k$ 时，$T_k \leqslant 2S_n$；

(2)(**2^n 判敛法**) $\sum\limits_{n=1}^{\infty} a_n$ 与 $\sum\limits_{n=1}^{\infty} 2^n a_{2^n}$ 具有相同敛散性；

(3) 利用 2^n 判敛法判断 $\sum\limits_{n=2}^{\infty} \dfrac{1}{n(\ln n)^p}$ 的敛散性.

6.18 设 $\{a_n\}$ 是单增正数列，求证：

(1) 当 $\{a_n\}$ 有上界时，级数 $\sum\limits_{n=1}^{\infty}\left(1-\dfrac{a_n}{a_{n+1}}\right)$ 收敛；

(2) 当 $\{a_n\}$ 趋于无穷时，级数 $\sum\limits_{n=1}^{\infty}\left(1-\dfrac{a_n}{a_{n+1}}\right)$ 发散.

6.19 求下列极限.

(1) $\lim\limits_{n\to\infty}\dfrac{n^n}{(n!)^2}$；　　(2) $\lim\limits_{n\to\infty}\dfrac{\sqrt[n]{n!}}{n^n}$.

6.20 设级数 $\sum\limits_{n=1}^{\infty} a_n (a_n > 0)$ 收敛，$r_n = \sum\limits_{k=n}^{\infty} a_k$ 称为它的余项.

(1) 当 $p < 1$ 时，求证：$\sum\limits_{k=1}^{n} \dfrac{a_k}{r_k^p} < \int_0^S \dfrac{\mathrm{d}x}{x^p}$ (其中 $S = \sum\limits_{n=1}^{\infty} a_n$)；

(2) 当 $p < 1$ 时，令 $b_n = \dfrac{a_n}{r_n^p}$，求证：$\sum\limits_{n=1}^{\infty} b_n$ 比 $\sum\limits_{n=1}^{\infty} a_n$ 收敛慢，即 $\sum\limits_{n=1}^{\infty} a_n \ll \sum\limits_{n=1}^{\infty} b_n$；

(3) 当 $p \geqslant 1$ 时，求证：$\sum\limits_{n=1}^{\infty} \dfrac{a_n}{r_n^p}$ 发散.

6.21 设级数 $\sum\limits_{n=1}^{\infty} a_n (a_n > 0)$ 发散，$S_n = \sum\limits_{k=1}^{n} a_k$ 是它的部分和.

(1) 证明：$\forall n, p \in \mathbf{N}$，有 $\dfrac{a_{n+1}}{S_{n+1}} + \cdots + \dfrac{a_{n+p}}{S_{n+p}} > 1 - \dfrac{S_n}{S_{n+p}}$. 由此再证：$\sum\limits_{n=1}^{\infty} \dfrac{a_n}{S_n}$ 发散；

(2) 当 $p \leqslant 1$ 时，令 $b_n = \dfrac{a_n}{S_n^p}$，求证：$\sum\limits_{n=1}^{\infty} b_n$ 比 $\sum\limits_{n=1}^{\infty} a_n$ 发散慢，即 $\sum\limits_{n=1}^{\infty} b_n \ll \sum\limits_{n=1}^{\infty} a_n$；

(3) 当 $p > 1$ 时，求证：$\sum\limits_{n=1}^{\infty} \dfrac{a_n}{S_n^p}$ 收敛.

6.1.3 任意项级数判敛法

既有无穷多个正项又有无穷多个负项的级数叫作任意项级数. 它的最简单最特殊的情形就是所谓**交错级数**，即形如 $\sum\limits_{n=1}^{\infty} (-1)^{n-1} a_n (a_n > 0)$ 的级数，常记作

$$\sum_{n=1}^{\infty} (-1)^{n-1} a_n = a_1 - a_2 + a_3 - a_4 + \cdots + a_{2n-1} - a_{2n} + \cdots$$

对于交错级数，有一个非常简单实用的判敛法.

定理 1.11 (Leibniz 判敛法)　若正数列 $\{a_n\}$ 单减趋于零，则交错级数 $\sum\limits_{n=1}^{\infty} (-1)^{n-1} a_n$ 收敛，且余项 $r_n = \sum\limits_{k=n+1}^{\infty} (-1)^{k+1} a_k$ 有估计式：$|r_n| \leqslant a_{n+1}$.

证明 设 $\alpha_n = a_n, \beta_n = (-1)^{n-1}$,则 $|B_m| = \left|\sum_{k=1}^{m}(-1)^{n+k-1}\right| \leqslant 1$,运用 Abel 引理来估计极数的 Cauchy 准则中的和式,有

$$\left|\sum_{k=1}^{p}(-1)^{n+k+1}a_{n+k}\right| \leqslant a_{n+1}.$$

上式的右边是无穷小量,由级数的 Cauchy 准则知级数 $\sum_{n=1}^{\infty}(-1)^{n-1}a_n$ 收敛,且有

$$|r_n| = \left|\sum_{k=n+1}^{\infty}(-1)^{k+1}a_k\right| = \left|\lim_{p\to\infty}\sum_{k=n+1}^{n+p}(-1)^{k+1}a_k\right| \leqslant a_{n+1}. \qquad \square$$

例 1 研究级数 $\frac{1}{2} - \frac{2}{5} + \frac{3}{10} - \frac{4}{17} + \cdots + (-1)^{n-1}\frac{n}{n^2+1} + \cdots$ 的敛散性.

解 级数可写成 $\sum_{n=1}^{\infty}(-1)^{n-1}\frac{n}{n^2+1}$. 它是交错级数,易知 $a_n = \frac{n}{n^2+1} \to 0 \quad (n\to\infty)$. 它是不是单减数列呢?为此,构造函数 $f(x) = \frac{x}{x^2+1}(x \geqslant 1)$,有 $f'(x) = \frac{1-x^2}{(1+x^2)^2} \leqslant 0 \Rightarrow f(x)$ 单调减$(x \geqslant 1)$,故 $a_n = \frac{n}{n^2+1}$ 为单减数列. 由 Leibniz 判敛法知,此级数收敛.

由 Leibniz 判敛法易知 $\sum_{n=1}^{\infty}\frac{(-1)^{n+1}}{n^p} \quad (p > 0)$ 收敛. 特别地,当 $p = 1$ 时,有下面重要公式.

例 2 证明:$\sum_{n=1}^{\infty}\frac{(-1)^{n-1}}{n} = \ln 2$.

证明 利用著名公式

$$1 + \frac{1}{2} + \cdots + \frac{1}{n} = \ln n + C + \varepsilon_n$$

(其中 C 是 Euler 常数,$\lim_{n\to\infty}\varepsilon_n = 0$),有

$$\begin{aligned}S_{2n} &= 1 - \frac{1}{2} + \frac{1}{3} - \frac{1}{4} + \cdots + \frac{1}{2n-1} - \frac{1}{2n}\\ &= \left(1 + \frac{1}{2} + \frac{1}{3} + \cdots + \frac{1}{2n-1} + \frac{1}{2n}\right) - 2\left(\frac{1}{2} + \frac{1}{4} + \cdots + \frac{1}{2n}\right)\\ &= \left(1 + \frac{1}{2} + \frac{1}{3} + \cdots + \frac{1}{2n}\right) - \left(1 + \frac{1}{2} + \frac{1}{3} + \cdots + \frac{1}{n}\right)\\ &= (\ln 2n + C + \varepsilon_{2n}) - (\ln n + C + \varepsilon_n) = \ln 2 + \varepsilon_{2n} - \varepsilon_n,\end{aligned}$$

$$S_{2n+1} = S_{2n} + \frac{1}{2n+1}.$$

所以

$$\lim_{n\to\infty}S_{2n} = \lim_{n\to\infty}S_{2n+1} = \ln 2.$$

故

$$\sum_{n=1}^{\infty}(-1)^{n-1}\frac{1}{n} = \ln 2.$$

例 3 研究交错级数

$$\frac{1}{\sqrt{2}-1} - \frac{1}{\sqrt{2}+1} + \frac{1}{\sqrt{3}-1} - \frac{1}{\sqrt{3}+1} + \cdots + \frac{1}{\sqrt{n}-1} - \frac{1}{\sqrt{n}+1} + \cdots$$

的敛散性.

证明 把上述级数的每一项去掉符号后记作 $a_n > 0$,显然有 $\lim\limits_{n\to\infty} a_n = 0$,但 $\{a_n\}$ 不是单减数列,因而不能应用 Leibniz 判敛法. 事实上,这个级数是发散的. 这是因为

$$S_{2n} = \sum_{k=2}^{n+1}\left(\frac{1}{\sqrt{k}-1} - \frac{1}{\sqrt{k}+1}\right) = 2\sum_{k=2}^{n+1}\frac{1}{k-1} = 2\sum_{k=1}^{n}\frac{1}{k} \to +\infty \quad (n\to\infty).$$

下面研究一般的任意项级数的判敛问题. 先看两个例子.

第一个例子 $\sum\limits_{n=1}^{\infty}(-1)^{n-1}\dfrac{1}{n}$ 收敛; $\sum\limits_{n=1}^{\infty}\left|(-1)^{n-1}\dfrac{1}{n}\right| = \sum\limits_{n=1}^{\infty}\dfrac{1}{n}$ 发散.

第二个例子 $\sum\limits_{n=1}^{\infty}(-1)^{n-1}\dfrac{1}{n^2}$ 收敛; $\sum\limits_{n=1}^{\infty}\left|(-1)^{n-1}\dfrac{1}{n^2}\right| = \sum\limits_{n=1}^{\infty}\dfrac{1}{n^2}$ 收敛.

称 $\sum\limits_{n=1}^{\infty}|a_n|$ 是 $\sum\limits_{n=1}^{\infty}a_n$ 的绝对值级数,第一个例子里,级数收敛但它的绝对值级数发散,第二个例子里,级数收敛,它的绝对值级数也收敛. 这就可将收敛级数分成两类.

定义 1.4 1° 若 $\sum\limits_{n=1}^{\infty}|a_n|$ 收敛,则称 $\sum\limits_{n=1}^{\infty}a_n$ **绝对收敛**.

2° 若 $\sum\limits_{n=1}^{\infty}|a_n|$ 发散,但 $\sum\limits_{n=1}^{\infty}a_n$ 收敛,则称 $\sum\limits_{n=1}^{\infty}a_n$ **条件收敛**.

定理 1.12 若 $\sum\limits_{n=1}^{\infty}a_n$ 绝对收敛,则 $\sum\limits_{n=1}^{\infty}a_n$ 收敛.

证明 对每个正整数 n 和一切正整数 p,有

$$|a_{n+1} + \cdots + a_{n+p}| \leqslant ||a_{n+1}| + \cdots + |a_{n+p}||.$$

由绝对值级数收敛时 Cauchy 条件满足的不等式与上式,即可得到级数 $\sum\limits_{n=1}^{\infty}a_n$ 也满足 Cauchy 条件,由级数的 Cauchy 准则知,原级数收敛. □

用正项级数的收敛判别法,可判定任意级数是否绝对收敛,下面只列出常用的两个判敛定理.

定理 1.13(D′Alembert 比值判敛法) 若 $\lim\limits_{n\to\infty}\left|\dfrac{a_{n+1}}{a_n}\right| = q$,则

1° 当 $q<1$ 时,级数 $\sum\limits_{n=1}^{\infty}a_n$ 绝对收敛;

2° 当 $q>1$ 或 $q=+\infty$ 时,级数 $\sum\limits_{n=1}^{\infty}a_n$ 发散.

定理 1.14(Cauchy 根值判敛法) 若 $\overline{\lim\limits_{n\to\infty}}\sqrt[n]{|a_n|} = q$,则

1° 当 $q<1$ 时,级数 $\sum\limits_{n=1}^{\infty}a_n$ 绝对收敛;

2° 当 $q>1$ 或 $q=+\infty$ 时,级数 $\sum\limits_{n=1}^{\infty}a_n$ 发散.

例 4 研究 $\sum\limits_{n=1}^{\infty}\dfrac{x^n}{n^p}$ 的敛散性.

解 因 $\lim\limits_{n\to\infty}\left|\dfrac{a_{n+1}}{a_n}\right|=\lim\limits_{n\to\infty}|x|\left(\dfrac{n}{n+1}\right)^p=|x|$,所以当 $|x|<1$ 时,$\sum\limits_{n=1}^{\infty}\dfrac{x^n}{n^p}$ 绝对收敛;当 $|x|>1$ 时,$\sum\limits_{n=1}^{\infty}\dfrac{x^n}{n^p}$ 发散.

当 $x=1$ 时,若 $p>1$,则 $\sum\limits_{n=1}^{\infty}\dfrac{1}{n^p}$ 收敛;若 $p\leqslant 1$,则 $\sum\limits_{n=1}^{\infty}\dfrac{1}{n^p}$ 发散.

当 $x=-1$ 时,级数为 $\sum\limits_{n=1}^{\infty}\dfrac{(-1)^n}{n^p}$,此为交错级数.所以当 $p>1$ 时,级数绝对收敛;当 $0<p\leqslant 1$ 时,级数条件收敛;当 $p\leqslant 0$ 时,级数发散.

例 5 研究 $\sum\limits_{n=1}^{\infty}\dfrac{2+(-1)^n}{b^{n-1}}\quad(b\neq 0)$ 的敛散性.

解 仿6.1.2节的例10知:当 $|b|>1$ 时,级数绝对收敛,当 $0<|b|<1$ 时,级数发散;当 $b=\pm 1$ 时,因 $\lim\limits_{n\to\infty}\dfrac{2+(-1)^n}{b^{n-1}}\neq 0$,故级数发散.

为了研究绝对收敛级数与条件收敛级数的构造,将级数 $\sum\limits_{n=1}^{\infty}a_n$ 的项分成两类记为

$$a_n^+=\begin{cases}a_n, & a_n\geqslant 0,\\ 0, & a_n<0;\end{cases}\quad a_n^-=\begin{cases}0, & a_n\geqslant 0,\\ -a_n, & a_n<0.\end{cases}$$

它们构成了两个非负数列 $\{a_n^+\}$ 和 $\{a_n^-\}$.易证 a_n^+,a_n^- 与 $a_n,|a_n|$ 有如下的关系:

$$a_n^+=\frac{|a_n|+a_n}{2},\quad a_n^-=\frac{|a_n|-a_n}{2},$$
$$a_n=a_n^+-a_n^-,\qquad |a_n|=a_n^++a_n^-,$$
$$0\leqslant a_n^+\leqslant|a_n|,\quad 0\leqslant a_n^-\leqslant|a_n|.$$

两个正项级数 $\sum\limits_{n=1}^{\infty}a_n^+$ 与 $\sum\limits_{n=1}^{\infty}a_n^-$ 分别称为原级数 $\sum\limits_{n=1}^{\infty}a_n$ 的**正部(级数)**和**负部(级数)**.

定理 1.15 (1) 若级数 $\sum\limits_{n=1}^{\infty}a_n$ 绝对收敛,则正项级数 $\sum\limits_{n=1}^{\infty}a_n^+$ 与 $\sum\limits_{n=1}^{\infty}a_n^-$ 都(绝对)收敛,且 $\sum\limits_{n=1}^{\infty}a_n=\sum\limits_{n=1}^{\infty}a_n^+-\sum\limits_{n=1}^{\infty}a_n^-$;

(2) 若级数 $\sum\limits_{n=1}^{\infty}a_n$ 条件收敛,则正项级数 $\sum\limits_{n=1}^{\infty}a_n^+$ 与 $\sum\limits_{n=1}^{\infty}a_n^-$ 都发散,即 $\sum\limits_{n=1}^{\infty}a_n^+=\sum\limits_{n=1}^{\infty}a_n^-=+\infty$.

证明 (1) 由 $0\leqslant a_n^+\leqslant|a_n|,0\leqslant a_n^-\leqslant|a_n|,a_n=a_n^+-a_n^-$,即可证明;

(2) 由 $\sum\limits_{n=1}^{\infty}a_n$ 收敛,$\sum\limits_{n=1}^{\infty}|a_n|=+\infty$ 及 $a_n^+=\dfrac{|a_n|+a_n}{2},a_n^-=\dfrac{|a_n|-a_n}{2}$,即可证得. □

例如级数

$$\ln 2=\sum_{n=1}^{\infty}\frac{(-1)^{n-1}}{n}=1-\frac{1}{2}+\frac{1}{3}-\frac{1}{4}+\cdots+(-1)^{n-1}\frac{1}{n}+\cdots$$

条件收敛.记 $a_n=\dfrac{(-1)^{n-1}}{n}$,则它的正部级数与负部级数为

$$\sum_{n=1}^{\infty} a_n^+ = 1+0+\frac{1}{3}+0+\frac{1}{5}+\cdots+0+\frac{1}{2n-1}+0+\cdots=+\infty,$$

$$\sum_{n=1}^{\infty} a_n^- = 0+\frac{1}{2}+0+\frac{1}{4}+0+\cdots+0+\frac{1}{2n}+0+\cdots=+\infty.$$

上述定理显示了绝对收敛性与条件收敛性的不同特点.通俗地说,绝对收敛级数的收敛性靠的是一般项趋于零的速度;条件收敛级数的收敛性是由于它的正、负项相互抵消的缘故.

下面我们要研究任意项级数的判敛方法,将级数 $\sum_{n=1}^{\infty} c_n$ 表示成 $\sum_{n=1}^{\infty} a_n b_n$ 的形式,就可运用 5.2 节定积分理论中已讲过的 Abel 变换及 Abel 引理,来证明得到下面重要的判敛法.

定理 1.16(Dirichlet 判敛法)　给定级数 $\sum_{n=1}^{\infty} a_n b_n$,若

1°　数列 $\{a_n\}$ 单调趋于零,

2°　数列 $B_n = \sum_{k=1}^{n} b_k$ 有界,

则级数 $\sum_{n=1}^{\infty} a_n b_n$ 收敛.

证明　因 $\{a_n\}$ 单调趋于零,不妨设 $a_n \geqslant 0$,则 a_n 单减趋于 0,由 2° 知 $|B_n| \leqslant M$ $(\forall n \in \mathbf{N})$.因 $|b_{n+1}+\cdots+b_{n+m}| = |B_{n+m}-B_n| \leqslant |B_{n+m}|+|B_n| \leqslant 2M$　$(\forall n,m \in \mathbf{N})$,由 Abel 引理有 $\left|\sum_{k=1}^{p} a_{n+k} b_{n+k}\right| \leqslant 2Ma_{n+1}$,上式右边是无穷小量,由上式及 Cauchy 准则即得证.

□

易知,Leibniz 判敛法是 Dirichlet 判敛法的特殊情形.

定理 1.17(Abel 判敛法)　给定级数 $\sum_{n=1}^{\infty} a_n b_n$,若

1°　数列 $\{a_n\}$ 单调有界,

2°　级数 $\sum_{n=1}^{\infty} b_n$ 收敛,

则级数 $\sum_{n=1}^{\infty} a_n b_n$ 收敛.

证明　由 1° 知 $\lim\limits_{n\to\infty} a_n = a$ 存在,因此数列 $\{a_n - a\}$ 单调趋于零.又 $\sum_{n=1}^{\infty} b_n$ 收敛,因而它的部分和数列 $B_n = \sum_{k=1}^{n} b_k$ 有界,于是,由 Dirichlet 判敛法知 $\sum_{n=1}^{\infty}(a_n - a)b_n$ 收敛,故 $\sum_{n=1}^{\infty} a_n b_n$ 收敛.　□

例 6　设数列 $\{a_n\}$ 单调趋于零,研究级数 $\sum_{n=1}^{\infty} a_n \sin nx$, $\sum_{n=1}^{\infty} a_n \cos nx$ 的敛散性.

解　利用三角恒等式

$$2\sin\frac{x}{2}\sin kx = \cos\left(k-\frac{1}{2}\right)x - \cos\left(k+\frac{1}{2}\right)x,$$

有
$$2\sin\frac{x}{2}\left(\sum_{k=1}^{n}\sin kx\right)=\sum_{k=1}^{n}\left[\cos\left(k-\frac{1}{2}\right)x-\cos\left(k+\frac{1}{2}\right)x\right]$$
$$=\cos\frac{x}{2}-\cos\left(n+\frac{1}{2}\right)x,$$
于是,得到重要公式
$$\sum_{k=1}^{n}\sin kx=\begin{cases}\dfrac{\cos\dfrac{x}{2}-\cos\left(n+\dfrac{1}{2}\right)x}{2\sin\dfrac{x}{2}}, & x\neq 2l\pi,\\ 0, & x=2l\pi.\end{cases}\quad (l\in\mathbf{Z})$$
同理
$$\sum_{k=1}^{n}\cos kx=\begin{cases}\dfrac{\sin\left(n+\dfrac{1}{2}\right)x-\sin\dfrac{x}{2}}{2\sin\dfrac{x}{2}}, & x\neq 2l\pi,\\ n, & x=2l\pi.\end{cases}\quad (l\in\mathbf{Z})$$
当 $x\neq 2l\pi$ 时,有 $\left|\sum_{k=1}^{n}\sin kx\right|\leqslant\dfrac{1}{\left|\sin\dfrac{x}{2}\right|}$, $\left|\sum_{k=1}^{n}\cos kx\right|\leqslant\dfrac{1}{\left|\sin\dfrac{x}{2}\right|}$. 即当 $x\neq 2l\pi$ 时,级数 $\sum_{n=1}^{\infty}\sin nx$ 与 $\sum_{n=1}^{\infty}\cos nx$ 的部分和有界.

由 Dirichlet 判敛法知 $\forall x\in\mathbf{R}$,级数 $\sum_{n=1}^{\infty}a_n\sin nx$ 收敛; $\forall x\neq 2l\pi\ (l\in\mathbf{Z})$,级数 $\sum_{n=1}^{\infty}a_n\cos nx$ 收敛.

特别地,级数 $\sum_{n=1}^{\infty}\dfrac{\sin nx}{n^p}\quad(p>0)$ 对一切 $x\in\mathbf{R}$ 皆收敛;级数 $\sum_{n=1}^{\infty}\dfrac{\cos nx}{n^p}\quad(p>0)$ 对一切 $x\neq 2l\pi\ (l\in\mathbf{Z})$ 皆收敛,当 $x=2l\pi(l\in\mathbf{Z})$ 时发散.

例 7 研究 $\sum_{n=2}^{\infty}\ln\left[1+\dfrac{(-1)^n}{n^p}\right]\quad(p>0)$ 的敛散性.

解 记 $a_n=\ln\left[1+\dfrac{(-1)^n}{n^p}\right]$,有 $a_n=\dfrac{(-1)^n}{n^p}-\dfrac{1}{2n^{2p}}+o\left(\dfrac{1}{n^{2p}}\right)\quad(n\to\infty)$. 记 $b_n=\dfrac{(-1)^n}{n^p}$, $c_n=b_n-a_n$,则 $c_n\sim\dfrac{1}{2n^{2p}}\quad(n\to\infty)$.

当 $0<p\leqslant\dfrac{1}{2}$ 时,因 $\sum_{n=1}^{\infty}b_n$ 条件收敛, $\sum_{n=1}^{\infty}c_n$ 发散,所以原级数发散;

当 $\dfrac{1}{2}<p\leqslant 1$ 时,因 $\sum_{n=1}^{\infty}b_n$ 条件收敛, $\sum_{n=1}^{\infty}c_n$ 绝对收敛,所以原级数条件收敛;

当 $p>1$ 时,因 $\sum_{n=1}^{\infty}b_n$ 与 $\sum_{n=1}^{\infty}c_n$ 都绝对收敛,所以原级数绝对收敛.

注意 本题虽不是正项级数(它是交错级数,一般项虽趋于零,但不单调减),但我们仍看到了阶的估计方法与级数的代数运算性质的巨大威力. 不过需特别小心,例如,不能因为

有 $\ln\left[1+\frac{(-1)^n}{n^p}\right] \sim \frac{(-1)^n}{n^p}(n\to\infty)$，就说由它们分别构成的两个级数有相同的敛散性.

思　考　题

1. 若 $\sum\limits_{n=1}^{\infty}|a_n|$ 发散，是否能断定 $\sum\limits_{n=1}^{\infty}a_n$ 发散？

2. 正项级数可能条件收敛吗？

3. 条件收敛级数一定含无穷多个不同符号的项吗？

4. 条件收敛级数一定不绝对收敛吗？反之，不绝对收敛的级数一定条件收敛吗？

5. (1) 若 $\sum\limits_{n=1}^{\infty}b_n$ 收敛，且 $\lim\limits_{n\to\infty}\frac{a_n}{b_n}=1$，能否断定 $\sum\limits_{n=1}^{\infty}a_n$ 收敛？

$\left(\text{提示：考虑 } b_n=\frac{(-1)^n}{\sqrt{n}}, a_n=\frac{(-1)^n}{\sqrt{n}}+\frac{1}{n}\right)$

(2) 若 $\sum\limits_{n=1}^{\infty}b_n$ 收敛，数列 $\left\{\frac{a_n}{b_n}\right\}$ 单调有界，能否断定 $\sum\limits_{n=1}^{\infty}a_n$ 收敛？(提示：利用 Abel 法)

6. 设 $\sum\limits_{n=1}^{\infty}a_n$ 收敛，试问：下面等式一定成立吗？

(1) $\sum\limits_{n=1}^{\infty}a_n=\sum\limits_{n=1}^{\infty}a_{2n-1}+\sum\limits_{n=1}^{\infty}a_{2n}$；

(2) $\sum\limits_{n=1}^{\infty}a_n=\sum\limits_{n=1}^{\infty}a_n^+-\sum\limits_{n=1}^{\infty}a_n^-$.

7. 定理 1.15 之逆命题成立吗？即下面命题成立吗？

(1) 若 $\sum\limits_{n=1}^{\infty}a_n^+$ 与 $\sum\limits_{n=1}^{\infty}a_n^-$ 都(绝对)收敛，则 $\sum\limits_{n=1}^{\infty}a_n$ 绝对收敛；

(2) 若 $\sum\limits_{n=1}^{\infty}a_n^+$ 与 $\sum\limits_{n=1}^{\infty}a_n^-$ 都发散，则 $\sum\limits_{n=1}^{\infty}a_n$ 条件收敛.

$\left(\text{提示：考虑}\frac{1}{\sqrt{2}-1}-\frac{1}{\sqrt{2}+1}+\frac{1}{\sqrt{3}-1}-\frac{1}{\sqrt{3}+1}+\cdots+\frac{1}{\sqrt{n}-1}-\frac{1}{\sqrt{n}+1}+\cdots\right)$

再问：若 $\sum\limits_{n=1}^{\infty}a_n^+$ 与 $\sum\limits_{n=1}^{\infty}a_n^-$ 其中一个收敛，一个发散，你对 $\sum\limits_{n=1}^{\infty}a_n$ 与 $\sum\limits_{n=1}^{\infty}|a_n|$ 的敛散性做何判断？

8. 下面命题成立吗？

(1) $\sum\limits_{n=1}^{\infty}a_n$ 绝对收敛，$\sum\limits_{n=1}^{\infty}b_n$ 绝对收敛 $\Rightarrow \sum\limits_{n=1}^{\infty}(a_n\pm b_n)$ 绝对收敛；

(2) $\sum\limits_{n=1}^{\infty}a_n$ 绝对收敛，$\sum\limits_{n=1}^{\infty}b_n$ 条件收敛 $\Rightarrow \sum\limits_{n=1}^{\infty}(a_n\pm b_n)$ 条件收敛；

(3) $\sum\limits_{n=1}^{\infty}a_n$ 条件收敛，$\sum\limits_{n=1}^{\infty}b_n$ 条件收敛 $\Rightarrow \sum\limits_{n=1}^{\infty}(a_n\pm b_n)$ 条件收敛.

$\left(\text{提示：考虑 } b_n=a_n-\frac{(-1)^{n-1}}{n^2}\right)$

练　习　题

6.22　研究下列级数的敛散性.

(1) $\sum_{n=1}^{\infty}(-1)^n\frac{\ln(n+1)}{n+1}$； (2) $\sum_{n=1}^{\infty}\frac{(-\alpha)^n}{n^p}$ $(p>0,\alpha>0)$.

6.23 研究下列级数的敛散性.如果收敛,是绝对收敛还是条件收敛.

(1) $\sum_{n=1}^{\infty}\frac{\sin nx}{n!}$； (2) $\sum_{n=1}^{\infty}\sin(\pi\sqrt{n^2+1})$；

(3) $\frac{1}{2}-\frac{3}{10}+\frac{1}{2^2}-\frac{3}{10^2}+\frac{1}{2^3}-\frac{3}{10^3}+\cdots$

(4) $1-\frac{1}{2}+\frac{1}{3!}-\frac{1}{4}+\frac{1}{5!}-\cdots$

6.24 研究下列级数的敛散性.如果收敛,是绝对收敛还是条件收敛.

(1) $\sum_{n=1}^{\infty}\frac{(-1)^{n-1}}{n^{p+\frac{1}{n}}}$； (2) $\sum_{n=1}^{\infty}\frac{\sin nx}{n^p}$；

(3) $\sum_{n=1}^{\infty}\frac{(-1)^n}{n}\frac{x^n}{1+x^n}$ $(x>0)$； (4) $\sum_{n=2}^{\infty}\frac{\sin nx}{\ln n}$；

(5) $\sum_{n=1}^{\infty}(-1)^n\frac{\sin^2 n}{n}$； (6) $\sum_{n=1}^{\infty}\frac{(-1)^{n-1}}{n}\frac{1}{\sqrt[n]{n}}$.

6.25 设$\{a_n\}$是单减趋于零的数列,求证级数$\sum_{n=1}^{\infty}(-1)^{n-1}\frac{a_1+a_2+\cdots+a_n}{n}$收敛.

6.26 (1) 设$\sum_{n=1}^{\infty}a_n$的部分和数列有界,$\sum_{n=1}^{\infty}(b_n-b_{n+1})$绝对收敛,且$\lim_{n\to\infty}b_n=0$,求证:$\sum_{n=1}^{\infty}a_nb_n$收敛.

(2) 设$\sum_{n=1}^{\infty}a_n$收敛,$\sum_{n=1}^{\infty}(b_n-b_{n+1})$绝对收敛,求证:$\sum_{n=1}^{\infty}a_nb_n$收敛.

6.27 设数列$\{b_k\}$单减,且$\frac{1}{2}(b_k+b_{k+2})\geqslant b_{k+1}$,又有

$$m<S_1+S_2+\cdots+S_k<M,$$

其中$S_k=a_1+a_2+\cdots+a_k$.求证:

$$m(b_1-b_2)+S_nb_n<\sum_{k=1}^{n}a_kb_k<M(b_1-b_2)+S_nb_n.$$

6.28 设$b_n>0$,且$\lim_{n\to\infty}n\left(\frac{b_n}{b_{n+1}}-1\right)=l>0$.求证:$\sum_{n=1}^{\infty}(-1)^{n+1}b_n$收敛.

6.29 设$\{a_n\}$是任一数列,称$\sum_{n=1}^{\infty}\frac{a_n}{n^x}$为**Dirichlet级数**.证明:若Dirichlet级数在x_0收敛,则$\forall x>x_0$,级数$\sum_{n=1}^{\infty}\frac{a_n}{n^x}$也收敛.

6.1.4 收敛级数的代数性质

我们知道,有限项之和("有限和")满足代数运算的三大算律.

结合律:$a_1+a_2+\cdots+a_n=(a_1+a_2)+(a_3+a_4+a_5)+\cdots+(a_{n-1}+a_n)$；

交换律:$a_1+a_2+a_3+a_4+\cdots+a_n=a_2+a_1+a_4+a_3+\cdots+a_n$；

分配律:$(a_1+a_2+\cdots+a_n)(b_1+b_2+\cdots+b_n)=a_1b_1+a_1b_2+\cdots+a_1b_n+a_2b_1+a_2b_2+\cdots+a_2b_n+\cdots+a_nb_1+a_nb_2+\cdots+a_nb_n$.

对于收敛的无穷级数$\sum_{n=1}^{\infty}a_n$的和("无穷和")

$$S=a_1+a_2+\cdots+a_n+\cdots,$$

由于它包含了“无限运算”—— 极限，因此这个“无穷和”中，项与项之间不是无条件地满足上述代数运算三大算律的. 本段我们要研究在什么条件下，无穷级数也具有上述性质.

结合律　给定级数 $\sum_{n=1}^{\infty} a_n$ 和严格增的正整数列 $1 \leqslant n_1 < n_2 < \cdots < n_k < \cdots$，再令

$$A_1 = a_1 + a_2 + \cdots + a_{n_1},$$
$$A_{k+1} = a_{n_k+1} + a_{n_k+2} + \cdots + a_{n_{k+1}}, k = 1,2,\cdots,$$

则称级数 $\sum_{n=1}^{\infty} A_n$ 是级数 $\sum_{n=1}^{\infty} a_n$ 的**加括号级数**，又称 $\sum_{n=1}^{\infty} a_n$ 是级数 $\sum_{n=1}^{\infty} A_n$ 的**去括号级数**，常记为

$$\sum_{k=1}^{\infty} A_k = (a_1 + a_2 + \cdots + a_{n_1}) + (a_{n_1+1} + \cdots + a_{n_2}) + \cdots + (a_{n_{k-1}+1} + \cdots + a_{n_k}) + \cdots$$

定理 1.18　设 $\sum_{n=1}^{\infty} A_n$ 是级数 $\sum_{n=1}^{\infty} a_n$ 的加括号级数. 若 $\sum_{n=1}^{\infty} a_n$ 收敛，则 $\sum_{n=1}^{\infty} A_n$ 也收敛，且 $\sum_{n=1}^{\infty} A_n = \sum_{n=1}^{\infty} a_n$，但反之不真.

证明　记 $S_n = \sum_{j=1}^{n} a_j$，$\sigma_m = \sum_{k=1}^{m} A_k$，则

$$\sigma_m = (a_1 + \cdots + a_{n_1}) + (a_{n_1+1} + \cdots + a_{n_2}) + \cdots + (a_{n_{m-1}+1} + \cdots + a_{n_m}) = S_{n_m},$$

即数列 $\{\sigma_m\}$ 是数列 $\{S_n\}$ 的子列，所以

$$\sum_{n=1}^{\infty} a_n = \lim_{n\to\infty} S_n = \lim_{m\to\infty} S_{n_m} = \lim_{m\to\infty} \sigma_m = \sum_{m=1}^{\infty} A_m.$$

反之，若 $\sum_{n=1}^{\infty} A_n$ 收敛，则它的去括号级数 $\sum_{n=1}^{\infty} a_n$ 有可能发散，例如级数 $(1-1)+(1-1)+\cdots+(1-1)+\cdots$，每一项均为 0 必收敛，但它的去括号级数 $1-1+1-1+\cdots$ 却发散. □

定理的逆否命题也常用到，即

推论　若把 $\sum_{n=1}^{\infty} a_n$ 中的项不改变次序地加括号后所得到的级数发散，则原级数 $\sum_{n=1}^{\infty} a_n$ 发散.

例如，对于级数

$$\frac{1}{\sqrt{2}-1} - \frac{1}{\sqrt{2}+1} + \frac{1}{\sqrt{3}-1} - \frac{1}{\sqrt{3}+1} + \cdots$$

它的敛散性并非十分明显，但若加括号使其成为

$$\sum_{n=2}^{\infty} \left(\frac{1}{\sqrt{n}-1} - \frac{1}{\sqrt{n}+1} \right) = \sum_{n=2}^{\infty} \frac{2}{n-1},$$

它显然是发散级数，所以原级数发散.

交换律　给定级数 $\sum_{n=1}^{\infty} a_n$，用某种方式改变它的项的次序后，得到的新级数 $\sum_{n=1}^{\infty} \tilde{a}_n$ 叫作原级数 $\sum_{n=1}^{\infty} a_n$ 的**重排级数**. 这时，$\sum_{n=1}^{\infty} a_n$ 也是 $\sum_{n=1}^{\infty} \tilde{a}_n$ 的重排级数. 精确地说，若存在双射 $\varphi: \mathbf{N} \to \mathbf{N}$，$n \to \varphi(n)$，使得对一切正整数 n 有 $\tilde{a}_n = a_{\varphi(n)}$，就称 $\sum_{n=1}^{\infty} \tilde{a}_n$ 是 $\sum_{n=1}^{\infty} a_n$ 的**重排级数**.

例如,给定级数 $\sum\limits_{n=1}^{\infty} a_n = a_1 + a_2 + \cdots + a_n + \cdots$,令 $\tilde{a}_{3n-2} = a_{2n-1}$, $\tilde{a}_{3n-1} = a_{4n-2}$, $\tilde{a}_{3n} = a_{4n}$, $n = 1, 2, \cdots$,则级数

$$\sum_{n=1}^{\infty} \tilde{a}_n = a_1 + a_2 + a_4 + a_3 + a_6 + a_8 + \cdots + a_{2n-1} + a_{4n-2} + a_{4n} + \cdots$$

是 $\sum\limits_{n=1}^{\infty} a_n$ 的一个重排级数.

级数与其重排级数的敛散性有以下的定理.

定理 1.19 若 $\sum\limits_{n=1}^{\infty} a_n$ 绝对收敛,其和为 S,则它的任一重排级数仍绝对收敛,且其和不变.

证明 分两步证明.

(1) 设 $\sum\limits_{n=1}^{\infty} a_n$ 为正项级数. $\sum\limits_{n=1}^{\infty} \tilde{a}_n$ 是它的任一重排级数. 显然有

$$\sum_{k=1}^{m} \tilde{a}_k \leqslant \sum_{n=1}^{\infty} a_n = S,$$

所以 $\sum\limits_{n=1}^{\infty} \tilde{a}_n$ 收敛. 设 $\sum\limits_{n=1}^{\infty} \tilde{a}_n = S'$,于是 $S' \leqslant S$. 由于 $\sum\limits_{n=1}^{\infty} a_n$ 也是 $\sum\limits_{n=1}^{\infty} \tilde{a}_n$ 的重排级数,所以 $S' \geqslant S$,因此 $S = S'$.

(2) 设 $\sum\limits_{n=1}^{\infty} a_n$ 绝对收敛,它的任一重排级数为 $\sum\limits_{n=1}^{\infty} \tilde{a}_n$. 由(1) 有 $\sum\limits_{n=1}^{\infty} |\tilde{a}_n| = \sum\limits_{n=1}^{\infty} |a_n|$,即 $\sum\limits_{n=1}^{\infty} \tilde{a}_n$ 绝对收敛. 剩下的只需证明 $\sum\limits_{n=1}^{\infty} \tilde{a}_n = \sum\limits_{n=1}^{\infty} a_n$. 由定理 1.15,有

$$\sum_{n=1}^{\infty} a_n = \sum_{n=1}^{\infty} a_n^+ - \sum_{n=1}^{\infty} a_n^-, \quad \sum_{n=1}^{\infty} \tilde{a}_n = \sum_{n=1}^{\infty} \tilde{a}_n^+ - \sum_{n=1}^{\infty} \tilde{a}_n^-.$$

因为 $\sum\limits_{n=1}^{\infty} a_n$ 与 $\sum\limits_{n=1}^{\infty} \tilde{a}_n$ 的所有正、负项是完全一样的,故 $\sum\limits_{n=1}^{\infty} \tilde{a}_n^+$ 与 $\sum\limits_{n=1}^{\infty} \tilde{a}_n^-$ 分别是 $\sum\limits_{n=1}^{\infty} a_n^+$ 与 $\sum\limits_{n=1}^{\infty} a_n^-$ 的重排级数. 由(1) 知 $\sum\limits_{n=1}^{\infty} a_n^+ = \sum\limits_{n=1}^{\infty} \tilde{a}_n^+$, $\sum\limits_{n=1}^{\infty} a_n^- = \sum\limits_{n=1}^{\infty} \tilde{a}_n^-$. 所以

$$\sum_{n=1}^{\infty} a_n = \sum_{n=1}^{\infty} \tilde{a}_n.$$ □

当 $\sum\limits_{n=1}^{\infty} a_n$ 条件收敛时,有著名的 **Riemann 定理.**

推论(Riemann 定理) 若 $\sum\limits_{n=1}^{\infty} a_n$ 条件收敛,则对于任何一个实数 $S \in \mathbf{R}$,存在级数 $\sum\limits_{n=1}^{\infty} a_n$ 的一个收敛的重排级数 $\sum\limits_{n=1}^{\infty} \tilde{a}_n$,使得 $S = \sum\limits_{n=1}^{\infty} \tilde{a}_n$.

这一定理的证明,读者可从有关参考书中找到,这里就不详述了.

分配律 我们已知两个有限和相乘时,满足分配律

$$\left(\sum_{i=1}^{n} a_i\right)\left(\sum_{j=1}^{m} b_j\right) = \sum_{\substack{i=1,\cdots,n \\ j=1,\cdots,m}} a_i b_j.$$

而两个收敛(无穷)级数相乘时,分配律问题就转化为乘积级数的敛散性问题.

给定两个收敛级数 $\sum_{n=1}^{\infty} a_n$ 和 $\sum_{n=1}^{\infty} b_n$,称级数 $\sum_{n=1}^{\infty} x_n$ 是这两个级数的**乘积级数**,是指数列 $\{x_n\}$ 是由所有的项 a_ib_j 排成一列而得到. 精确地说,存在双射 $\varphi:\mathbf{N}\times\mathbf{N}\to\mathbf{N},(m,n)\to k=\varphi(m,n)$,使得 $a_mb_n=x_{\varphi(m,n)}$. 将所有的 a_ib_j 作为矩阵的项,列出无穷矩阵如下

$$\begin{bmatrix} a_1b_1\cdots a_1b_n\cdots \\ \vdots \qquad \vdots \\ a_nb_1\cdots a_nb_n\cdots \\ \vdots \qquad \vdots \end{bmatrix},$$

并常用"**对角线法**"与"**正方形法**"将无穷矩阵的项排成一列来构造乘积级数,它们可表示如下:

对角线法 $a_1b_1+a_1b_2+a_2b_1+a_1b_3+a_2b_2+a_3b_1+\cdots+a_1b_n+a_2b_{n-1}+\cdots+a_{n-1}b_2+a_nb_1+\cdots$. 其中第 n 条对角线上的项是 $a_1b_n,a_2b_{n-1},\cdots,a_nb_1$,它们排在前面 $n-1$ 条对角线上的所有项之后.

正方形法 $a_1b_1+a_1b_2+a_2b_2+a_2b_1+a_1b_3+a_2b_3+a_3b_3+a_3b_2+a_3b_1+\cdots+a_1b_n+a_2b_n+\cdots+a_nb_n+a_nb_{n-1}+\cdots+a_nb_1+\cdots$. 在前 n 行前 n 列的 n^2 项中,$a_1b_n,a_2b_n,\cdots,a_nb_n,a_nb_{n-1},a_nb_{n-2},\cdots,a_nb_1$ 各项,排在前 $n-1$ 行 $n-1$ 列的 $(n-1)^2$ 项之后.

对角线法的乘积级数,其通项 x_k 是

$$x_k=a_mb_n,\ k=\frac{1}{2}(m+n-1)(m+n-2)+m,$$

正方形法的乘积级数,其通项 x_k 是

$$x_k=a_mb_n,\ t=\max\{m,n\},\ k=\begin{cases}(t-1)^2+m, & 若\ m\leqslant n,\\ (t-1)^2+2t-n, & 若\ m>n.\end{cases}$$

自然要问:这些乘积级数是不是收敛呢?如果收敛,是否收敛到 AB 呢?我们有下面的定理.

定理 1.20(Cauchy 定理) 设级数 $\sum_{n=1}^{\infty} a_n=A$ 与 $\sum_{n=1}^{\infty} b_n=B$ 绝对收敛,则它们的一切乘积级数都绝对收敛于 AB.

证明 设 $\sum_{n=1}^{\infty} x_n$ 是 $\sum_{n=1}^{\infty} a_n$ 与 $\sum_{n=1}^{\infty} b_n$ 的一个乘积级数,则有

$$\sum_{k=1}^{n}|x_k|\leqslant\sum_{n=1}^{\infty}|a_n|\sum_{n=1}^{\infty}|b_n|<+\infty,$$

对一切 n 成立. 所以任一乘积级数均绝对收敛.

因为 $\sum_{n=1}^{\infty} a_n$ 与 $\sum_{n=1}^{\infty} b_n$ 的任意一个乘积级数均是"正方形法"的乘积级数的重排级数,设 S_n 是"正方形法"乘积级数的部分和,则有

$$S_{n^2}=\sum_{k=1}^{n}a_k\sum_{k=1}^{n}b_k,$$

根据定理1.19,对任意一个乘积级数$\sum\limits_{n=1}^{\infty}x_n$,就有

$$\sum_{n=1}^{\infty}x_n=\lim_{n\to\infty}S_n=\lim_{n\to\infty}S_{n^2}=\lim_{n\to\infty}\sum_{k=1}^{n}a_k\sum_{k=1}^{n}b_k=AB. \qquad \square$$

将$\sum\limits_{n=1}^{\infty}a_n$和$\sum\limits_{n=1}^{\infty}b_n$的对角线法乘积级数,依对角线加括号后的加括号级数,称为它们的**Cauchy乘积级数**,即$\sum\limits_{n=1}^{\infty}a_n$和$\sum\limits_{n=1}^{\infty}b_n$的Cauchy乘积级数为$\sum\limits_{n=1}^{\infty}c_n=a_1b_1+(a_1b_2+a_2b_1)+(a_1b_3+a_2b_2+a_3b_1)+\cdots+(a_1b_n+a_2b_{n-1}+\cdots+a_{n-1}b_2+a_nb_1)+\cdots$,其中$c_n=\sum\limits_{k=1}^{n}a_kb_{n+1-k}$.

例1 利用几何级数(等比级数)$\sum\limits_{n=0}^{\infty}x^n=\dfrac{1}{1-x}$ $(|x|<1)$自乘一次的Cauchy乘积级数,求函数$\left(\dfrac{1}{1-x}\right)^2$的级数展开式.

解 记$a_n=x^n$,把$\sum\limits_{n=1}^{\infty}a_n$自乘一次所得的Cauchy乘积级数$\sum\limits_{n=0}^{\infty}c_n$的通项为

$$c_n=\sum_{k=0}^{n}a_ka_{n-k}=\sum_{k=0}^{n}x^kx^{n-k}=\sum_{k=0}^{n}x^n=(n+1)x^n,$$

故

$$\sum_{n=0}^{\infty}c_n=\sum_{n=0}^{\infty}(n+1)x^n.$$

因$|x|<1$,几何级数绝对收敛,由Cauchy定理有

$$\left(\frac{1}{1-x}\right)^2=\sum_{n=0}^{\infty}(n+1)x^n.$$

例2 已知级数$E(x)=\sum\limits_{n=0}^{\infty}\dfrac{x^n}{n!}$对一切$x\in\mathbf{R}$绝对收敛,利用Cauchy乘积级数研究函数$E(x)$性质.

解 $E(x)=\sum\limits_{n=0}^{\infty}\dfrac{x^n}{n!}$, $E(y)=\sum\limits_{n=0}^{\infty}\dfrac{y^n}{n!}$, $x,y\in\mathbf{R}$.

记$a_n=\dfrac{x^n}{n!}$,$b_n=\dfrac{y^n}{n!}$.把$\sum\limits_{n=0}^{\infty}a_n$与$\sum\limits_{n=0}^{\infty}b_n$相乘所得的Cauchy乘积级数$\sum\limits_{n=0}^{\infty}c_n$的通项$c_n$为

$$c_n=\sum_{k=0}^{n}a_kb_{n-k}=\sum_{k=0}^{n}\frac{1}{k!(n-k)!}x^ky^{n-k}=\frac{1}{n!}\sum_{k=0}^{n}c_n^kx^ky^{n-k}=\frac{(x+y)^n}{n!}.$$

由Cauchy定理,有$E(x+y)=E(x)E(y)$,$x,y\in\mathbf{R}$.

你能猜出$E(x)$是什么函数吗?

思　考　题

1. 若$\sum\limits_{n=1}^{\infty}a_n$条件收敛,能否使其重排级数$\sum\limits_{n=1}^{\infty}\tilde{a}_n$成为绝对收敛级数?发散级数能否重排为收敛级数?
2. 我们知道:收敛级数中,将任意有限多项不改变次序加括号得到的级数仍收敛.

现在要问：发散级数中，将任意有限多项不改变次序加括号得到的级数一定发散吗？

$\left(\text{提示：考虑：}1+\frac{1}{2}-1+1-\frac{2}{3}+\frac{3}{4}-1+1-\frac{4}{5}+\cdots\right)$

3. 下面的推导错在何处？

$$1-\frac{1}{2}+\frac{1}{3}-\frac{1}{4}+\frac{1}{5}-\frac{1}{6}+\cdots$$
$$=1+\left(\frac{1}{2}-1\right)+\frac{1}{3}+\left(\frac{1}{4}-\frac{1}{2}\right)+\frac{1}{5}+\left(\frac{1}{6}-\frac{1}{3}\right)+\cdots$$
$$=\left(1+\frac{1}{2}+\frac{1}{3}+\frac{1}{4}+\frac{1}{5}+\cdots\right)-\left(1+\frac{1}{2}+\frac{1}{3}+\frac{1}{4}+\frac{1}{5}+\cdots\right)=0.$$

4. 下面的推导错在何处？

$$\ln 2=1-\frac{1}{2}+\frac{1}{3}-\frac{1}{4}+\frac{1}{5}-\frac{1}{6}+\cdots$$
$$=1-\frac{1}{2}-\frac{1}{4}+\frac{1}{3}-\frac{1}{6}-\frac{1}{8}+\frac{1}{5}-\frac{1}{10}-\frac{1}{12}+\cdots$$
$$=\left(1-\frac{1}{2}\right)-\frac{1}{4}+\left(\frac{1}{3}-\frac{1}{6}\right)-\frac{1}{8}+\left(\frac{1}{5}-\frac{1}{10}\right)-\frac{1}{12}+\cdots$$
$$=\frac{1}{2}-\frac{1}{4}+\frac{1}{6}-\frac{1}{8}+\frac{1}{10}-\frac{1}{12}+\cdots$$
$$=\frac{1}{2}\left(1-\frac{1}{2}+\frac{1}{3}-\frac{1}{4}+\frac{1}{5}-\frac{1}{6}+\cdots\right)=\frac{1}{2}\ln 2.$$

练　习　题

6.30　设 $|x|<1$. 求证：$1+x^2+x+x^4+x^6+x^3+x^8+x^{10}+x^5+\cdots=\dfrac{1}{1-x}$.

6.31　(1) 设 $\sum\limits_{n=1}^{\infty}a_n$ 绝对收敛，求证：$\sum\limits_{n=1}^{\infty}a_n=\sum\limits_{n=1}^{\infty}a_{2n-1}+\sum\limits_{n=1}^{\infty}a_{2n}$.

(2) 设 $\sum\limits_{n=1}^{\infty}a_n$ 绝对收敛，求证：$\left|\sum\limits_{n=1}^{\infty}a_n\right|\leqslant\sum\limits_{n=1}^{\infty}|a_n|$.

试问：若 $\sum\limits_{n=1}^{\infty}a_n$ 条件收敛，上面两结论还成立吗？

6.32　设 $\sum\limits_{n=1}^{\infty}a_n$ 收敛. 求证：将相邻奇偶项交换后所得到的级数仍收敛于原级数的和.

6.33　利用 $\ln 2=\sum\limits_{n=1}^{\infty}(-1)^{n+1}\dfrac{1}{n}$，证明：

$$1+\frac{1}{3}+\frac{1}{5}+\frac{1}{7}-\frac{1}{2}+\frac{1}{9}+\frac{1}{11}+\frac{1}{13}+\frac{1}{15}-\frac{1}{4}+\cdots=2\ln 2.$$

6.34　设 $\{a_{n_k}\}$ 是 $\{a_n\}$ 的任一子列，称 $\sum\limits_{k=1}^{\infty}a_{n_k}$ 是 $\sum\limits_{n=1}^{\infty}a_n$ 的一个**子级数**. 证明：$\sum\limits_{n=1}^{\infty}a_n$ 绝对收敛的充要条件是它的一切子级数收敛. 试问：若 $\sum\limits_{n=1}^{\infty}a_n$ 条件收敛，它的子级数一定收敛吗？

6.35　证明：若将收敛级数的各项重新排列，使得每一项离开原有位置不超过 m 个位置（m 为预先给定的数），则其和不变.

6.36　设 $|x|<1$，$|y|<1$，求证：

$$\sum_{k=1}^{\infty}(x^{n-1}+x^{n-2}y+\cdots+xy^{n-2}+y^{n-1})=\frac{1}{(1-x)(1-y)}.$$

6.37 设 $\sum_{n=0}^{\infty}a_n$ 绝对收敛. 利用 $\sum_{n=0}^{\infty}a_nx^n$ 与 $\sum_{n=0}^{\infty}x^n$ 的柯西乘积级数证明:当 $|x|<1$ 时,有 $\sum_{n=0}^{\infty}a_nx^n=(1-x)\sum_{n=0}^{n}S_nx^n$,其中 $S_n=\sum_{k=0}^{n}a_k$.

6.38 研究级数 $1-\frac{1}{2^\alpha}+\frac{1}{3}-\frac{1}{4^\alpha}+\frac{1}{5}-\frac{1}{6^\alpha}+\cdots$ 的敛散性.

6.39 设 $\sum_{n=1}^{\infty}a_n$ 条件收敛,记 $S_n^+=\sum_{k=1}^{n}a_k^+$,$S_n^-=\sum_{k=1}^{n}a_k^-$,求证:$\lim_{n\to\infty}\frac{S_n^+}{S_n^-}=1$.

6.40 给定级数 $\sum_{n=1}^{\infty}a_n$,记 $A_k=a_{n_{k-1}+1}+a_{n_{k-1}+2}+\cdots+a_{n_k}\quad(k\in\mathbf{N},n_0=0)$.

(1) 若 $\sum_{k=1}^{\infty}A_k$ 收敛,问:$\sum_{n=1}^{\infty}a_n$ 是否一定收敛?

(2) 若 A_k 中每个 a_i 同号,且 $\sum_{k=1}^{\infty}A_k$ 收敛,问:$\sum_{n=1}^{\infty}a_n$ 是否一定收敛?

6.41 设 $\sum_{n=1}^{\infty}a_n$ 收敛. 求证:在原级数中一定存在首尾相接的一个个"片段"

$$A_k=a_{n_{k-1}+1}+a_{n_{k-1}+2}+\cdots+a_{n_k}\quad(k\in\mathbf{N},n_0=0),$$

使得 $\sum_{k=1}^{\infty}A_k$ 绝对收敛.

6.2　广义积分

第 2 章中研究了广义积分的概念与计算(2.3.5 节)，本节将研究广义积分的性质与收敛问题. 广义积分有无穷积分与瑕积分两类. 无穷积分的瑕点是 $+\infty$ 瑕点和 $-\infty$ 瑕点. 瑕积分的瑕点是有限瑕点，通常是有界区间的端点，也可是区间的内部点. 所有的广义积发均可转化为两类广义积分，定义为

$$\int_a^{+\infty} f(x)\mathrm{d}x = \lim_{B\to+\infty}\int_a^B f(x)\mathrm{d}x;$$

$$\int_a^b f(x)\mathrm{d}x = \lim_{\varepsilon\to0^+}\int_a^{b-\varepsilon} f(x)\mathrm{d}x \quad (\text{其中 } b \text{ 为瑕点且 } a<b).$$

它们可以统一地记作

$$\int_a^{\omega} f(t)\mathrm{d}t = \lim_{x\to\omega^-}\int_a^x f(t)\mathrm{d}t,$$

其中 $\omega=+\infty$(无穷瑕点) 或 $\omega=b$(有限瑕点). 当 $\omega=b$ 或 $+\infty$ 时的左空心邻域分别论为

$$\mathring{U}_-(b;\delta)=\{x\in\mathbf{R}\mid b-\delta<x<b\},$$

$$\mathring{U}_-(+\infty;\delta)=\{x\in\mathbf{R}\mid x>\delta>0\}.$$

并将两者统一记作 $\mathring{U}_-(\omega;\delta)$，称为 **$\omega$ 点的左空心邻域**.

在本节中，我们约定用 ω 表示函数 f 的无穷瑕点或有限瑕点，并总是约定在讨论上面定义的广义积分时，广义积分的被积函数 f 在 $[a,\omega)$ 的任一有界闭区间常义可积.

与级数的研究相似，在广义积分中除收敛概念外，还可引进绝对收敛与条件收敛概念.

定义 2.1　给定广义积分 $\int_a^{\omega} f(x)\mathrm{d}x$.

1°　若 $\int_a^{\omega} |f(x)|\mathrm{d}x$ 收敛，则称 $\int_a^{\omega} f(x)\mathrm{d}x$ **绝对收敛**，称函数 f 在 $[a,\omega)$ **绝对可积**；

2°　若 $\int_a^{\omega} |f(x)|\mathrm{d}x$ 发散，$\int_a^{\omega} f(x)\mathrm{d}x$ 收敛，则称 $\int_a^{\omega} f(x)\mathrm{d}x$ **条件收敛**，称函数 f 在 $[a,\omega)$ **条件可积**.

由广义积分定义看出，它的判敛问题实质上是积分上限函数 $F(x)=\int_a^x f(t)\mathrm{d}t$ 的极限存在性问题. 因此，很自然想到函数极限的 Cauchy 准则.

定理 2.1(广义积分的 Cauchy 准则)　广义积分 $\int_a^{\omega} f(t)\mathrm{d}t$ 收敛的充要条件是：任给 $\varepsilon>0$，存在 $\delta>0$，只要 $x',x''\in\mathring{U}_-(\omega;\delta)$，有 $\left|\int_{x'}^{x''} f(t)\mathrm{d}t\right|<\varepsilon$.

定理 2.1 中的充要条件称为 Cauchy 条件. 定理中的语句“只要 $x',x''\in\mathring{U}_-(\omega;\delta)$ 的含意是：若 $\omega=+\infty$，该语句表示”只要 $x',x''>\delta$，若 $\omega=b\in\mathbf{R}$，该语句表示“只要 $b-\delta<x',x''<b$.

由定理 2.1 中充要条件的逻辑非命题立即得到重要推论.

推论　广义积分 $\int_a^{w} f(t)\mathrm{d}t$ 发散的充要条件是：存在 $\varepsilon_0>0$ 和两个从左方趋于 ω 的数列

$\{x_n\}$,$\{t_n\}$,使得对每个 n 有

$$\left|\int_{x_n}^{t_n} f(t)\,\mathrm{d}t\right| \geqslant \varepsilon_0.$$

由于数列$\{a_n\}$与级数$\sum\limits_{n=1}^{\infty}(a_{n+1}-a_n)$敛散性相同,再利用Heine转换定理,可得下面的级数判敛法.

定理 2.2(广义积分的级数判敛准则) 广义积分$\int_a^{\omega} f(t)\,\mathrm{d}t$收敛的充要条件是:对任意满足 $x_1=a$ 且从左方趋于ω的,含于$[a,\omega)$中的数列$\{x_n\}$,级数$\sum\limits_{n=1}^{\infty}\int_{x_n}^{x_{n+1}} f(t)\,\mathrm{d}t$收敛.当广义积分$\int_a^{\omega} f(t)\,\mathrm{d}t$收敛时,有

$$\int_a^{\omega} f(t)\,\mathrm{d}t=\sum_{n=1}^{\infty}\int_{x_n}^{x_{n+1}} f(t)\,\mathrm{d}t.$$

当 $f(t)\geqslant 0$ 时,积分上限函数 $F(x)=\int_a^{x} f(t)\,\mathrm{d}t$ 单调增.由单增函数收敛原理立即得到非负函数广义积分的判敛准则.

定理 2.3(非负函数广义积分的判敛准则) 非负函数 f 的广义积分$\int_a^{\omega} f(t)\,\mathrm{d}t$收敛的充要条件是:积分上限函数 $F(x)=\int_a^{x} f(t)\,\mathrm{d}t$ 在$[a,\omega)$有界.

以上3个定理是广义积分的各种判敛方法的出发点和理论基础.

由广义积分的Cauchy准则容易证明下面的定理.

定理 2.4 若广义积分$\int_a^{\omega}|f(x)|\,\mathrm{d}x$收敛,则广义积分$\int_a^{\omega} f(x)\,\mathrm{d}x$收敛.

这个定理表明,绝对收敛的广义积分一定收敛,因此收敛的广义积分可分为两大类:绝对收敛的广义积分与条件收敛的广义积分.

对常义积分的性质取极限可得广义积分的下述性质.

定理 2.5(线性性质) 若函数 f,g 在$[a,\omega)$广义可积,则$\alpha f+\beta g$在$[a,\omega)$广义可积(其中 α,β 是实数),且

$$\int_a^{\omega}[\alpha f(x)+\beta g(x)]\,\mathrm{d}x=\alpha\int_a^{\omega} f(x)\,\mathrm{d}x+\beta\int_a^{\omega} g(x)\,\mathrm{d}x.$$

定理 2.6(单调性质) 若函数 f,g 在$[a,\omega)(a\leqslant\omega)$广义可积,且 $f\leqslant g$,则

$$\int_a^{\omega} f(x)\,\mathrm{d}x\leqslant\int_a^{\omega} g(x)\,\mathrm{d}x.$$

定理 2.7(有限可加性质) 若函数 f 在$[a,\omega)$广义可积,且 f 在$[a,\omega)$最多有有限个瑕点,则对任意的$c\in[a,\omega)$,函数 f 在$[a,c]$与$[c,\omega)$广义或常义可积,且

$$\int_a^{\omega} f(x)\,\mathrm{d}x=\int_a^{c} f(x)\,\mathrm{d}x+\int_c^{\omega} f(x)\,\mathrm{d}x.$$

定理 2.8(绝对值性质) 若函数 f 在$[a,\omega)$绝对可积,则

$$\left|\int_a^{\omega} f(x)\,\mathrm{d}x\right|\leqslant\left|\int_a^{\omega}|f(x)|\,\mathrm{d}x\right|.$$

注意　广义积分与常义积分(定积分)有一条性质是不同的,即:

若 f 在 $[a,b]$ 常义可积,则 $|f|$ 在 $[a,b]$ 常义可积,反之不然;

若 f 在 $[a,\omega)$ 的任一有界闭区间上常义可积且 $|f|$ 在 $[a,\omega)$ 广义可积,则 f 在 $[a,\omega)$ 广义可积,反之不然.

对常义积分取极限,并运用正项级数性质的证明方法易得定理 2.9 与定理 2.10.

定理 2.9(比较判敛法)　设非负函数 f,g 在 $[a,\omega)$ 有定义,且对一切 $x\in[a,\omega)$,有

$$0\leqslant f(x)\leqslant g(x).$$

1°　若 $\int_a^{\omega}g(x)\mathrm{d}x$ 收敛,则 $\int_a^{\omega}f(x)\mathrm{d}x$ 收敛;

2°　若 $\int_a^{\omega}f(x)\mathrm{d}x$ 发散,则 $\int_a^{\omega}g(x)\mathrm{d}x$ 发散.

第 2 章 2.3.5 节中已经证明了

无穷积分 $\int_a^{+\infty}\frac{\mathrm{d}x}{x^p}$ $(a>0)$ 当 $p>1$ 收敛;当 $p\leqslant 1$ 发散.
瑕积分 $\int_a^b\frac{\mathrm{d}x}{(b-x)^p}$ 与瑕积分 $\int_a^b\frac{\mathrm{d}x}{(x-a)^p}(a<b)$ 当 $p<1$ 收敛;当 $p\geqslant 1$ 发散.

若选取它们作为比较判敛法的"标兵",则立即得到下面简便实用的判敛法.

定理 2.10(Cauchy 判敛法)　设 f 在 $[a,\omega)$ 或在 $(a,b]$ 上是非负连续函数.

1°　当 $\omega=+\infty$ 且 $\lim\limits_{x\to+\infty}x^pf(x)=l$ 时:

若 $p>1,l\neq+\infty$,则无穷积分 $\int_a^{+\infty}f(x)\mathrm{d}x$ 收敛;

若 $p\leqslant 1,l\neq 0$,则无穷积分 $\int_a^{+\infty}f(x)\mathrm{d}x$ 发散.

2°　当 $\omega=b$ 且 $\lim\limits_{x\to a^-}(b-x)^pf(x)=l$ 或 f 只有瑕点 a 且 $\lim\limits_{x\to b^+}(x-a)^pf(x)=l$ 时:

若 $p<1,l\neq+\infty$,则瑕积分 $\int_a^b f(x)\mathrm{d}x$ 收敛;

若 $p\geqslant 1,l\neq 0$,则瑕积分 $\int_a^b f(x)\mathrm{d}x$ 发散.

注　将 Cauchy 判敛法写成阶的估计形式.在应用中可能更方便、更有效些.即当 $f(x)$ 在 $[a,\omega)$ 或 $(a,b]$ 上非负连续且 $a<b$ 时,有

1°　当 $x\to+\infty$ 时:

若 $f(x)\sim\frac{c}{x^p}$ $(c\neq 0)$,则 $\int_a^{+\infty}f(x)\mathrm{d}x$ 与 $\int_a^{+\infty}\frac{\mathrm{d}x}{x^p}$ 同时收敛或发散 $(a>0)$;

若 $f(x)=o\left(\frac{1}{x^p}\right)$ 或 $f(x)=O\left(\frac{1}{x^p}\right)$,且 $p>1$,则 $\int_a^{+\infty}f(x)\mathrm{d}x$ 收敛.

2°　当 $x\to b^-$ 或 $x\to a^+$ 且 $a<b$ 时:

若 $f(x)\sim\frac{c}{(b-x)^p}$ 或 $f(x)\sim\frac{c}{(x-a)^p}$ $(c\neq 0)$,则 $\int_a^b f(x)\mathrm{d}x$ 与 $\int_a^b\frac{\mathrm{d}x}{(b-x)^p}$ 或与 $\int_a^b\frac{\mathrm{d}x}{(x-a)^p}$ 同时收敛或发散;

设 f 只有瑕点 b，若 $f(x)=o\left(\frac{1}{(b-x)^p}\right)$ 或 $f(x)=O\left(\frac{1}{(b-x)^p}\right)$ 且 $p<1$；或者设 f 只有瑕点 a，若 $f(x)=o\left(\frac{1}{(x-a)^p}\right)$ 或 $f(x)=O\left(\frac{1}{(x-a)^p}\right)$ 且 $p<1$，均有 $\int_a^b f(x)\mathrm{d}x$ 收敛.

例 1 研究 $\int_0^1 \frac{\mathrm{d}x}{\sqrt[4]{1-x^4}}$ 的敛散性.

解 显然 $f(x)=\frac{1}{\sqrt[4]{1-x^4}}$ 在 $[0,1)$ 上非负连续，且 $x=1$ 是唯一瑕点. 当 $x\to1^-$ 时，有

$$\frac{1}{\sqrt[4]{1-x^4}}=\frac{1}{(1-x)^{1/4}\left[(1+x)(1+x^2)\right]^{1/4}}\sim\frac{1}{\sqrt[4]{4}(1-x)^{1/4}},$$

故原广义积分收敛.

例 2 研究 $\int_2^{+\infty}\frac{\mathrm{d}x}{x\sqrt{x-\sqrt{x^2-1}}}$ 的敛散性.

解 显然 $f(x)=\frac{1}{x\sqrt{x-\sqrt{x^2-1}}}$ 在 $[2,+\infty)$ 上非负连续，且 $x=+\infty$ 是唯一的无穷瑕点. 当 $x\to+\infty$ 时，有

$$\frac{1}{x\sqrt{x-\sqrt{x^2-1}}}=\frac{1}{x}\sqrt{x+\sqrt{x^2-1}}=\frac{1}{x^{1/2}}\sqrt{1+\sqrt{1-\frac{1}{x^2}}}\sim\frac{\sqrt{2}}{x^{1/2}}.$$

故原广义积分发散.

例 3 研究 $\int_0^1\frac{\ln x}{(1-x)^2}\mathrm{d}x$ 的敛散性.

解 显然 $\int_0^1\frac{\ln x}{(1-x)^2}\mathrm{d}x$ 与 $\int_0^1\frac{-\ln x}{(1-x)^2}\mathrm{d}x$ 敛散性相同，而后者的被积函数在区间 $(0,1)$ 上非负连续，且 $x=0,x=1$ 是仅有的两个瑕点. 有

$$\int_0^1\frac{-\ln x}{(1-x)^2}\mathrm{d}x=\int_0^{1/2}\frac{-\ln x}{(1-x)^2}\mathrm{d}x+\int_{1/2}^1\frac{-\ln x}{(1-x)^2}\mathrm{d}x.$$

当 $x\to0^+$ 时，因 $-\ln x=o\left(\frac{1}{x^\varepsilon}\right)\quad(x\to0^+,\forall\varepsilon>0)$，所以

$$\frac{-\ln x}{(1-x)^2}=\frac{1}{(1-x)^2}\cdot o\left(\frac{1}{x^\varepsilon}\right)=o\left(\frac{1}{x^\varepsilon}\right).$$

取 $0<\varepsilon<1$ 时上式成立，所以 $\int_0^{1/2}\frac{-\ln x}{(1-x)^2}\mathrm{d}x$ 收敛.

当 $x\to1^-$ 时，$\frac{-\ln x}{(1-x)^2}\xlongequal{t=1-x}\frac{-\ln(1-t)}{t^2}\sim\frac{1}{t}=\frac{1}{1-x}$，所以 $\int_{1/2}^1\frac{-\ln x}{(1-x)^2}\mathrm{d}x$ 发散，故 $\int_0^1\frac{-\ln x}{(1-x)^2}\mathrm{d}x$ 发散. 因而原广义积分发散.

例 4 研究含参变量 λ 的广义积分 $\int_2^{+\infty}\frac{\mathrm{d}x}{x^\lambda\ln x}$ 的敛散性.

解　显然 $f(x)=\dfrac{1}{x^{\lambda}\ln x}$ 在 $[2,+\infty)$ 非负连续，$x=+\infty$ 是唯一的无穷瑕点，有 $\ln x\leqslant Mx^{\delta}(\forall\delta>0,M\delta=1,x\geqslant 1)$，且 $\dfrac{1}{\ln x}=o(1)(x\to+\infty)$.

当 $\lambda=1$ 时，原广义积分显然发散；

当 $\lambda<1$ 时，令 $\delta=1-\lambda>0$，有

$$\frac{1}{x^{\lambda}\ln x}=\frac{1}{x}\frac{x^{\delta}}{\ln x}>\frac{1}{Mx}\quad(x\to+\infty),$$

则原广义积分发散；

当 $\lambda>1$ 时，有

$$\frac{1}{x^{\lambda}\ln x}=\frac{1}{x^{\lambda}}\cdot o(1)=o\left(\frac{1}{x^{\lambda}}\right)\quad(x\to+\infty),$$

则原广义积分收敛.

综上所述，当且仅当 $\lambda>1$ 时原广义积分收敛，即函数 $F(\lambda)=\displaystyle\int_2^{+\infty}\frac{\mathrm{d}x}{x^{\lambda}\ln x}$ 的定义域是区间 $(1,+\infty)$.

例 5　研究广义积分 $\displaystyle\int_1^{+\infty}\frac{\ln\left(1+\sin\frac{1}{x^{\alpha}}\right)}{x^{\beta}\ln\cos\frac{1}{x}}\mathrm{d}x\quad(\alpha>0)$ 的敛散性.

解　当 $x\to+\infty$ 时，有

$$\ln\left(1+\sin\frac{1}{x^{\alpha}}\right)=\ln\left[1+\frac{1}{x^{\alpha}}+o\left(\frac{1}{x^{2\alpha}}\right)\right]=\frac{1}{x^{\alpha}}+o\left(\frac{1}{x^{\alpha}}\right),$$

$$\begin{aligned}\ln\cos\frac{1}{x}&=\ln\left[1-\frac{1}{2x^2}+o\left(\frac{1}{x^3}\right)\right]=\frac{-1}{2x^2}+o\left(\frac{1}{x^3}\right)+o\left[\frac{-1}{2x^2}+o\left(\frac{1}{x^3}\right)\right]\\&=\frac{-1}{2x^2}+o\left(\frac{1}{x^2}\right),\end{aligned}$$

所以

$$\begin{aligned}\frac{\ln\left(1+\sin\frac{1}{x^{\alpha}}\right)}{x^{\beta}\ln\cos\frac{1}{x}}&=\frac{\frac{1}{x^{\alpha}}+o\left(\frac{1}{x^{\alpha}}\right)}{x^{\beta}\left[\frac{-1}{2x^2}+o\left(\frac{1}{x^2}\right)\right]}=\frac{x^{-\alpha}\left[1+o(1)\right]}{\frac{-1}{2}x^{\beta-2}\left[1+o(1)\right]}\\&=\frac{-2}{x^{\alpha+\beta-2}}\cdot\frac{1+o(1)}{1+o(1)}\sim\frac{-2}{x^{\alpha+\beta-2}}.\end{aligned}$$

故知，当 $\alpha+\beta>3$ 时，原广义积分收敛；当 $\alpha+\beta\leqslant 3$ 时，原广义积分发散.

例 6　将形如

$$\Gamma(s)=\int_0^{+\infty}x^{s-1}\mathrm{e}^{-x}\mathrm{d}x,\quad \mathrm{B}(p,q)=\int_0^1 x^{p-1}(1-x)^{q-1}\mathrm{d}x$$

的含参量广义积分分别称为**伽玛(Gamma)函数**、**贝塔(Beta)函数**. 它们在理论上及应用上都非常重要. 容易求得 $\Gamma(1)=1$，下面来求它们的定义域.

考察 $\Gamma(s)=\displaystyle\int_0^{+\infty}x^{s-1}\mathrm{e}^{-x}\mathrm{d}x$.

当$s\geqslant 1$时,$\Gamma(x)$的广义积分只有一个无穷瑕点;当$s<1$时,$\Gamma(x)$的广义积分有两个瑕点$x=0$与$x=+\infty$.将积分拆成两部分:

$$\int_0^{+\infty}x^{s-1}\mathrm{e}^{-x}\mathrm{d}x=\int_0^1 x^{s-1}\mathrm{e}^{-x}\mathrm{d}x+\int_1^{+\infty}x^{s-1}\mathrm{e}^{-x}\mathrm{d}x.$$

当$x\to 0^+$时,有$x^{s-1}\mathrm{e}^{-x}\sim x^{s-1}=\dfrac{1}{x^{1-s}}$,所以,当$1-s<1\Leftrightarrow s>0$时,$\int_0^1 x^{s-1}\mathrm{e}^{-x}\mathrm{d}x$收敛;当$1-s\geqslant 1\Leftrightarrow s\leqslant 0$时,$\int_0^1 x^{s-1}\mathrm{e}^{-x}\mathrm{d}x$发散.

当$x\to+\infty$时,因$x^{\alpha}=o(\mathrm{e}^x)\quad(\forall\alpha\in\mathbf{R})$,所以

$$x^{s-1}\mathrm{e}^{-x}=\frac{1}{x^2}\cdot\frac{x^{s+1}}{\mathrm{e}^x}=\frac{1}{x^2}\cdot\frac{o(\mathrm{e}^x)}{\mathrm{e}^x}=o\left(\frac{1}{x^2}\right),$$

故$\forall s\in\mathbf{R}$,$\int_1^{+\infty}x^{s-1}\mathrm{e}^{-x}\mathrm{d}x$收敛.

综上所述,一元函数$\Gamma(s)$的定义域是区间$(0,+\infty)\subset\mathbf{R}$.

再考察$B(p,q)=\int_0^1 x^{p-1}(1-x)^{q-1}\mathrm{d}x$.

当$p<1$时,$x=0$是瑕点;当$q<1$时,$x=1$是瑕点.把积分拆成两部分:

$$\int_0^1 x^{p-1}(1-x)^{q-1}\mathrm{d}x=\int_0^{\frac{1}{2}}x^{p-1}(1-x)^{q-1}\mathrm{d}x+\int_{\frac{1}{2}}^1 x^{p-1}(1-x)^{q-1}\mathrm{d}x.$$

当$x\to 0^+$时,有　　$x^{p-1}(1-x)^{q-1}\sim x^{p-1}=\dfrac{1}{x^{1-p}}$,

所以,当$p>0$时,$\int_0^{\frac{1}{2}}x^{p-1}(1-x)^{q-1}\mathrm{d}x$收敛;当$p\leqslant 0$时,$\int_0^{\frac{1}{2}}x^{p-1}(1-x)^{q-1}\mathrm{d}x$发散.

当$x\to 1^-$时,有$x^{p-1}(1-x)^{q-1}\sim(1-x)^{q-1}=\dfrac{1}{(1-x)^{1-q}}$,所以,当$q>0$时,$\int_{\frac{1}{2}}^1 x^{p-1}(1-x)^{q-1}\mathrm{d}x$收敛;当$q\leqslant 0$时,$\int_{\frac{1}{2}}^1 x^{p-1}(1-x)^{q-1}\mathrm{d}x$发散.

综上所述,二元函数$\mathrm{B}(p,q)$的定义域是$(0,+\infty)\times(0,+\infty)\subset\mathbf{R}^2$.

以上所讲判敛法仅适用于非负函数(或非正函数)的广义积分.对一般的任意函数的广义积分,上述判敛法仅适用于判断广义积分的绝对收敛.对于广义积分的条件收敛,要用下面两个判敛法.

定理2.11(Dirichlet判敛法)　设函数f,g在$[a,\omega)$有定义.若

1°　函数$f(x)$单调趋于零$(x\to\omega^-)$,

2°　函数$G(x)=\int_a^x g(t)\mathrm{d}t$在$[a,\omega)$有界,

则广义积分$\int_a^{\omega}f(x)g(x)\mathrm{d}x$收敛.

证明　当f单调,g可积时,由积分第二中值定理$\forall x',x''\in[a,\omega]$,有

$$\left|\int_{x'}^{x''}f(t)g(t)\mathrm{d}t\right|=\left|f(x')\int_{x'}^{\xi}g(t)\mathrm{d}t+f(x'')\int_{\xi}^{x''}g(t)\mathrm{d}t\right|$$
$$\leqslant|f(x')|\left|\int_{x'}^{\xi}g(t)\mathrm{d}t\right|+|f(x'')|\left|\int_{\xi}^{x''}g(t)\mathrm{d}t\right|.$$

由 1° 和 2°，当 $x'\to\omega^-$ 且 $x''\to\omega^-$ 时，上式右边是无穷小量，所以上式表明对广义积分 Cauchy 条件成立，由 Cauchy 准则知原广义积分 $\int_a^{\omega}f(x)g(x)\mathrm{d}x$ 收敛. □

定理 2.12（Abel 判敛法）　设函数 f,g 在 $[a,\omega)$ 有定义. 若

1°　函数 $f(x)$ 在 $[a,\omega)$ 单调有界，

2°　广义积分 $\int_a^{\omega}g(x)\mathrm{d}x$ 收敛，

则广义积分 $\int_a^{\omega}f(x)g(x)\mathrm{d}x$ 收敛.

由定理 2.11 证明中的不等式应用条件 2° 满足的 Cauchy 准则，就得到求证的广义积分也满足 Cauchy 准则，所以定理 2.12 成立.

例 7　设函数 $f(x)$ 单调趋于零 $(x\to+\infty)$. 求证：广义积分

$$\int_a^{+\infty}f(x)\sin x\mathrm{d}x,\quad \int_a^{+\infty}f(x)\cos x\mathrm{d}x$$

皆收敛.

证明　因 $\left|\int_a^x\sin t\,\mathrm{d}t\right|=|\cos x-\cos a|\leqslant 2, x\in[a,+\infty)$，由 Dirichlet 判敛法知 $\int_a^{+\infty}f(x)\sin x\mathrm{d}x$ 收敛. 同理，$\int_a^{+\infty}f(x)\cos x\mathrm{d}x$ 也收敛.

例 8　研究 $\int_0^{+\infty}\sin x^2\mathrm{d}x$，$\int_0^{+\infty}\cos x^2\mathrm{d}x$ 的敛散性.

解　因
$$\int_0^{+\infty}\sin x^2\mathrm{d}x \xlongequal{令 x^2=t} \frac{1}{2}\int_0^{+\infty}\frac{\sin t}{\sqrt{t}}\mathrm{d}t,$$

由例 7 知，上式右端积分收敛，因而 $\int_0^{+\infty}\sin x^2\mathrm{d}x$ 收敛. 同理，$\int_0^{+\infty}\cos x^2\mathrm{d}x$ 收敛.

例 9　研究 $\int_1^{+\infty}\frac{\sin x}{x^{\alpha}}\mathrm{d}x$ 的敛散性.

解　当 $\alpha>1$ 时，因 $\left|\frac{\sin x}{x^{\alpha}}\right|\leqslant\frac{1}{x^{\alpha}}$，故积分绝对收敛. 当 $0<\alpha\leqslant 1$ 时，由例 7 知积分收敛. 又因

$$\left|\frac{\sin x}{x^{\alpha}}\right|\geqslant\frac{\sin^2 x}{x^{\alpha}}=\frac{1}{2}\left(\frac{1}{x^{\alpha}}-\frac{\cos 2x}{x^{\alpha}}\right),$$

所以，$\forall x\in(1,+\infty)$，

$$\int_1^x\left|\frac{\sin t}{t^{\alpha}}\right|\mathrm{d}t\geqslant\frac{1}{2}\int_1^x\frac{\mathrm{d}t}{t^{\alpha}}-\frac{1}{2}\int_l^x\frac{\cos 2t}{t^{\alpha}}\mathrm{d}t.$$

由此知 $0<\alpha\leqslant 1$ 时，$\int_1^{+\infty}\left|\frac{\sin x}{x^{\alpha}}\right|\mathrm{d}x$ 发散，故此时积分条件收敛.

当 $\alpha\leqslant 0$ 时，只要 $x\geqslant 1$，有 $\frac{1}{x^{\alpha}}\geqslant 1$，则对每个正整数 n 有

$$\left|\int_{n\pi}^{(n+1)\pi}\frac{\sin x}{x^{\alpha}}\mathrm{d}x\right|=\int_{n\pi}^{(n+1)\pi}\frac{|\sin x|}{x^{\alpha}}\mathrm{d}x\geqslant\int_{n\pi}^{(n+1)\pi}|\sin x|\,\mathrm{d}x=2,$$

由广义积分 Cauchy 准则的推论，$\alpha\leqslant 0$ 时原广义积分发散.

综上所述,当 $\alpha>1$ 时原积分绝对收敛;当 $0<\alpha\leqslant 1$ 时条件收敛;当 $\alpha\leqslant 0$ 时发散.

同理,对于广义积分 $\int_1^{+\infty}\frac{\cos x}{x^\alpha}\mathrm{d}x$ 也有相同的结论.

读者可讨论 $\int_0^{+\infty}\frac{\sin x}{x^\alpha}\mathrm{d}x$ 与 $\int_0^{+\infty}\frac{\cos x}{x^\alpha}\mathrm{d}x$ 的敛散性.它们都是很重要的广义积分.

例 10 设 f,g 在 $[a,+\infty)$ 有连续导函数,且 $f'(x)\geqslant 0$, $\lim\limits_{x\to+\infty}f(x)=0$, $g(x)$ 在 $[a,+\infty)$ 有界.求证:$\int_a^{+\infty}f(x)g'(x)\mathrm{d}x$ 收敛.

证明 $\forall x',x''$,有

$$\begin{aligned}\left|\int_{x'}^{x''}f(t)g'(t)\mathrm{d}t\right| &= \left|f(t)g(t)\Big|_{x'}^{x''}-\int_{x'}^{x''}f'(t)g(t)\mathrm{d}t\right|\\ &= \left|[f(x'')g(x'')-f(x')g(x')]-g(\xi)\int_{x'}^{x''}f'(t)\mathrm{d}t\right|\\ &\leqslant |f(x'')g(x'')|+|f(x')g(x')|+|g(\xi)f(x'')|+|g(\xi)f(x')|\end{aligned}$$

$$(x'<\xi<x'' \text{ 或 } x'>\xi>x'').$$

由 $\lim\limits_{x\to+\infty}f(x)=0$ 及 $|g(x)|\leqslant M$,上式表明广义积分满足 Cauchy 准则,所以 $\int_a^{+\infty}f(x)g'(x)\mathrm{d}x$ 收敛.

例 11 设 $f(x)=\frac{(-1)^n}{n}, x\in[n-1,n), n\in\mathbf{N}, x\in\mathbf{R}$,求 $\int_0^{+\infty}f(x)\mathrm{d}x$.

解 $\forall b>0$,有 $[b]\leqslant b<[b]+1$.所以

$$\begin{aligned}\int_0^b f(x)\mathrm{d}x &= \int_0^{[b]}f(x)\mathrm{d}x+\int_{[b]}^b f(x)\mathrm{d}x=\sum_{k=1}^{[b]}\int_{k-1}^k f(x)\mathrm{d}x+\int_{[b]}^b f(x)\mathrm{d}x\\ &= \sum_{k=1}^{[b]}\frac{(-1)^k}{k}+\int_{[b]}^b\frac{(-1)^{[b]+1}}{[b]+1}\mathrm{d}x=\sum_{k=1}^{[b]}\frac{(-1)^k}{k}+\frac{(b-[b])(-1)^{[b]+1}}{[b]+1}.\end{aligned}$$

因 $0\leqslant b-[b]<1$,级数 $\sum\limits_{n=1}^{\infty}\frac{(-1)^{n-1}}{n}=\ln 2$ 收敛,故

$$\int_0^{+\infty}f(x)\mathrm{d}x=\lim_{b\to+\infty}\int_0^b f(x)\mathrm{d}x=\sum_{n=1}^{\infty}\frac{(-1)^n}{n}=-\ln 2.$$

思 考 题

1. 下面做法对吗?

设 $f(x)=\begin{cases}x, & |x|\leqslant 1,\\ \frac{1}{x}, & |x|>1.\end{cases}$ 则

$$\begin{aligned}\int_{-\infty}^{+\infty}f(x)\mathrm{d}x &= \int_{-\infty}^{-1}\frac{\mathrm{d}x}{x}+\int_{-1}^1 x\mathrm{d}x+\int_1^{+\infty}\frac{\mathrm{d}x}{x}=\lim_{x\to-\infty}\int_x^{-1}\frac{\mathrm{d}t}{t}+\lim_{x\to+\infty}\int_1^x\frac{\mathrm{d}t}{t}\\ &= \lim_{x\to-\infty}\int_{-x}^1\frac{\mathrm{d}t}{t}+\lim_{x\to+\infty}\int_1^x\frac{\mathrm{d}t}{t}=\lim_{x\to+\infty}\int_{-x}^x\frac{\mathrm{d}t}{t}=0.\end{aligned}$$

2. 下面做法对吗?

设 $f(x)=\dfrac{(-1)^{n-1}}{n}$，$n-1\leqslant x<n$，$x\in\mathbf{R}$. 有

$$\int_0^{+\infty}f(x)\mathrm{d}x=\sum_{n=1}^{\infty}\int_{n-1}^{n}f(x)\mathrm{d}x=\sum_{n=1}^{\infty}\frac{(-1)^{n-1}}{n}=\ln 2.$$

3. 下面做法对吗？

因为 $\dfrac{\sin x}{x+\frac{\pi}{2}\sin x}=\dfrac{\sin x}{x}\;\dfrac{1}{1+\frac{\pi}{2}\;\frac{\sin x}{x}}\sim\dfrac{\sin x}{x}\quad(x\to+\infty)$，且 $\displaystyle\int_0^{+\infty}\frac{\sin x}{x}\mathrm{d}x$ 收敛，

故 $\displaystyle\int_0^{+\infty}\frac{\sin x}{x+\frac{\pi}{2}\sin x}\mathrm{d}x$ 收敛.

4. 设 $f\in\mathscr{R}[0,A]\quad(\forall A>0)$，下面命题成立吗？

(1) 若 $\displaystyle\sum_{n=1}^{\infty}\int_{n-1}^{n}f(x)\mathrm{d}x$ 收敛 $\Rightarrow\displaystyle\int_0^{+\infty}f(x)\mathrm{d}x=\sum_{n=1}^{\infty}\int_{n-1}^{n}f(x)\mathrm{d}x$；

(2) 若 $\displaystyle\sum_{n=1}^{\infty}\int_{n-1}^{n}f(x)\mathrm{d}x$ 收敛，且 $f\geqslant 0\Rightarrow\displaystyle\int_0^{+\infty}f(x)\mathrm{d}x=\sum_{n=1}^{\infty}\int_{n-1}^{n}f(x)\mathrm{d}x$.

5. 下面命题成立吗？

(1) 若函数 f 在 $[a,b]$ 无界 $\Rightarrow$ 常义积分 $\displaystyle\int_a^b f(x)\mathrm{d}x$ 不存在；

(2) 若函数 f 在 $[a,\omega)$ 无界 $\Rightarrow$ 广义积分 $\displaystyle\int_a^{\omega}f(x)\mathrm{d}x$ 不存在.

6. 若 f,g 在 $[a,\omega)$ 广义可积，能否断定 fg 在 $[a,\omega)$ 广义可积？

7. 下面命题成立吗？

(1) $\displaystyle\int_0^{+\infty}f(x)\mathrm{d}x$ 绝对收敛，$g(x)$ 在 $[0,+\infty)$ 有界 $\Rightarrow\displaystyle\int_0^{+\infty}f(x)g(x)\mathrm{d}x$ 绝对收敛；

(2) $\displaystyle\int_0^{+\infty}f(x)\mathrm{d}x$ 条件收敛，$g(x)$ 在 $[0,+\infty)$ 有界 $\Rightarrow\displaystyle\int_0^{+\infty}f(x)g(x)\mathrm{d}x$ 条件收敛；

(3) $\displaystyle\int_0^{+\infty}f(x)\mathrm{d}x$ 与 $\displaystyle\int_0^{+\infty}g(x)\mathrm{d}x$ 皆绝对收敛 $\Rightarrow\displaystyle\int_0^{+\infty}f(x)g(x)\mathrm{d}x$ 绝对收敛.

（提示：命题(2) 考虑 $f(x)=\dfrac{\sin x}{x}$，$g(x)=\sin x$.

命题(3) 考虑 $g(x)=f(x)=\begin{cases}n, & n\leqslant x<n+\dfrac{1}{n^3};\\ 0, & n+\dfrac{1}{n^3}\leqslant x<n+1.\end{cases}\quad(n\in\mathbf{N})$）

8. 设瑕积分 $\displaystyle\int_0^1 f(x)\mathrm{d}x$ 收敛（$x=0$ 为唯一瑕点）. 试问：下面式子是否成立？

(1) $\displaystyle\int_0^1 f(x)\mathrm{d}x=\lim_{\|\Omega\|\to 0}\sum_{i=1}^{n}f(\xi_i)\Delta x_i$，其中 $\Delta x_i=x_i-x_{i-1}$，$\forall\xi_i\in[x_{i-1},x_i]$，$\xi_1\neq 0$；

(2) $\displaystyle\int_0^1 f(x)\mathrm{d}x=\lim_{n\to\infty}\sum_{i=1}^{n}f(\xi_i)\frac{1}{n}$，其中 $\forall\xi_i\in[x_{i-1},x_i]$，$\xi_1\neq 0$；

(3) $\displaystyle\int_0^1 f(x)\mathrm{d}x=\lim_{n\to\infty}\sum_{i=1}^{n}f\left(\frac{i}{n}\right)\frac{1}{n}$.

如果添加条件：“$f(x)$ 单调”，上面 3 式又如何？

（提示：(1) 考虑 $f(x)=|\ln x|$，在 $(0,x_1]$ 上取 ξ_1 充分靠近 0，再取 $\xi_i=x_i$，$i=2,3,\cdots,n$）

9. (1) 对于无穷积分 $\displaystyle\int_a^{+\infty}f(x)\mathrm{d}x$，$f$ 的绝对可积性与平方可积性等价吗？

$$\left(\text{提示:考虑 } f(x)=\begin{cases} n, n\leqslant x<n+\dfrac{1}{n^3}; \\ 0, n+\dfrac{1}{n^3}\leqslant x<n+1. \end{cases} \quad (n\in\mathbf{N})\right)$$

(2) 对于瑕积分$\int_a^b f(x)\mathrm{d}x$ (b 为瑕点),f 的绝对可积性与平方可积性等价吗?

(3) 对于常义积分$\int_a^b f(x)\mathrm{d}x$,f 的绝对可积性与平方可积性等价吗?

10. (1) 若$\int_a^{+\infty} f(x)\mathrm{d}x$ 收敛,能否推出下列结论?

1° $\lim\limits_{x\to+\infty} f(x)=0$;　　2° $\lim\limits_{x\to+\infty} f(x)$ 存在;

3° f 在$[a,+\infty)$有界.

$$\left(\begin{array}{l}\text{提示:1° 考虑 } f(x)=\begin{cases} 1,\ n\leqslant x\leqslant n+\dfrac{1}{n^2}; \\ 0,\ x \text{ 为其他点}. \end{cases} \quad (n\in\mathbf{N}) \\ \text{3° 考虑 } f(x)=\begin{cases} n,\ x=n; \\ 0,\ x\neq n. \end{cases} \quad (n\in\mathbf{N})\end{array}\right)$$

(2) 若$\int_a^{+\infty} f(x)\mathrm{d}x$ 收敛,添加下列哪些条件,能使 $\lim\limits_{x\to+\infty} f(x)=0$?

1° f 在$[a,+\infty)$连续;　2° f 在$[a,+\infty)$单调;　3° $\lim\limits_{x\to+\infty} f(x)$ 存在.

11. 下面的命题正确吗?

(1) $\lim\limits_{A\to+\infty}\int_{-A}^{A} f(x)\mathrm{d}x$ 存在 $\Rightarrow \int_{-\infty}^{+\infty} f(x)\mathrm{d}x$ 收敛;

(2) $\lim\limits_{A\to+\infty}\int_{-A}^{A} |f(x)|\mathrm{d}x$ 存在 $\Rightarrow \int_{-\infty}^{+\infty} f(x)\mathrm{d}x$ 收敛.

练　习　题

6.42　判断下列广义积分的敛散性.

(1) $\int_0^{+\infty}\dfrac{x^2+1}{x^4+x^2+1}\mathrm{d}x$;　　(2) $\int_0^{+\infty}\dfrac{\mathrm{d}x}{\sqrt[3]{x^4+1}}$;

(3) $\int_1^{+\infty}\dfrac{x}{1-\mathrm{e}^x}\mathrm{d}x$;　　(4) $\int_1^{+\infty}\dfrac{x\arctan x}{1+x^3}\mathrm{d}x$;

(5) $\int_0^{+\infty}\dfrac{\mathrm{d}x}{1+x|\sin x|}$.

6.43　研究下列广义积分的敛散性(绝对收敛、条件收敛或发散).

(1) $\int_0^{+\infty}\dfrac{\sqrt{x}\sin x}{1+x}\mathrm{d}x$;　　(2) $\int_0^{+\infty}\dfrac{\sin^2 x}{\sqrt{x}}\mathrm{d}x$;

(3) $\int_{\mathrm{e}}^{+\infty}\dfrac{\ln\ln x}{\ln x}\sin x\mathrm{d}x$;　　(4) $\int_0^{+\infty}\dfrac{\mathrm{sgn}(\sin x)}{1+x^2}\mathrm{d}x$.

6.44　判断下列广义积分的敛散性.

(1) $\int_0^1\dfrac{\sin x}{x^{3/2}}\mathrm{d}x$;　　(2) $\int_0^1\dfrac{\ln x}{1-x^2}\mathrm{d}x$;

(3) $\int_0^1\dfrac{\arctan x}{1-x^3}\mathrm{d}x$;　　(4) $\int_0^1\dfrac{\sqrt{x}}{\sqrt{1-x^4}}\mathrm{d}x$;

(5) $\int_0^1 x\ln^p \frac{1}{x}\mathrm{d}x$；　(6) $\int_0^1 \frac{1}{x}\cos\frac{1}{x}\mathrm{d}x$.

6.45　研究下列广义积分的敛散性.

(1) $\int_1^{+\infty} x\left(1-\cos\frac{1}{x}\right)^\alpha \mathrm{d}x$；　(2) $\int_0^1 |\ln x|^\alpha \mathrm{d}x$；

(3) $\int_0^{+\infty} \frac{\arctan x}{x^\alpha}\mathrm{d}x$；　(4) $\int_0^{+\infty} \frac{\mathrm{d}x}{x^\alpha + x^\beta}$；

(5) $\int_1^{+\infty} \frac{\left(\mathrm{e}^{\frac{1}{x^2}}-1\right)^\alpha}{\ln^\beta\left(1+\frac{1}{x}\right)}\mathrm{d}x$；　(6) $\int_0^1 \frac{\ln x}{(1-x^2)^\alpha(\sin x)^\beta}\mathrm{d}x$.

6.46　利用阶的估计方法，你能迅速判断下列广义积分的敛散性吗？试试你的观察能力.

(1) $\int_0^{+\infty} \frac{\sqrt{x+\sqrt{x+1}}}{x+1}\mathrm{d}x$；　(2) $\int_0^1 \frac{\mathrm{d}x}{\sqrt[3]{x^3-1}}$；

(3) $\int_2^{+\infty} (\mathrm{e}^{\frac{1}{x}}-1)^\alpha \mathrm{d}x$；　(4) $\int_1^2 \frac{\mathrm{d}x}{(\ln x)^\alpha}$.

6.47　设 $\int_0^{+\infty} f(x)\mathrm{d}x$ 与 $\int_a^{+\infty} f'(x)\mathrm{d}x$ 都收敛. 求证：

$$\lim_{x\to+\infty} f(x) = 0.$$

6.48　设 f 在 $[a,+\infty)$ 上是单调函数，且 $\int_a^{+\infty} f(x)\mathrm{d}x$ 收敛. 求证：

$$\lim_{x\to+\infty} xf(x) = 0,\ \lim_{x\to+\infty} f(x) = 0.$$

6.49　(1) 证明：$\int_a^\omega f(x)\mathrm{d}x$ 收敛 $\Leftrightarrow \forall x_n$ 单调增趋于 ω^-，$\sum_{n=1}^{\infty}\int_{x_n}^{x_{n+1}} f(x)\mathrm{d}x$ 收敛　$(x_1 = a)$.

(2) 证明：$\int_a^\omega f(x)\mathrm{d}x (f\geqslant 0)$ 收敛 $\Leftrightarrow \exists x_n \to \omega^-$，$\sum_{n=1}^{\infty}\int_{x_n}^{x_{n+1}} f(x)\mathrm{d}x$ 收敛　$(x_1 = a)$.

6.50　若 $\lim_{x\to+\infty}\int_{-x}^{x} f(t)\mathrm{d}t$ 存在，则称此极限为无穷积分 $\int_{-\infty}^{+\infty} f(t)\mathrm{d}t$ 的 **Cauchy 主值**，记作

$$\text{v. p.}\int_{-\infty}^{+\infty} f(t)\mathrm{d}t = \lim_{x\to+\infty}\int_{-x}^{x} f(t)\mathrm{d}t.$$

若 f 在 $[a,b]$ 只有一个瑕点 $c\in(a,b)$，且

$$\lim_{\varepsilon\to 0^+}\left[\int_a^{c-\varepsilon} f(t)\mathrm{d}t + \int_{c+\varepsilon}^{b} f(t)\mathrm{d}t\right]$$

存在，则称此极限为瑕积分 $\int_a^b f(t)\mathrm{d}t$ 的 **Cauchy 主值**，记作

$$\text{v. p.}\int_a^b f(t)\mathrm{d}t = \lim_{\varepsilon\to 0^+}\left[\int_a^{c-\varepsilon} f(t)\mathrm{d}t + \int_{c+\varepsilon}^{b} f(t)\mathrm{d}t\right].$$

例如有
$$\text{v. p.}\int_{-\infty}^{+\infty} \frac{x}{1+x^2}\mathrm{d}x = 0;\quad \text{v. p.}\int_{-1}^{1}\frac{\mathrm{d}x}{x} = 0.$$

(1) 证明：若 $\int_{-\infty}^{+\infty} f(x)\mathrm{d}x$ 存在，则 v. p. $\int_{-\infty}^{+\infty} f(x)\mathrm{d}x$ 存在；

(2) 证明：若 $f\geqslant 0$，则 $\int_{-\infty}^{+\infty} f(x)\mathrm{d}x$ 存在 $\Leftrightarrow$ v. p. $\int_{-\infty}^{+\infty} f(x)\mathrm{d}x$ 存在，且

$$\int_{-\infty}^{+\infty} f(x)\mathrm{d}x = \text{v. p.}\int_{-\infty}^{+\infty} f(x)\mathrm{d}x;$$

(3) 证明：若 f 是偶函数，则

$\int_{-\infty}^{+\infty} f(x)\mathrm{d}x$ 存在 $\Leftrightarrow$ v. p. $\int_{-\infty}^{+\infty} f(x)\mathrm{d}x$ 存在，且 $\int_{-\infty}^{+\infty} f(x)\mathrm{d}x = \text{v. p.}\int_{-\infty}^{+\infty} f(x)\mathrm{d}x$.

6.51 判断下列反常积分的敛散性.

(1) $\int_0^{+\infty} \frac{\sin(x+1/x)}{x^{\alpha}} \mathrm{d}x$;　　(2) $\int_1^{+\infty} \frac{\mathrm{d}x}{x^{\alpha} \ln^{\beta} x}$;

(3) $\int_0^{+\infty} (-1)^{[x^2]} \mathrm{d}x$;　　(4) $\int_0^1 \frac{\mathrm{d}x}{\sqrt[3]{x(\mathrm{e}^x - \mathrm{e}^{-x})}}$.

6.52 设导函数 f' 在 $[a, +\infty)$ 连续，$f' \leqslant 0$，且 $\int_a^{+\infty} f(x)\mathrm{d}x$ 收敛. 求证：$\int_a^{+\infty} x f'(x)\mathrm{d}x$ 收敛.

复习参考题

6.53　证明：(1) $\int_1^{+\infty}\frac{\sin x}{x+\sin x}\mathrm{d}x$ 收敛；　(2) $\int_1^{+\infty}\frac{\sin x}{\sqrt{x}+\sin x}\mathrm{d}x$ 发散.

6.54　(1) 设 $a_n=\mathrm{e}-\left(1+\frac{1}{n}\right)^n$，求证：$\sum_{n=1}^{\infty}a_n$ 发散；

(2) 设 $b_n=\mathrm{e}-\left(1+\frac{1}{1!}+\frac{1}{2!}+\cdots+\frac{1}{n!}\right)$，求证：$\sum_{n=1}^{\infty}b_n$ 收敛.

6.55　(1) 设 $\sum_{n=1}^{\infty}a_n$ 绝对收敛，求证：$\sum_{n=1}^{\infty}\frac{a_n}{1+a_n}$ 绝对收敛；

(2) 设 $\sum_{n=1}^{\infty}a_n$ 发散($a_n\geqslant 0$)，求证：$\sum_{n=1}^{\infty}\frac{a_n}{1+a_n}$ 发散.

6.56　设 $\sum_{n=1}^{\infty}a_n$ 发散($a_n\geqslant 0$). 求证：

(1) 当 $k>1$ 时，$\sum_{n=1}^{\infty}\frac{a_n}{1+n^k a_n}$ 收敛；

(2) 当 $k\leqslant 0$ 时，$\sum_{n=1}^{\infty}\frac{a_n}{1+n^k a_n}$ 发散.

当 $0<k\leqslant 1$ 时，关于 $\sum_{n=1}^{\infty}\frac{a_n}{1+n^k a_n}$ 的敛散性有何结论？

6.57　研究下列级数的敛散性.

(1) $\sum_{n=1}^{\infty}a_n$，其中 $a_1=1$，$\frac{a_{n+1}}{a_n}=\frac{3}{4}+\frac{(-1)^n}{2}$；

(2) $\sum_{n=1}^{\infty}\left(1+\frac{1}{2}+\cdots+\frac{1}{n}\right)\frac{\sin nx}{n}$.

6.58　若 a_n 满足条件：$a_1=a_2=1$，$a_{n+1}=a_n+a_{n-1}$ $(n=2,3,\cdots)$，则称 $\{a_n\}$ 为 **Fibonacci 数列**. 证明：

(1) $\lim\limits_{n\to\infty}\frac{a_{n+1}}{a_n}=\frac{1+\sqrt{5}}{2}$；　(2) $\frac{3}{2}a_{n-1}\leqslant a_n\leqslant 2a_{n-1}$ $(n=3,4,\cdots)$；

(3) $\sum_{n=1}^{\infty}\frac{1}{a_n}$ 收敛；　(4) $\sum_{n=1}^{\infty}\frac{a_n}{2^n}$ 收敛，并求和.

6.59　设函数 f 在 $x=0$ 的邻域有定义，且 $f(0)=f'(0)=0$，$f''(0)$ 存在. 求证：$\sum_{n=1}^{\infty}f\left(\frac{1}{n}\right)$ 绝对收敛.

6.60　设函数 f 定义在有界区间 $[a,b)$ 上，且 $\forall\,\eta>0$，f 在 $[a,b-\eta]$ 常义可积. 求证：若 f 在 $[b-\eta,b]$ 常义不可积，则 f 在 $x=b$ 点无界.

此命题表明：函数瑕点的特征就是函数在此点无界.

6.61　证明：

(1) 若函数 f 在 $[0,+\infty)$ 单调，且 $\int_0^{+\infty}f(x)\mathrm{d}x$ 收敛，则或者 $f\leqslant 0$，且 f 单调增趋于 $0\,(x\to+\infty)$；或者 $f\geqslant 0$，且 f 单调减趋于 $0\,(x\to+\infty)$.

(2) 若函数 f 在 $(0,1]$ 单调，广义积分 $\int_0^1 f(x)\mathrm{d}x$ 收敛（$x=0$ 是唯一瑕点），则

$$\lim_{n\to\infty}\frac{1}{n}\sum_{k=1}^{n}f\left(\frac{k}{n}\right)=\int_0^1 f(x)\mathrm{d}x.$$

(3) 若函数 f 在 $(0,1]$ 单调，广义积分 $\int_0^1 f(x)\mathrm{d}x$ 收敛($x=0$ 是唯一瑕点)，则 $\lim\limits_{n\to\infty}\frac{1}{n}\sum\limits_{k=2}^{n}f(\xi_k)=\int_0^1 f(x)\mathrm{d}x$，其中 $\forall\,\xi_k\in\left[\frac{k-1}{n},\frac{k}{n}\right]$.

试问：是否有 $\lim\limits_{n\to\infty}\frac{1}{n}\sum\limits_{k=1}^{n}f(\xi_k)=\int_0^1 f(x)\mathrm{d}x$，其中 $\forall\,\xi_k\in\left[\frac{k-1}{n},\frac{k}{n}\right]$，且 $\xi_1\neq 0$?

(4) 若函数 f 在 $[0,+\infty)$ 单调，且 $\int_0^{+\infty} f(x)\mathrm{d}x$ 收敛，则

$$\lim_{n\to\infty}\frac{1}{n}\sum_{k=1}^{\infty}f\left(\frac{k}{n}\right)=\int_0^{+\infty}f(x)\mathrm{d}x.$$

第 7 章　函数项级数与函数展开

若对每个正整数 n，函数 $f_n(x)$ 是定义在数集 $X\subset\mathbf{R}$ 上的函数，就称 $\{f_n(x)\}$ 是定义在数集 $X\subset\mathbf{R}$ 上的函数列. 若 $\{u_n(x)\}$ 是定义在数集 $X\subset\mathbf{R}$ 上的函数列，就称 $\sum\limits_{n=1}^{\infty}u_n(x)$ 是定义在数集 $X\subset\mathbf{R}$ 上的函数项级数. 数集 X 中使得 $f_n(x)$（或 $\sum\limits_{n=1}^{\infty}u_n(x)$）收敛的点 $x\in X$ 全体组成的集合 $D\subset X$，称为该函数列（该函数项级数）的收敛域. 在收敛域 $D\subset X$ 上，通过取极限或对级数求和，就可构造出新的函数，记为

$$f(x)=\lim_{n\to\infty}f_n(x),x\in D,\quad S(x)=\sum_{n=1}^{\infty}u_n(x),x\in D,$$

称 $f(x)$ 为函数列 $\{f_n(x)\}$ 的**极限函数**；称 $S(x)$ 为函数项级数 $\sum\limits_{n=1}^{\infty}u_n(x)$ 的**和函数**.

函数列的性质与函数项级数的性质相互对应、紧密相连. 下面主要研究函数项级数的和函数的分析性质.

7.1　函数项级数

7.1.1　级数的一致收敛性

为了研究和函数的性质，就要研究一致收敛性，先研究函数列的一致收敛. 下面先看两个例子.

① 设 $f_n(x)=x^n,x\in[0,1]$. 易知

$$\lim_{n\to\infty}f_n(x)=f(x)=\begin{cases}0, & 0\leqslant x<1,\\ 1, & x=1,\end{cases}$$

其中，每个函数 $f_n(x)$ 均在 $[0,1]$ 连续，但极限函数 $f(x)$ 在 $[0,1]$ 不连续.

② 设 $f_n(x)=\dfrac{x}{1+n^2x^2},x\in[0,1]$. 易知

$$\lim_{n\to\infty}f_n(x)=f(x)=0,x\in[0,1],$$

其中，每个函数 $f_n(x)$ 均在 $[0,1]$ 连续，极限函数 $f(x)$ 也在 $[0,1]$ 连续.

在上面两个例子中，函数列 $\{f_n(x)\}$ 均在 $[0,1]$ 处处收敛，且每个 $f_n(x)$ 均在 $[0,1]$ 连续，但是，极限函数一个在 $[0,1]$ 不连续，一个却在 $[0,1]$ 连续，是什么原因造成了上述不同的结果呢？这就需要研究两例中函数列处处收敛的性质.

任给 $0<\varepsilon<1$，解不等式

$$|f_n(x)-f(x)|<\varepsilon. \tag{1}$$

在例子 ① 中，当 $x=0,1$ 时，不等式对一切 n 成立，当 $x\in(0,1)$ 时，式(1) 变为

$$|f_n(x)-f(x)|=x^n<\varepsilon,$$

它的解是 $n>\dfrac{\ln\varepsilon}{\ln x}$,取 $N=\left[\dfrac{\ln\varepsilon}{\ln x}\right]+1$,则只要 $n>N=N(x)$,对每个 x,式(1) 成立.

在例子 ② 中,因 $x\in[0,1]$,所以有 $2nx\leqslant 1+n^2x^2$,将式(1) 左边适当放大有

$$|f_n(x)-f(x)|=\frac{2nx}{1+n^2x^2}\leqslant\frac{1}{2n},$$

再解新的不等式 $\dfrac{1}{2n}<\varepsilon$,得 $n>\dfrac{1}{2\varepsilon}$,取 $N=\left[\dfrac{1}{2\varepsilon}\right]+1$,则只要 $n>N$,对每个 $x\in[0,1]$,式(1) 成立.

比较上面两例,容易发现,取定 $\varepsilon>0$ 后,在例子 ① 中,对不同的 x,不存在共同的 N,使得式(1) 当 $n>N$ 时,对一切 x 成立,因为 $x\to 1^{-1}$ 时,$N=N(x)\to\infty$;而在例子 ② 中,对不同的 x,存在共同的 N,使得式(1) 当 $n>N$ 时对一切 x 成立. 这正是造成极限函数不连续或连续的根本原因. 因此要引进下面重要的定义.

定义 1.1 设函数列 $\{f_n(x)\}$ 及函数 $f(x)$ 在 $D\subset\mathbf{R}$ 有定义. 若任给 $\varepsilon>0$,存在正整数 N,只要 $n>N$,对一切 $x\in D$,有

$$|f_n(x)-f(x)|<\varepsilon$$

成立,则称**函数列 $\{f_n(x)\}$ 在 D 一致收敛于 $f(x)$**,记作

$$f_n(x)\rightrightarrows f(x)\ (n\to\infty,\ x\in D).$$

函数列 $\{f_n(x)\}$ 在 D 上处处收敛于函数 $f(x)$,通常记为

$$f_n(x)\to f(x)\ (n\to\infty, x\in D).$$

根据一致收敛的定义容易判断,例子 ① 中的 $\{f_n(x)\}$ 在 $[0,1]$ 不一致收敛,例子 ② 中的 $\{f_n(x)\}$ 在 $[0,1]$ 一致收敛,一般地说,若 $\{f_n(x)\}$ 在 D 上一致收敛,则 $\{f_n(x)\}$ 必在 D 上处处收敛,但是 $\{f_n(x)\}$ 在 D 上处处收敛时,有可能 $\{f_n(x)\}$ 在 D 上不一致收敛.

一致收敛的几何意义是:$\forall\varepsilon>0$,作曲线 $y=f(x)-\varepsilon$,$y=f(x)+\varepsilon$,它们形成一个宽为 2ε 的条形带子,则存在 N,使得所有满足 $n>N$ 的曲线 $y=f_n(x)$ 都整个落在这个带子中(见图 7.1-1).

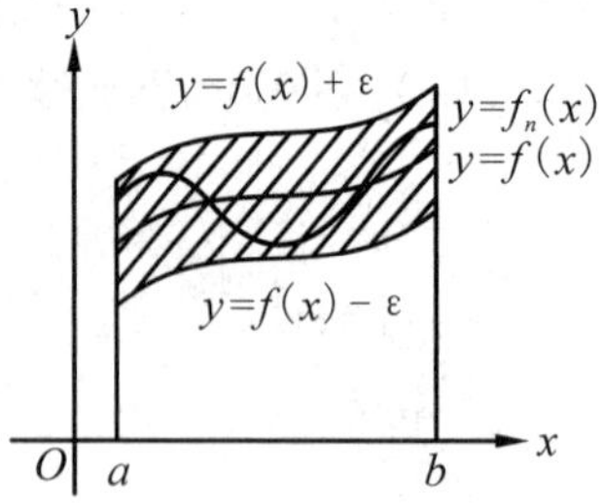

图 7.1-1

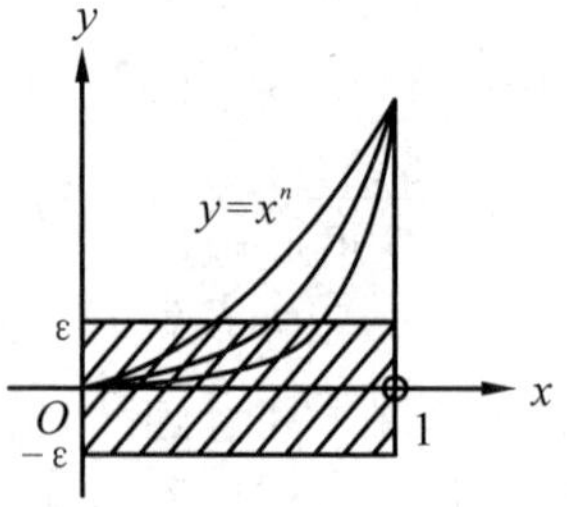

图 7.1-2

我们再看看例子 ① 中函数列 $f_n(x)=x^n$ 在 $[0,1]$ 收敛于 $f(x)$ 的几何形象(见图 7.1-2). $\forall\varepsilon>0$,作直线 $y=f(x)+\varepsilon=\varepsilon$ 与 $y=f(x)-\varepsilon=-\varepsilon$,它们形成一个宽为 2ε 的条形带子. 则易见,对每个 n,曲线 $y=x^n$(当 $0<\varepsilon<1$ 时)均不可能全部落在这个带子中,所以 $f_n(x)=x^n$ 在 $[0,1]$ 上不一致收敛于 $f(x)$.

有了函数列一致收敛的定义,就自然可定义函数项级数的一致收敛.

定义 1.2 设每个 $u_n(x)$ 在 $D\subset\mathbf{R}$ 有定义.若部分和函数列 $S_n(x)=\sum_{k=1}^{n}u_k(x)$ 在 D 一致收敛于 $S(x)$,则称函数项级数 $\sum_{n=1}^{\infty}u_n(x)$ **在 D 一致收敛于 $S(x)$.**

下面介绍判别一致收敛性的基本方法.

定理 1.1 函数列$\{f_n(x)\}$在 D 一致收敛于 $f(x)$ 的充要条件是:数列

$$\alpha_n=\sup_{x\in D}\{|f_n(x)-f(x)|\}$$

是无穷小量.

证明 必要性($\Rightarrow$) 因 $f_n(x)\rightrightarrows f(x)$ $(n\to\infty;x\in D)$,所以,任给 $\varepsilon>0$,存在 N,只要 $n>N$,对一切 $x\in D$,有 $|f_n(x)-f(x)|<\varepsilon$,上式在 D 上取上确界得,只要 $n>N$,就有 $\theta\leqslant\alpha_n\leqslant\varepsilon$ 成立,所以 α_n 是无穷小量

充分性($\Leftarrow$) 因为 α_n 是无穷小量,所以任给 $\varepsilon>0$,存在 N,只要 $n>N$,就有 $\alpha_n<\varepsilon$ 成立,又因为上确界必是上界,所以只要 $n>N$,对一切 $x\in D$ 有,$|f_n(x)-f(x)|\leqslant a_n<\varepsilon$ 成立,按定义 1.1,函数列 $f_n(x)$ 在 D 上一致收敛于 $f(x)$. □

例 1 证明:例子 ① 中的函数列 $f_n(x)=x^n$ 在$[0,1]$不一致收敛于 $f(x)$.

证明 易知

$$\alpha_n=\sup_{0\leqslant x\leqslant1}|f_n(x)-f(x)|=\sup_{0\leqslant x<1}\{x^n\}=1,$$

所以 α_n 不是无穷小量,故 $f_n(x)=x^n$ 在$[0,1]$不一致收敛于 $f(x)$.

例 2 设 $f_n(x)=\dfrac{nx}{1+n^2x^2}$.求证:

(1)$f_n(x)$ 在$(0,1]$不一致收敛;

(2)$\forall\,0<\alpha<1$,$f_n(x)$ 在$[\alpha,1]$一致收敛.

证明 容易求出极限函数 $f(x)=0$,$x\in(0,1]$.

(1) 因$\dfrac{\mathrm{d}f_n(x)}{\mathrm{d}x}=\dfrac{n(1-n^2x^2)}{(1+n^2x^2)^2}$,由微分学极值理论,对每个给定的 $n\in\mathbf{N}$,$x_n=\dfrac{1}{n}$ 是 $f_n(x)$ 的唯一极大值点,因而必是连续函数 $f_n(x)$ 在$[0,1]$的最大值点,所以

$$\alpha_n=\sup_{0<x\leqslant1}|f_n(x)-f(x)|=\max_{0<x\leqslant1}\left(\frac{nx}{1+n^2x^2}\right)=f_n(x_n)=\frac{1}{2}.$$

故 $f_n(x)$ 在$(0,1]$不一致收敛.

(2) 因

$$|f_n(x)-f(x)|=\frac{nx}{1+n^2x^2}\leqslant\frac{n}{1+n^2\alpha^2}<\frac{n}{n^2\alpha^2}=\frac{1}{n\,\alpha^2},$$

所以有,$0\leqslant\alpha_n=\sup\limits_{\alpha\leqslant x\leqslant1}\{|f_n(x)-f(x)|\}\leqslant\dfrac{1}{n\alpha^2}$,由夹逼性质,$\alpha_n$ 是无穷小量,故$\{f_n(x)\}$在$[\alpha,1]$一致收敛.

请注意,这个函数列 $f_n(x)$ 在$(0,1]$不一致收敛,但它在$(0,1]$的任一闭子区间$[\alpha,1]$都一致收敛.一般来说,若 $f_n(x)$ 在区间 I 的任一有界闭子区间一致收敛,则称 $f_n(x)$ 在区间 I **内闭一致收敛**.我们谈论一致收敛性时,必须明确指出它是在$[a,b]$或(a,b)一致收敛,还是在(a,b)内闭一致收敛,一点也不能含糊.

定理 1.2(**函数列一致收敛的 Cauchy 准则**) 函数列 $f_n(x)$ 在 D 一致收敛于 $f(x)$ 的充要条件是:任给 $\varepsilon>0$,存在正整数 N,只要 $n,m>N$,对一切 $x\in D$,有

$$|f_n(x)-f_m(x)|<\varepsilon$$

成立,并称该充要条件是(函数列)在 D 上一致收敛的 Cauchy 条件.

证明 必要性($\Rightarrow$) 因 $f_n(x)\rightrightarrows f(x)\quad(n\to\infty,\ x\in D)$,由定义 1.1 及不等式

$$|f_n(x)-f_m(x)|\leqslant|f_n(x)-f(x)|+|f_m(x)-f(x)|,$$

即得充要条件成立.

充分性($\Leftarrow$) 任给 $\varepsilon>0$,因充要条件成立,就存在 N,只要 $n,m>N$,对一切 $x\in D$,有

$$|f_n(x)-f_m(x)|<\varepsilon.$$

所以,对每个 $x\in D$,数列$\{f_n(x)\}$收敛,它的极限是 $f(x)$,那么在上面不等式中令 $m\to\infty$,由极限的保序性得,只要 $n>N$,对一切 $x\in D$,有

$$\lim_{m\to\infty}|f_n(x)-f_m(x)|=|f_n(x)-f(x)|\leqslant\varepsilon,$$

根据定义 1.1,函数列$\{f_n(x)\}$在 D 上一致收敛于 $f(x)$.

本定理是判别一致收敛性的理论基础,使用它的优点是不需事先知道极限函数,只需根据函数列本身特点就能进行推断.容易把这个定理移植到函数项级数.

定理 1.3(**函数项级数一致收敛的 Cauchy 准则**) 函数项级数 $\sum\limits_{n=1}^{\infty}u_n(x)$ 在 D 一致收敛的充要条件是:任给 $\varepsilon>0$.存在 $N\in\mathbf{N}$,当 $n>N$ 时,对一切 $p\in\mathbf{N}$ 及一切 $x\in D$,都有

$$|u_{n+1}(x)+u_{n+2}(x)+\cdots+u_{n+p}(x)|<\varepsilon$$

成立,并称该充要条件是(函数项级数)在 D 上一致收敛的 Cauchy 条件.

定理 1.2 中的充要条件常称作是在 D 上一致收敛的 Cauchy 条件,所以定理 1.2 可简述为"函数列$\{f_n(x)\}$在 D 上一致收敛的充要条件是:f 满足 D 上一致收敛的 Cauchy 条件",定理 1.3 的充要条件也称为 D 上一致收敛的 Cauchy 条件,所以定理 1.3 可简述为"函数项级数在 D 上一致收敛的充要条件是:它满足 D 上一致收敛的 Cauchy 条件".

推论 若 $\sum\limits_{n=1}^{\infty}u_n(x)$ 在 D 一致收敛,则 $u_n(x)\rightrightarrows 0\quad(n\to\infty;x\in D)$.

例 3 设函数列 $f_n(x)$ 在 $x_0\in[a,b]$ 收敛,$f_n'(x)$ 在$[a,b]$一致收敛.求证:$f_n(x)$ 在$[a,b]$一致收敛.

证明 设 $\varphi(x)=f_n(x)-f_m(x)$,则 $\varphi(x_0)=f_n(x_0)-f_m(x_1)$,对 φ 应用微分中值定理有

$$\begin{aligned}|f_n(x)-f_m(x)|&=|\varphi(x)|=|\varphi(x)-\varphi(x_0)+\varphi(x_0)|=|\varphi'(\xi)(x-x_0)+\varphi(x_0)|\\&\leqslant|\varphi'(\xi)||x-x_0|+|\varphi(x_0)|=|f'_n(\xi)-f'_m(\xi)||x-x_0|+\\&\quad|f_n(x_0)-f_m(x_0)|\end{aligned}$$

因为 $f'_n(x)$ 在$[a,b]$一致收敛及 $f_n(x_0)$ 收敛,故任给 $\varepsilon>0$,存在 N,只要 $n,m>N$,对一切 $x\in[a,b]$有

$$|f_n(x_0)-f_m(x_0)|<\varepsilon/2,\quad|f_n'(x)-f_m'(x)|<\varepsilon/2(b-a).$$

将之代入最初的不等式得,任给 $\varepsilon>0$,存在 N,只要 $n,m>N$,对一切 $x\in[a,b]$有

$$|f_n(x)-f_m(x)|\leqslant|f_n'(\xi)-f_m'(\xi)||x-x_0|+|f_n(x_0)-f_m(x_0)|$$
$$<\frac{\varepsilon}{2(b-a)}(b-a)+\frac{\varepsilon}{2}=\varepsilon.$$

故 $f_n(x)$ 在 $[a,b]$ 一致收敛.

以上介绍的判敛法对于函数列与函数项级数都是适用的. 下面我们对函数项级数介绍一些简便实用的判敛法.

定理 1.4(Weierstrass 判别法)　设函数项级数 $\sum_{n=1}^{\infty}u_n(x)$ 在 D 有定义,若

$$|u_n(x)|\leqslant a_n\quad(x\in D,n\in\mathbf{N}),$$

且正项级数 $\sum_{n=1}^{\infty}a_n$ 收敛,则 $\sum_{n=1}^{\infty}u_n(x)$ 在 D 一致收敛.

证明　对每个正整数 n,一切正整数 p 与一切 $x\in D$,有

$$|u_{n+1}(x)+\cdots+u_{n+p}(x)|\leqslant|u_{n+1}(x)|+\cdots+|u_{n+p}(x)|\leqslant a_{n+1}+\cdots+a_{n+p}.$$

由 $\sum_{n=1}^{\infty}a_n$ 收敛满足的 Cauchy 条件及上面不等式,就得到 $\sum_{n=1}^{\infty}u_n(x)$ 满足在 D 上一致收敛的 Cauchy 条件,所以它在 D 上一致收敛. □

级数 $\sum_{n=1}^{\infty}a_n$ 叫作 $\sum_{n=1}^{\infty}u_n(x)$ 的**优级数**,此判别法也叫作**优级数判别法**或 ***M*-判别法**.

由 M-判别法,不仅得到 $\sum_{n=1}^{\infty}u_n(x)$ 在 D 一致收敛,而且得到 $\sum_{n=1}^{\infty}|u_n(x)|$ 在 D 也一致收敛. 还能得到级数 $\sum_{n=1}^{\infty}u_n(x)$ 在 D 处处绝对收敛.

定理 1.5　设函数项级数 $\sum_{n=1}^{\infty}u_n(x)$ 在区间 (a,b) 的一个端点发散,且 $u_n(x)$ 在 $[a,b]$ 连续,则 $\sum_{n=1}^{\infty}u_n(x)$ 在 (a,b) 不一致收敛.

证明　用反证法:若不然有 $\sum_{n=1}^{\infty}u_n(x)$ 在 (a,b) 的一个端点发散,但是它在 (a,b) 一致收敛,于是,对任给 $\varepsilon>0$,存在 N,只要 $n>N$,对一切 p 和一切 $x\in(a,b)$ 有

$$|u_{n+1}+\cdots+u_{n+p}(x)|<\varepsilon$$

成立. 不妨设 $\sum_{n=1}^{\infty}u_n(a)$ 发散. 则在上式中令 $x\to a^+$ 得,只要 $n>N$,对一切 p 有 $|u_{n+1}(a)+\cdots+u_{n+p}(a)|\leqslant\varepsilon$ 成立,按定义有 $\sum_{n=1}^{\infty}u_n(a)$ 收敛,与假设 $\sum_{n=1}^{\infty}u_n(a)$ 发散矛盾. 所以,$\sum_{n=1}^{\infty}u_n(x)$ 在 (a,b) 不一致收敛. □

例 4　证明:$\sum_{n=1}^{\infty}\left(\frac{1}{n}-\frac{1}{x+n}\right)$ 在 $[0,a]$ $(a>0)$ 一致收敛.

证明　因为

$$\left|\frac{1}{n}-\frac{1}{x+n}\right|=\frac{x}{n(x+n)}\leqslant\frac{a}{n(x+n)}\leqslant\frac{a}{n^2}\quad(x\in[0,a],n\in\mathbf{N}),$$

因$\sum\limits_{n=1}^{\infty}\frac{1}{n^2}$收敛,由$M$-判别法知此级数在$[0,a]$一致收敛.

例5 研究$\sum\limits_{n=1}^{\infty}\frac{x^2}{(1+x^2)^n}$在$\mathbf{R}$中的收敛性质.

解 由$\lim\limits_{n\to\infty}\frac{u_{n+1}(x)}{u_n(x)}=\frac{1}{1+x^2}<1\quad(x\neq 0)$知,数项级数$\sum\limits_{n=1}^{\infty}\frac{x^2}{(1+x^2)^n}$绝对收敛.

易知当$x\neq 0$时,此级数是公比为$q=\frac{1}{1+x^2}$的等比级数,用等比级数求和公式求和得

$$S(x)-S_n(x)=r_n(x)=\frac{1}{(1+x^2)^n},\ x\neq 0.$$

于是

$$\alpha_n=\sup_{x\in\mathbf{R}}|S_n(x)-S(x)|=1,$$

故α_n不是无穷小量,所以,$\sum\limits_{n=1}^{\infty}\frac{x^2}{(1+x^2)^n}$在$x\in\mathbf{R}$不一致收敛.

例6 证明:$\sum\limits_{n=1}^{\infty}x^2\mathrm{e}^{-nx}$在$[0,+\infty)$上一致收敛.

证明 通过求导易知通项函数在$[0,+\infty)$上的最大值是$\max\limits_{x\geqslant 0}\{x^2\mathrm{e}^{-nx}\}=\left(\frac{2}{n}\right)^2\mathrm{e}^{-n\left(\frac{2}{n}\right)}=\frac{4}{n^2\mathrm{e}^2}$,所以

$$|x^2\mathrm{e}^{-nx}|=x^2\mathrm{e}^{-nx}\leqslant\frac{4}{\mathrm{e}^2}\cdot\frac{1}{n^2}\quad(x\geqslant 0).$$

因$\sum\limits_{n=1}^{\infty}\frac{1}{n^2}$收敛,由$M$-判别法知$\sum\limits_{n=1}^{\infty}x^2\mathrm{e}^{-nx}$在$[0,+\infty)$一致收敛.

例7 设$\sum\limits_{n=1}^{\infty}a_nx^n$在$x_0\neq 0$绝对收敛,求证:$\sum\limits_{n=1}^{\infty}a_nx^n$在区间$(-|x_0|,|x_0|)$一致收敛.

证明 $\forall|x|\leqslant|x_0|$,有$|a_nx^n|=|a_nx_0^n|\left|\frac{x}{x_0}\right|^n\leqslant|a_nx_0^n|$. 因$\sum\limits_{n=0}^{\infty}|a_nx_0^n|$收敛,由$M$-判别法知$\sum\limits_{n=0}^{\infty}a_nx^n$在区间$(-|x_0|,|x_0|)$一致收敛.

例8 设$u_0(x)$在$[a,b]$连续,且

$$u_n(x)=\int_a^x u_{n-1}(t)\mathrm{d}t\quad(n\in\mathbf{N}),$$

求证:$\sum\limits_{n=1}^{\infty}u_n(x)$在$[a,b]$一致收敛.

证明 因$u_0(x)$在$[a,b]$连续,因而有界,即$\exists M>0$,有

$$|u_0(x)|\leqslant M,x\in[a,b],$$

所以

$$|u_1(x)|\leqslant\int_a^x|u_0(t)|\mathrm{d}t\leqslant M(x-a)\leqslant M(b-a),$$

$$|u_2(x)|\leqslant\int_a^x|u_1(t)|\mathrm{d}t\leqslant\int_a^x M(t-a)\mathrm{d}t=\frac{M(x-a)^2}{2}\leqslant\frac{M(b-a)^2}{2!}.$$

一般地,可用数学归纳法证明

$$|u_n(x)| \leqslant \frac{M(x-a)^n}{n!} \leqslant \frac{M(b-a)^n}{n!} \quad (n \in \mathbf{N}_+),$$

易知 $\sum_{n=1}^{\infty} \frac{(b-a)^n}{n!}$ 收敛，由 M - 判别法知 $\sum_{n=1}^{\infty} u_n(x)$ 在 $[a,b]$ 一致收敛.

如果级数 $\sum_{n=1}^{\infty} u_n(x)$ 一致收敛，但级数 $\sum_{n=1}^{\infty} |u_n(x)|$ 不一致收敛，或 $\sum_{n=1}^{\infty} u_n(x)$ 条件收敛，M - 判别法就失效了，需要更精细的判别法. 这只要将数项级数的 Dirichlet 判敛法与 Abel 判敛法移植过来就行了.

定义 1.3　设 $\{f_n(x)\}$ 在 D 有定义. 若存在 $M>0$，对每个正整数 n 和每个 $x \in D$，有 $|f_n(x)| \leqslant M$，则称函数列 $\{f_n(x)\}$ 在 D **一致有界**.

定理 1.6（Dirichlet 一致收敛判别法）　设 $\sum_{n=1}^{\infty} a_n(x) b_n(x)$，$x \in D$，且

1°　对每个 $x \in D$，$\{a_n(x)\}$ 是单调数列，且 $a_n(x) \rightrightarrows 0 \quad (n \to \infty,\ x \in D)$；

2°　部分和函数列 $B_n(x) = \sum_{k=1}^{n} b_k(x)$ 在 D 一致有界.

则函数项级数 $\sum_{n=1}^{\infty} a_n(x) b_n(x)$ 在 D 一致收敛.

证明　由 1°，不妨设 $a_n(x) \geqslant 0$，且 $a_n(x)$ 单调减趋于 0. 由 2° 知 $|B_n| \leqslant M \quad (\forall n \in \mathbf{N})$，因

$$\begin{aligned} |b_{n+1}(x) + \cdots + b_{n+p}(x)| &= |B_{n+p}(x) - B_n(x)| \\ &\leqslant |B_{n+p}(x)| + |B_n(x)| \leqslant 2M, \end{aligned}$$

由 Abel 引理有

$$\left| \sum_{k=1}^{p} a_{n+k}(x) b_{n+k}(x) \right| \leqslant 2M a_{n+1}(x).$$

上式右边在 D 上一致趋于 0，故上式表明，原函数项级数满足 D 上一致收敛的 Cauchy 条件，所以原函数项级数在 D 上一致收敛. □

注　当 $a_n(x)$ 与 x 无关时，即若 1° 中 $\{a_n\}$ 为单调趋于零，2° 保持不变，则 $\sum_{n=1}^{\infty} a_n b_n(x)$ 在 D 一致收敛. 或当 $b_n(x)$ 与 x 无关时，即若 1° 保持不变，2° 中数列 $B_n = \sum_{k=1}^{n} b_k$ 有界，则 $\sum_{n=1}^{\infty} a_n(x) b_n$ 在 D 一致收敛.

定理 1.7（Abel 一致收敛判别法）　设 $\sum_{n=1}^{\infty} a_n(x) b_n(x)$，$x \in D$，且

1°　对每个 $x \in D$，$\{a_n(x)\}$ 是单调数列，且函数列 $\{a_n(x)\}$ 在 D 一致有界；

2°　函数项级数 $\sum_{n=1}^{\infty} b_n(x)$ 在 D 一致收敛.

则函数项级数 $\sum_{n=1}^{\infty} a_n(x) b_n(x)$ 在 D 一致收敛.

请读者用 Abel 变换和 Cauchy 一致收敛准则自行证之.

注 当 $a_n(x)$ 与 x 无关时，即若 $1°\{a_n\}$ 为单调有界数列，2° 保持不变，则 $\sum_{n=1}^{\infty}a_nb_n(x)$ 在 D 一致收敛. 或当 $b_n(x)$ 与 x 无关时，即若 1° 保持不变，2° 数项级数 $\sum_{n=1}^{\infty}b_n$ 收敛，则 $\sum_{n=1}^{\infty}a_n(x)b_n$ 在 D 一致收敛.

例 9 研究 $\sum_{n=1}^{\infty}\frac{(-1)^{n-1}}{n+x^2}$ 在 $\mathbf{R}$ 的收敛性质.

解 易知 $\sum_{n=1}^{\infty}\frac{(-1)^{n-1}}{n+x^2}$ 在 $\mathbf{R}$ 处处收敛，但对每个 $x\in\mathbf{R}$，数项级数 $\sum_{n=1}^{\infty}\left|\frac{(-1)^{n-1}}{n+x^2}\right|=\sum_{n=1}^{\infty}\frac{1}{n+x^2}$ 发散，故 $\sum_{n=1}^{\infty}\frac{(-1)^{n-1}}{n+x^2}$ 在 $\mathbf{R}$ 处处条件收敛.

记 $a_n(x)=\frac{1}{n+x^2}$，$b_n(x)=(-1)^{n-1}$. 易知，$\forall x\in\mathbf{R}$，数列 $\{a_n(x)\}$ 单减，由不等式 $\frac{1}{n+x^2}\leqslant\frac{1}{n}$ 知，$a_n(x)\rightrightarrows 0\quad(n\to\infty,\ x\in\mathbf{R})$. 部分和函数列

$$B_n(x)=\sum_{k=1}^{n}b_k(x)=\sum_{k=1}^{n}(-1)^{k-1}$$

在 $\mathbf{R}$ 一致有界，由 Dirichlet 判别法 $\Rightarrow\sum_{n=1}^{\infty}\frac{(-1)^{n-1}}{n+x^2}$ 在 $\mathbf{R}$ 一致收敛.

注意 $\sum_{n=1}^{\infty}\left|\frac{(-1)^{n-1}}{n+x^2}\right|$ 在 $\mathbf{R}$ 发散，更谈不上它在 $\mathbf{R}$ 一致收敛. 反之如何？即若 $\sum_{n=1}^{\infty}|u_n(x)|$ 在 D 一致收敛，能否判定 $\sum_{n=1}^{\infty}u_n(x)$ 在 D 一致收敛？

例 10 证明：$\sum_{n=1}^{\infty}\frac{\cos nx}{n}$ 在 $(0,2\pi)$ 内闭一致收敛.

证明 令 $a_n(x)=\frac{1}{n}$，$b_n(x)=\cos nx$，有

$$|B_n(x)|=\left|\sum_{k=1}^{n}b_k(x)\right|=\left|\sum_{k=1}^{n}\cos kx\right|\leqslant\frac{1}{\sin\frac{x}{2}}.$$

对 $(0,2\pi)$ 的每个有界闭子区间 $[\delta,2\pi-\delta]$，$0<\delta<2\pi$，有 $\left|\sin\frac{x}{2}\right|\geqslant\sin\frac{\delta}{2}$，所以

$$|B_n(x)|\leqslant\frac{1}{\left|\sin\frac{x}{2}\right|}\leqslant\frac{1}{\sin\frac{\delta}{2}},$$

即 $B_n(x)$ 在 $[\delta,2\pi-\delta]$ 一致有界. 显然 $\{a_n(x)\}$ 单减且一致收敛于零，由 Dirichlet 判敛法 $\Rightarrow\sum_{n=1}^{\infty}\frac{\cos nx}{n}$ 在 $(0,2\pi)$ 内闭一致收敛，但在 $(0,2\pi)$ 不一致收敛.（思考为什么？）

思　考　题

1. 收敛的数项级数 $\sum_{n=1}^{\infty}a_n$ 在任一数集 D 上都一致收敛吗？

2. 能否比照一致连续性那样断言：若函数列 $\{f_n(x)\}$ 在有界闭区间 $[a,b]$ 处处收敛，则它在 $[a,b]$ 一致收敛.

3. 若 $\sum_{n=1}^{\infty}u_n(x)$ 在区间 (a,b) 一致收敛，能否断定 $\sum_{n=1}^{\infty}u_n(x)$ 在 (a,b) 内闭一致收敛？反之如何？$\left(\text{提示：考虑}\sum_{n=1}^{\infty}(-1)^n x^n, x\in(-1,1)\right)$

4. 下面的命题及逆命题成立吗？

(1) $\sum_{n=1}^{\infty}|u_n(x)|$ 在 D 一致收敛 $\Rightarrow \sum_{n=1}^{\infty}u_n(x)$ 在 D 一致收敛.

(2) $\{f_n(x)\}$ 在 D 一致收敛 $\Rightarrow \{|f_n(x)|\}$ 在 D 一致收敛.

5. 下面的命题成立吗？

(1) $\sum_{n=1}^{\infty}u_n(x)$，$\sum_{n=1}^{\infty}v_n(x)$ 在 D 一致收敛，$v_n(x)\leqslant w_n(x)\leqslant u_n(x)\Rightarrow\sum_{n=1}^{\infty}w_n(x)$ 在 D 一致收敛.

(2) $\{f_n(x)\}$，$\{g_n(x)\}$ 在 D 一致收敛，$g_n(x)\leqslant\varphi_n(x)\leqslant f_n(x)\Rightarrow\{\varphi_n(x)\}$ 在 D 一致收敛. 要想本命题成立，需添加什么条件？

6. (1) 若 $\sum_{n=1}^{\infty}u_n(x)$ 在 D 处处绝对收敛，关于 $\sum_{n=1}^{\infty}u_n(x)$ 及 $\sum_{n=1}^{\infty}|u_n(x)|$ 在 D 的一致收敛性有何结论？

$\left(\text{提示：考虑：}1^\circ\quad\sum_{n=0}^{\infty}(-1)^n x^n(1-x), x\in[0,1];\ 2^\circ\quad\sum_{n=0}^{\infty}(1-x)x^n, x\in[0,1]\right)$

(2) 若 $\sum_{n=1}^{\infty}u_n(x)$ 在 D 处处条件收敛，关于 $\sum_{n=1}^{\infty}u_n(x)$ 及 $\sum_{n=1}^{\infty}|u_n(x)|$ 在 D 的一致收敛性有何结论？

$\left(\text{提示：考虑：}1^\circ\quad\sum_{n=1}^{\infty}\frac{(-1)^{n-1}}{n+x}, x\geqslant 0;2^\circ\quad\sum_{n=1}^{\infty}\frac{\cos nx}{n}, x\in(0,2\pi).\right)$

7. M-判别法适应于函数列吗？即若 $|f_n(x)|\leqslant a_n\quad(x\in D, n\in\mathbf{N})$，且 $\lim\limits_{n\to\infty}a_n=a$，能否判定 $\{f_n(x)\}$ 在 D 一致收敛？

8. M-判别法的逆命题成立吗？即若 $\sum_{n=1}^{\infty}u_n(x)$ 在 D 一致收敛，是否一定存在收敛的正项级数 $\sum_{n=1}^{\infty}a_n$，使得 $|u_n(x)|\leqslant a_n(x\in D, n\in\mathbf{N})$.

$$\left(\text{提示：考虑 } u_n(x)=\begin{cases}\dfrac{1}{n}, & x=\dfrac{1}{n},\\ 0, & x\neq\dfrac{1}{n},\end{cases}\quad x\in[0,1].\right)$$

9. M-判别法能否改成下述形式？

若 $\forall x\in D$，$\exists N\in\mathbf{N}$，对 $\forall n>N$，有 $|u_n(x)|\leqslant a_n$，且 $\sum_{n=1}^{\infty}a_n$ 收敛，则 $\sum_{n=1}^{\infty}u_n(x)$ 在 D 一致收敛.

10. 下面做法对吗？

因 $\forall x>0$，有 $\lim\limits_{n\to\infty}\dfrac{n\mathrm{e}^{-nx}}{\frac{1}{n^2}}=0\Rightarrow\forall x>0$，$\exists N$，对 $\forall n>N$，有 $n\mathrm{e}^{-nx}<\dfrac{1}{n^2}$，由 M-判别法知 $\sum_{n=1}^{\infty}n\mathrm{e}^{-nx}$ 在 $(0,+\infty)$ 一致收敛.

11. 设 $\{f_n(x)\}$, $\{g_n(x)\}$ 在 D 一致收敛. 试问: 能否断定 $\{f_n(x)\pm g_n(x)\}$, $\{f_n(x)g_n(x)\}$, $\{f_n(x)/g_n(x)\}(g_n(x)\neq 0)$ 在 D 一致收敛?

12. (1) 若 $f_n(x)\to f(x)\ (n\to\infty, x\in D)$, 且每个函数 f_n 在 D 有界, 能否断定极限函数 f 在 D 有界?

(2) 若 $f_n(x)\rightrightarrows f(x)\ (n\to\infty, x\in D)$, 且每个函数 f_n 在 D 有界, 能否断定极限函数 f 在 D 有界?

13. 下面做法对吗?

设 $\sum\limits_{n=1}^{\infty}(-1)^{n-1}\sin\dfrac{x}{3^n}$, $x\in\mathbf{R}$. 记 $a_n(x)=\sin\dfrac{x}{3^n}$, 易知, 对每个 $x\in\mathbf{R}$ 及充分大的 n, $\{a_n(x)\}$ 为单调数列, 且 $\lim\limits_{n\to\infty}a_n(x)=0$, 又 $\left|\sum\limits_{k=1}^{n}(-1)^{n-1}\right|\leqslant 1$, 由 Dirichlet 判别法 $\Rightarrow \sum\limits_{n=1}^{\infty}(-1)^{n-1}\sin\dfrac{x}{3^n}$ 在 $\mathbf{R}$ 一致收敛.

练　习　题

7.1 研究下列函数列在指定区间 I 的一致收敛性.

(1) $f_n(x)=\sqrt{x^2+\dfrac{1}{n^2}}$, $I=\mathbf{R}$;

(2) $f_n(x)=x^n-x^{n+1}$, $I=[0,1]$;

(3) $f_n(x)=x^n-x^{2n}$, $I=[0,1]$;

(4) $f_n(x)=\dfrac{x^n}{1+x^n}$, (a) $I=[0,1-\delta]\quad(0<\delta<1)$, (b) $I=[0,1]$.

7.2 研究下列函数项级数在指定区间 I 的一致收敛性.

(1) $\sum\limits_{n=1}^{\infty}\dfrac{\sin nx}{\sqrt[3]{n^4+x^4}}$, $I=\mathbf{R}$;　　(2) $\sum\limits_{n=1}^{\infty}x^2\mathrm{e}^{-nx}$, $I=[0,+\infty)$;

(3) $\sum\limits_{n=1}^{\infty}2^n\sin\dfrac{1}{3^n x}$, $I=(0,+\infty)$;

(4) $\sum\limits_{n=1}^{\infty}\dfrac{\ln(1+nx)}{nx^n}$, $I=[\alpha,+\infty)$, 其中 $\alpha>1$ 是任意常数.

7.3 若 $\forall x',x''\in[a,b]$, $\forall n\in\mathbf{N}$, 有 $|f_n(x')-f_n(x'')|\leqslant k|x'-x''|\ (k>0)$, 且 $f_n(x)\to f(x)\quad(n\to\infty,\ x\in[a,b])$.

求证: (1) $\forall\varepsilon>0$, $\exists\delta>0$, 对 $\forall\ |x'-x''|<\delta$, 有 $|f_n(x')-f_n(x'')|<\varepsilon$;

(2) $\exists N$, $\exists x_i=a+\dfrac{i}{N}(b-a)$, $\exists N_i\quad(i=0,1,\cdots,N)$, 对 $\forall n,m>N_i$, 有

$$|f_n(x_i)-f_m(x_i)|<\varepsilon;$$

(3) $f_n(x)\rightrightarrows f(x)\quad(n\to\infty,\ x\in[a,b])$.

7.4 研究下列函数项级数在指定区间 I 的一致收敛性.

(1) $\sum\limits_{n=1}^{\infty}\dfrac{(-1)^n}{n+\sin x}$, $I=[0,2\pi]$;　　(2) $\sum\limits_{n=1}^{\infty}\dfrac{x^n}{\sqrt{n}}$, $I=[-1,0]$;

(3) $\sum\limits_{n=1}^{\infty}\dfrac{(-1)^n(x+n)^n}{n^{n+1}}$, $I=[0,1]$;　　(4) $\sum\limits_{n=1}^{\infty}\dfrac{\sin x\cdot\sin nx}{\sqrt{n+x}}$, $I=[0,+\infty)$.

7.5 (1) 证明: $\sum\limits_{n=1}^{\infty}\dfrac{\sin nx}{n}$ 在 $(0,\pi)$ 处处条件收敛;

(2) 证明: $\sum\limits_{n=1}^{\infty}\dfrac{\sin nx}{n}$ 在 $(0,\pi)$ 内闭一致收敛, 但在 $(0,\pi)$ 上不一致收敛.

7.6 (1) 证明: $\sum\limits_{n=1}^{\infty}\dfrac{(-1)^{n-1}}{n+x}$ 在 $[0,+\infty)$ 处处条件收敛;

(2) 证明：$\sum_{n=1}^{\infty}\frac{(-1)^{n-1}}{n+x}$ 在$[0,+\infty)$上一致收敛；

(3) 若 $\sum_{n=1}^{\infty}u_n(x)$ 在 D 处处条件收敛，关于 $\sum_{n=1}^{\infty}|u_n(x)|$ 在 D 的一致收敛性，有何结论？

7.7 (1) 设 $u_n(x)=(-1)^n x^n(1-x)$. 证明：$\sum_{n=0}^{\infty}u_n(x)$ 在$[0,1]$处处绝对收敛，且一致收敛，但 $\sum_{n=1}^{\infty}|u_n(x)|$ 在$[0,1]$不一致收敛.

(2) 设 $u_n(x)=x^n(1-x)$. 证明：$\sum_{n=0}^{\infty}u_n(x)$ 在$[0,1]$处处绝对收敛，但不一致收敛.

(3) 若 $\sum_{n=1}^{\infty}u_n(x)$ 在 D 处处绝对收敛，且不一致收敛，关于 $\sum_{n=1}^{\infty}|u_n(x)|$ 在 D 的一致收敛性，有何结论？

7.8 设函数列$\{f_n(x)\}$在 D 收敛于 $f(x)$，正数列$\{a_n\}$收敛于零. 如果

$$|f_n(x)-f(x)|\leqslant a_n \quad (x\in D, n\in \mathbf{N}),$$

求证：$f_n(x)\rightrightarrows f(x)\quad(n\to\infty, x\in D)$.

7.9 设 $g\in C[0,1]$，$g(1)=0$. 求证：$f_n(x)=g(x)x^n\rightrightarrows 0\quad(n\to\infty; x\in[0,1])$.

7.10 设每个函数 $u_n(x)$ 在$[a,b]$上单调，且 $\sum_{n=1}^{\infty}u_n(a)$，$\sum_{n=1}^{\infty}u_n(b)$ 绝对收敛. 求证：$\sum_{n=1}^{\infty}|u_n(x)|$ 在$[a,b]$一致收敛.

7.11 (1) 设 1° $\sum_{n=1}^{\infty}u_n(x)$ 在(a,b)上一致收敛；　2° $\sum_{n=1}^{\infty}u_n(b)$ 收敛. 求证：$\sum_{n=1}^{\infty}u_n(x)$ 在$(a,b]$上一致收敛.

(2) 若将(1)中的 1° 改为内闭一致收敛，保持 2° 不变，结论还成立吗？

(3) 若将(1)中的 2° 改为 $u_n(x)$ 在$[a,b]$上连续，保持 1° 不变，结论还成立吗？

(4) 若将(1)中的 2° 改为 $u_n(x)$ 在(a,b)上一致连续，保持 1° 不变，结论还成立吗？

7.12 研究下列函数列或函数项级数在指定区间 I 的一致收敛性.

(1) $f_n(x)=\frac{[nf(x)]}{n}$，　$I=[a,b]$；

(2) $f_n(x)=\begin{cases}-(n+1)x+1, & 0\leqslant x\leqslant\frac{1}{n+1},\\ 0, & \frac{1}{n+1}<x\leqslant 1,\end{cases}$　$I=[0,1]$；

(3) $\sum_{n=2}^{\infty}\ln\left(1+\frac{x}{n\ln^2 n}\right)$，$I=[0,1]$.

7.13 设 $f_n(x)=\sum_{k=1}^{n}\frac{1}{n}\cos\left(x+\frac{k}{n}\right)$，$x\in\mathbf{R}$. 求证：$f_n(x)\rightrightarrows\int_0^1\cos(x+t)\,\mathrm{d}t\ (n\to\infty,\ x\in\mathbf{R})$.

7.14 设 $f_n(x)\rightrightarrows f(x)\quad(n\to\infty,\ x\in D)$，且每个函数 $f_n(x)$ 在 D 有界. 求证：

(1) 极限函数 $f(x)$ 在 D 有界；

(2) 函数列$\{f_n(x)\}$在 D 一致有界.

7.15 设 $f_n(x)\rightrightarrows f(x)$，$g_n(x)\rightrightarrows g(x)\quad(n\to\infty,\ x\in D)$. 求证：

(1) $f_n(x)+g_n(x)\rightrightarrows f(x)+g(x)\quad(n\to\infty,\ x\in D)$；

(2) $cf_n(x)\rightrightarrows cf(x)\quad(n\to\infty,\ x\in D)$；

(3) 若每个 f_n, g_n 在 D 有界，则 $f_n(x)g_n(x)\rightrightarrows f(x)g(x)\quad(n\to\infty,\ x\in D)$.

7.1.2 和函数的分析性质

运用一致收敛性来研究函数项级数,就可得到函数项级数的和函数的分析性质.

定理1.8(逐项求极限定理) 若$\sum_{n=1}^{\infty}u_n(x)$在区间$I$一致收敛于$S(x)$,$x_0\in\overline{I}$(其中$\overline{I}$是把$I$的端点添加到$I$中所得的闭区间),且对每个$n\in\mathbf{N}$,有$\lim_{x\to x_0}u_n(x)=a_n$,则

$$\lim_{x\to x_0}\sum_{n=1}^{\infty}u_n(x)=\sum_{n=1}^{\infty}\lim_{x\to x_0}u_n(x).$$

证明 首先要证明上式右端有意义,即要证$\sum_{n=1}^{\infty}a_n$收敛.由一致收敛性,对任给的$\varepsilon>0$,存在N,只要$n>N$,对一切p和一切$x\in I$,有

$$\left|\sum_{k=n+1}^{n+p}u_k(x)\right|<\varepsilon.$$

在上式中,令$x\to x_0$,得$\left|\sum_{k=n+1}^{n+p}a_k\right|\leqslant\varepsilon$.由Cauchy准则知$\sum_{n=1}^{\infty}a_n$收敛.记$A=\sum_{n=1}^{\infty}a_n$.$A_n=\sum_{k=1}^{n}a_k$,$S_n(x)=\sum_{k=1}^{n}u_k(x)$,再将$|S(x)-A|$适当放大,有

$$|S(x)-A|\leqslant|S(x)-S_n(x)|+|S_n(x)-A_n|+|A_n-A|,$$

任给$\varepsilon>0$,因$S_n(x)$在I上一致收敛于$S(x)$及A_n收敛于A,故存在N,只要$n>N$,对一切$x\in I$有$|S_n(x)-S(x)|<\frac{\varepsilon}{3}$及$|A_n-A|<\frac{\varepsilon}{3}$.再取定$n=N+1$,因$S_n(x)\to A_n(x\to x_0)$,所以存在$\delta>0$,只要$0<|x-x_0|<\delta$且$x\in I$,有$|S_n(x)-A_n|<\frac{\varepsilon}{3}$,将之代入上式得,只要$0<|x-x_0|<\delta$且$x\in I$,有$|S(x)-A|<\frac{\varepsilon}{3}+\frac{\varepsilon}{3}+\frac{\varepsilon}{3}=\varepsilon$,按定义有$\lim_{x\to x_0}S(x)=A$,即逐项取极限定理成立. □

推论 若$\lim_{n\to\infty}f_n(x)=f(x)$在$I$一致收敛,且$\lim_{x\to x_0}f_n(x)=A_n$存在($x_0\in\overline{I}$,$\forall n\in\mathbf{N}$),则$\lim_{n\to\infty}A_n=\lim_{x\to x_0}f(x)$,即

$$\lim_{x\to x_0}\lim_{n\to\infty}f_n(x)=\lim_{n\to\infty}\lim_{x\to x_0}f_n(x).$$

如果上述定理中的a_n正好是$u_n(x_0)$,即$u_n(x)$在x_0连续,就得到下面的连续性定理.

定理1.9(连续性) 若$\sum_{n=1}^{\infty}u_n(x)$在区间$I$一致收敛于$S(x)$,且对每个$n\in\mathbf{N}$,函数$u_n(x)$在区间$I$连续,则和函数$S(x)$在区间$I$连续.

推论 若$\sum_{n=1}^{\infty}u_n(x)$在区间$I$内闭一致收敛于$S(x)$,且每个$u_n(x)$在区间$I$连续,则$S(x)$在区间$I$连续.

证明 $\forall x_0\in I$,$\exists[\alpha,\beta]\subset I$,使得$x_0\in[\alpha,\beta]$.因$\sum_{n=1}^{\infty}u_n(x)$在$I$内闭一致收敛于$S(x)$,由定理1.9可得$S(x)$在$[\alpha,\beta]$连续,因而在$x_0\in I$连续.再由$x_0\in I$的任意性可得$S(x)$在

I 连续.

例 1　证明:**Riemann-ζ 函数** $\zeta(x)=\sum\limits_{n=1}^{\infty}\frac{1}{n^x}$ 在$(1,+\infty)$ 连续.

证明　任取 $x_0\in(1,+\infty)$,再任取 $x\in[x_0,+\infty)$,有 $\frac{1}{n^x}\leqslant\frac{1}{n^{x_0}}$. 因 $x_0>1$,有$\sum\limits_{n=1}^{\infty}\frac{1}{n^{x_0}}$ 收敛,由 M - 判别法得 $\sum\limits_{n=1}^{\infty}\frac{1}{n^x}$ 在$[x_0,+\infty)$ 上一致收敛,因此它在$(1,+\infty)$ 内闭一致收敛. 显然每个 $u_n(x)=\frac{1}{n^x}$ 在$(1,+\infty)$ 上连续,由连续性定理的推论可得 $\zeta(x)$ 在$(1,+\infty)$ 上连续.

注意　$\sum\limits_{n=1}^{\infty}\frac{1}{n^x}$ 在 $x=1$ 发散,因此$\sum\limits_{n=1}^{\infty}\frac{1}{n^x}$ 在$(1,+\infty)$ 上不一致收敛.

定理 1.10(可微性)　若$\sum\limits_{n=1}^{\infty}u_n(x)$ 至少在$[a,b]$ 中一点 x_0 处收敛,每个 $u_n(x)$ 在$[a,b]$ 处处可微,且$\sum\limits_{n=1}^{\infty}u_n'(x)$ 在$[a,b]$ 上一致收敛,则$\sum\limits_{n=1}^{\infty}u_n(x)$ 在$[a,b]$ 上一致收敛,且和函数 $S(x)$ 在$[a,b]$ 上可微,并有

$$S'(x)=\Big(\sum_{n=1}^{\infty}u_n(x)\Big)'=\sum_{n=1}^{\infty}u_n'(x),\ x\in[a,b].$$

证明　由 7.1.1 节的例 5 得$\sum\limits_{n=1}^{\infty}u_n(x)$ 在$[a,b]$ 一致收敛. 任意取定 $x\in[a,b]$ 考虑定义在 $D=[a,b]\setminus\{x\}$ 上的自变量为 t 的函数项级数$\sum\limits_{n=1}^{\infty}\frac{u_n(t)-u_n(x)}{t-x}$,由拉格朗日中值定理可得,

$$\begin{aligned}&\left|\frac{u_{n+1}(t)-u_{n+1}(x)}{t-x}+\frac{u_{n+2}(t)-u_{n+2}(x)}{t-x}+\cdots+\frac{u_{n+p}(t)-u_{n+p}(x)}{t-x}\right|\\=&\left|\frac{(u_{n+1}(t)+u_{n+2}(t)+\cdots+u_{n+p}(t))-(u_{n+1}(x)+u_{n+2}(x)+\cdots+u_{n+p}(x))}{t-x}\right|\\=&\left|u'_{n+1}(\xi)+u'_{n+2}(\xi)+\cdots+u'_{n+p}(\xi)\right|.\end{aligned}$$

那么由$\sum\limits_{n=1}^{\infty}u_n'(x)$ 在$[a,b]$ 上一致收敛的 Cauchy 准则及上式,就推出$\sum\limits_{n=1}^{\infty}\frac{u_n(t)-u_n(x)}{t-x}$ 关于 $t\in D$ 在 D 上满足一致收敛的 Cauchy 准则,所以它关于 $t\in D$ 在 D 上一致收敛,由逐项求极限定理得

$$S'(x)=\lim_{t\to x}\frac{S(t)-S(x)}{t-x}=\sum_{n=1}^{\infty}\Big[\lim_{t\to x}\frac{u_n(t)-u_n(x)}{t-x}\Big]=\sum_{n=1}^{\infty}u_n'(x).\qquad\square$$

本定理也称为**逐项可微定理**.

推论 1　若$\sum\limits_{n=1}^{\infty}u_n(x_0)(x_0\in(a,b))$ 收敛,$\sum\limits_{n=1}^{\infty}u'_n(x)$ 在(a,b) 内闭一致收敛,则$\sum\limits_{n=1}^{\infty}u_n(x)$ 在(a,b) 内闭一致收敛,且

$$S'(x)=\Big[\sum_{n=1}^{\infty}u_n(x)\Big]'=\sum_{n=1}^{\infty}u'_n(x),\ x\in(a,b).$$

推论 2 若$\{f_n(x)\}$在$x_0\in[a,b]$上收敛，每个$f_n(x)$在$[a,b]$上可微，且$\{f'_n(x)\}$在$[a,b]$上一致收敛，则$\{f_n(x)\}$在$[a,b]$上一致收敛，且极限函数$f(x)$在$[a,b]$上可微，并有$\lim\limits_{n\to\infty}f'_n(x)=f'(x)$在$[a,b]$上一致成立.

定理 1.11(常义可积性) 若函数项级数$\sum\limits_{n=1}^{\infty}u_n(x)$在$[a,b]$上一致收敛于$S(x)$，且每个$u_n(x)$在$[a,b]$上可积，则和函数$S(x)$在$[a,b]$上可积，且

$$\int_a^x S(t)\mathrm{d}t=\int_a^x\Big[\sum_{n=1}^{\infty}u_n(t)\Big]\mathrm{d}t=\sum_{n=1}^{\infty}\int_a^x u_n(t)\mathrm{d}t$$

在$[a,b]$一致成立.

证明 记$S_n(x)=\sum\limits_{k=1}^{n}u_k(x)$，$\varepsilon_n=\sup\limits_{x\in[a,b]}|S_n(x)-S(x)|$. $\forall x\in[a,b]$，有

$$S_n(x)-\varepsilon_n\leqslant S(x)\leqslant S_n(x)+\varepsilon_n.$$

由上、下积分的单调性，上式左边表明$S_n(x)-\varepsilon_n$在$[a,b]$的下积分小于等于$S(x)$的下积分J^-，上式右边表明$S(x)$的上积分J^+小于等于$S_n(x)+\varepsilon_n$在$[a,b]$的上积分. 又因$S_n(x)-\varepsilon_n$，$S_n(x)+\varepsilon_n$均在$[a,b]$可积，它们的上、下积分等于积分，于是有

$$\int_b^a[S_n(x)-\varepsilon_n]\mathrm{d}x\leqslant J^-\leqslant J^+\leqslant\int_b^a(S_n(x)+\varepsilon_n)\mathrm{d}x.$$

上式两端相减得

$$0\leqslant J^+-J^-\leqslant 2\varepsilon_n(b-a).$$

因为$S_n(x)$在$[a,b]$一致收敛于$S(x)$，所以ε_n是无穷小量，上式表明了$J^+=J^-$即$S(x)$在$[a,b]$可积. 再适当放大可得

$$\left|\int_a^x[S(t)-S_n(t)]\mathrm{d}t\right|\leqslant\int_a^x|S(t)-S_n(t)|\mathrm{d}t\leqslant\varepsilon_n(x-a)\leqslant\varepsilon_n(b-a),$$

上式对一切$x\in[a,b]$成立，右边是与x无关的无穷小量，由定理 1.1 得$\lim\limits_{n\to\infty}\int_a^x S_n(t)\mathrm{d}t=\int_a^x S(t)\mathrm{d}t$在$[a,b]$上一致成立即定理成立. □

本定理也称为**逐项可积定理**.

推论(积分号下取极限定理) 若$\{f_n(x)\}$在$[a,b]$上一致收敛于$f(x)$，每个$f_n\in\mathscr{R}[a,b]$，则$\lim\limits_{n\to\infty}\int_a^x f_n(t)\mathrm{d}t=\int_a^x f(t)\mathrm{d}t$在$[a,b]$上一致成立.

请读者注意，逐项可微定理中，$\sum\limits_{n=1}^{\infty}u'(x)$(或$\{f_n'(x)\}$)的一致收敛性条件虽然不是必需的，但却是重要的，否则，结论可能不成立.

例如，函数列$f_n(x)=-\mathrm{e}^{-n^2x^2}$在$[0,1]$处处收敛于

$$f(x)=\begin{cases}-1, & x=0,\\ 0, & 0<x\leqslant 1,\end{cases}$$

又$f_n'(x)=2n^2x\mathrm{e}^{-n^2x^2}$，易知$\{f_n'(x)\}$在$[0,1]$上不一致收敛，且极限函数$f(x)$在$[0,1]$不是处处可微.

例 2　对级数 $\sum_{n=1}^{\infty} n\mathrm{e}^{-nx}$：

(1) 证明：其和函数在收敛域上连续且可微；

(2) 求其和函数 $S(x)$.

解　(1) 由 $\lim_{n\to\infty}\frac{n^3}{\mathrm{e}^{nx}}=0\quad(x>0)$，所以 $n\mathrm{e}^{-nx}=o\left(\frac{1}{n^2}\right)(x>0)$，所以，该级数的收敛域是 $(0,+\infty)$. 任取 $\delta>0$，只要 $x\geqslant\delta$，有 $0\leqslant n\mathrm{e}^{-nx}\leqslant n\mathrm{e}^{-n\delta}$，因 $\sum_{n=1}^{\infty} n\mathrm{e}^{-n\delta}$ 收敛，所以，该级数在 $(0,+\infty)$ 内闭一致收敛. 故和函数 $S(x)=\sum_{n=1}^{\infty} n\mathrm{e}^{-nx}$ 在 $(0,+\infty)$ 上连续.

因 $\sum_{n=1}^{\infty}(n\mathrm{e}^{-nx})'=-\sum_{n=1}^{\infty} n^2\mathrm{e}^{-nx}$. 仿上可知它在 $(0,+\infty)$ 内闭一致收敛，故和函数 $S(x)=\sum_{n=1}^{\infty} n\mathrm{e}^{-nx}$ 在 $(0,+\infty)$ 上可微.

(2) 因 $S(x)=\sum_{n=1}^{\infty} n\mathrm{e}^{-nx}$ 在 $(0,+\infty)$ 内闭一致收敛，由常义可积定理有

$$\int_{\delta}^{x} S(t)\,\mathrm{d}t=\sum_{n=1}^{\infty}\int_{\delta}^{x} n\mathrm{e}^{-nt}\,\mathrm{d}t=\sum_{n=1}^{\infty}\mathrm{e}^{-n\delta}-\sum_{n=1}^{\infty}\mathrm{e}^{-nx}=\frac{\mathrm{e}^{-\delta}}{1-\mathrm{e}^{-\delta}}-\frac{\mathrm{e}^{-x}}{1-\mathrm{e}^{-x}},$$

其中 $x\in(0,+\infty)\quad(\delta>0)$.

又因 $S(x)$ 在 $(0,+\infty)$ 上连续，对上式求导，由积分上限函数的导数公式得

$$S(x)=-\left(\frac{\mathrm{e}^{-x}}{1-\mathrm{e}^{-x}}\right)'=\frac{\mathrm{e}^{x}}{(\mathrm{e}^{x}-1)^2},\ x\in(0,+\infty).$$

例 3　求证：$\arctan x=\sum_{n=0}^{\infty}\frac{(-1)^n x^{2n+1}}{2n+1},x\in(-1,1)$.

证明　易知 $\frac{1}{1+x^2}=\sum_{n=0}^{\infty}(-1)^n x^{2n}$ 在 $(-1,1)$ 内闭一致收敛，$\forall x\in(-1,1)$，由逐项可积定理得

$$\int_0^x\frac{\mathrm{d}t}{1+t^2}=\sum_{n=0}^{\infty}(-1)^n\int_0^x t^{2n}\mathrm{d}t,\ x\in(-1,1),$$

即

$$\arctan x=\sum_{n=0}^{\infty}\frac{(-1)^n x^{2n+1}}{2n+1},\ x\in(-1,1).$$

我们要问：当 $x=1$ 时上式还成立吗？即是否有等式 $\frac{\pi}{4}=\sum_{n=0}^{\infty}\frac{(-1)^n}{2n+1}$ 成立？

易知 $\sum_{n=0}^{\infty}\frac{(-1)^n x^{2n+1}}{2n+1}$ 在 $[0,1]$ 处处收敛，在 $[0,1]$ 上，应用 Abel 一致收敛判敛法就可得到 $\sum_{n=0}^{\infty}\frac{(-1)^n x^{2n+1}}{2n+1}$ 在 $[0,1]$ 一致收敛，据逐项求极限定理有

$$\frac{\pi}{4}=\lim_{x\to1^-}\arctan x=\sum_{n=0}^{\infty}\lim_{x\to1^-}\frac{(-1)^n x^{2n+1}}{2n+1}=\sum_{n=0}^{\infty}\frac{(-1)^n}{2n+1}.$$

例 4　求证：(1) $\sum_{n=1}^{\infty}x^n\ln^2 x$ 在 $[0,1]$ 一致收敛；　(2) $\int_0^1\frac{\ln^2 x}{1-x}\mathrm{d}x=\sum_{n=1}^{\infty}\frac{2}{n^3}$.

证明 (1) 记 $u_n(x)=x^n\ln^2 x$. 易知 $\lim\limits_{x\to 0^+}u_n(x)=0$,所以,可令 $u_n(0)=0$. 又 $u_n(1)=0$, $u_n(x)\geqslant 0\quad(x\in[0,1])$,易得 $u_n(x)$ 在$[0,1]$的最大值点为 $x_n=\mathrm{e}^{-\frac{2}{n}}\quad(n\in\mathbf{N})$,所以

$$|x^n\ln^2 x|\leqslant \mathrm{e}^{-2}\left(-\frac{2}{n}\right)^2\leqslant\frac{4}{n^2}.$$

由 M- 判别法,就证明了(1).

(2) 显然有$\dfrac{\ln^2 x}{1-x}=\sum\limits_{n=0}^{\infty}x^n\ln^2 x$. 逐项积分得

$$\int_0^1\frac{\ln^2 x}{1-x}\mathrm{d}x=\sum_{n=0}^{\infty}\int_0^1 x^n\ln^2 x\mathrm{d}x=\sum_{n=1}^{\infty}\frac{2}{n^3}.$$

例 5 求 $S(x)=\sum\limits_{n=1}^{\infty}\dfrac{x^n}{n^2}$ 的导数,其中 $x\in(-1,1)$.

解 考察$\sum\limits_{n=1}^{\infty}\left(\dfrac{x^n}{n^2}\right)'=\sum\limits_{n=1}^{\infty}\dfrac{x^{n-1}}{n}$,$x\in(-1,1)$. $\forall\, 0<|x_0|<1$,有$\left|\dfrac{x^{n-1}}{n}\right|\leqslant|x_0|^{n-1}$ $(|x|\leqslant|x_0|)$,且$\sum\limits_{n=1}^{\infty}|x_0|^{n-1}$收敛. 由 M - 判别法可得$\sum\limits_{n=1}^{\infty}\left(\dfrac{x^n}{n}\right)'$在$(-1,1)$内闭一致收敛. 由逐项可微定理的推论可得

$$S'(x)=\sum_{n=1}^{\infty}\left(\frac{x^n}{n^2}\right)'=\sum_{n=1}^{\infty}\frac{x^{n-1}}{n},\quad x\in(-1,1).$$

例 6 设 $f_n(x)$ 是$[a,b)$上的连续函数列,且在$[a,b)$内闭一致收敛于 $f(x)$,又 $f_n(x)$ 在$[a,b]$一致有界,$f(x)$ 在$[a,b]$有界. 求证:

$$\lim_{n\to\infty}\int_a^b f_n(x)\mathrm{d}x=\int_a^b f(x)\mathrm{d}x.$$

证明 由已知条件易得 $f_n(x)$ 和 $f(x)$ 在$[a,b]$可积,且存在 $M>0$,使得对一切 n 和一切 $x\in[a,b]$有 $|f_n(x)|\leqslant M$, $|f(x)|\leqslant M$. 将求证极限适当放大,任取 $0<\delta<b-a$,有

$$\left|\int_a^b[f(x)-f_n(x)]\mathrm{d}x\right|\leqslant\int_a^{b-\delta}|f(x)-f_n(x)|\mathrm{d}x+\int_{b-\delta}^b|f(x)-f_n(x)|\mathrm{d}x.$$

任给 $\varepsilon>0$,在上式中取 $\delta=\dfrac{\varepsilon}{4M}$,则$\int_{b-\delta}^a|f(x)-f_n(x)|\mathrm{d}x\leqslant 2M\delta=\dfrac{\varepsilon}{2}$,又因 $f_n(x)$ 在$[a,b-\delta]$上一致收敛于 $f(x)$,所以存在 N,只要 $n>N$,就有$\int_a^{b-\delta}|f(x)-f_n(x)|\mathrm{d}x<\dfrac{\varepsilon}{2}$.

所以,只要 $n>N$,就有

$$\left|\int_a^b[f(x)-f_n(x)]\mathrm{d}x\right|\leqslant\frac{\varepsilon}{2}+\frac{\varepsilon}{2}=\varepsilon.$$

由此得知

$$\lim_{n\to\infty}\int_a^b f_n(x)\mathrm{d}x=\int_a^b f(x)\mathrm{d}x.$$

例 7 设 $f(x)$ 在(a,b)上连续可微,记 $f_n(x)=n\left[f\left(x+\dfrac{1}{n}\right)-f(x)\right]$,$x\in(a,b)$. 求证:$f_n(x)$ 在(a,b)内闭一致收敛于 $f'(x)$,且 $\forall\,\alpha,\beta\in(a,b)$,有

$$\lim_{n\to\infty}\int_\alpha^\beta f_n(x)\mathrm{d}x=f(\beta)-f(\alpha).$$

证明　任取 $\alpha,\beta\in(a,b)$，因 $f'(x)$ 在 (a,b) 连续，必有 $\delta>0$，使 f' 在 $[\alpha,\beta+\delta]\subset(a,b)$ 上一致连续，所以存在实轴上单增的无穷小量 $\alpha(t)\to 0(t\to 0)$，使得任取 $x',x''\in[\alpha,\beta+\delta]$ 有 $|f'(x')-f'(x'')|\leqslant\alpha(|x'-x''|)$，那么，只要 $n>\dfrac{1}{\delta}$，任取 $x\in[\alpha,\beta]$，就有

$$|f_n(x)-f'(x)|=\left|n\left[f\left(x+\frac{1}{n}\right)-f(x)\right]-f'(x)\right|\leqslant\left|f'\left(x+\frac{\theta}{n}\right)-f'(x)\right|\leqslant\alpha\left(\frac{1}{n}\right),$$

上式右边是无穷小量，由一致收敛的定理 1.1，$f_n(x)$ 在 $[\alpha,\beta]$ 上一致收敛于 $f'(x)$，故 $\{f_n(x)\}$ 在 (a,b) 内闭一致收敛于 $f'(x)$. 由积分号下取极限定理有

$$\lim_{n\to\infty}\int_\alpha^\beta f_n(x)\mathrm{d}x=\int_\alpha^\beta\lim_{n\to\infty}f_n(x)\mathrm{d}x=\int_\alpha^\beta f'(x)\mathrm{d}x=f(\beta)-f(\alpha).$$

思　考　题

1. 逐项可积定理对广义积分(无穷积分和瑕积分)成立吗?

$\left(\text{提示：考察 } f_n(x)=\begin{cases}\dfrac{n}{x^3}\mathrm{e}^{-\frac{n}{2x^2}}, & x>0\\ 0, & x=0\end{cases}\quad\text{及}\quad\displaystyle\int_0^{+\infty}f_n(x)\mathrm{d}x.\right)$

2. 逐项可积定理中，若将有界区间 $[a,b]$ 改成无界区间 I(比如 $I=[a,+\infty)$)，能否判定 $\displaystyle\sum_{n=1}^{\infty}\int_a^x u_n(t)\mathrm{d}t$ 在 $I=[a,+\infty)$ 一致收敛于 $\displaystyle\int_a^x S(t)\mathrm{d}t$?

(提示：考察 $f_n(x)=\dfrac{1}{n}\cos\dfrac{x}{n},x\in\mathbf{R}$.)

3. 逐项可微定理中，若将有界区间 $[a,b]$ 改成无界区间 I(例如 $I=[a,+\infty)$)，能否断定 $\displaystyle\sum_{n=1}^{\infty}u_n(x)$ 在 $I=[a,+\infty)$ 一致收敛于 $S(x)$?

(提示：考察 $f_n(x)=\sin\dfrac{x}{n},x\in\mathbf{R}$.)

4. 由处处间断的函数构成的函数列 $\{f_n(x)\}$，是否可能一致收敛于一个处处连续的函数?

$\left(\text{提示：考察 } f_n(x)=\begin{cases}\dfrac{1}{n}, & x\in\mathbf{Q},\\ 0, & x\in\mathbf{R}\backslash\mathbf{Q}.\end{cases}\right)$

由此看出，一致收敛性只传输函数列“好”的性质，不传输“坏”的性质.

练　习　题

7.16　(1) 证明：$\displaystyle\sum_{n=1}^{\infty}\frac{(-1)^{n-1}}{n}\mathrm{e}^{-nx}$ 在 $[0,+\infty)$ 上一致收敛；

(2) 证明：$\displaystyle\lim_{x\to 0^+}\sum_{n=1}^{\infty}\frac{(-1)^{n-1}}{n}\mathrm{e}^{-nx}=\ln 2$.

7.17　证明：Riemann-ζ 函数 $\zeta(x)=\displaystyle\sum_{n=1}^{\infty}\frac{1}{n^x}$ 在 $(1,+\infty)$ 上连续，且有连续的各阶导数.

7.18　(1) 证明：$\dfrac{1-r^2}{1-2r\cos x+r^2}=1+2\displaystyle\sum_{n=1}^{\infty}r^n\cos nx$，$|r|<1$；

(2) 证明：$\int_{-\pi}^{\pi}\frac{1-r^2}{1-2r\cos x+r^2}\mathrm{d}x=2\pi,\ |r|<1.$

7.19 设函数 f 在 $\mathbf{R}$ 有任意阶导数，函数列 $\{f^{(n)}(x)\}$ 在 $\mathbf{R}$ 内闭一致收敛于 $\varphi(x)$.

求证：$\varphi(x)=c\mathrm{e}^x, x\in\mathbf{R}$，其中 c 为任意常数.

7.20 设 $\{u_n(x)\}$ 在 $[a,b]$ 是正值函数列，每个函数 $u_n(x)$ 在 $[a,b]$ 单增，且 $\sum\limits_{n=1}^{\infty}u_n(b)$ 收敛.

求证：$\int_a^b\left[\sum\limits_{n=1}^{\infty}u_n(x)\right]\mathrm{d}x=\sum\limits_{n=1}^{\infty}\int_a^b u_n(x)\mathrm{d}x.$

7.21 设每个 $v_n(x)$ 在 $[0,1)$ 为非负连续函数，且 $\lim\limits_{x\to1^-}v_n(x)=1\quad(n\in\mathbf{N})$，又 $\{v_n(x)\}$ 为单减数列，且 $\sum\limits_{n=0}^{\infty}a_n$ 收敛. 求证：

(1) $\sum\limits_{n=0}^{\infty}a_nv_n(x)$ 在 $[0,1]$ 一致收敛；

(2) $\lim\limits_{x\to1^-}\sum\limits_{n=0}^{\infty}a_nv_n(x)=\sum\limits_{n=0}^{\infty}a_n$；

(3) $\lim\limits_{x\to1^-}\sum\limits_{n=1}^{\infty}(-1)^{n-1}\frac{x^n}{n(1+x^n)}=\frac{1}{2}\ln 2.$

7.22 设连续函数列 $\{f_n(x)\}$ 在 $[0,1]$ 一致收敛于 $f(x)$，求证：

$$\lim_{n\to\infty}\int_0^{1-\frac{1}{n}}f_n(x)\mathrm{d}x=\int_0^1 f(x)\mathrm{d}x.$$

7.23 设 $\sum\limits_{n=1}^{\infty}u_n(x)$ 在 $[a,b]$ 处处收敛，在 (a,b) 内闭一致收敛，每个函数 $u_n(x)$ 在 (a,b) 连续，且部分和函数列 $S_n(x)=\sum\limits_{k=1}^{n}u_k(x)$ 在 $[a,b]$ 一致有界. 求证：

$$\int_a^b\left[\sum_{n=1}^{\infty}u_n(x)\right]\mathrm{d}x=\sum_{n=1}^{\infty}\int_a^b u_n(x)\mathrm{d}x.$$

7.1.3 幂级数性质

给定数列 $a_0,a_1,\cdots,a_n,\cdots$ 和常数 x_0，称形如

$$\sum_{n=0}^{\infty}a_n(x-x_0)^n$$

的函数项级数为**幂级数**，它的通项 $u_n(x)=a_n(x-x_0)^n$ 是幂函数. 若存在 $N\in\mathbf{N}$，对一切 $n>N$，有 $a_n=0$，则幂级数退化为多项式 $\sum\limits_{k=0}^{N}a_k(x-x_0)^k$. 因此，幂级数可看成是多项式的推广.

对 $\sum\limits_{n=0}^{\infty}a_n(x-x_0)^n$ 作换元 $y=x-x_0$ 得变量 y 的幂级数 $\sum\limits_{n=0}^{\infty}a_by^n$，两者性质相同，所以只要讨论形如 $\sum\limits_{n=0}^{\infty}a_nx^n$ 的幂级数性质.

首先研究幂级数收敛域的结构.

引理 若 $\sum\limits_{n=0}^{\infty}a_nx^n$ 在 $x_1\neq0$ 收敛，则它在 $|x|<|x_1|$ 处绝对收敛；若 $\sum\limits_{n=0}^{\infty}a_nx^n$ 在 $x_2\neq0$ 发散，则它在 $|x|>|x_2|$ 处也发散.

证明　因为 $|a_nx^n|=|a_nx_1^n|\left|\frac{x}{x_1}\right|^n$，且 $\sum_{n=0}^{\infty}a_nx_1^n$ 收敛，故存在 $M>0$，对每个非负整数 n，有 $|a_nx_1^n|\leqslant M$，所以 $|a_nx^n|\leqslant M\left|\frac{x}{x_1}\right|^n$. 当 $|x|<|x_1|$ 时，有 $\left|\frac{x}{x_1}\right|<1$，所以 $\sum_{n=0}^{\infty}\left|\frac{x}{x_1}\right|^n$ 收敛. 故只要 $|x|<|x_1|$，$\sum_{n=0}^{\infty}a_nx^n$ 绝对收敛.

引理第二部分用反证法即可证得. □

定理 1.12　任何幂级数 $\sum_{n=0}^{\infty}a_nx^n$，一定存在 $R\in[0,+\infty]$：当 $|x|<R$ 时，$\sum_{n=0}^{\infty}a_nx^n$ 收敛；当 $|x|>R$ 时，$\sum_{n=0}^{\infty}a_nx^n$ 发散. 记 $\rho=\overline{\lim_{n\to\infty}}\sqrt[n]{|a_n|}$，则有

$$R=\begin{cases}+\infty, & 若\ \rho=0,\\ \dfrac{1}{\rho}, & 若\ 0<\rho<+\infty,\\ 0, & 若\ \rho=+\infty.\end{cases}$$

证明　因为 $\overline{\lim_{n\to\infty}}\sqrt[n]{|a_nx^n|}=\rho|x|$，根据根值判敛法的上极限形式，若 $\rho=0$，则对任何实数 x，$\sum_{n=0}^{\infty}a_nx^n$ 均绝对收敛，所以 $R=+\infty$；若 $\rho=+\infty$，级数 $\sum_{n=0}^{\infty}a_nx^n$ 的通项 a_nx^n，当 $x\neq0$ 时不趋于零，它只在 $x=0$ 点收敛，所以 $R=0$；若 $0<\rho<+\infty$，取 $R=\frac{1}{\rho}$，当 $\rho|x|<1$，即 $|x|<R$ 时，$\sum_{n=0}^{\infty}a_nx^n$ 绝对收敛，当 $\rho|x|>1$ 即 $|x|>R$ 时，级数 $\sum_{n=0}^{\infty}a_nx^n$ 的通项 a_nx^n，当 $n\to\infty$ 时不趋于 0，所以 $\sum_{n=0}^{\infty}a_nx^n$ 发散. □

定理 1.12 常称之为 **Cauchy-Hadamard 定理**，定理中的 R 称为幂级数 $\sum_{n=0}^{\infty}a_nx^n$ 的**收敛半径**，并称开区间 $(-R,R)$ 为 $\sum_{n=0}^{\infty}a_nx^n$ 的**收敛区间**. 幂级数 $\sum_{n=0}^{\infty}a_nx^n$ 在收敛区间端点 $x=\pm R$ 的敛散性，要具体问题具体分析. 一般地说幂级数的收敛域与收敛区间不一定相同.

下面给出求幂级数收敛半径的其他方法.

定理 1.13　级数 $\sum_{n=0}^{\infty}a_nx^n$ 满足 $a_n\neq0$，若 $\lim_{n\to\infty}\left|\frac{a_{n+1}}{a_n}\right|=\rho$，则它的收敛半径

$$R=\begin{cases}+\infty, & 若\ \rho=0,\\ \dfrac{1}{\rho}, & 若\ 0<\rho<+\infty,\\ 0, & 若\ \rho=+\infty.\end{cases}$$

注　若有 $a_n=0$，即“缺项幂级数”，则不能用此定理. 例如，$\sum_{n=0}^{\infty}a_{2n}x^{2n}$，$\sum_{n=0}^{\infty}a_{2n+1}x^{2n+1}$ 等，此时，记通项为 $u_n(x)$，直接用比值法即可求出收敛半径.

利用比值判敛法易证此定理，请读者仿照定理 1.12 的方法用比值法自行证之. 利用根

值判敛法还可证明下面的定理.

定理 1.14 级数$\sum\limits_{n=0}^{\infty}a_nx^n$满足$a_n\neq 0$,若$\lim\limits_{n\to\infty}\sqrt[n]{|a_n|}=\rho$,则它的收敛半径

$$R=\begin{cases}+\infty, & 若\ \rho=0,\\ \dfrac{1}{\rho}, & 若\ 0<\rho<+\infty,\\ 0, & 若\ \rho=+\infty.\end{cases}$$

例 1 求$\sum\limits_{n=1}^{\infty}\dfrac{x^n}{n}$的收敛区间与收敛域.

解 因$\rho=\lim\limits_{n\to\infty}\left|\dfrac{a_{n+1}}{a_n}\right|=\lim\limits_{n\to\infty}\dfrac{n}{n+1}=1\Rightarrow R=\dfrac{1}{\rho}=1$. 所以此幂级数的收敛区间是$(-1,1)$.

当$x=-1$时,$\sum\limits_{n=1}^{\infty}\dfrac{(-1)^n}{n}$显然收敛;当$x=1$时,$\sum\limits_{n=1}^{\infty}\dfrac{1}{n}$发散. 故此幂级数的收敛域是$[-1,1)$.

例 2 求$\sum\limits_{n=0}^{\infty}\dfrac{\ln(n+1)}{n+1}(x-1)^n$的收敛区间与收敛域.

解 因为 $\rho=\lim\limits_{n\to\infty}\left|\dfrac{a_{n+1}}{a_n}\right|=\lim\limits_{n\to\infty}\left[\dfrac{\ln(n+2)}{n+2}\Big/\dfrac{\ln(n+1)}{n+1}\right]=1$,所以$R=\dfrac{1}{\rho}=1$,故此级数的收敛区间是$|x-1|<1$,即收敛区间为$(0,2)$.

当$x=0$,$\sum\limits_{n=0}^{\infty}(-1)^n\dfrac{\ln(n+1)}{n+1}$收敛;当$x=2$,$\sum\limits_{n=0}^{\infty}\dfrac{\ln(n+1)}{n+1}$发散. 故此级数的收敛域是$[0,2)$.

例 3 求$\sum\limits_{n=0}^{\infty}[3+(-1)^n]^nx^n$的收敛区间与收敛域.

解 因为

$$\rho=\overline{\lim_{n\to\infty}}\sqrt[n]{|a_n|}=\overline{\lim_{n\to\infty}}[3+(-1)^n]=4\Rightarrow R=\frac{1}{\rho}=\frac{1}{4},$$

故此级数的收敛区间是$\left(-\dfrac{1}{4},\dfrac{1}{4}\right)$.

当$x=\pm\dfrac{1}{4}$时,级数的偶数项为$[3+(-1)^{2n}]^{2n}\left(\pm\dfrac{1}{4}\right)^{2n}=1$,此时级数发散,故级数的收敛域为$\left(-\dfrac{1}{4},\dfrac{1}{4}\right)$.

例 4 求$\sum\limits_{n=1}^{\infty}(-1)^{n-1}\dfrac{x^{2n-1}}{2^n}$的收敛区间与收敛域.

解 **方法 1** 有$a_n=\begin{cases}0, & n=2k,\\ \dfrac{(-1)^{k-1}}{2^k}, & n=2k-1,\end{cases}$

所以 $$\rho=\overline{\lim_{n\to\infty}}\sqrt[n]{|a_n|}=\lim_{k\to\infty}\sqrt[2k-1]{\frac{1}{2^k}}=\frac{1}{\sqrt{2}}.$$

故 $R=\sqrt{2}$,因此收敛区间是$(-\sqrt{2},\sqrt{2})$.

当 $x=\sqrt{2}$ 时,级数$\sum\limits_{n=1}^{\infty}\dfrac{(-1)^{n-1}}{\sqrt{2}}$发散;当 $x=-\sqrt{2}$ 时,级数$\sum\limits_{n=1}^{\infty}\dfrac{(-1)^{n}}{\sqrt{2}}$发散.故收敛域是$(-\sqrt{2},\sqrt{2})$.

方法 2　有$\sum\limits_{n=1}^{\infty}(-1)^{n-1}\dfrac{x^{2n-1}}{2^n}=\dfrac{x}{2}\left[\sum\limits_{n=0}^{\infty}(-1)^{n}\dfrac{x^{2n}}{2^n}\right]$.

令 $t=x^2$,则$\sum\limits_{n=0}^{\infty}(-1)^{n}\dfrac{x^{2n}}{2^n}=\sum\limits_{n=0}^{\infty}(-1)^{n}\dfrac{t^n}{2^n}$.易知$\sum\limits_{n=0}^{\infty}(-1)^{n}\dfrac{t^n}{2^n}$的收敛半径为2,因 $t=x^2$,故$\sum\limits_{n=0}^{\infty}(-1)^{n}\dfrac{x^{2n}}{2^n}$的收敛半径为$\sqrt{2}$,即原级数收敛半径 $R=\sqrt{2}$.

方法 3　记此幂级数通项为 $u_n(x)$,有

$$\left|\frac{u_{n+1}(x)}{u_n(x)}\right|=\left|\frac{x^{2n+1}}{2^{n+1}}\cdot\frac{2^n}{x^{2n-1}}\right|=\frac{|x|^2}{2}\to\frac{|x|^2}{2}<1\quad(n\to\infty),$$

即

$$|x|^2<2\Leftrightarrow|x|<\sqrt{2}.$$

故收敛半径为$\sqrt{2}$.

下面我们研究幂级数的一致收敛性及其和函数的分析性质.

定理 1.15　设$\sum\limits_{n=0}^{\infty}a_nx^n$的收敛半径为 $R>0$,则它在$(-R,R)$内闭一致收敛.

证明　$\forall r:0<r<R$,当 $|x|\leqslant r$ 时,有

$$|a_nx^n|\leqslant|a_nr^n|.$$

因$\sum\limits_{n=0}^{\infty}a_nr^n$绝对收敛,由 M-判别法知,$\sum\limits_{n=0}^{\infty}a_nx^n$在$[-r,r]$一致收敛.再由 $r\in(0,R)$的任意性知$\sum\limits_{n=0}^{\infty}a_nx^n$在$(-R,R)$内闭一致收敛. □

定理 1.16(Abel 定理)　设$\sum\limits_{n=0}^{\infty}a_nx^n$的收敛半径为$R>0$,若它在收敛区间端点 $x=R$ 收敛,则$\sum\limits_{n=0}^{\infty}a_nx^n$在$[0,R]$一致收敛.

证明　有 $a_nx^n=(a_nR^n)\left(\dfrac{x}{R}\right)^n$,且数项级数$\sum\limits_{n=0}^{\infty}a_nR^n$收敛,又 $\forall x\in[0,R]$,$b_n(x)=\left(\dfrac{x}{R}\right)^n$为单调数列,且在$[0,R]$一致有界($|b_n(x)|\leqslant1$),由 Abel 一致收敛判别法知,$\sum\limits_{n=0}^{\infty}a_nx^n$在$[0,R]$一致收敛. □

定理 1.17　若$\sum\limits_{n=0}^{\infty}a_nx^n$在 $x=R$ 发散,则$\sum\limits_{n=0}^{\infty}a_nx^n$在$[0,R)$不一致收敛.

证明　若$\sum\limits_{n=0}^{\infty}a_nx^n$在$[0,R)$上一致收敛,则任给 $\varepsilon>0$,就存在 N,使得只要 $n>N$,对一切自然数 p 和一切 $x\in[0,R)$ 均有

$$|a_{n+1}x^{n+1}+\cdots+a_{n+p}x^{n+p}|<\varepsilon,$$

上式中令 $x \to R-0$,由极限的保序性就得到了,只要 $n>N$,对一切自然数 p,有

$$|a_{n+1}R^{n+1}+\cdots+a_{n+p}R^{n+p}|\leqslant \varepsilon,$$

所以 $\sum_{n=0}^{\infty}a_nR^n$ 收敛,这与已知条件矛盾,所以定理成立.

定理 1.18 设 $\sum_{n=0}^{\infty}a_nx^n$ 的收敛半径为 $R>0$,和函数为 $S(x)$,$x\in(-R,R)$,则

(i) $S(x)$ 在 $(-R,R)$ 连续.

(ii) 幂级数可逐项求导,且幂级数的收敛半径仍为 R.

(iii) 幂级数可逐项积分,且逐项积分后的幂级数收敛半径仍为 R.

证明 因为该幂级数在 $(-R,R)$ 上内闭一致收敛.由函数项级数的连续性、可微性、可积性定理就证明了定理 1.18.特别有

$$S'(x)=\sum_{n=0}^{\infty}(a_nx^n)'=\sum_{n=0}^{\infty}na_nx^{n-1}=\sum_{n=0}^{\infty}(n+1)a_{n+1}x^n,$$

$$\int_0^x S(t)\mathrm{d}t=\sum_{n=0}^{\infty}\int_0^x a_nt^n\mathrm{d}t=\sum_{n=0}^{\infty}\frac{a_n}{n+1}x^{n+1}.$$

因为 $\overline{\lim_{n\to\infty}}\sqrt[n]{(n+1)|a_{n+1}|}=\lim_{n\to\infty}\sqrt[n]{n+1}\ \overline{\lim_{n\to\infty}}\sqrt[n]{|a_{n+1}|}=\overline{\lim_{n\to\infty}}\sqrt[n]{|a_n|}$,

$$\overline{\lim_{n\to\infty}}\sqrt[n+1]{\frac{|a_n|}{n+1}}=\lim_{n\to\infty}\sqrt[n+1]{\frac{1}{n+1}}\ \overline{\lim_{n\to\infty}}\sqrt[n+1]{|a_n|}=\overline{\lim_{n\to\infty}}\sqrt[n]{|a_n|},$$

所以对幂级数进行逐项微分或逐项积分后,所得到的幂级数的收敛半径不变. □

注意 本定理仅断定幂级数的收敛半径,经逐项微分或逐项积分后保持不变,并未断言幂级数在收敛区间端点的敛散性经逐项微分或逐项积分后也保持不变.

推论 $\sum_{n=0}^{\infty}a_nx^n$ 在收敛区间 $(-R,R)$ 构成的和函数 $S(x)$ 在 $(-R,R)$ 具有任意阶导数,且可逐项微分得到.

下面讨论幂级数的运算性质,首先研究两个幂级数相等的问题.两个幂级数相等,是指它们的和函数相等且收敛区间相同,于是有下面的定理.

定理 1.19(幂级数唯一性) 若 $\sum_{n=0}^{\infty}a_nx^n=\sum_{n=0}^{\infty}b_nx^n$,$x\in(-R,R)$,则 $a_n=b_n$,$n=0,1,2,\cdots$.

证明 先令 $x=0$,得 $a_0=b_0$,对等式两边逐项求导后,再令 $x=0$,得 $a_1=b_1$,依次递推,运用数学归纳法就证明了定理 1.19.

定理 1.20 设 $\sum_{n=0}^{\infty}a_nx^n$ 与 $\sum_{n=0}^{\infty}b_nx^n$ 的收敛半径分别为 R_a 与 R_b.则

(i) $k\sum_{n=0}^{\infty}a_nx^n=\sum_{n=0}^{\infty}ka_nx^n$, $x\in(-R_a,R_a)$;

(ii) $\sum_{n=0}^{\infty}a_nx^n\pm\sum_{n=0}^{\infty}b_nx^n=\sum_{n=0}^{\infty}(a_n\pm b_n)x^n$, $x\in(-R,R)$;

(iii) $\left(\sum_{n=0}^{\infty}a_nx^n\right)\left(\sum_{n=0}^{\infty}b_nx^n\right)=\sum_{n=0}^{\infty}c_nx^n$, $x\in(-R,R)$,

其中，$c_n = \sum_{k=0}^{n} a_k b_{n-k}$，$R \geqslant \min\{R_a, R_b\}$.

证明　由收敛数项级数性质即可证得(i)(ii). 由幂级数在收敛区间的绝对收敛性及 Cauchy 乘积级数即可证得(iii). 当 $R_a \neq R_b$ 时，$\sum_{n=0}^{\infty}(a_n \pm b_n)x^n$ 与 $\sum_{n=0}^{\infty} c_n x^n$ 的收敛半径 $R = \min\{R_a, R_b\}$；当 $R_a = R_b$ 时，可能有 $R > \min\{R_a, R_b\}$. □

定理 1.21　设 $\sum_{n=0}^{\infty} a_n x^n (a_0 = 1)$ 的收敛半径 $R > 0$，则

$$\frac{1}{\sum_{n=0}^{\infty} a_n x^n} = \sum_{n=0}^{\infty} b_n x^n, \quad x \in (-r, r), \tag{1}$$

其中 $b_0 = 1$，$b_n = -\sum_{k=1}^{n} a_k b_{n-k}$　$(n \in \mathbf{N})$，$r > 0$.

证明　若存在 $r > 0$，使得定理的式(1) 成立. 则在定理 1.20(iii) 中，式(1) 对应的乘积极数的系数就满足 $c_0 = 1, c_n = 0, n = 1, 2, \cdots$. 由 $c_0 = 1, c_n = 0$ 和定理 1.20 的(iii) 解出 b_n 可得

$$b_0 = 1, b_n = -\sum_{k=1}^{n} a_k b_{n-k}, n \in \mathbf{N}. \tag{2}$$

所以只须证明，当 b_n 由式(2) 表示时，$\sum_{n=0}^{\infty} b_n x^n$ 的收敛半径 $r > 0$，定理就成立.

取定 $0 < r_1 < R$，因 $\sum_{n=0}^{\infty} a_n r_1^n$ 收敛，故存在正数 $M \geqslant 1$，使得 $|a_n r_1^n| \leqslant M$，即 $|a_n| \leqslant \frac{M}{r_1^n}$　$(n \in \mathbf{N})$，故

$$|b_0| = 1 = |a_0| \leqslant M,$$

$$|b_1| = |a_1 b_0| = |a_1| \leqslant \frac{M}{r_1},$$

$$|b_2| \leqslant |a_1 b_1| + |a_2 b_0| \leqslant \frac{M}{r_1} \cdot \frac{M}{r_1} + \frac{M^2}{r_1^2} = \frac{2M^2}{r_1^2} \leqslant \left(\frac{2M}{r_1}\right)^2.$$

一般地，可用归纳法证明 $|b_n| \leqslant \left(\frac{2M}{r_1}\right)^n$，所以 $\sqrt[n]{|b_n|} \leqslant \frac{2M}{r_1}$. 故 $\sum_{n=0}^{\infty} b_n x^n$ 的收敛半径 r 满足

$$r = \frac{1}{\varlimsup_{n \to \infty} \sqrt[n]{|b_n|}} \geqslant \frac{r_1}{2M} > 0.$$ □

由已知的 a_n，根据等式：$b_0 = 1, b_n = -\sum_{k=1}^{n} a_k b_{n-k} (n \in \mathbf{N})$，逐个求出 b_n 的方法称为**待定系数法**. 当然不一定死板地按上述公式计算，可采用简便的长除法进行. 例如用长除法易得

$$\frac{1}{\sum_{n=0}^{\infty} \frac{x^n}{n!}} = \sum_{n=0}^{\infty} \frac{(-1)^n}{n!} x^n.$$

例 5　求 $E(x) = \sum_{n=0}^{\infty} \frac{x^n}{n!}$.

解 易知$\sum\limits_{n=0}^{\infty}\frac{x^n}{n!}$的收敛半径$R=+\infty$,由幂级数在收敛区间逐项可微性得

$$E'(x)=\sum_{n=0}^{\infty}\left(\frac{x^n}{n!}\right)'=\sum_{n=0}^{\infty}\frac{x^n}{n!}=E(x),\ x\in\mathbf{R}.$$

于是,$\left(\frac{E(x)}{\mathrm{e}^x}\right)'=0$,且$E(0)=1\Rightarrow E(x)=\mathrm{e}^x$,即

$$\mathrm{e}^x=1+\frac{x}{1!}+\frac{x^2}{2!}+\cdots+\frac{x^n}{n!}+\cdots,\ x\in\mathbf{R}.$$

特别有$\mathrm{e}=1+\frac{1}{1!}+\frac{1}{2!}+\cdots+\frac{1}{n!}+\cdots$.

例 6 求$\sum\limits_{n=1}^{\infty}(-1)^{n-1}\frac{x^n}{n}$的和函数.

解 易知等比级数

$$\frac{1}{1+x}=\sum_{n=0}^{\infty}(-1)^n x^n,\ x\in(-1,1)$$

的收敛半径$R=1$,因而在$(-1,1)$可逐项积分.

$$\ln(1+x)=\int_0^x\frac{\mathrm{d}t}{1+t}=\sum_{n=0}^{\infty}(-1)^n\int_0^x t^n\mathrm{d}t=\sum_{n=1}^{\infty}(-1)^{n-1}\frac{x^n}{n},\ x\in(-1,1).$$

又幂级数$\sum\limits_{n=1}^{\infty}(-1)^{n-1}\frac{x^n}{n}$在收敛区间端点$x=1$收敛,由 Abel 定理知

$$\ln 2=\sum_{n=1}^{\infty}\frac{(-1)^{n-1}}{n}.$$

故 $$\ln(1+x)=x-\frac{x^2}{2}+\frac{x^3}{3}-\cdots+(-1)^{n-1}\frac{x^n}{n}+\cdots,\ x\in(-1,1].$$

在此例中,若令$x=-\frac{1}{2}$,则得$\sum\limits_{n=1}^{\infty}\frac{1}{n\cdot 2^n}=\ln 2$;若令$x=\frac{1}{2}$,则得$\sum\limits_{n=1}^{\infty}\frac{(-1)^{n-1}}{n\cdot 2^n}=\ln\frac{3}{2}$.

例 7 求$\sum\limits_{n=1}^{\infty}n^2x^{n-1}$的和函数.

解 易知收敛半径$R=1$. 令$S(x)=\sum\limits_{n=1}^{\infty}n^2x^{n-1}$,$x\in(-1,1)$,有$\frac{1}{1-x}=\sum\limits_{n=0}^{\infty}x^n$,$x\in(-1,1)$. 两边求导得$\frac{1}{(1-x)^2}=\sum\limits_{n=1}^{\infty}nx^{n-1}$,$x\in(-1,1)$,两边同乘$x$后,再求导得

$$\sum_{n=1}^{\infty}n^2x^{n-1}=\frac{1+x}{(1-x)^3},\ x\in(-1,1).$$

思　考　题

1. 下面做法对吗?

设 $\sum_{n=0}^{\infty} a_n x^n$ 的收敛半径为 $R > 0$,由幂级数在收敛区间的内闭一致收敛性及逐项求极限定理,有

$$\lim_{x \to R^-} \sum_{n=0}^{\infty} a_n x^n = \sum_{n=0}^{\infty} (\lim_{x \to R^-} a_n x^n).$$

2. 下面做法对吗?

设 $\sum_{n=0}^{\infty} a_n x^n$ 的收敛半径为 $R > 0$,且 $\sum_{n=0}^{\infty} a_n R^n$ 收敛. 因为 $|a_n x^n| \leqslant |a_n R^n|$ ($|x| \leqslant R$),且 $\sum_{n=0}^{\infty} a_n R^n$ 收敛,由 M - 判别法知 $\sum_{n=0}^{\infty} a_n x^n$ 在 $[0, R]$ 一致收敛.

3. 求 $\sum_{n=1}^{\infty} \frac{x^{n^2}}{2^n}$ 的收敛半径 R,试问:下面哪种做法对?

方法 1　因

$$\overline{\lim_{n \to \infty}} \sqrt[n]{\frac{|x|^{n^2}}{2^n}} = \lim_{n \to \infty} \frac{|x|^n}{2} = \begin{cases} 0, & |x| < 1, \\ \frac{1}{2}, & |x| = 1, \\ +\infty, & |x| > 1. \end{cases}$$

直接由 Cauchy 根值法知 $R = 1$.

方法 2　有

$$a_n = \begin{cases} 0, & n \neq k^2, \\ \frac{1}{2^k}, & n = k^2. \end{cases}$$

且 $\overline{\lim_{n \to \infty}} \sqrt[n]{|a_n|} = \lim_{n \to \infty} \sqrt[n^2]{\frac{1}{2^n}} = \lim_{n \to \infty} \frac{1}{\sqrt[n]{2}} = 1$. 故 $R = 1$.

方法 3　因 $\overline{\lim_{n \to \infty}} \sqrt[n]{|a_n|} = \lim_{n \to \infty} \sqrt[n]{\frac{1}{2^n}} = \frac{1}{2}$,故 $R = 2$.

方法 4　因 $\lim_{n \to \infty} \left| \frac{a_{n+1}}{a_n} \right| = \lim_{n \to \infty} \left(\frac{\frac{1}{2^{n+1}}}{\frac{1}{2^n}} \right) = \frac{1}{2}$,故 $R = 2$.

方法 5　记该级数通项为 $u_n(x)$,则

$$\left| \frac{u_{n+1}(x)}{u_n(x)} \right| = \frac{|x^{(n+1)^2}|}{2^{n+1}} \cdot \frac{2^n}{|x^{n^2}|} = \frac{|x|}{2} |x|^{2n} \xrightarrow[(n \to \infty)]{} \begin{cases} 0, & |x| < 1, \\ \frac{1}{2}, & |x| = 1, \\ +\infty, & |x| > 1. \end{cases}$$

故 $R = 1$.

4. 设 $S(x) = \sum_{n=0}^{\infty} a_n x^n$ 的收敛半径 $R = 1$.

(1) 若 $\lim_{x \to 1^-} S(x)$ 存在,能否断定 $\lim_{x \to 1^-} S(x) = \sum_{n=0}^{\infty} (\lim_{x \to 1^-} a_n x^n)$?

(2) 若 $\lim_{x \to 1^-} S(x)$ 存在,且 $a_n \geqslant 0$,能否断定 $\lim_{x \to 1^-} S(x) = \sum_{n=0}^{\infty} (\lim_{x \to 1^-} a_n x^n)$?

$\left(\text{提示:(1) 考虑 } S(x)=\sum_{n=0}^{\infty}(-1)^n x^n\right)$

5. 设 $\sum_{n=0}^{\infty} a_n x^n$ 的收敛半径为 $R>0$,且 $\sum_{n=0}^{\infty} a_n x^n$ 在 $x=\pm R$ 收敛. 试问:

(1) 逐项微分后的幂级数 $\sum_{n=0}^{\infty}(a_n x^n)'$ 在 $x=\pm R$ 仍收敛吗?

$\left(\text{提示:考察} \sum_{n=1}^{\infty}\frac{x^n}{n} \text{ 与 } \sum_{n=1}^{\infty}\frac{x^n}{n^2\ln(n+1)}\right)$

(2) 逐项积分后的幂级数 $\sum_{n=0}^{\infty}\left(\int_0^x a_n t^n \mathrm{d}t\right)$ 在 $x=\pm R$ 仍收敛吗?

(提示:仔细察看逐项可积定理 1.10)

6. 在定理 1.20 中,$R>\min\{R_a,R_b\}$ 有可能出现吗?

练　习　题

7.24 求下列幂级数的收敛半径与收敛域.

(1) $\sum_{n=1}^{\infty}\frac{(2x)^n}{n!}$;　(2) $\sum_{n=1}^{\infty}\frac{\ln(n+1)}{n+1}x^{n+1}$;

(3) $\sum_{n=1}^{\infty}\frac{[3+(-1)^n]^n}{n}x^n$;　(4) $\sum_{n=1}^{\infty}\frac{3^n+(-2)^n}{n}(x+1)^n$;

(5) $\sum_{n=1}^{\infty}\left(1+\frac{1}{2}+\cdots+\frac{1}{n}\right)x^n$;　(6) $\sum_{n=1}^{\infty}\frac{(x^2+x+1)^n}{n(n+1)}$.

7.25 设 $\sum_{n=0}^{\infty} a_n x^n$ 与 $\sum_{n=0}^{\infty} b_n x^n$ 的收敛半径分别为 R_1,R_2,研究下列幂级数的收敛半径.

(1) $\sum_{n=0}^{\infty} a_n x^{2n}$;　(2) $\sum_{n=0}^{\infty}(a_n\pm b_n)x^n$.

7.26 求下列幂级数的收敛半径.

(1) $\sum_{n=0}^{\infty}\frac{x^n}{a^n+b^n}$　$(a>0,b>0)$;　(2) $a+bx+ax^2+bx^3+\cdots$　$(b>a>0)$.

7.27 设 $\sum_{n=0}^{\infty} a_n x^n\,(a_n\geqslant 0)$ 的收敛半径为 $R>0$,求证:$\lim_{x\to R^-}\sum_{n=0}^{\infty} a_n x^n=\sum_{n=0}^{\infty} a_n R^n$.

7.28 设 $y=\sum_{n=0}^{\infty}\frac{x^n}{(n!)^2}$,$x\in\mathbf{R}$,求证:$y$ 满足微分方程 $xy''+y'-y=0$.

7.29 利用逐项微分与积分的方法求下列幂级数的和函数.

(1) $\sum_{n=0}^{\infty}(-1)^n\frac{x^{2n+1}}{2n+1}$;　(2) $\sum_{n=1}^{\infty} nx^n$;

(3) $\sum_{n=1}^{\infty}\frac{(2x-1)^n}{n}$;　(4) $\sum_{n=1}^{\infty}(-1)^{n-1}n^2x^n$.

7.30 求下列级数的和.

(1) $\sum_{n=1}^{\infty}\frac{n}{2^n}$;　(2) $\sum_{n=1}^{\infty}\frac{(-1)^{n+1}}{3n-2}$;

(3) $\sum_{n=1}^{\infty}(-1)^{\frac{n(n-1)}{2}}\frac{1}{n}$.

7.31 设幂级数 $\sum_{n=0}^{\infty} a_n x^n$ 的收敛半径为 R,如果 $\sum_{n=0}^{\infty} a_n x^n$ 在 $(-R,R)$ 一致收敛,求证:$\sum_{n=0}^{\infty} a_n x^n$ 在 $[-R,R]$ 一

致收敛.

7.32 设 $S(x)=\sum_{n=1}^{\infty}\frac{x^n}{n^2\ln(n+1)}$.

(1) 求该幂级数的收敛半径及收敛域；

(2) 研究 $S(x)$ 在收敛域上的连续性；

(3) 研究 $S(x)$ 在收敛区间端点的可导性.

7.2 函数的展开

对函数项级数(或函数列)的研究,包含两个方面.一是对函数项级数(或函数列)的收敛性及和函数(或极限函数)的分析性质的研究;二是将已知函数展开为适当的函数项级数(或表示为适当的函数列的极限函数),即函数的展开与逼近问题的研究.

7.2.1 泰勒级数

首先研究将已知函数展开为幂级数的问题.

定义 2.1 设函数 $f(x)$ 在 x_0 点附近有定义,若存在 $r>0$ 和收敛半径 $R\geqslant r$ 的幂级数 $\sum\limits_{n=1}^{\infty}a_n(x-x_0)^n$,使得对每个 $x\in U(x_0,r)$ 有

$$f(x)=\sum_{n=0}^{\infty}a_n(x-x_0)^n$$

成立,就称 **f 在 x_0 能展开成幂级数**,或称 f 在 (x_0-r,x_0+r) 上能展开成幂级数.

由幂级数的性质,对上面定义中的恒等式逐项求导可得 $a_n=\dfrac{f^{(n)}(x_0)}{n!}$, $n=0,1,2,\cdots$,由此可得下面定理.

定理 2.1 若函数 f 在 x_0 能展开成幂级数,则存在 $r>0$,使得 f 在 (x_0-r,x_0+r) 上有任意阶导数,且有

$$f(x)=\sum_{n=1}^{\infty}\frac{f^{(n)}(x_0)}{n!}(x-x_0)^n,\ x\in(x_0-r,x_0+r).$$

且上式右边幂级数的收敛半径 $R\geqslant r$.

当函数 $f(x)$ 在 x_0 有任意阶导数时,称幂级数 $\sum\limits_{n=0}^{\infty}\dfrac{f^{(n)}(x_0)}{n!}(x-x_0)^n$ 为 f 在 x_0 的 **Taylor**(泰勒)级数(f 在 $x_0=0$ 的 Taylor 级数常称为 f 的 **Maclaurin 级数**),并记为

$$f(x)\sim\sum_{n=0}^{\infty}\frac{f^{(n)}(x_0)}{n!}(x-x_0)^n.$$

而 f 在 x_0 能展开为幂级数又称为 **f 在 x_0 有泰勒展开式**或称为 f 在 (x_0-r,x_0+r) 上能展开成 f 在 x_0 的泰勒级数.

请注意,f 在 x_0 的 Taylor 级数未必收敛于 $f(x)$.例如,设

$$f(x)=\begin{cases}e^{-\frac{1}{x^2}}, & x\neq 0,\\ 0, & x=0,\end{cases}$$

则容易验证 f 在 $x=0$ 有任意阶导数且 $f^{(n)}(0)=0$, $n=0,1,2,\cdots$.所以 f 在 $x=0$ 的 Taylor 级数的和恒为零,它在任何开区间 $(-r,r)$ 均不可能收敛于 $f(x)$.这表明 f 在 (x_0-r,x_0+r) 上有任意阶导数是 f 在 x_0 能展开成 Taylor 级数的必要条件,而不是充要条件.

定理 2.2 设函数 $f(x)$ 在 (x_0-r,x_0+r) 上有任意阶导数,则 f 在 (x_0-r,x_0+r) 能展开成 f 在 x_0 的 Taylor 级数的充要条件是:对每个 $x\in(x_0-r,x_0+r)$,Taylor 公式的余项

$$R_n(x) = f(x) - \sum_{k=0}^{n} \frac{f^{(k)}(x_0)}{k!}(x-x_0)^k$$

均满足 $R_n(x) \to 0\ (n \to \infty)$.

证明 f 在 (x_0-r, x_0+r) 能展开成 f 在 x_0 的 Taylor 级数的充要条件是:对每个 $x \in (x_0-r, x_0+r)$,f 在 x_0 的 Taylor 级数均收敛于 $f(x)$. 它等价于对每个 $x \in (x_0-r, x_0+r)$,$f(x)$ 减去 Taylor 级数部分和的差均趋于零,即等价于对每个 $x \in (x_0-r, x_0+r)$ 有 $R_n(x) \to 0(n \to \infty)$. □

定理 2.3 设函数 $f(x)$ 在 (x_0-r, x_0+r) 上有任意阶导数. 若存在 $M>0$,对一切 $x \in (x_0-r, x_0+r)$ 与一切正整数 n 有 $|f^{(n)}(x)| \leqslant M^n$ 成立,则 f 在 (x_0-r, x_0+r) 上能展开成 f 在 x_0 的 Taylor 级数.

证明 对每个 $x \in (x_0-r, x_0+r)$ 有

$$|R_n(x)| = \left|\frac{f^{(n+1)}(\xi)}{(n+1)!}(x-x_0)^{n+1}\right| \leqslant \frac{M^{n+1}|x-x_0|^{n+1}}{(n+1)!}.$$

容易验证当 $n \to \infty$ 时上式右边极限为零,所以 $R_n(x) \to 0(n \to \infty)$ 对每个 $x \in (x_0-r, x_0+r)$ 均成立,由定理 2.2 有,f 在 (x_0-r, x_0+r) 上能展开为 f 在 x_0 的 Taylor 级数. □

例 1 求 $f(x) = \mathrm{e}^x$ 在 $x=0$ 的 Taylor 展开式.

解 因为 $f^{(n)}(x) = \mathrm{e}^x$ 及 $f^{(n)}(0) = 1$,取 $R_n(x)$ 为 Lagrange 余项则有

$$|R_n(x)| = \left|\frac{\mathrm{e}^{\theta x}}{(n+1)!}x^{n+1}\right| \leqslant \frac{|x|^{n+1}\mathrm{e}^{|x|}}{(n+1)!},$$

对每个实数 x,当 $n \to \infty$ 时上式右边极限为零,所以 $R_n(x) \to 0(n \to \infty)$ 对每个实数 x 均成立,根据定理 2.2 有

$$\boxed{\mathrm{e}^x = 1 + \frac{x}{1!} + \frac{x^2}{2!} + \cdots + \frac{x^n}{n!} + \cdots,\ x \in \mathbf{R}.}$$

例 2 求 $f(x) = \sin x$ 与 $g(x) = \cos x$ 在 $x=0$ 的 Taylor 展开式.

解 因

$$f^{(n)}(x) = \sin\left(x + \frac{n}{2}\pi\right), \quad g^{(n)}(x) = \cos\left(x + \frac{n}{2}\pi\right),$$

所以

$$f^{(n)}(0) = \begin{cases} 0, & n = 2k, \\ (-1)^k, & n = 2k+1, \end{cases} \quad (k = 0,1,2,\cdots)$$

$$g^{(n)}(0) = \begin{cases} (-1)^k, & n = 2k, \\ 0, & n = 2k+1. \end{cases} \quad (k = 0,1,2,\cdots)$$

又 $\forall x \in \mathbf{R}, \forall n \in \mathbf{N}$,有

$$|f^{(n)}(x)| = \left|\sin\left(x + \frac{n}{2}\pi\right)\right| \leqslant 1;$$

$$|g^{(n)}(x)| = \left|\cos\left(x + \frac{n}{2}\pi\right)\right| \leqslant 1.$$

由定理 2.3 知

$$\boxed{\begin{aligned}&\sin x = x - \frac{x^3}{3!} + \frac{x^5}{5!} - \cdots + (-1)^n \frac{x^{2n+1}}{(2n+1)!} + \cdots,\ x \in \mathbf{R};\\ &\cos x = 1 - \frac{x^2}{2!} + \frac{x^4}{4!} - \cdots + (-1)^n \frac{x^{2n}}{(2n)!} + \cdots,\ x \in \mathbf{R}.\end{aligned}}$$

例 3 求 $f(x) = \ln(1+x)$ 在 $x = 0$ 的 Taylor 展开式.

解 在 5.1.3 节的例 8 中,用逐项积分的方法证明了 $f(x) = \ln(1+x)$ 在 $x = 0$ 点的 Taylor 公式的余项满足

$$|R_n(x)| \leqslant \begin{cases} \dfrac{x^{n+1}}{n+1}, x \geqslant 0, \\ \dfrac{|x|^{n+1}}{(n+1)(1+x)}, -1 < x < 0. \end{cases}$$

所以当 $-1 < x \leqslant 1$ 时有 $R_n(x) \to 0(n \to \infty)$,由定理 2.2 得

$$\boxed{\ln(1+x) = x - \frac{x^2}{2} + \frac{x^3}{3} - \cdots + (-1)^n \frac{x^{n+1}}{n+1} + \cdots,\ x \in (-1,1].}$$

由幂级数的唯一性与第 7 章定理 2.1,就得到了 f 在 x_0 的 Taylor 展开式的唯一性,这就可以用逐项积分的方法求 Taylor 展开式. 如

例 4 求 $f(x) = \arctan x$ 在 $x = 0$ 的 Taylor 展开式.

解 因

$$\frac{1}{1+x^2} = 1 - x^2 + x^4 + \cdots + (-1)^n x^{2n} + \cdots,\ x \in (-1,1),$$

所以

$$\arctan x = \int_0^x \frac{\mathrm{d}t}{1+t^2} = x - \frac{x^3}{3} + \frac{x^5}{5} - \cdots + (-1)^n \frac{x^{2n+1}}{2n+1} + \cdots,\ x \in [-1,1].$$

上式右端幂级数在收敛区间 $(-1,1)$ 端点的收敛性可用交错级数的 Leibniz 判别法得证.

例 5 求 $f(x) = (1+x)^\alpha \quad (\alpha \in \mathbf{R})$ 在 $x = 0$ 的 Taylor 展开式.

解 因为有

$$f^{(n)}(x) = \alpha(\alpha-1)\cdots(\alpha-n+1)(1+x)^{\alpha-n},$$
$$f^{(n)}(0) = \alpha(\alpha-1)(\alpha-2)\cdots(\alpha-n+1).$$

再由比值判别法(第 7 章定理 1.13),可求出 f 在 $x = 0$ 点的 Taylor 级数的收敛半径 $R = 1$. 而 f 在 $x = 0$ 点 Taylor 公式的余项是

$$R_n(x) = \frac{\alpha(\alpha-1)\cdots(\alpha-n)}{(n+1)!}(1+\theta x)^{\alpha-n-1} x^{n+1},\ 0 < \theta < 1.$$

所以对任意的 α,当 $-\dfrac{1}{2} < x < 1$ 时,均有 $R_n(x) \to 0(n \to \infty)$. 即当 $-\dfrac{1}{2} < x < 1$ 时,f 在 $x = 0$ 的 Taylor 级数收敛于 $f(x)$,而当 $-1 < x \leqslant \dfrac{1}{2}$ 时,上面的方法失效.

为了证明 f 在 $x = 0$ 点 Taylor 级数的和函数就是 $f(x)$,记

$$\binom{\alpha}{n} = \frac{\alpha(\alpha-1)\cdots(\alpha-n+1)}{n!};\ \binom{\alpha}{0} = 1.$$

再设 $f(x) = (1+x)^\alpha$ 在 $x = 0$ 的 Taylor 级数的和函数是 $S(x)$,即

$$S(x)=1+\alpha x+\cdots+\frac{\alpha(\alpha-1)\cdots(\alpha-n+1)}{n!}x^n+\cdots=\sum_{n=0}^{\infty}\binom{\alpha}{n}x^n,\ -1<x<1.$$

为了证明 $f(x)=S(x)$，只须证明 $F(x)=(1+x)^{-\alpha}S(x)=1,\ -1<x<1$，因为

$$F'(x)=\frac{S'(x)(1+x)^{\alpha}-[(1+x)^{\alpha}]'S(x)}{(1+x)^{2\alpha}}=\frac{(1+x)S'(x)-\alpha S(x)}{(1+x)^{\alpha+1}}.$$

再来求 $(1+x)S'(x)$，则有

$$\begin{aligned}(1+x)S'(x)&=(1+x)\sum_{n=0}^{\infty}n\binom{\alpha}{n}x^{n-1}\\&=\sum_{n=0}^{\infty}(n+1)\binom{\alpha}{n+1}x^n+\sum_{n=0}^{\infty}n\binom{\alpha}{n}x^n\\&=\sum_{n=0}^{\infty}\left[(n+1)\binom{\alpha}{n+1}+n\binom{\alpha}{n}\right]x^n=\sum_{n=0}^{\infty}\alpha\binom{\alpha}{n}x^n\\&=\alpha S(x),x\in(-1,1),\end{aligned}$$

即 $F'(x)$ 在 $(-1,1)$ 上恒等于0．所以 $F(x)$ 在 $(-1,1)$ 上是常值函数．而一开始已经证明了 $F(x)=1,\ -\frac{1}{2}<x<1$，从而有 $F(x)=1,\ -1<x<1$，即有

$$\boxed{\begin{aligned}(1+x)^{\alpha}=1+\alpha x+\frac{\alpha(\alpha-1)}{2!}x^2+\cdots+\\ \frac{\alpha(\alpha-1)\cdots(\alpha-n+1)}{n!}x^n+\cdots,\ x\in(-1,1).\end{aligned}}$$

注意　上面等式在收敛区间 $(-1,1)$ 的端点成立，当且仅当上式右端的幂级数在 $(-1,1)$ 的端点收敛，即等式成立的区域等于右端幂级数的收敛域．

当 $\alpha\leqslant-1$ 时，因 $\left|\binom{\alpha}{n}\right|$ 单增，$n\to\infty$ 时，$\binom{\alpha}{n}$ 不趋于0，所以收敛域为 $(-1,1)$；

当 $-1<\alpha<0$ 时，由交错级数收敛的 Leibniz 判别法和 Raabe 判别法得收敛域为 $(-1,1]$；

当 $\alpha>0$ 且 α 不等于正整数时，由 Raabe 判别法得收敛域为 $[-1,1]$．

令 $\alpha=-\frac{1}{2}$，得到

$$\frac{1}{\sqrt{1+x}}=1-\frac{1}{2}x+\frac{1\times3}{2\times4}x^2-\frac{1\times3\times5}{2\times4\times6}x^3+\cdots+\frac{(-1)^n(2n-1)!!}{(2n)!!}x^n+\cdots,\ x\in(-1,1].$$

将上式中的 x 换成 $-x^2$，再逐项积分，就得到 $\arcsin x$ 在 $x=0$ 的 Taylor 展开式，

$$\arcsin x=x+\frac{1}{2}\frac{x^3}{3}+\frac{1\times3}{2\times4}\frac{x^5}{5}+\frac{1\times3\times5}{2\times4\times6}\frac{x^7}{7}+\cdots+\frac{(2n-1)!!}{(2n)!!}\frac{x^{2n+1}}{2n+1}+\cdots,\ x\in[-1,1].$$

例6　求 $f(x)=\frac{1}{1-x}$ 在 $x=-2$ 的 Taylor 展开式．

解　设 $t=x-(-2)=x+2$，将之代入 $f(x)$ 得

$$\frac{1}{1-x}=\frac{1}{3-t}=\frac{1}{3}\frac{1}{1-\frac{1}{3}t}=\frac{1}{3}\frac{1}{1-\frac{1}{3}(x+2)},$$

即
$$f(x)=\frac{1}{3}f\left[\frac{1}{3}(x+2)\right]=\frac{1}{3}f(u).$$

已知 f 在 $u=0$ 的 Taylor 展开式是

$$\frac{1}{1-u}=\sum_{n=0}^{\infty}u^n,\ u\in(-1,1),$$

将 $u=\frac{1}{3}(x+2)$ 代入上式得

$$f\left[\frac{1}{3}(x+2)\right]=\sum_{n=0}^{\infty}\left[\frac{1}{3}(x+2)\right]^n,\ -1<\frac{1}{3}(x+2)<1.$$

故
$$\frac{1}{1-x}=\sum_{n=0}^{\infty}\left(\frac{1}{3}\right)^{n+1}(x+2)^n,\ x\in(-5,1).$$

例 7 求 $f(x)=\dfrac{\ln(1+x)}{1+x}$ 在 $x=0$ 的 Taylor 展开式.

解 因为 $\ln(1+x)=\sum\limits_{n=0}^{\infty}(-1)^n\dfrac{x^{n+1}}{n+1},\ -1<x\leqslant 1,$

$$\frac{1}{1+x}=\sum_{n=0}^{\infty}(-1)^nx^n,\ -1<x<1,$$

所以
$$\frac{\ln(1+x)}{1+x}=\left[\sum_{n=0}^{\infty}(-1)^n\frac{x^{n+1}}{n+1}\right]\left[\sum_{n=0}^{\infty}(-1)^nx^n\right]=\sum_{n=0}^{\infty}c_nx^n,$$

其中
$$c_n=\sum_{k=0}^{n}a_kb_{n-k}=\sum_{k=0}^{n}\left[\frac{(-1)^kx}{k+1}\right]\left[(-1)^{n-k}\right]=\sum_{k=0}^{n}\frac{(-1)^nx}{k+1}.$$

故
$$f(x)=\frac{\ln(1+x)}{1+x}=\sum_{n=1}^{\infty}(-1)^{n+1}H_nx^n,\ -1<x\leqslant 1,$$

其中,$H_n=\sum\limits_{k=1}^{n}\dfrac{1}{k}$.

例 8 计算 $I=\int_0^1 e^{-x^2}dx$,准确到 10^{-4}.

解 因为
$$e^x=1+x+\frac{x^2}{2!}+\frac{x^3}{3!}+\cdots,\ x\in\mathbf{R},$$

所以
$$e^{-x^2}=1-x^2+\frac{x^4}{2!}-\frac{x^6}{3!}+\cdots,\ x\in\mathbf{R}.$$

逐项积分,得到

$$I=\int_0^1 e^{-x^2}dx=1-\frac{1}{3}+\frac{1}{10}-\frac{1}{42}+\frac{1}{216}-\frac{1}{1\,320}+\frac{1}{9\,360}-\frac{1}{75\,600}+\cdots$$

这是 Leibniz 型级数,它的余项有估计式 $|r_n|\leqslant a_{n+1}$. 因为

$$a_7=\frac{1}{9\,360}\approx 1.1\times 10^{-4},\quad a_8=\frac{1}{75\,600}\approx 1.4\times 10^{-5},$$

故取前 7 项即可,经计算得到 $I\approx 0.746\,8$.

思　考　题

1. 幂级数与 Taylor 级数有何异同?

2. Taylor 公式与 Taylor 级数有何异同?

3. 函数 f 在 x_0 的 Taylor 公式与 Taylor 级数成立的条件是一样的吗?

4. (1) 如果 f 在 x_0 有 Taylor 公式,能否断定:只要 n 充分大,就有

$$f(x) \approx \sum_{k=1}^{n} \frac{f^{(k)}(x_0)}{k!}(x-x_0)^k.$$

(2) 如果 f 在 x_0 有 Taylor 级数,能否断定:只要 n 充分大,就有

$$f(x) \approx \sum_{k=0}^{n} \frac{f^{(k)}(x_0)}{k!}(x-x_0)^k.$$

5. 幂级数 $\sum_{n=0}^{\infty} a_n x^n$ 在收敛区间 $(-R,R)$ 上的和函数 $S(x)$ 在 $x=0$ 一定能展成 Taylor 级数吗?如果能,它的 Taylor 级数与原来幂级数一样吗?

练　习　题

7.33　求下列函数在 $x=0$ 的 Taylor 展开式,并确定收敛域.

(1) $\dfrac{x}{\sqrt{1-2x}}$;　　(2) $\dfrac{e^x}{1-x}$;

(3) $\sin^3 x$;　　(4) $\ln\left(x+\sqrt{1+x^2}\right)$;

(5) $\dfrac{1}{(1-x)(1-2x)}$.

7.34　求 $f(x)=\dfrac{1+x}{(1-x)^3}$ 在 $x=0$ 的 Taylor 展开式,并利用此结果求 $\sum_{n=0}^{\infty}\dfrac{(n+1)^2}{2^n}$ 的和.

7.35　利用关系式 $\dfrac{d}{dx}\left(\dfrac{1}{4}\ln\dfrac{1+x}{1-x}+\dfrac{1}{2}\arctan x\right)=\dfrac{1}{1-x^4}$,求

$$f(x)=\frac{1}{4}\ln\frac{1+x}{1-x}+\frac{1}{2}\arctan x$$

在 $x=0$ 的 Taylor 展开式,并求它的收敛域.

7.36　(1) 求 $f(x)=\dfrac{1}{a-x}$ 在 $x=b$　$(a\neq b\neq 0)$ 的 Taylor 展开式.

(2) 求 $f(x)=\ln x$ 在 $x=2$ 的 Taylor 展开式.

7.37　求函数 $\dfrac{d}{dx}\left(\dfrac{e^x-1}{x}\right)$ 在 $x=0$ 的 Taylor 展开式,由此推出 $\sum_{n=1}^{\infty}\dfrac{n}{(n+1)!}=1$.

7.38　求下列函数在 $x=0$ 的 Taylor 展开式,并求其收敛半径.

(1) $f(x)=\int_0^x \dfrac{\sin t}{t}dt$;　　(2) $f(x)=\int_0^x \cos t^2\,dt$.

7.39　(1) 求 $f(x)=\ln^2(1+x)$ 在 $x=0$ 的 Taylor 展开式.

(2) 求 $\sum_{n=1}^{\infty}\left(1+\dfrac{1}{2}+\cdots+\dfrac{1}{n}\right)\dfrac{(-1)^{n-1}}{n+1}$ 的和 S.

7.40　如果把等式

$$\sin x = \sum_{n=0}^{\infty}(-1)^n \frac{x^{2n+1}}{(2n+1)!}, \ x \in \mathbf{R},$$

$$\cos x = \sum_{n=0}^{\infty}(-1)^n \frac{x^{2n}}{(2n)!}, \ x \in \mathbf{R}$$

作为 $\sin x$ 与 $\cos x$ 的定义,求证:

(1) $\sin x\cos x = \frac{1}{2}\sin 2x$; (2) $\sin^2 x + \cos^2 x = 1$.

7.41 证明:(1) $\sin x + \sum_{n=1}^{\infty} \frac{(2n-1)!!}{(2n)!!} \frac{\sin^{2n+1} x}{2n+1} = x$ 在 $\left[0, \frac{\pi}{2}\right]$ 一致成立;

(2) $\sum_{n=1}^{\infty} \frac{1}{(2n-1)^2} = \frac{\pi^2}{8}$.

7.42 求 $I = \dfrac{1 + \frac{\pi^4}{5!} + \frac{\pi^8}{9!} + \frac{\pi^{12}}{13!} + \cdots}{\frac{1}{3!} + \frac{\pi^4}{7!} + \frac{\pi^8}{11!} + \frac{\pi^{12}}{15!} + \cdots}$.

7.2.2 傅里叶级数

在科学实验和工程技术的某些现象中,常会遇到一些周期运动,最简单的是**简谐振动**,即用正弦函数

$$y = A\sin(\omega t + \varphi)$$

描述的运动(其中,A 为振幅,φ 为初相,ω 为角频率),它的周期是 $T = \frac{2\pi}{\omega}$. 较为复杂的周期运动可用若干个简谐振动叠加而得到,即

$$y = \sum_{k=1}^{n} A_k \sin(k\omega t + \varphi_k).$$

由于每个简谐振动 $A_k \sin(k\omega t + \varphi_k)$ 的周期是 $\frac{2\pi}{k\omega}$,所以 y 的周期是 $T = \frac{2\pi}{\omega}$. 如果把无穷多个简谐振动叠加起来,就得到下面的无穷级数

$$A_0 + \sum_{n=1}^{\infty} A_n \sin(n\omega t + \varphi_n).$$

如果它收敛,那么它描述了更一般的周期运动(易知它的周期是 T). 如果在上述级数中,令 $\omega t = x$, $A_0 = \frac{a_0}{2}$, $A_n \sin\varphi_n = a_n$, $A_n \cos\varphi_n = b_n$,那么有

$$\frac{a_0}{2} + \sum_{n=1}^{\infty}(a_n \cos nx + b_n \sin nx),$$

我们称它为**三角级数**. 如果它收敛,易知它的和函数是以 2π 为周期的函数.

对于三角级数,也可以像幂级数那样研究它的收敛性及和函数性质等问题,例如,由 M-判别法可得,只要 $\sum_{n=1}^{\infty}(|a_n| + |b_n|)$ 收敛,上面的三角级数就在实轴上一致收敛. 但是更重要的是研究函数展成三角级数的问题,特别是研究傅里叶(Fourier)级数.

1. 傅里叶系数与傅里叶级数

称函数 $1, \cos x, \sin x, \cos 2x, \sin 2x, \cdots, \cos nx, \sin nx, \cdots$ 组成的函数列为**三角函数**

系，则有

$$\int_{-\pi}^{\pi} 1 \cdot \cos nx \mathrm{d}x = \int_{-\pi}^{\pi} 1 \cdot \sin nx \mathrm{d}x = 0 \quad (n \in \mathbf{N}),$$

$$\int_{-\pi}^{\pi} \sin mx \cdot \cos nx \mathrm{d}x = 0 \quad (m, n \in \mathbf{N}),$$

$$\int_{-\pi}^{\pi} \sin mx \cdot \sin nx \mathrm{d} x = \int_{-\pi}^{\pi} \cos mx \cdot \cos nx \mathrm{d}x = 0 \quad (m \neq n).$$

它表明：三角函数系中任何两个不同函数的乘积在$[-\pi,\pi]$上的积分为零. 这是三角函数系的一个重要特性，称为三角函数系的**正交性**.

若以 2π 为周期的函数 $f(x)$ 在$[-\pi,\pi]$上可积，就称 f 是以 2π 为周期的可积函数.

定义 2.2　设 $f(x)$ 是以 2π 为周期的可积函数，令

$$a_n = \frac{1}{\pi}\int_{-\pi}^{\pi} f(x)\cos nx \ \mathrm{d}x, n = 0,1,2,\cdots,$$

$$b_n = \frac{1}{\pi}\int_{-\pi}^{\pi} f(x)\sin nx \ \mathrm{d}x, n = 1,2,\cdots,$$

称这样定义的 a_n 与 b_n 是 f 的**傅里叶系数**，由 f 的傅里叶系数组成的三角级数

$$\frac{a_0}{2} + \sum_{n=1}^{\infty}(a_n\cos nx + b_n\sin nx)$$

称为 f 的**傅里叶级数**，并记为

$$f(x) \sim \frac{a_0}{2} + \sum_{n=1}^{\infty}(a_n\cos nx + b_n\sin nx).$$

定理 2.4　若以 2π 为周期的函数 $f(x)$ 在实轴上可展开为一致收敛的三角级数，即对一切实数 x 有

$$f(x) = \frac{a_0}{2} + \sum_{n=1}^{\infty}(a_n\cos nx + b_n\sin nx),$$

且该三角级数在实轴上一致收敛于 $f(x)$. 则该三角级数必是 f 的傅里叶级数，即 a_n 与 b_n 是 f 的傅里叶系数.

证明　将定理中的等式两边同乘 $\cos nx$ 或 $\sin nx$，再在$[-\pi,\pi]$上积分，由一致收敛的条件可得，$f(x)$ 是以 2π 为周期的连续函数，必在$[-\pi,\pi]$上可积. 由逐项积分定理与三角函数系的正交性，就得到 a_n, b_n 是 f 的傅里叶系数.

以 2π 为周期的可积函数 $f(x)$ 的傅里叶系数 a_n, b_n 可在任何一个长度为 2π 的区间上积分来求出，即对任意的实数 α，有

$$a_n = \frac{1}{\pi}\int_{\alpha}^{\alpha+2\pi} f(x)\cos nx \ \mathrm{d}x, n = 0,1,\cdots,$$

$$b_n = \frac{1}{\pi}\int_{\alpha}^{\alpha+2\pi} f(x)\sin nx \ \mathrm{d}x, n = 1,2,\cdots.$$

若函数 $f(x)$ 在长为 2π 的区间$(\alpha,\alpha+2\pi]$上定义且可积，则它可以自然地延拓为以 2π 为周期的可积函数 $\tilde{f}$，只要令

$$\tilde{f}(x+2k\pi) = f(x), x \in (\alpha, \alpha+2\pi], k \in \mathbf{Z}.$$

图 7.2-1 给出了 $\alpha=-\pi$ 时 $f(x)$ 和 $\tilde{f}(x)$ 为图像，称 $\tilde{f}$ 的傅里叶级数为 $f(x)$，$x\in(\alpha,\alpha+2\pi]$ 的傅里叶级数. 类似可定义 $f(x)$，$x\in[\alpha,\alpha+2\pi)$ 的傅里叶级数. 当 $f(x)$ 在 $[\alpha,\alpha+2\pi]$ 上可积时，用上面两种方法之一可将 $f(x)$ 延拓为以 2π 为周期的可积函数，这两种延拓具有相同的 Fourier 级数，并称这个 Fourier 级数为 $f(x)$，$x\in[\alpha,\alpha+2\pi]$ 的 Fourier 级数.

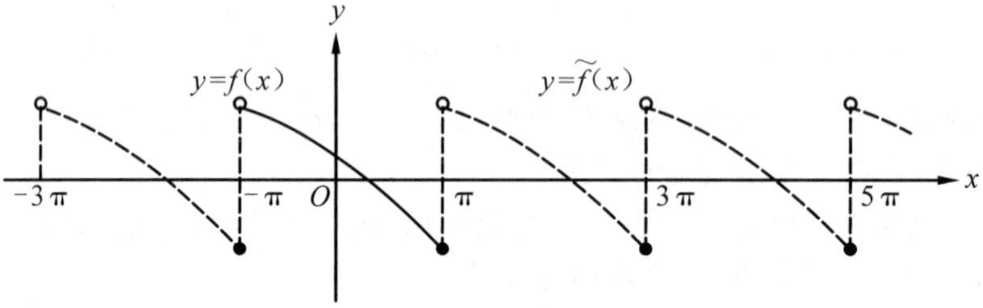

图 7.2-1

还有一种情况：$f(x)$ 是定义在 $\mathbf{R}$ 上且以 $2l$ 为周期的可积函数. 这时，令 $x=\dfrac{l}{\pi}t$，记 $\varphi(t)=f\left(\dfrac{l}{\pi}t\right)$，则 $\varphi(t)$ 是以 2π 为周期的可积函数，写出 $\varphi(t)$ 生成的 Fourier 级数，立即可得

$$f(x)\sim\frac{a_0}{2}+\sum_{n=1}^{\infty}\left(a_n\cos\frac{n\pi x}{l}+b_n\sin\frac{n\pi x}{l}\right),\quad x\in\mathbf{R},$$

$$a_n=\frac{1}{l}\int_{a}^{a+2l}f(x)\cos\frac{n\pi x}{l}\mathrm{d}x\quad n=0,1,2,\cdots,$$

$$b_n=\frac{1}{l}\int_{a}^{a+2l}f(x)\sin\frac{n\pi x}{l}\mathrm{d}x\quad n=1,2,\cdots.$$

例 1　求 $f(x)=x$，$x\in(-\pi,\pi]$ 生成的 Fourier 级数.

解　将函数 f 按周期 2π 延拓(见图 7.2-2)，因 f 在 $(-\pi,\pi)$ 是奇函数，所以

$$a_n=0\quad n=0,1,2,\cdots.$$

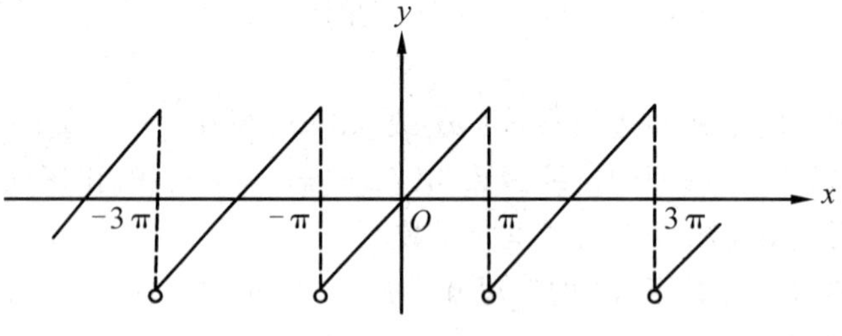

图 7.2-2

又 $b_n=\dfrac{1}{\pi}\displaystyle\int_{-\pi}^{\pi}x\sin nx\,\mathrm{d}x=\dfrac{2}{\pi}\int_{0}^{\pi}x\sin nx\,\mathrm{d}x=(-1)^{n+1}\dfrac{2}{n}\quad(n\in\mathbf{N})$，

故

$$x\sim\sum_{n=1}^{\infty}(-1)^{n+1}\frac{2}{n}\sin nx,\ x\in(-\pi,\pi].$$

例 2　求 $f(x)=|x|$，$x\in[-\pi,\pi)$ 生成的 Fourier 级数.

解　将函数 f 按周期 2π 延拓，如图 7.2-3 所示.

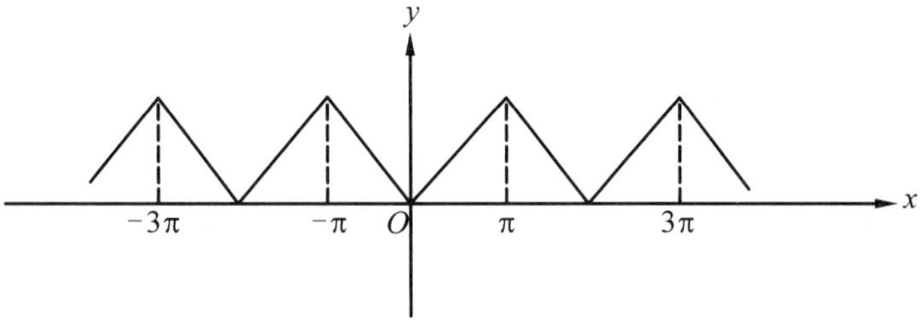

图 7.2-3

因 f 在 $(-\pi,\pi)$ 是偶函数，所以 $b_n = 0 \quad (n \in \mathbf{N})$，且

$$a_0 = \frac{1}{\pi}\int_{-\pi}^{\pi} |x| \mathrm{d}x = \frac{2}{\pi}\int_0^{\pi} x\mathrm{d}x = \pi,$$

$$a_n = \frac{1}{\pi}\int_{-\pi}^{\pi} |x| \cos nx\mathrm{d}x = \frac{2}{\pi}\int_0^{\pi} x\cos nx\mathrm{d}x = \frac{2}{n^2\pi}[(-1)^n - 1] \quad (n \in \mathbf{N}).$$

故
$$|x| \sim \frac{\pi}{2} - \frac{4}{\pi}\sum_{n=1}^{\infty}\frac{\cos(2n-1)x}{(2n-1)^2},\ x \in [-\pi,\pi).$$

例 3　求 $f(x) = x^2, x \in (0,2\pi)$ 生成的 Fourier 级数.

解　将函数 f 按周期 2π 延拓(见图 7.2-4).

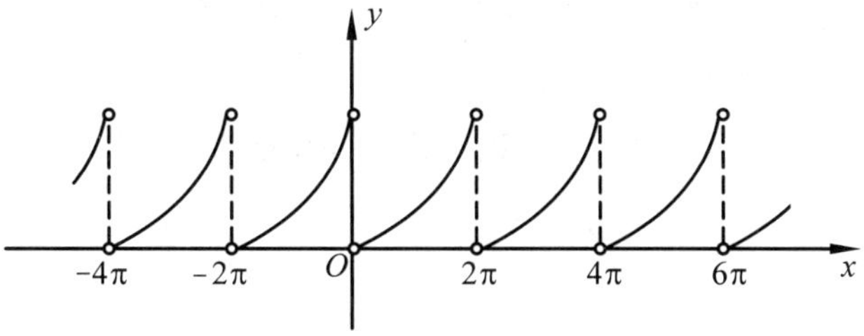

图 7.2-4

由此有
$$a_0 = \frac{1}{\pi}\int_0^{2\pi} x^2\mathrm{d}x = \frac{8}{3}\pi^2,$$

$$a_n = \frac{1}{\pi}\int_0^{2\pi} x^2\cos nx\mathrm{d}x = \frac{4}{n^2} \quad (n \in \mathbf{N}),$$

$$b_n = \frac{1}{\pi}\int_0^{2\pi} x^2\sin nx\mathrm{d}x = -\frac{4\pi}{n} \quad (n \in \mathbf{N}),$$

故
$$x^2 \sim \frac{4\pi^2}{3} + 4\sum_{n=1}^{\infty}\frac{\cos nx - n\pi\sin nx}{n^2},\ x \in (0,2\pi).$$

例 4　求
$$f(x) = \begin{cases} \cos\dfrac{\pi x}{l}, & |x| \leqslant \dfrac{l}{2}, \\ 0, & \dfrac{l}{2} < |x| \leqslant l \end{cases}$$
生成的 Fourier 级数.

解　将函数 f 按周期 $2l$ 延拓(见图 7.2-5). 易知 f 是偶函数，所以

$$b_n = 0 \quad (n \in \mathbf{N}).$$

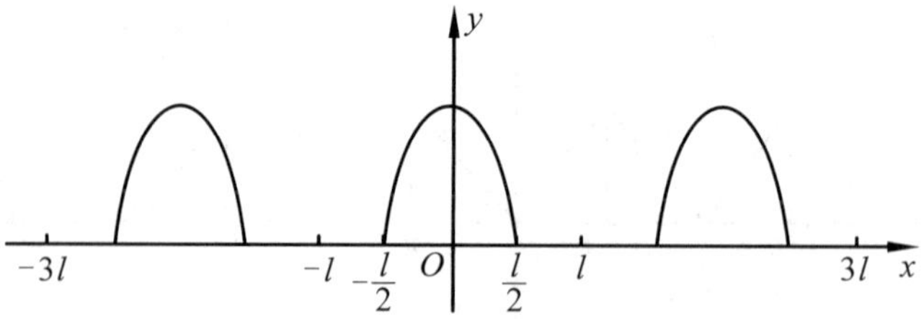

图 7.2-5

又 $$a_0=\frac{1}{l}\int_{-l}^{l}f(x)\mathrm{d}x=\frac{2}{l}\int_0^{\frac{l}{2}}\cos\frac{\pi x}{l}\mathrm{d}x\xlongequal{t=\frac{\pi x}{l}}\frac{2}{\pi}\int_0^{\frac{\pi}{2}}\cos t\mathrm{d}t=\frac{2}{\pi}.$$

$$a_n=\frac{2}{l}\int_0^{\frac{l}{2}}\cos\frac{\pi x}{l}\cdot\cos\frac{n\pi x}{l}\mathrm{d}x\xlongequal{t=\frac{\pi x}{l}}\frac{2}{\pi}\int_0^{\frac{\pi}{2}}\cos t\cdot\cos nt\mathrm{d}t$$
$$=\frac{1}{\pi}\int_0^{\frac{\pi}{2}}[\cos(n+1)t+\cos(n-1)t]\mathrm{d}t\quad(n\in\mathbf{N}),$$

于是 $$a_0=\frac{2}{\pi},\ a_1=\frac{1}{2},\ a_{2n+1}=0,\ a_{2n}=\frac{2(-1)^{n+1}}{\pi(4n^2-1)}\quad(n\in\mathbf{N}).$$

故 $$f(x)\sim\frac{1}{\pi}+\frac{1}{2}\cos\frac{\pi x}{l}+\frac{2}{\pi}\sum_{n=1}^{\infty}\frac{(-1)^{n+1}}{4n^2-1}\cos\frac{2n\pi x}{l},\ x\in(-l,l).$$

由以上例题及奇偶函数性质立即可得:

(1) 若定义在 $\mathbf{R}$ 上且周期为 2π 的可积函数 f 是**奇函数**时,则

$$a_n=\frac{1}{\pi}\int_{-\pi}^{\pi}f(x)\cos nx\mathrm{d}x=0\quad n=0,1,2,\cdots,$$

于是 $$f(x)\sim\sum_{n=1}^{\infty}b_n\sin nx,\ x\in\mathbf{R},\tag{1}$$

$$b_n=\frac{2}{\pi}\int_0^{\pi}f(x)\sin nx\mathrm{d}x\quad(n\in\mathbf{N}).$$

式(1) 右端级数常称为**正弦级数**.

(2) 若定义在 $\mathbf{R}$ 上且周期为 2π 的可积函数 f 是**偶函数**时,则

$$b_n=\frac{1}{\pi}\int_{-\pi}^{\pi}f(x)\sin nx\mathrm{d}x=0\quad(n\in\mathbf{N}).$$

于是 $$f(x)\sim\frac{a_0}{2}+\sum_{n=1}^{\infty}a_n\cos nx,\ x\in\mathbf{R},\tag{2}$$

$$a_n=\frac{2}{\pi}\int_0^{\pi}f(x)\cos nx\mathrm{d}x\quad n=0,1,2,\cdots.$$

式(2) 右端级数常称为**余弦级数**.

有时,还需把仅仅定义在$[0,\pi]$上的函数展成正弦级数(或余弦级数),这时须先把$[0,\pi]$上的函数奇延拓(或偶延拓)到$[-\pi,\pi]$(见图 7.2-6),然后再把$[-\pi,\pi]$上的奇函数(或偶函数)延拓到整个数轴.这样的函数所生成的 Fourier 级数就是正弦级数(或余弦级数).

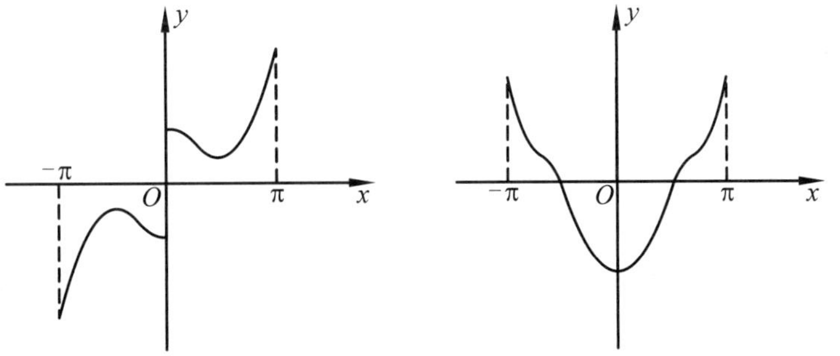

奇延拓　　　　偶延拓

图 7.2-6

例 5　求 $f(x)=x, x\in[0,\pi]$ 生成的余弦级数.

解　把函数 f 偶延拓到 $[-\pi,0]$，然后按周期 2π 再延拓到整个数轴，得到一个偶函数（见图 7.2-7）.

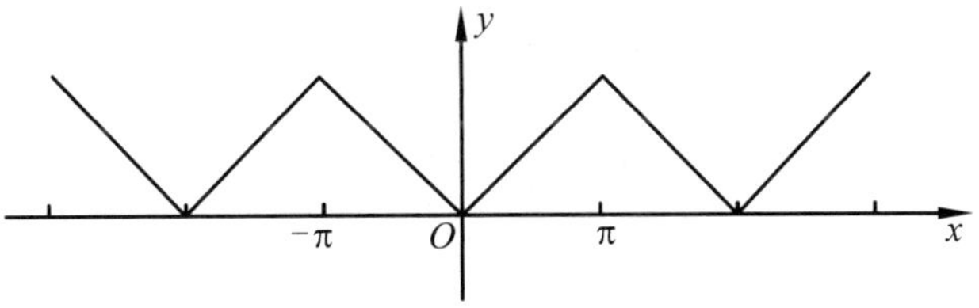

图 7.2-7

由此得

$$b_n=0\quad(n\in\mathbf{N}),$$

且

$$a_0=\frac{2}{\pi}\int_0^{\pi}x\,\mathrm{d}x=\pi,$$

$$a_n=\frac{2}{\pi}\int_0^{\pi}x\cos nx\,\mathrm{d}x=\frac{2}{n^2\pi}[(-1)^n-1]\quad(n\in\mathbf{N}).$$

故

$$x\sim\frac{\pi}{2}-\frac{4}{\pi}\sum_{n=1}^{\infty}\frac{\cos(2n-1)x}{(2n-1)^2},\ x\in[0,\pi].$$

例 6　求 $f(x)=\begin{cases}x, & 0\leqslant x\leqslant\dfrac{l}{2},\\ l-x, & \dfrac{l}{2}<x\leqslant l\end{cases}$ 生成的正弦级数.

解　把函数 f 奇延拓到 $[-l,0]$，然后按周期 $2l$ 再延拓到整个数轴，得到一个奇函数（见图 7.2-8）.

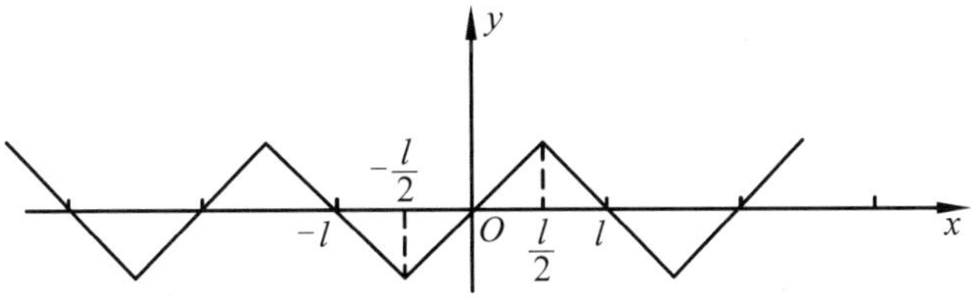

图 7.2-8

由此得 $$a_n = 0 \quad (n \in \mathbf{N}),$$

且 $$b_n = \frac{2}{l}\int_0^l f(x)\sin\frac{n\pi x}{l}\mathrm{d}x$$
$$= \frac{2}{l}\int_0^{\frac{l}{2}} x\sin\frac{n\pi x}{l}\mathrm{d}x + \frac{2}{l}\int_{\frac{l}{2}}^l (l-x)\sin\frac{n\pi x}{l}\mathrm{d}x$$
$$\xlongequal{t=\frac{x\pi}{l}} \frac{2l}{\pi^2}\int_0^{\frac{\pi}{2}} t\sin nt\,\mathrm{d}t + \frac{2l}{\pi^2}\int_{\frac{\pi}{2}}^{\pi}(\pi - t)\sin nt\,\mathrm{d}t = \frac{4l}{\pi^2 n^2}\sin\frac{n\pi}{2} \quad (n \in \mathbf{N}).$$

故 $$f(x) \sim \frac{4l}{\pi^2}\sum_{n=1}^{\infty}\frac{(-1)^{n-1}}{(2n-1)^2}\sin\frac{(2n-1)\pi x}{l},\ x \in [0,l].$$

2. 收敛定理

下面来研究以 2π 为周期的可积函数的 Fourier 级数的收敛问题,先证明两个预备定理.

定理 2.5(贝塞尔(Bessel) 不等式) 若函数 f 在$[-\pi,\pi]$ 常义可积,则

$$\frac{a_0^2}{2} + \sum_{n=1}^{\infty}(a_n^2 + b_n^2) \leqslant \frac{1}{\pi}\int_{-\pi}^{\pi} f^2(x)\mathrm{d}x,$$

其中 a_n, b_n 是 f 的 Fourier 系数,上式称为 **Bessel 不等式**.

证明 令 $S_n(x) = \frac{a_0}{2} + \sum_{k=1}^{n}(a_k\cos kx + b_k\sin kx)$,考察积分

$$\int_{-\pi}^{\pi}[f(x) - S_n(x)]^2\mathrm{d}x = \int_{-\pi}^{\pi} f^2(x)\mathrm{d}x - 2\int_{-\pi}^{\pi} f(x)S_n(x)\mathrm{d}x + \int_{-\pi}^{\pi} S_n^2(x)\mathrm{d}x.$$

把 Fourier 系数 a_k, b_k 的公式代入上式,易得

$$\int_{-\pi}^{\pi} f(x)S_n(x)\mathrm{d}x = \frac{\pi a_0^2}{2} + \pi\sum_{k=1}^{n}(a_k^2 + b_k^2).$$

运用三角函数系的正交性,易得

$$\int_{-\pi}^{\pi} S_n^2(x)\mathrm{d}x = \frac{\pi a_0^2}{2} + \pi\sum_{k=1}^{n}(a_k^2 + b_k^2).$$

于是

$$0 \leqslant \int_{-\pi}^{\pi}[f(x) - S_n(x)]^2\mathrm{d}x = \int_{-\pi}^{\pi} f^2(x)\mathrm{d}x - \frac{\pi a_0^2}{2} - \pi\sum_{k=1}^{n}(a_k^2 + b_k^2),$$

因而

$$\frac{a_0^2}{2} + \sum_{k=1}^{n}(a_k^2 + b_k^2) \leqslant \frac{1}{\pi}\int_{-\pi}^{\pi} f^2(x)\mathrm{d}x.$$

由 f 的可积性及正项级数收敛准则可知,对上式取极限 $n \to \infty$,即得 Bessel 不等式. □

定理 2.6(Riemann 引理) 若函数 f 在$[-\pi,\pi]$ 常义可积,则

$$\lim_{n\to\infty}\int_{-\pi}^{\pi} f(x)\cos nx\,\mathrm{d}x = 0;$$
$$\lim_{n\to\infty}\int_{-\pi}^{\pi} f(x)\sin nx\,\mathrm{d}x = 0.$$
$$(n \in \mathbf{N})$$

证明 **方法 1** 由 Bessel 不等式知级数 $\frac{a_0^2}{2} + \sum_{n=1}^{\infty}(a_n^2 + b_n^2)$ 收敛 $\Rightarrow$ 通项$a_n^2 + b_n^2 \to 0$ $(n \to \infty)$,故 $a_n \to 0, b_n \to 0 \quad (n \to \infty)$.

方法 2 仅证第二式就可以了，分两步证明.

第一步：当 f 是阶梯函数时，即

$$f(x)=C_i,\ x\in(x_{i-1},x_i),\ i=1,2,\cdots,m,$$

其中 $-\pi=x_0<x_1<\cdots<x_m=\pi$. 有

$$\begin{aligned}\left|\int_{-\pi}^{\pi}f(x)\sin nx\,\mathrm{d}x\right|&=\left|\sum_{i=1}^{m}\int_{x_{i-1}}^{x_i}f(x)\sin nx\,\mathrm{d}x\right|=\left|\sum_{i=1}^{m}C_i\int_{x_{i-1}}^{x_i}\sin nx\,\mathrm{d}x\right|\\&=\left|\frac{1}{n}\sum_{i=1}^{m}C_i\cos nx\Big|_{x_{i-1}}^{x_i}\right|\leqslant\frac{2\sum\limits_{i=1}^{m}|C_i|}{n}=\frac{M}{n},\end{aligned}$$

其中 $M=2\sum\limits_{i=1}^{m}|C_i|$. 因此 $\lim\limits_{n\to\infty}\int_{-\pi}^{\pi}f(x)\sin nx\,\mathrm{d}x=0$.

第二步：当 f 是常义可积函数时，易知，$\forall\varepsilon>0$，在 $[-\pi,\pi]$ 上存在阶梯函数 f^*，使得

$$\int_{-\pi}^{\pi}|f(x)-f^*(x)|\,\mathrm{d}x<\varepsilon.$$

于是

$$\begin{aligned}\left|\int_{-\pi}^{\pi}f(x)\sin nx\,\mathrm{d}x\right|&\leqslant\int_{-\pi}^{\pi}|f(x)-f^*(x)|\,\mathrm{d}x+\left|\int_{-\pi}^{\pi}f^*(x)\sin nx\,\mathrm{d}x\right|\\&<\varepsilon+\left|\int_{-\pi}^{\pi}f^*(x)\sin nx\,\mathrm{d}x\right|.\end{aligned}$$

由第一步即得. 但 $\varepsilon>0$ 时，存在 N，只要 $n>N$，上式右边第二项绝对值就小于 ε，即只要 $n>N$，上式右边就小于 2ε，按定义有

$$\lim_{n\to\infty}\int_{-\pi}^{\pi}f(x)\sin nx\,\mathrm{d}x=0.$$ □

注：方法 2 的优点是利用它可以得到 Riemann 引理更一般的结果，即

$$\left.\begin{aligned}&\lim_{\lambda\to+\infty}\int_a^b f(x)\cos\lambda x\,\mathrm{d}x=0;\\&\lim_{\lambda\to+\infty}\int_a^b f(x)\sin\lambda x\,\mathrm{d}x=0.\end{aligned}\right\}\quad(\lambda\in\mathbf{R}).$$

即使上述积分是广义积分(瑕积分或无穷积分)，只要 f 是绝对可积函数，Riemann 引理也是正确的，在 5.2.4 节的例 10 中，还给出了方法 3.

例 7 设函数 f 在 $[-\pi,\pi]$ 可积，求证：

$$\lim_{n\to\infty}\int_0^{\pi}f(x)\sin\left(n+\frac{1}{2}\right)x\,\mathrm{d}x=0.$$

证明 因 $\sin\left(n+\frac{1}{2}\right)x=\cos\frac{x}{2}\cdot\sin nx+\sin\frac{x}{2}\cdot\cos nx$，所以

$$\begin{aligned}\int_0^{\pi}f(x)\sin\left(n+\frac{1}{2}\right)x\,\mathrm{d}x&=\int_0^{\pi}\left[f(x)\cos\frac{x}{2}\right]\sin nx\,\mathrm{d}x+\int_0^{\pi}\left[f(x)\sin\frac{x}{2}\right]\cos nx\,\mathrm{d}x\\&=\int_{-\pi}^{\pi}F_1(x)\sin nx\,\mathrm{d}x+\int_{-\pi}^{\pi}F_2(x)\cos nx\,\mathrm{d}x,\end{aligned}$$

其中

$$F_1(x)=\begin{cases}f(x)\cos\dfrac{x}{2}, & 0\leqslant x\leqslant\pi,\\0, & -\pi\leqslant x<0;\end{cases}$$

$$F_2(x)=\begin{cases} f(x)\sin\dfrac{x}{2}, & 0\leqslant x\leqslant \pi, \\ 0, & -\pi\leqslant x<0 \end{cases}$$

都在$[-\pi,\pi]$可积,由 Riemann 引理即可证得本题.

例 8 设以 2π 为周期的连续函数 f 的导函数 f' 在$[-\pi,\pi]$可积.求证:

$$a_n=o\left(\frac{1}{n}\right),\quad b_n=o\left(\frac{1}{n}\right)\quad (n\to\infty).$$

证明 用 a_n',b_n' 记 f' 的 Fourier 系数,有

$$a_n=\frac{1}{\pi}\int_{-\pi}^{\pi}f(x)\cos nx\,\mathrm{d}x=\frac{-1}{n\pi}\int_{-\pi}^{\pi}f'(x)\sin nx\,\mathrm{d}x=\frac{-1}{n}b_n',$$

$$b_n=\frac{1}{\pi}\int_{-\pi}^{\pi}f(x)\sin nx\,\mathrm{d}x=\frac{1}{n\pi}\int_{-\pi}^{\pi}f'(x)\cos nx\,\mathrm{d}x=\frac{1}{n}a_n'.$$

因 $a_n'=o(1)$,$b_n'=o(1)$,所以

$$a_n=o\left(\frac{1}{n}\right),\quad b_n=o\left(\frac{1}{n}\right)\quad (n\to\infty).$$

设 $f(x)$ 是以 2π 为周期的可积函数,任意给定实数 x_0,记 f 在 x_0 点的 Fourier 级数的部分和为 $S_n(x_0)$,当 a_n,b_n 是 f 的 Fourier 系数时,

$$S_n(x_0)=\frac{a_0}{2}+\sum_{k=1}^{n}(a_k\cos kx_0+b_k\sin kx_0).$$

再将 Fourier 系数的积分公式代入上式得到

$$\begin{aligned} S_n(x_0)&=\frac{1}{2\pi}\int_{-\pi}^{\pi}f(x)\mathrm{d}x+\frac{1}{\pi}\sum_{k=1}^{n}\int_{-\pi}^{\pi}f(x)[\cos kx\cos kx_0+\sin kx\sin kx_0]\mathrm{d}x \\ &=\frac{1}{\pi}\int_{-\pi}^{\pi}f(x)\left[\frac{1}{2}+\sum_{k=1}^{n}\cos k(x-x_0)\right]\mathrm{d}x=\frac{1}{\pi}\int_{-\pi}^{\pi}f(x)D_n(x-x_0)\mathrm{d}x, \end{aligned}$$

其中

$$D_n(x)=\frac{1}{2}+\sum_{k=1}^{n}\cos kx.$$

将上式两边同乘 $2\sin\dfrac{x}{2}$,再将右边各项应用积化和差公式,相抵消后再在等式两边同除 $2\sin\dfrac{x}{2}$ 可得

$$D_n(x)=\frac{\sin\left(n+\dfrac{1}{2}\right)x}{2\sin\dfrac{x}{2}},\ x\neq 2k\pi\quad (k\in\mathbf{Z}),$$

称它为 **Dirichlet 核**. 显然 $D_n(x)$ 是偶函数,又是以 2π 为周期的连续函数,且对任意的正整数 n,有

$$\frac{1}{\pi}\int_{-\pi}^{\pi}D_n(x)\mathrm{d}x=\frac{1}{\pi}\int_{-\pi}^{\pi}\left[\frac{1}{2}+\sum_{k=1}^{n}\cos kx\right]\mathrm{d}x=1.$$

再利用周期函数的积分性质,可将 f 的 Fourier 级数的部分和 $S_n(x_0)$ 表示为

$$S_n(x_0)=\frac{1}{\pi}\int_{-\pi}^{\pi}f(x)D_n(x-x_0)\,\mathrm{d}x=\frac{1}{\pi}\int_{x_0-\pi}^{x_0+\pi}f(x)D(x-x_0)\,\mathrm{d}x$$

$$\underline{\underline{t=x-x_0}}\ \frac{1}{\pi}\int_{-\pi}^{\pi}f(t+x_0)D_n(t)\,\mathrm{d}t.$$

把上述积分分为两部分

$$\int_{-\pi}^{\pi}=\int_{-\pi}^{0}+\int_{0}^{\pi}.$$

在第一个积分中令 $t=-u$,最后得到 $S_n(x_0)$ 的表达式

$$S_n(x_0)=\frac{1}{\pi}\int_0^{\pi}[f(x_0+t)+f(x_0-t)]\frac{\sin\left(n+\frac{1}{2}\right)t}{2\sin\frac{t}{2}}\mathrm{d}t.$$

任取常数 S_0,由 Dirichlet 核的积分性质知

$$S_n(x_0)-S_0=\frac{1}{\pi}\int_0^{\pi}[f(x_0+t)+f(x_0-t)-2S_0]\frac{\sin\left(n+\frac{1}{2}\right)t}{2\sin\frac{t}{2}}\mathrm{d}t.$$

所以,f 的 Fourier 级数在 x_0 点收敛于 S_0,当且仅当 $n\to\infty$ 时上式右边的积分趋于零.根据 Riemann 引理,只要 $[f(x_0+t)+f(x_0-t)-2S_0]/2\sin\frac{t}{2}$ 在 $[0,\pi]$ 上黎曼可积.为保证这一点,要引进一个新概念.

定义 2.3　设函数 f 在 x_0 的空心邻域 $\mathring{U}(x_0)$ 有定义,且 f 在 x_0 点的左、右极限 $f(x_0^+)$,$f(x_0^-)$ 皆存在,若

$$\lim_{h\to 0^+}\frac{f(x_0+h)-f(x_0^+)}{h}\quad 与\quad \lim_{h\to 0^-}\frac{f(x_0+h)-f(x_0^-)}{h}$$

存在,则分别称它们为 f 在 x_0 的**右准导数**(广义右导数)与**左准导数**(广义左导数),记作 $f'_+(x_0^+)$ 与 $f'_-(x_0^-)$.若 f 在 x_0 的左、右准导数皆存在,则称 f 在 x_0 **准可导**(广义可导).若 f 在 x_0 连续,则 f 在 x_0 的左、右准导数就是它的左、右导数.

例如,图 7.2-9 中,设 $f(x)=\begin{cases}-x^3, & x<1,\\ 0, & x=1,\\ \sqrt{x}, & x>1.\end{cases}$

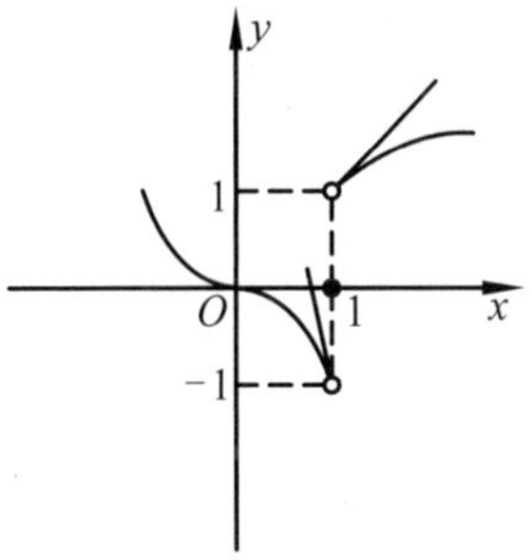

图 7.2-9

易知 $f(1^+)=1$,$f(1^-)=-1$,则

$$f'_+(1^+)=\lim_{h\to 0^+}\frac{f(1+h)-f(1^+)}{h}=\lim_{h\to 0^+}\frac{\sqrt{1+h}-1}{h}=\frac{1}{2},$$

$$f'_-(1^-)=\lim_{h\to 0^-}\frac{f(1+h)-f(1^-)}{h}=\lim_{h\to 0^-}\frac{-(1+h)^3-(-1)}{h}=-3.$$

当以 2π 为周期的可积函数 f 在 x_0 点准可导时,取

$$S_0 = \frac{f(x_0^+) + f(x_0^-)}{2},$$

则

$$g(t) = \begin{cases} \dfrac{f(x_0 + t) + f(x_0 - t) - 2S_0}{2\sin\dfrac{t}{2}}, & 0 < t \leqslant \pi, \\ 0, & t = 0. \end{cases}$$

就在 $[0,\pi]$ 上黎曼可积,由 Riemann 引理就得到了 $S_n(x_0) \to S_0 (n \to \infty)$,于是有下列定理.

定理 2.7(**收敛定理**) 设 $f(x)$ 是以 2π 为周期的可积函数,且 f 在 x_0 准可导,则 f 的 Fourier 级数在 x_0 收敛,且有

$$\frac{f(x_0^+) + f(x_0^-)}{2} = \frac{a_0}{2} + \sum_{n=1}^{\infty}(a_n \cos nx_0 + b_n \sin nx_0).$$

特别地,若 f 在 x_0 准可导且 f 在 x_0 连续,则 f 的 Fourier 级数在 x_0 收敛且有

$$f(x_0) = \frac{a_0}{2} + \sum_{n=1}^{\infty}(a_n \cos nx_0 + b_n \sin nx_0).$$

如果函数 $f(x)$ 在区间 I 上只有有限个第一类间断点,就称 f 是 I 上的**分段连续函数**. 如果 f 的导数 f' 除去 I 的有限个点外存在,且 f' 是 I 上的分段连续函数,就称 f 是 I 上的**分段光滑函数**. 如果 f 在区间 I 上可导且 f' 在 I 上连续,称 f 是 I 上的**光滑函数**.

分段光滑函数的图像是由有限个光滑弧段组成的,它顶多只有有限个第一类间断点或无定义的点或角点(见图 7.2-10).

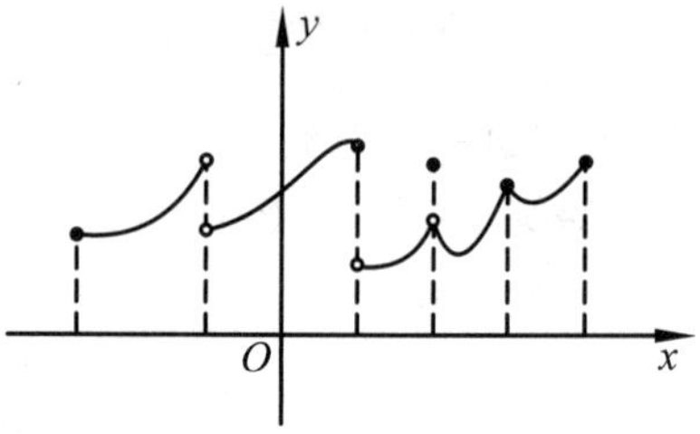

图 7.2-10

由连续函数及微积分理论可知:分段光滑函数 f 在 $[a,b]$ 一定常义可积. 分段光滑函数在 $[a,b]$ 上处处准可导,且 f' 在 $[a,b]$ 上常义可积,所以有

推论 若函数 $f(x)$ 是 $[\alpha,\alpha+2\pi]$ 上分段光滑的函数,则对每个 $x \in [\alpha,\alpha+2\pi]$,$f$ 的 Fourier 级数均在 x 点收敛.

由定理 2.7 立即可得下面非常实用的定理.

定理 2.8 设函数 $f(x)$ 在 $[\alpha,\alpha+2\pi]$ 上可微,则 f 的 Fourier 级数处处收敛,且有

$$f(x) = \frac{a_0}{2} + \sum_{n=1}^{\infty}(a_n \cos nx + b_n \sin nx), \alpha < x < \alpha + 2\pi,$$

$$\frac{f(\alpha) + f(\alpha + 2\pi)}{2} = \frac{a_0}{2} + \sum_{n=1}^{\infty}(a_n \cos nx + b_n \sin nx), x = \alpha, \alpha + 2\pi.$$

例 9 求 $f(x) = \dfrac{\pi - x}{2}$ 在 $[0,2\pi]$ 上的 Fourier 展开式及其和函数.

解 因 f 在 $[0,2\pi]$ 上可导,在 $[0,2\pi]$ 上积分可求出 f 的 Fourier 系数是 $a_n = 0, b_n = \dfrac{1}{n}$,由定理 2.8 得

$$\sum_{n=1}^{\infty}\frac{\sin nx}{n}=\begin{cases}\dfrac{\pi-x}{2}, & x\in(0,2\pi),\\ 0, & x=0,2\pi.\end{cases}$$

特别地，将上式中的 x 换成 $2x$，两边同除以 2，然后再用上式减去新式就得到

$$\frac{\pi}{4}=\sum_{n=1}^{\infty}\frac{\sin(2n-1)x}{2n-1},\ 0<x<\pi.$$

令 $x=\dfrac{\pi}{2}$，代入上式得到

$$\frac{\pi}{4}=1-\frac{1}{3}+\frac{1}{5}-\frac{1}{7}+\cdots+(-1)^{n-1}\frac{1}{2n-1}+\cdots.$$

例 10　求 $f(x)=x^2$ 在 $[-\pi,\pi]$ 上的 Fourier 级数及其和函数.

解　因 $f(x)$ 在 $[-\pi,\pi]$ 上可导，由定理 2.8 得

$$f(x)=x^2=\frac{\pi^2}{3}+4\sum_{n=1}^{\infty}(-1)^n\frac{\cos nx}{n^2},\ x\in[-\pi,\pi].$$

特别地，令 $x=0$，$x=\pi$，代入上式得到

$$\frac{\pi^2}{12}=\sum_{n=1}^{\infty}\frac{(-1)^{n-1}}{n^2};\quad \frac{\pi^2}{6}=\sum_{n=1}^{\infty}\frac{1}{n^2}.$$

例 11　求 $f(x)=x$ 在 $[0,\pi]$ 上的正弦级数.

解　把 f 奇延拓到 $[-\pi,0]$，得到 $[-\pi,\pi]$ 上的奇函数，所以 $a_n=0$，$n=0,1,2,\cdots$. 由 7.2.2 节的例 1 知

$$b_n=\frac{2(-1)^{n-1}}{n}\quad(n\in\mathbf{N}),$$

因 f 奇延拓后是 $f(x)=x$，$x\in[-\pi,\pi]$，由定理 2.8 得

$$\sum_{n=1}^{\infty}\frac{(-1)^{n-1}\sin nx}{n}=\begin{cases}\dfrac{x}{2}, & 0\leqslant x<\pi,\\ 0, & x=\pi.\end{cases}$$

3. 傅里叶级数的分析性质

本小段研究 Fourier 级数的逐项可微性，逐项可积性与一致收敛性. 先做一点准备工作.

定理 2.9（推广的微积分基本定理）　设函数 f 在 $[a,b]$ 连续，若除去有限个点外，f' 在 $[a,b]$ 存在且在 $[a,b]$ 可积，特别若 f 在 $[a,b]$ 连续且分段光滑，则有

$$\int_a^b f'(x)\mathrm{d}x=f(b)-f(a).$$

证明　不妨设 $a=x_0<x_1<\cdots<x_m=b$，包含了 f 所有的导数不存在的点由微积分基本定理 Ⅱ（5.1.1 节定理 1.6）有

$$\int_a^b f'(x)\mathrm{d}x=\sum_{i=1}^{m}\int_{x_{i-1}}^{x_i}f'(x)\mathrm{d}x=\sum_{i=1}^{m}(f(x_i)-f(x_{i-1}))=f(b)-f(a).\qquad\square$$

定理 2.10（推广的分部积分公式）　设函数 f,g 在 $[a,b]$ 连续，且除去有限个点外，f',g' 在 $[a,b]$ 存在且在 $[a,b]$ 可积，特别地，若 f,g 在 $[a,b]$ 连续且分段光滑，则有

$$\int_a^b f(x)g'(x)\mathrm{d}x=f(x)g(x)\Big|_a^b-\int_a^b f'(x)g(x)\mathrm{d}x.$$

证明 除去 f 与 g 的有限个不可导点外的 $x \in [a,b]$ 均有

$$[f(x)g(x)]' = f'(x)g(x) + f(x)g'(x),$$

且上式 3 个函数均在$[a,b]$可积,对上式积分由定理 2.9 就证明了定理. □

我们知道,一致收敛性是函数项级数逐项可微与逐项可积的充分条件,对于 Fourier 级数来说,这个条件可以大大减弱.

定理 2.11(逐项可积定理) 设 f 在$[-\pi,\pi]$是分段连续函数,且

$$f(x) \sim \frac{a_0}{2} + \sum_{n=1}^{\infty}(a_n\cos nx + b_n\sin nx),$$

则对任意的 $a,x \in [-\pi,\pi]$,有

$$\int_a^x f(t)\mathrm{d}t = \int_a^x \frac{a_0}{2}\mathrm{d}t + \sum_{n=1}^{\infty}\left[a_n\int_a^x \cos nt\,\mathrm{d}t + b_n\int_a^x \sin nt\,\mathrm{d}t\right].$$

证明 令

$$F(x) = \int_a^x\left[f(t) - \frac{a_0}{2}\right]\mathrm{d}t \quad (a,x \in [-\pi,\pi]),$$

由函数 f 的分段连续性及可积性,知函数 F 在$[-\pi,\pi]$连续且分段光滑,又有

$$F(\pi) - F(-\pi) = \int_{-\pi}^{\pi} f(t)\mathrm{d}t - \pi a_0 = \pi a_0 - \pi a_0 = 0,$$

所以 $F(\pi) = F(-\pi)$. 这样把 F 延拓成以 2π 为周期的函数时,它是数轴上处处连续且分段光滑的函数,于是由收敛定理有

$$F(x) = \frac{A_0}{2} + \sum_{n=1}^{\infty}(A_n\cos nx + B_n\sin nx),\ x \in \mathbf{R}, \tag{3}$$

其中,A_n,B_n 是 F 的 Fourier 系数,利用推广的分部积分公式知

$$\begin{aligned} A_n &= \frac{1}{\pi}\int_{-\pi}^{\pi} F(x)\cos nx\,\mathrm{d}x = \frac{1}{n\pi}F(x)\sin nx\,\Big|_{-n}^{n} - \frac{1}{n\pi}\int_{-\pi}^{\pi} f'(x)\sin nx\,\mathrm{d}x \\ &= -\frac{1}{n\pi}\int_{-\pi}^{\pi}\left[f(x) - \frac{a_0}{2}\right]\sin nx\,\mathrm{d}x = -\frac{b_n}{n} \quad (n \in \mathbf{N}), \end{aligned}$$

$$B_n = \frac{1}{\pi}\int_{-\pi}^{\pi} F(x)\sin nx\,\mathrm{d}x = \frac{a_n}{n} \quad (n \in \mathbf{N}).$$

令 $x = a$,代入式(3)得

$$0 = \frac{A_0}{2} + \sum_{n=1}^{\infty}\left(\frac{-b_n}{n}\cos na + \frac{a_n}{n}\sin na\right). \tag{4}$$

用式(3)减去式(4)得

$$F(x) = \sum_{n=1}^{\infty}\left(a_n\frac{\sin nx - \sin na}{n} - b_n\frac{\cos nx - \cos na}{n}\right).$$

再由 $F(x)$ 的积分表达式即可证得本定理. □

由此看出,Fourier 级数逐项可积的条件比一般函数项级数逐项可积的条件要弱得多,它不仅不要求 Fourier 级数的一致收敛性,甚至连它是否收敛于原来函数也不必管它,这真使人惊讶!

定理 2.12(逐项微分定理) 设 f 在$[-\pi,\pi]$上连续且除去有限个点外可微,又 f' 在$[-\pi,\pi]$上常义可积,若 $f(-\pi) = f(\pi)$,则 f' 的 Fourier 级数可由 f 的 Fourier 级数的逐项

微分得到，即由

$$f(x) \sim \frac{a_0}{2} + \sum_{n=1}^{\infty}(a_n\cos nx + b_n\sin nx),$$

可得

$$f'(x) \sim \left(\frac{a_0}{2}\right)' + \sum_{n=1}^{\infty}(a_n\cos nx + b_n\sin nx)'.$$

证明 利用推广的微积分基本定理与推广的分部积分公式可得

$$a_0{}' = \frac{1}{\pi}\int_{-\pi}^{\pi} f'(x)\mathrm{d}x = \frac{1}{\pi}[f(\pi) - f(-\pi)] = 0,$$

$$a_n' = \frac{1}{\pi}\int_{-\pi}^{\pi} f'(x)\cos nx\mathrm{d}x = \frac{1}{\pi}f(x)\cos nx\Big|_{-\pi}^{\pi} + \frac{n}{\pi}\int_{-\pi}^{\pi} f(x)\sin nx\mathrm{d}x$$

$$= nb_n \quad (n \in \mathbf{N}),$$

$$b_n' = \frac{1}{\pi}\int_{-\pi}^{\pi} f'(x)\sin nx\mathrm{d}x = -na_n \quad (n \in \mathbf{N}).$$

由此可得 f' 的 Fourier 级数，从而证明了定理. □

定理 2.13（一致收敛定理） 设 f 是以 2π 为周期的连续函数且导函数 f' 在 $[-\pi,\pi]$ 上常义可积，则 f 的 Fourier 级数在 $\mathbf{R}$ 上一致且绝对收敛于 $f(x)$.

证明 由收敛定理 $\Rightarrow \forall x \in \mathbf{R}$，有

$$f(x) = \frac{a_0}{2} + \sum_{n=1}^{\infty}(a_n\cos nx + b_n\sin nx),$$

下面我们证明级数 $\sum\limits_{n=1}^{\infty}(|a_n| + |b_n|)$ 收敛，从而由 M-判别法即可证得本定理.

由逐项可微定理知 f 与 f' 的 Fourier 系数之间有

$$a_n' = nb_n, \quad b_n' = -na_n.$$

利用不等式 $|\alpha\beta| \leqslant \frac{1}{2}(\alpha^2 + \beta^2)$，得到

$$\frac{|a_n'|}{n} \leqslant \frac{1}{2}\left[(a_n')^2 + \frac{1}{n^2}\right], \quad \frac{|b_n'|}{n} \leqslant \frac{1}{2}\left[(b_n')^2 + \frac{1}{n^2}\right],$$

所以

$$|a_n| + |b_n| = \frac{|a_n'|}{n} + \frac{|b_n'|}{n} \leqslant \frac{1}{2}[(a_n')^2 + (b_n')^2] + \frac{1}{n^2}.$$

因 f' 在 $[-\pi,\pi]$ 常义可积，由 Bessel 不等式 $\Rightarrow$ 级数 $\sum\limits_{n=1}^{\infty}[(a_n')^2 + (b_n')^2]$ 收敛. 又级数 $\sum\limits_{n=1}^{\infty}\frac{1}{n^2}$ 也收敛，所以 $\sum\limits_{n=1}^{\infty}(|a_n| + |b_n|)$ 收敛，这就证明了定理 2.13. □

例 12 利用收敛定理易求出 $f(x) = x$ 在 $(-\pi,\pi)$ 上的 Fourier 级数，有

$$\frac{x}{2} = \sum_{n=1}^{\infty}\frac{(-1)^{n-1}\sin nx}{n}, \ x \in (-\pi,\pi).$$

对上式利用逐项可积定理，得到

$$\frac{x^2}{4} = \int_0^x \frac{t}{2}\mathrm{d}t = \sum_{n=1}^{\infty}\frac{(-1)^{n-1}}{n}\int_0^x \sin nt\mathrm{d}t$$

$$= \sum_{n=1}^{\infty}\frac{(-1)^{n-1}}{n^2} + \sum_{n=1}^{\infty}\frac{(-1)^n}{n^2}\cos nx, \ x \in [-\pi,\pi],$$

对上式再利用逐项可积定理,得到

$$\int_{-\pi}^{\pi}\frac{x^2}{4}\mathrm{d}x=\int_{-\pi}^{\pi}\left[\sum_{n=1}^{\infty}\frac{(-1)^{n-1}}{n^2}\right]\mathrm{d}x+\sum_{n=1}^{\infty}\frac{(-1)^n}{n^2}\int_{-\pi}^{\pi}\cos nx\,\mathrm{d}x.$$

于是 $$\sum_{n=1}^{\infty}\frac{(-1)^{n-1}}{n^2}=\frac{\pi^2}{12},$$

因而有 $$x^2=\frac{\pi^2}{3}+4\sum_{n=1}^{\infty}\frac{(-1)^n}{n^2}\cos nx,\ x\in[-\pi,\pi].$$

例 13 设 f 是 $[-\pi,\pi]$ 上的分段连续函数,求证:

$$\sum_{n=1}^{\infty}\frac{b_n}{n}=\frac{1}{2\pi}\int_{-\pi}^{\pi}\mathrm{d}x\int_0^x\left[f(t)-\frac{a_0}{2}\right]\mathrm{d}t,$$

其中,a_0,b_n 是 f 的 Fourier 系数.

证明 在逐项可积定理 2.11 的式(2) 中令 $a=0$,得 $\frac{A_0}{2}=\sum_{n=1}^{\infty}\frac{b_n}{n}$. 又有

$$A_0=\frac{1}{\pi}\int_{-\pi}^{\pi}F(x)\mathrm{d}x=\frac{1}{\pi}\int_{-\pi}^{\pi}\mathrm{d}x\int_0^x\left[f(t)-\frac{a_0}{2}\right]\mathrm{d}t,$$

由此即可证得本题.

利用本题结果可以求某些级数的和,例如,$f(x)=\frac{\pi-x}{2}$ 在 $(0,2\pi)$ 上的 Fourier 系数为

$$a_0=0,\quad b_n=\frac{1}{n},$$

由上题公式易得

$$\sum_{n=1}^{\infty}\frac{1}{n^2}=\frac{\pi^2}{6}.$$

思 考 题

1. 设函数 f 定义在区间 $[-\pi,\pi]$ 上,若要把它按周期 2π 延拓到整个数轴,为什么要用区间 $(-\pi,\pi]$ 或 $[-\pi,\pi)$ 上的 f,而不用区间 $[-\pi,\pi]$ 上的 f 进行延拓?
2. 区间 $(-\pi,\pi]$ 上连续的函数 f,按周期 2π 延拓到整个数轴后,是否仍是连续函数?
3. 定义在 $[0,\pi]$ 上的可积函数 f,按周期 2π 延拓到整个数轴上,它所生成的 Fourier 级数是否只能是正弦级数或余弦级数?
4. 定义在 $(-\pi,\pi]$ 上的可积函数 f,按周期 2π 延拓到整个数轴上,能否断言:它必能生成正弦级数或余弦级数?
5. 设 f,g 在 $[-\pi,\pi]$ 上分段连续,且 $f(x)=g(-x)$,问:它们的 Fourier 系数之间有何关系?
6. 设 f 在 $[-\pi,\pi]$ 上分段连续,且 $f(x+\pi)=f(x)$,问:f 的 Fourier 系数有何特点?
7. 定义在 $(-\pi,\pi]$ 上的函数 $f(x)=x$ 与定义在 $(0,2\pi]$ 上的函数 $g(x)=x$ 按周期 2π 延拓到整个数轴后,是同一个函数吗?
8. 下面做法错在何处?

   有 $x^2=\frac{\pi^2}{3}+4\sum_{n=1}^{\infty}\frac{(-1)^n}{n^2}\cos nx$,$x\in[-\pi,\pi]$,对上式逐项微分得

$$\frac{x}{2}=\sum_{n=1}^{\infty}\frac{(-1)^{n-1}}{n}\sin nx.$$

对上式再逐项微分得

$$\frac{1}{2}=\sum_{n=1}^{\infty}(-1)^{n-1}\cos nx.$$

令 $x=0$,代入上式得

$$\frac{1}{2}=1-1+1-1+\cdots+(-1)^n+\cdots.$$

练　习　题

7.43 写出下列函数生成的 Fourier 级数.

(1) $f(x)=\begin{cases}c_1, & -\pi<x\leqslant 0,\\ c_2, & 0<x\leqslant\pi;\end{cases}$

(2) $f(x)=\dfrac{\pi-x}{2},\ x\in(0,2\pi)$;

(3) $f(x)=\pi^2-x^2,\ x\in(-\pi,\pi)$.

7.44 写出下列函数生成的 Fourier 级数.

(1) $f(x)=\operatorname{sgn}(\cos x)$;　　(2) $f(x)=x-[x]$.

7.45 (1) 设 $f(t)$ 是周期为 T 的方波,它在 $\left[-\dfrac{T}{2},\dfrac{T}{2}\right)$ 上的表示式为

$$f(t)=\begin{cases}0, & -\dfrac{T}{2}\leqslant t<0,\\ E, & 0\leqslant t<\dfrac{T}{2}.\end{cases}$$

写出 f 生成的 Fourier 级数.

(2) 设 $f(t)$ 是周期为 T 的半波整流波,它在 $\left[-\dfrac{T}{2},\dfrac{T}{2}\right)$ 上的表示式为

$$f(t)=\begin{cases}0, & -\dfrac{T}{2}\leqslant t<0,\\ v_m\sin\omega t, & 0\leqslant t<\dfrac{T}{2},\end{cases}\quad 其中\ \omega=\frac{2\pi}{T}.$$

写出 f 生成的 Fourier 级数.

(3) 设 $f(t)$ 是周期为 T 的三角波,它在 $\left[-\dfrac{T}{2},\dfrac{T}{2}\right)$ 上的图形如图 7.2-11 所示,写出 f 生成的 Fourier 级数.

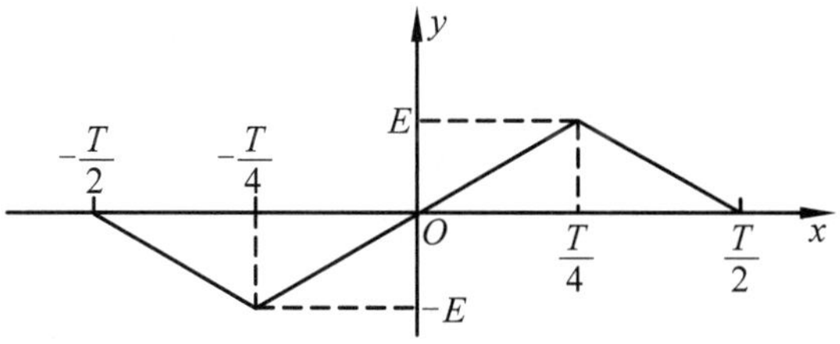

图 7.2-11

7.46 (1) 写出 $f(x)=\sin x, x\in(0,\pi]$ 生成的余弦级数.

(2) 写出 $f(x)=\begin{cases}1, & 0<x<h,\\ \dfrac{1}{2}, & x=h,\\ 0, & h<x\leqslant\pi\end{cases}$ 生成的正弦级数.

7.47 设 f 在$[-\pi,\pi]$是可积函数,且 $f(x+\pi)=f(x)$,求证:f 的 Fourier 系数 $a_{2n-1}=b_{2n-1}=0\quad(n\in\mathbf{N})$.

7.48 设 f 在$\left[0,\frac{\pi}{2}\right]$是可积函数,如何把 f 从$\left[0,\frac{\pi}{2}\right]$延拓到$\left[\frac{\pi}{2},\pi\right]$,然后从$[0,\pi]$延拓到$[-\pi,0]$,最后延拓到整个数轴,使得 f 生成如下形式的 Fourier 级数:

$$f(x)\sim\sum_{n=1}^{\infty}a_{2n-1}\cos\ (2n-1)x,\ x\in\left[0,\frac{\pi}{2}\right],$$

其中
$$a_{2n-1}=\frac{4}{\pi}\int_0^{\frac{\pi}{2}}f(x)\cos\,(2n-1)x\mathrm{d}x\quad(n\in\mathbf{N})?$$

7.49 求下列函数在指定区间上的 Fourier 级数.

(1) $f(x)=\operatorname{sgn}x,\ x\in(-\pi,\pi]$; (2) $f(x)=x-[x],\ x\in[0,1]$;

(3) $f(x)=x+|x|,\ x\in[-l,l]$.

7.50 (1) 求 $f(x)=|\sin x|$ 在$[-\pi,\pi]$上的 Fourier 级数,由此证明:

$$\frac{1}{2}=\frac{1}{1\times3}+\frac{1}{3\times5}+\cdots+\frac{1}{(2n-1)(2n+1)}+\cdots.$$

(2) 求 $f(x)=\begin{cases}x^2, & 0<x<\pi,\\ 0, & x=\pi,\\ -x^2, & \pi<x\leqslant2\pi\end{cases}$ 的 Fourier 级数,由此证明:

$$\frac{\pi^2}{8}=\frac{1}{1^2}+\frac{1}{3^2}+\frac{1}{5^2}+\cdots+\frac{1}{(2n+1)^2}+\cdots.$$

(3) 求 $f(x)=\cos ax$ 在$[-\pi,\pi]$上的 Fourier 级数($a\notin\mathbf{Z}$),由此证明:

$$\frac{1}{\sin x}=\frac{1}{x}+\sum_{n=1}^{\infty}(-1)^n\left(\frac{1}{x-n\pi}+\frac{1}{x+n\pi}\right)\quad(x\neq m\pi,m\in\mathbf{Z}).$$

7.51 证明:

(1) $\lim\limits_{n\to\infty}\int_{-\pi}^{\pi}\sin^2(nx)\mathrm{d}x=\pi$; (2) $\lim\limits_{n\to\infty}\int_0^1\dfrac{\sin^2(nx)}{1+x^2}\mathrm{d}x=\dfrac{\pi}{8}$.

7.52 设 $f_n(x)=\int_0^x\left(\dfrac{1}{2\sin\dfrac{t}{2}}-\dfrac{1}{t}\right)\sin\left(n+\dfrac{1}{2}\right)t\mathrm{d}t,\ x\in[0,\pi)$. 求证:$\lim\limits_{n\to\infty}f_n(x)=0$.

7.53 (1) 利用等式$\sum\limits_{n=1}^{\infty}\dfrac{\sin nx}{n^3}=\dfrac{x^3-3\pi x^2+2\pi^2x}{12},\ 0\leqslant x\leqslant2\pi$,求级数$\sum\limits_{n=1}^{\infty}\dfrac{1}{n^4}$的和.

(2) 利用等式$\sum\limits_{n=0}^{\infty}\dfrac{\sin\,(2n+1)x}{(2n+1)^3}=\dfrac{\pi^2x-\pi x^2}{8},\ 0\leqslant x\leqslant\pi$,求级数$\sum\limits_{n=0}^{\infty}\dfrac{1}{(2n+1)^4}$的和.

7.54 设函数 f 在$[-\pi,\pi]$连续,$f(-\pi)=f(\pi)$,且 f' 在$[-\pi,\pi]$分段连续,求证:

$$\lim_{n\to\infty}na_n=0;\quad\lim_{n\to\infty}nb_n=0.$$

其中,a_n,b_n 是 f 的 Fourier 系数.

7.2.3　维尔斯特拉斯逼近定理

定理 2.13 给出了以 2π 为周期的连续函数的 Fourier 级数，在 **R** 上一致收敛于函数本身的一个充分条件. 但是确实存在这样的连续函数，它的 Fourier 级数在某些点发散. 自然要问，任意给定一个以 2π 为周期的连续函数 f，是否存在由三角多项式组成的函数列，在 **R** 上一致收敛于 f?Weierstrass(维尔斯特拉斯) 逼近定理回答了这个问题.

定理 2.14(Weierstrass 第一逼近定理)　设 f 在 **R** 是以 2π 为周期的连续函数，则对任给的 $\varepsilon>0$，存在 n 阶三角多项式

$$T_n(x)=\frac{\alpha_0}{2}+\sum_{k=1}^{n}(\alpha_k\cos kx+\beta_k\sin kx),$$

使得

$$|f(x)-T_n(x)|<\varepsilon$$

在 **R** 一致成立.

证明　作$[-\pi,\pi]$的分法

$$\Omega=\{-\pi=x_0<x_1<\cdots<x_m=\pi\}.$$

再通过曲线 $y=f(x)$ 的分点 $M_i=(x_i,f(x_i)),i=0,1,\cdots,m$，分别用直线段$M_iM_{i+1}(i=0,1,\cdots,m-1)$ 连接分点得到折线，该折线的函数方程是 $y=L(x)$，则 $L(x)$ 在$[-\pi,\pi]$上连续，分段光滑且 $L(-\pi)=L(\pi)$. 又因为 f 在$[-\pi,\pi]$上一致连续，则任给 $\varepsilon>0$，存在 $\delta>0$，只要 $\|\Omega\|<\delta$，就有 f 在每个小区间$[x_{i-1},x_i]$上的振幅均小于$\frac{\varepsilon}{2}$，特别有

$$|f(x)-L(x)|<\frac{\varepsilon}{2},\quad x\in[-\pi,\pi].$$

取定分法Ω，使得 $\|\Omega\|<\delta$，再作出函数 $L(x)$. 则 $L(x)$ 在$[-\pi,\pi]$上分段光滑，连续且 $L(-\pi)=L(\pi)$. 由 Fourier 级数的一致收敛定理，存在 $L(x)$ 的 Fourier 级数部分和 $T_n(x)$，

$$T_n(x)=\frac{\alpha_0}{2}+\sum_{k=1}^{n}(\alpha_n\cos kx+\beta_n\sin kx)$$

使得对一切 $x\in[-\pi,\pi]$ 有

$$|L(x)-T_n(x)|<\frac{\varepsilon}{2}.$$

故对一切 $x\in[-\pi,\pi]$ 有

$$\begin{aligned}|f(x)-T_n(x)|&\leqslant|f(x)-L(x)|+|L(x)-T_n(x)|\\&<\frac{\varepsilon}{2}+\frac{\varepsilon}{2}=\varepsilon.\end{aligned}$$

□

推论　若 f 在 **R** 是以 2π 为周期的连续函数，则存在三角多项式序列$\{T_n(x)\}$，使得

$$\lim_{n\to\infty}T_n(x)=f(x)$$

在 **R** 一致成立，即函数列$\{T_n(x)\}$ 在 **R** 上一致收敛于 $f(x)$.

定理 2.15(Weierstrass 第二逼近定理) 设 f 是 $[a,b]$ 上的连续函数,则对任给的 $\varepsilon>0$,存在多项式 $P_n(x)$,使得

$$|f(x)-P_n(x)|<\varepsilon$$

在 $[a,b]$ 上一致成立.

证明 令 $x=a+\frac{b-a}{\pi}t$,则把定义在 $[a,b]$ 上的连续函数 $f(x)$ 变成定义在 $[0,\pi]$ 上的连续函数

$$F(t)=f\left(a+\frac{b-a}{\pi}t\right).$$

把 $F(t)$ 偶延拓到 $[-\pi,0]$,显然 $F(t)$ 在 $[-\pi,\pi]$ 上连续,且 $F(-\pi)=F(\pi)$. 再把 $F(t)$ 延拓为以 2π 为周期的整个数轴上的连续函数,由 Weierstrass 第一逼近定理知,$\forall\varepsilon>0$,存在三角多项式 $T_m(t)$,使得

$$|F(t)-T_m(t)|<\frac{\varepsilon}{2}$$

在 $[-\pi,\pi]$ 上一致成立. 因 $F(t)$ 是偶函数,所以 $T_m(t)$ 是由有限个余弦函数 $\cos kt$ 构成的. 每个 $\cos kt$ 在 $t=0$ 可展开成 Taylor 级数,因此每个 $T_m(t)$ 在 $t=0$ 可展开成 Taylor 级数,且它在 $[-\pi,\pi]$ 上一致收敛于 $T_m(t)$,即存在一个 n 次多项式 $\widetilde{P}_n(t)$(即 Taylor 级数的部分和),使得

$$|T_m(t)-\widetilde{P}_n(t)|<\frac{\varepsilon}{2}$$

在 $[-\pi,\pi]$ 一致成立.

这样,$\forall t\in[-\pi,\pi]$,有

$$|F(t)-\widetilde{P}_n(t)|\leqslant|F(t)-T_m(t)|+|T_m(t)-\widetilde{P}_n(t)|<\varepsilon.$$

令

$$P_n(x)=\widetilde{P}_n\left[\frac{\pi}{b-a}(x-a)\right],\ x\in[a,b].$$

显然 $P_n(x)$ 是 x 的 n 次多项式,且 $\forall x\in[a,b]$,有

$$|f(x)-P_n(x)|<\varepsilon.$$

□

推论 若 f 是 $[a,b]$ 上的连续函数,则存在多项式序列 $\{P_n(x)\}$,使得

$$\lim_{n\to\infty}P_n(x)=f(x)$$

在 $[a,b]$ 上一致成立,即 $\{p_n(x)\}$ 在 $[a,b]$ 上一致收敛于 $f(x)$.

这样,对于有界闭区间上的连续函数,一定能展开成一致收敛于它的各项为多项式的函数项级数.

练 习 题

7.55 利用 Weierstrass 第二逼近定理证明:

(1) 有界闭区间上的连续函数是可积函数;

(2) 若 $f\in C[a,b]\Rightarrow\forall\varepsilon>0$,存在一个有理系数的多项式 $P(x)$,使得 $\forall x\in[a,b]$,有

$$|f(x)-P(x)|<\varepsilon.$$

7.56　设 $f \in C[-\pi,\pi]$，$f(-\pi)=f(\pi)$，且 f' 在 $[-\pi,\pi]$ 分段连续，$S_n(x)$ 表示 f 的 Fourier 多项式，求证：$\exists n \in \mathbf{N}_+$，$\forall x \in [-\pi,\pi]$，有

$$|f(x)-S_n(x)| \leqslant \frac{c}{\sqrt{n}}，其中\ c^2=\frac{1}{\pi}\int_{-\pi}^{\pi}[f'(x)]^2\mathrm{d}x.$$

7.57　设 $f \in C[a,b]$，且 $\int_a^b f(x)x^n\mathrm{d}x=0\quad(n \in \mathbf{N})$. 求证：$f(x)=0$，$x \in [a,b]$.

7.58　设 f 是定义在数轴上以 2π 为周期的二阶导函数连续的函数，求证：f 的 Fourier 级数在数轴上一致收敛于 f.

复习参考题

7.59 设 $f_n(x)=n^\alpha x(1-x^2)^n$. 求证：$\forall\alpha\in\mathbf{R}$，函数列 $\{f_n(x)\}$ 在 $[0,1]$ 处处收敛. 并问：α 取何值时，$\{f_n(x)\}$ 在 $[0,1]$ 上一致收敛？

7.60 设 $\{u_n(x)\}$ 在 $[a,b]$ 上是连续函数列，且对每个 $x\in[a,b]$，数列 $\{u_n(x)\}$ 单减趋于 0，求证：$\sum\limits_{n=1}^{\infty}(-1)^n u_n(x)$ 在 $[a,b]$ 上一致收敛.

7.61 设每个函数 $f_n(x)$ 在 (a,b) 上一致连续，且 $f_n(x)\rightrightarrows f(x)\quad(n\to\infty;x\in(a,b))$. 求证：函数 f 在 (a,b) 上一致连续.

7.62 **Dini 定理** 设 $\{u_n(x)\}$ 在 $[a,b]$ 上是连续函数列，$u_n(x)\geqslant 0$. 如果 $\sum\limits_{n=1}^{\infty}u_n(x)$ 在 $[a,b]$ 收敛于连续函数 $S(x)$，求证：$\sum\limits_{n=1}^{\infty}u_n(x)$ 在 $[a,b]$ 一致收敛.

7.63 证明 $\sum\limits_{n=1}^{\infty}\dfrac{\sin(2^n\pi x)}{2^n}$ 在 $\mathbf{R}$ 一致收敛，但在任何区间内部都不能逐项求微商.

7.64 设 f 在 $[-A,A]\quad(A>0)$ 是连续函数，且 $|f(x)|\leqslant|x|$（等号仅在 $x=0$ 成立）. 令

$$f_1(x)=f(x),\ f_{n+1}(x)=f(f_n(x))\quad(n\in\mathbf{N}_+),$$

求证：$f_n(x)\rightrightarrows 0\quad(n\to\infty;x\in[-A,A])$.

7.65 设函数列 $\{f_n(x)\}\ (n\in\mathbf{N})$ 在区间 I 满足条件：

1° $|f_0(x)|\leqslant M$;

2° $\sum\limits_{k=0}^{n}|f_k(x)-f_{k+1}(x)|\leqslant M\quad(n\in\mathbf{N}_+)$,

其中，M 是常数，且 $\sum\limits_{n=0}^{\infty}b_n$ 收敛.

求证：$\sum\limits_{n=0}^{\infty}b_n f_n(x)$ 在区间 I 一致收敛.

7.66 (1) 研究函数 $f(x)=\sum\limits_{n=0}^{\infty}\dfrac{1}{2^n+x}$ 在 $[0,+\infty)$ 的连续性、一致连续性、可微性与单调性；

(2) 研究函数 $f(x)=\sum\limits_{n=0}^{\infty}\dfrac{1}{2^n+x}$ 当 $x\to+\infty$ 时的渐近性质，即证明：

$$\sum_{n=0}^{\infty}\frac{1}{2^n+x}\sim\frac{\ln(1+x)}{x\ln 2}\quad(x\to+\infty).$$

并问：函数 $f(x)$ 当 $x\to+\infty$ 时的阶是多少？

7.67 设每个函数 $\varphi_n(x)$ 在 $[-1,1]$ 是非负连续函数，且 $\lim\limits_{n\to\infty}\int_{-1}^{1}\varphi_n(x)\mathrm{d}x=1$. 又函数列 $\{\varphi_n(x)\}$ 在 $[-1,0)$ 与 $(0,1]$ 都内闭一致收敛于零，求证：

$$\forall g\in C[-1,1],\ 有\lim_{n\to\infty}\int_{-1}^{1}g(x)\varphi_n(x)\mathrm{d}x=g(0).$$

7.68 证明：数列 $a_n=\left(1+\dfrac{1}{n}\right)^{n+p}$ 单减的充要条件是 $p\geqslant\dfrac{1}{2}$.

7.69 证明：$\forall x\in[0,1]$，$\exists a_n\in\{0,1,2,\cdots,9\}$，使得 $x=\sum\limits_{n=1}^{\infty}\dfrac{a_n}{10^n}$.

7.70 设 $T_n(x)=\dfrac{\alpha_0}{2}+\sum_{k=1}^{n}(\alpha_k\cos kx+\beta_k\sin kx)$ 是 n 阶三角多项式，其中 $\alpha_0,\alpha_k,\beta_k\quad(k=1,2,\cdots,n)$ 是常数，称

$$\delta_n=\int_{-\pi}^{\pi}|f(x)-T_n(x)|^2\mathrm{d}x$$

为 T_n 对于 f 的**均方偏差**.

(1) 证明：$\delta_n=\int_{-\pi}^{\pi}f^2(x)\mathrm{d}x+\pi\left\{\dfrac{(\alpha_0-a_0)^2}{2}+\sum_{k=1}^{n}[(\alpha_k-a_k)^2+(\beta_k-b_k)^2]\right\}-\pi\left\{\dfrac{a_0^2}{2}+\sum_{k=1}^{n}(a_k^2+b_k^2)\right\}$，其中 a_k,b_k 是 f 的 Fourier 系数.

(2) 证明：$\min\limits_{\{T_n\}}\{\delta_n\}=\int_{-\pi}^{\pi}f^2(x)\mathrm{d}x-\pi\left[\dfrac{a_0^2}{2}+\sum_{k=1}^{n}(a_k^2+b_k^2)\right]$.

(3) 证明：$\lim\limits_{n\to\infty}\int_{-\pi}^{\pi}|f(x)-S_n(x)|^2\mathrm{d}x=0$，其中 $S_n(x)=\dfrac{a_0}{2}+\sum_{k=1}^{n}(a_k\cos kx+b_k\sin kx)$.

(4) 证明**巴塞瓦(Parseval)等式**：

$$\frac{1}{\pi}\int_{-\pi}^{\pi}f^2(x)\mathrm{d}x=\frac{a_0^2}{2}+\sum_{n=1}^{\infty}(a_n^2+b_n^2).$$

此等式也称为 f(关于三角函数系)的**封闭性公式**.

第8章 含参变量积分

级数与积分是构造函数的两个重要分析工具. 利用定积分可构造积分上限(或下限)函数. 利用含参变量常义积分与含参变量广义积分,可构造许多重要的函数. 这就要研究含参变量积分的定义并研究它的性质.

设二元数值函数 $f(x,y)$ 定义在矩形域 $I=[a,b]\times[c,d]$ 上 $(a,b,c,d\in(-\infty,+\infty))$. 若对每个固定的 $y\in[c,d]$,积分

$$\Phi(y)=\int_a^b f(x,y)\mathrm{d}x$$

存在,则称它为**含参变量 y 的积分**. 同理,称

$$\Psi(x)=\int_c^d f(x,y)\mathrm{d}y,\ x\in[a,b]$$

为**含参变量 x 的积分**.

若对每个 $y\in[c,d]$,一元函数 $f_y(x)\equiv f(x,y)$ 关于 x 在 $[a,b]$ 常义可积,则称 $\Phi(y)=\int_a^b f(x,y)\mathrm{d}x$ 为**含参变量常义积分**;若一元函数 $f_y(x)\equiv f(x,y)$ 关于 x 在 $[a,\omega)$ 广义可积,则称 $\Phi(y)=\int_a^\omega f(x,y)\mathrm{d}x$ 为**含参变量广义积分**(其中 ω 是有限瑕点或无穷瑕点).

8.1 含参变量常义积分

设二元数值函数 $f(x,y)$ 在有界闭矩形域 $I=[a,b]\times[c,d]$ 上有定义 $(a,b,c,d\in\mathbf{R})$,我们要研究含参变量 y 的常义积分

$$\Phi(y)=\int_a^b f(x,y)\mathrm{d}x,y\in[c,d]$$

在区间 $[c,d]$ 的连续性、可微性与可积性.

定理1.1(连续性) 设二元数值函数 $f(x,y)$ 在 $I=[a,b]\times[c,d]$ 连续,则一元数值函数

$$\Phi(y)=\int_a^b f(x,y)\mathrm{d}x$$

在 $[c,d]$ 连续.

证明 由连续函数的性质,若一元数值函数在有界闭区间连续,则它必定一致连续.

同样,若二元数值函数 $f(x,y)$ 在有界闭矩形 $I=[a,b]\times[c,d]$ 连续,则它必定在 I 上一致连续,当 $f(x,y)$ 在 I 一致连续时,与一元函数一样,就存在实轴上单增的无穷小量 $\alpha(t)\to 0(t\to 0)$,使得任取 $(x',y'),(x'',y'')\in I$,有

$$|f(x',y')-f(x'',y'')|\leqslant\alpha(|(x',y')-(x'',y'')|)=\alpha(\sqrt{(x'-x'')^2+(y'-y'')^2}).$$

由此可得

$$|\Phi(y)-\Phi(y_0)|\leqslant\int_a^b|f(x,y)-f(x,y_0)|\mathrm{d}x\leqslant(b-a)\alpha(|y-y_0|),$$

当 $y\to y_0$ 时,上式右边极限为 0,由夹逼性质与上式得 Φ 在 y_0 连续,由 $y_0\in[c,d]$ 的任意性知 $\Phi\in C[c,d]$. □

本定理的结论可改写成

$$\lim_{y\to y_0}\int_a^b f(x,y)\mathrm{d}x=\int_a^b\lim_{y\to y_0}f(x,y)\mathrm{d}x=\int_a^b f(x,y_0)\mathrm{d}x.$$

定理 1.2(可微性)　设二元数值函数 $f(x,y)$ 与 $\frac{\partial}{\partial y}f(x,y)$ 在 $I=[a,b]\times[c,d]$ 连续,则

$$\frac{\mathrm{d}}{\mathrm{d}y}\int_a^b f(x,y)\mathrm{d}x=\int_a^b\frac{\partial}{\partial y}f(x,y)\mathrm{d}x,\quad y\in[c,d],$$

且 $\Phi(y)=\int_a^b f(x,y)\mathrm{d}x$ 在 $[c,d]$ 的导函数连续(记作 $\Phi\in C^1[c,d]$).

证明　$\forall\, y,y+h\in[c,d]$,有

$$\frac{\Phi(y+h)-\Phi(y)}{h}=\int_a^b\frac{f(x,y+h)-f(x,y)}{h}\mathrm{d}x.$$

任意固定 $x\in[a,b]$,把 $f(x,y)$ 看成 y 的一元数值函数 $f_x(y)\equiv f(x,y)$,它在 $[c,d]$ 可导.由一元数值函数的 Lagrange 中值定理可得

$$f(x,y+h)-f(x,y)=h\frac{\partial}{\partial y}f(x,y+\theta h),\quad 0<\theta<1,$$

所以

$$\frac{\Phi(y+h)-\Phi(y)}{h}=\int_a^b\frac{\partial}{\partial y}f(x,y+\theta h)\mathrm{d}x,\quad 0<\theta<1.$$

在上式中令 $h\to 0$,由 $\frac{\partial f}{\partial y}$ 在 I 上一致连续即证得本定理. □

定理 1.3(可积性)　设二元数值函数 $f(x,y)$ 在 $I=[a,b]\times[c,d]$ 连续,则

$$\int_a^b\mathrm{d}x\int_c^d f(x,y)\mathrm{d}y=\int_c^d\mathrm{d}y\int_a^b f(x,y)\mathrm{d}x.$$

证明　利用对积分上限函数的求导定理 ⇒

$$\frac{\mathrm{d}}{\mathrm{d}y}\left[\int_c^y\left(\int_a^b f(x,u)\mathrm{d}x\right)\mathrm{d}u\right]=\int_a^b f(x,y)\mathrm{d}x.$$

由定理 1.1 与定理 1.2 ⇒

$$\frac{\mathrm{d}}{\mathrm{d}y}\left[\int_a^b\left(\int_c^y f(x,u)\mathrm{d}u\right)\mathrm{d}x\right]=\int_a^b\left[\frac{\partial}{\partial y}\int_c^y f(x,u)\mathrm{d}u\right]\mathrm{d}x=\int_a^b f(x,y)\mathrm{d}x,$$

所以,$\forall\, y\in[c,d]$,有

$$\int_c^y\mathrm{d}u\int_a^b f(x,u)\mathrm{d}x-\int_a^b\mathrm{d}x\int_c^y f(x,u)\mathrm{d}u=k(\text{常数}).$$

令 $y=c$ 即得 $k=0$,再令 $y=d$ 即证得本定理. □

在很多问题中,常碰到形如

$$\Phi(y)=\int_{\alpha(y)}^{\beta(y)}f(x,y)\mathrm{d}x,\ y\in[c,d]$$

的含参变量积分,关于它的分析性质也有类似的结果.

定理 1.4　设二元数值函数 $f(x,y)$ 在 $I=[a,b]\times[c,d]$ 连续,则二元数值函数

$$\Phi(x,y)=\int_a^x f(t,y)\mathrm{d}t$$

在 $I=[a,b]\times[c,d]$ 连续.

证明 $\forall p=(x,y),p_0=(x_0,y_0)\in[a,b]\times[c,d]$,有

$$\Phi(x,y)-\Phi(x_0,y_0)=\int_a^{x_0}[f(t,y)-f(t,y_0)]\mathrm{d}t+\int_{x_0}^x f(t,y)\mathrm{d}t.$$

因 $f(x,y)$ 在有界闭矩形$[a,b]\times[c,d]$ 连续,因而有界且一致连续(这与一元连续函数是相似的),所以存在 $M>0$,使 $|f(x,y)|\leqslant M,(x,y)\in I$,又存在实轴上单增的无穷小量 $\alpha(t)\to 0(t\to 0)$ 使得任取$(x',y'),(x'',y'')\in I$ 有

$$|f(x',y')-f(x'',y'')|\leqslant\alpha(\sqrt{(x'-x'')^2+(y'-y'')^2}).$$

将之代入上式后取绝对值,适当放大得

$$\begin{aligned}|\Phi(x,y)-\Phi(x_0,y_0)|&\leqslant\int_a^{x_0}|f(t,y)-f(t,y_0)|\mathrm{d}t+\left|\int_{x_0}^x M\mathrm{d}t\right|\\&\leqslant(b-a)[\alpha(|y-y_0|)+M|x-x_0|],\end{aligned}$$

当$(x,y)\to(x_0,y_0)$时,上式右边极限为0,由上式和夹逼性质得 Φ 在(x_0,y_0) 连续,由$(x_0,y_0)\in I$ 的任意性就得到了 $\Phi(x,y)$ 在$[a,b]\times[c,d]$ 连续. □

定理 1.5 设二元数值函数 $f(x,y)$ 在 $I=[a,b]\times[c,d]$ 连续,一元数值函数 $\alpha(y)$,$\beta(y)$ 在$[c,d]$ 连续,且 $\alpha(y),\beta(y)\in[a,b]$,则

$$\Phi(y)=\int_{\alpha(y)}^{\beta(y)}f(x,y)\mathrm{d}x$$

在$[c,d]$ 连续.

证明 有 $\Phi(y)=\int_a^{\beta(y)}f(x,y)\mathrm{d}x-\int_a^{\alpha(y)}f(x,y)\mathrm{d}x.$

记 $$F(t,y)=\int_a^t f(x,y)\mathrm{d}x,t=\beta(y)\ (\text{或 }t=\alpha(y)),$$

由定理1.4及复合函数的连续性(多元连续函数的复合函数仍是连续函数)即可证得本定理. □

定理 1.6 设二元数值函数 $f(x,y)$ 与$\frac{\partial}{\partial y}f(x,y)$ 在 $I=[a,b]\times[c,d]$ 连续,一元数值函数 $\alpha(y),\beta(y)$ 在$[c,d]$ 可微,且 $\alpha(y),\beta(y)\in[a,b]$,则

$$\frac{\mathrm{d}}{\mathrm{d}y}\int_{\alpha(y)}^{\beta(y)}f(x,y)\mathrm{d}x=\int_{\alpha(y)}^{\beta(y)}\frac{\partial}{\partial y}f(x,y)\mathrm{d}x+f[\beta(y),y]\beta'(y)-f[\alpha(y),y]\alpha'(y),\ y\in[c,d].$$

证明 令 $F(u,v,y)=\int_v^u f(x,y)\mathrm{d}x,u=\beta(y),v=\alpha(y)$. 于是,$\Phi(y)=\int_{\alpha(y)}^{\beta(y)}f(x,y)\mathrm{d}x$ 是 $F(u,v,y)$ 与 $u=\beta(y),v=\alpha(y)$ 的复合函数,由链式法则 ⇒

$$\frac{\mathrm{d}\Phi(y)}{\mathrm{d}y}=\frac{\partial F}{\partial u}\frac{\mathrm{d}u}{\mathrm{d}y}+\frac{\partial F}{\partial v}\frac{\mathrm{d}v}{\mathrm{d}y}+\frac{\partial F}{\partial y}\frac{\mathrm{d}y}{\mathrm{d}y}.$$

由定理条件及可微性即可证得本定理. □

例 1 设一元数值函数 $f(x)$ 在$[a,b]$ 连续,求证:函数

$$y(x)=\frac{1}{k}\int_c^x f(t)\sin k(x-t)\mathrm{d}t,\text{其中 }c,x\in[a,b]$$

满足微分方程 $y''+k^2y=f(x)$.

证明 显然 $F(t,x)=f(t)\sin k(x-t)$ 与 $\dfrac{\partial}{\partial x}F(t,x)$ 在 $[a,b]\times[a,b]$ 连续，由定理1.6得

$$y'(x)=\frac{1}{k}\int_c^x kf(t)\cos k(x-t)\mathrm{d}t+\frac{1}{k}f(x)\sin k(x-x)$$
$$=\int_c^x f(t)\cos k(x-t)\mathrm{d}t,$$
$$y''(x)=-k\int_c^x f(t)\sin k(x-t)\mathrm{d}t+f(x).$$

由此证得本题.

例2 求 $I=\displaystyle\int_0^1\frac{\ln(1+x)}{1+x^2}\mathrm{d}x$.

解 令
$$J(y)=\int_0^1\frac{\ln(1+yx)}{1+x^2}\mathrm{d}x,\ y\in[0,1].$$
再令
$$f(x,y)=\frac{\ln(1+yx)}{1+x^2},$$
有
$$\frac{\partial}{\partial y}f(x,y)=\frac{x}{(1+x^2)(1+yx)}.$$
显然它们在 $[0,1]\times[0,1]$ 连续，由可微性定理有
$$J'(y)=\int_0^1\frac{x\mathrm{d}x}{(1+yx)(1+x^2)}=\frac{1}{1+y^2}\int_0^1\left(\frac{-y}{1+yx}+\frac{x+y}{1+x^2}\right)\mathrm{d}x$$
$$=\frac{1}{1+y^2}\left[-\ln(1+y)+\frac{\ln 2}{2}+\frac{\pi y}{4}\right],$$
所以 $I=J(1)-J(0)=\displaystyle\int_0^1 J'(y)\mathrm{d}y$
$$=-\int_0^1\frac{\ln(1+y)}{1+y^2}\mathrm{d}y+\frac{\ln 2}{2}\int_0^1\frac{\mathrm{d}y}{1+y^2}+\frac{\pi}{4}\int_0^1\frac{y\mathrm{d}y}{1+y^2}=-I+\frac{\pi\ln 2}{4}.$$
故
$$I=\int_0^1\frac{\ln(1+x)}{1+x^2}\mathrm{d}x=\frac{\pi\ln 2}{8}.$$

例3 求 $\displaystyle\int_0^1\frac{x^\beta-x^\alpha}{\ln x}\mathrm{d}x\quad(0<\alpha\leqslant\beta)$.

解 易知这是常义积分. 因为
$$\int_\alpha^\beta x^y\mathrm{d}y=\frac{x^\beta-x^\alpha}{\ln x},$$
且 $f(x,y)=x^y$ 在 $[0,1]\times[\alpha,\beta]$ 连续，由可积性定理可得
$$\int_0^1\frac{x^\beta-x^\alpha}{\ln x}\mathrm{d}x=\int_0^1\mathrm{d}x\int_\alpha^\beta x^y\mathrm{d}y=\int_\alpha^\beta\mathrm{d}y\int_0^1 x^y\mathrm{d}x=\int_\alpha^\beta\frac{\mathrm{d}y}{1+y}=\ln\frac{1+\beta}{1+\alpha}.$$

思　考　题

1. 设二元数值函数 $f(x,y)$ 在 $I=[a,b]\times[c,d]$ 有定义，$p_0=(x_0,y_0)\in I$. 若

$$\lim_{x \to x_0} f(x, y_0) = f(x_0, y_0),$$

则称二元数值函数 **$f(x,y)$ 在 $p_0 = (x_0, y_0)$ 点对坐标 x 连续**；若

$$\lim_{y \to y_0} f(x_0, y) = f(x_0, y_0),$$

则称 **$f(x,y)$ 在 p_0 点对坐标 y 连续**.

试问：若 $f(x,y)$ 在 p_0 连续，它是否在 p_0 点对坐标 x 与 y 都连续？反之，若 $f(x,y)$ 在 p_0 点对坐标 x 与 y 都连续，它是否在 p_0 连续？

2. 在连续性定理中，如果将条件"$f(x,y)$ 在 $[a,b]\times[c,d]$ 连续"减弱为"$f(x,y)$ 在 $[a,b]\times[c,d]$ 的每一点对坐标 y 连续"，定理的证明还通得过吗？

3. 在可微性定理中，如果将条件"$\frac{\partial}{\partial y}f(x,y)$ 在 $[a,b]\times[c,d]$ 连续"减弱为"$\frac{\partial}{\partial y}f(x,y)$ 在 $[a,b]\times[c,d]$ 的每点对坐标 y 连续"，定理的证明还通得过吗？

4. 下面做法对吗？为什么？正确做法是什么？

$$J = \lim_{y \to 0}\int_0^1 \frac{x}{y^2} e^{-\frac{x^2}{y^2}} dx = \int_0^1 \left(\lim_{y \to 0} \frac{x}{y^2} e^{-\frac{x^2}{y^2}}\right) dx = \int_0^1 \left[\lim_{y \to 0} \frac{\frac{x}{y^2}}{e^{\frac{x^2}{y^2}}}\right] dx = \int_0^1 0 dx = 0.$$

5. 下面做法对吗？为什么？正确做法是什么？

设 $\varphi(y) = \int_0^1 \ln \sqrt{x^2 + y^2} dx, y \in [0,1]$，则

$$\varphi'_+(0) = \int_0^1 \frac{\partial}{\partial y}(\ln \sqrt{x^2 + y^2})\Big|_{y=0} dx = \int_0^1 \left(\frac{y}{x^2 + y^2}\right)\Big|_{y=0} dx = 0.$$

6. 设 $f(x,y) = \begin{cases} \dfrac{x^2 - y^2}{(x^2 + y^2)^2}, & x^2 + y^2 \neq 0, \\ 0, & x^2 + y^2 = 0 \end{cases}$ 定义在 $[0,1]\times[0,1]$ 上. 试问：下面等式成立吗？

$$\int_0^1 dx \int_0^1 f(x,y) dy = \int_0^1 dy \int_0^1 f(x,y) dx.$$

练 习 题

8.1 求下列极限.

(1) $\lim\limits_{x \to 0} \int_{-1}^1 \sqrt{x^2 + y^2} dy$；　(2) $\lim\limits_{\alpha \to 0} \int_\alpha^{1+\alpha} \frac{dx}{1 + x^2 + \alpha^2}$.

8.2 求下列函数的导数.

(1) 设 $\varphi(y) = \int_y^{y^2} e^{-x^2 y} dx$，求 $\varphi'(y)$；

(2) 设 $\varphi(y) = \int_0^y (x + y) f(x) dx$，其中 $f(x)$ 为可微函数，求 $\varphi''(y)$；

(3) 设 $\varphi(\alpha) = \int_0^{\alpha^2} dx \int_{x-\alpha}^{x+\alpha} \sin(x^2 + y^2 - \alpha^2) dy$，求 $\varphi'(\alpha)$；

(4) 设 $F(x) = \int_a^b f(y) \mid x - y \mid dy \quad (a < b)$，$f(y)$ 为可微函数，求 $F''(x)$.

8.3 利用可微性定理，计算积分 $J(\theta) = \int_0^\pi \ln(1 + \theta \cos x) dx \quad (\mid \theta \mid < 1)$.

8.4 计算积分 $I = \int_0^1 \frac{\arctan x}{x\sqrt{1 - x^2}} dx$.

8.5　计算积分 $I=\int_0^{\pi/2}\ln\frac{a+b\sin x}{a-b\sin x}\cdot\frac{\mathrm{d}x}{\sin x}\quad(a>b>0)$.

8.6　设 $f(x)$ 是以 2π 为周期的连续函数，a_n,b_n 为其 Fourier 系数，A_n,B_n 是卷积函数

$$F(x)=\frac{1}{\pi}\int_{-\pi}^{\pi}f(t)f(x+t)\mathrm{d}t$$

的 Fourier 系数，求证：$A_0=a_0^2,A_n=a_n^2+b_n^2,B_n=0$.

8.7　设 $F(y)=\int_0^1\frac{yf(x)}{x^2+y^2}\mathrm{d}x,y\in\mathbf{R}$，其中 f 是$[0,1]$上的正的连续函数，研究函数 F 在 $\mathbf{R}$ 的连续性.

8.8　设 $u(x)=\int_0^1K(x,y)v(y)\mathrm{d}y$，其中

$$K(x,y)=\begin{cases}x(1-y), & x\leqslant y,\\ y(1-x), & x>y\end{cases}$$

及 $v(y)$ 都是连续函数. 求证：$u(x)$ 满足方程

$$u''(x)=-v(x)\quad(0\leqslant x\leqslant 1).$$

8.9　设二元数值函数 $f(x,y)$ 在(x_0,y_0)的某邻域内有连续的偏导数. 求证：在(x_0,y_0)的某个邻域内，有

$$f(x,y)=f(x_0,y_0)+g_1(x,y)(x-x_0)+g_2(x,y)(y-y_0),$$

其中，$g_1(x,y),g_2(x,y)$ 连续. 且 $\lim\limits_{\substack{x\to x_0\\ y\to y_0}}g_1(x,y)=\left.\frac{\partial f}{\partial x}\right|_{(x_0,y_0)}$，$\lim\limits_{\substack{x\to x_0\\ y\to y_0}}g_2(x,y)=\left.\frac{\partial f}{\partial y}\right|_{(x_0,y_0)}$.

8.2 含参变量广义积分

本节研究形如

$$\Phi(y)=\int_a^{+\infty}f(x,y)\mathrm{d}x$$

与

$$\Phi(y)=\int_a^b f(x,y)\mathrm{d}x \quad (b\text{ 为瑕点})$$

的含参变量广义积分的连续性、可微性与可积性. 为了叙述简捷,我们把上述两种形式统一地记成

$$\Phi(y)=\int_a^{\omega}f(x,y)\mathrm{d}x,\ \ y\in D,$$

其中,ω 为 f 的瑕点(有穷或无穷).

8.2.1 积分的一致收敛性

假设 $\forall\, y\in D$,广义积分 $\Phi(y)=\int_a^{\omega}f(x,y)\mathrm{d}x$ 存在,记

$$\varphi(\beta,y)=\int_a^{\beta}f(x,y)\mathrm{d}x.$$

由广义积分定义知

$$\lim_{\beta\to\omega^-}\varphi(\beta,y)=\Phi(y),\ \ y\in D.$$

由此联想,要想研究 $\Phi(y)$ 的分析性质,就需要研究 $\varphi(\beta,y)$ 的分析性质在什么条件下能够转移到 $\Phi(y)$.

考虑 $\beta=n$ 的特殊情形,此时 $\varphi(n,y)\equiv\varphi_n(y)$ 构成函数列,上式成为

$$\lim_{n\to\infty}\varphi_n(y)=\varphi(y),\ \ y\in D.$$

在这种情况下,我们已经知道,当 $\varphi_n(y)$ 在 D 一致收敛于 $\Phi(y)$ 时,函数 $\varphi_n(y)$ 的某些分析性质能够转移到 $\Phi(y)$. 为此,我们引进下列定义.

定义 2.1 设二元数值函数 $f(x,y)$ 在点 $p_0=(x_0,y_0)$ 的邻域 $I=(x_0-a,x_0+a)\times(y_0-b,y_0+b)$ 上有定义,$\Psi(y)$ 定义在数集 $D\subset(y_0-b,y_0+b)$ 上,若对任给的 $\varepsilon>0$,存在 $\delta>0$,只要 $0<|x-x_0|<\delta$,对一切 $y\in D$,有

$$|f(x,y)-\psi(y)|<\varepsilon$$

成立,则称**当 $x\to x_0$ 时 $f(x,y)$ 关于 y 在 D 上一致收敛于 $\psi(y)$**. 记作

$$f(x,y)\rightrightarrows\psi(y)\quad(x\to x_0;y\in D).$$

同理可定义 $y\to y_0$ 时,$f(x,y)$ 关于 x 在 E 上一致收敛于 $\varphi(x)$,它可简述如下

$$\boxed{\begin{aligned}f(x,y)\rightrightarrows\varphi(x)\quad(y\to y_0;x\in E)\Leftrightarrow\forall\,\varepsilon>0,\exists\,\delta>0,\forall\,y:0<|y-y_0|<\delta,\\ \forall\,x\in E,\text{有 }|f(x,y)-\varphi(x)|<\varepsilon.\end{aligned}}$$

上述定义可推广到 $x\to\pm\infty$ 或 $y\to\pm\infty$ 的情形,请读者自行叙述之.

推论 $x \to x_0$ 时，$f(x,y)$ 关于 y 在 D 上一致收敛于 $\psi(y)$ 的充要条件是：存在实轴上单增的无穷小量 $\alpha(t) \to 0(t \to 0)$，使得对一切 $y \in D$ 有

$$|f(x,y) - \psi(y)| \leqslant \alpha(|x - x_0|).$$

证明 （必要性） 因 $x \to x_0$ 时，$f(x,y)$ 关于在 D 上一致收敛于 $\psi(y)$，由定义 2.1，任给 $\varepsilon > 0$，存在 $\delta > 0$，只要 $0 < |x - x_0| < \delta$，对一切 $y \in D$，有 $|f(x,y) - \psi(y)| < \varepsilon$ 成立. 令

$$\alpha(t) = \sup\{|f(x,y) - \psi(y)|\}, 0 < t \leqslant b,$$
$$y \in D, 0 < |x - x_0| \leqslant t,$$

则只要 $0 < t < \delta$，就有 $0 \leqslant \alpha(t) \leqslant \varepsilon$，再定义 $\alpha(t) = 0, t \leqslant 0, \alpha(t) = \alpha(b), t \geqslant b$，$\alpha(t)$ 就满足要求.

（充分性） 因存在 $\alpha(t)$ 满足充要条件，所以任给 $\varepsilon > 0$，存在 $\delta > 0$，只要 $0 < t < \delta$，就 $0 \leqslant \alpha(t) < \varepsilon$ 成立，特别取 $t = |x - x_0|$，则只要 $0 < |x - x_0| < \delta$，对一切 y，有 $|f(x,y) - \psi(y)| \leqslant \alpha(|x - x_0|) = \alpha(t) < \varepsilon$ 成立，按定义 2.1，$x \to x_0$ 时，$f(x,y)$ 关于 $y \in D$ 一致收敛于 $\psi(y)$.

与函数列一致收敛性的 Cauchy 准则相对应有下列定理.

定理 2.1 当 $x \to x_0$ 时二元数值函数 $f(x,y)$ 关于 y 在 D 一致收敛于 $\psi(y)$ 的充要条件是：任给 $\varepsilon > 0$，存在 $\delta > 0$，只要 $x', x'' \in \mathring{U}(x_0;\delta)$，对一切 $y \in D$，有

$$|f(x',y) - f(x'',y)| < \varepsilon.$$

可仿照函数列一致收敛性的 Cauchy 准则证明这个定理.

定义 2.2 设二元数值函数 $f(x,y)$ 在 $[a,\omega) \times D \subset \mathbf{R}^2$ 有定义，且 $\forall y \in D$，广义积分

$$\Phi(y) = \int_a^{\omega} f(x,y)\mathrm{d}x$$

收敛. 当 $\beta \to \omega^-$ 时若二元数值函数

$$\varphi(\beta,y) = \int_a^{\beta} f(x,y)\mathrm{d}x$$

关于 y 在 D 一致收敛于 $\Phi(y)$，则称**含参变量广义积分 $\int_a^{\omega} f(x,y)\mathrm{d}x$ 关于 y 在 D 一致收敛**，简称 $\int_a^{\omega} f(x,y)\mathrm{d}x$ 关于 $y \in D$ 一致收敛.

定义 2.2 又可简述为

$\int_a^{\omega} f(x,y)\mathrm{d}x$ 关于 $y \in D$ 一致收敛 $\Leftrightarrow \forall \varepsilon > 0, \exists \delta > 0, \forall \beta \in \mathring{U}_-(\omega;\delta)$， $\forall y \in D$，有 $\left\| \int_{\beta}^{\omega} f(x,y)\mathrm{d}x \right\| < \varepsilon$.

定理 2.2(Cauchy 一致收敛准则) 含参变量广义积分 $\int_a^{\omega} f(x,y)\mathrm{d}x$ 关于 $y \in D$ 一致收敛的充要条件是：任给 $\varepsilon > 0$，存在 $\delta > 0$，只要 $\beta', \beta'' \in \mathring{U}_-(\omega;\delta)$，对一切 $y \in D$，有

$$\left| \int_{\beta'}^{\beta''} f(x,y)\mathrm{d}x \right| < \varepsilon.$$

由定理 2.2 的逻辑非命题可得

推论 含参变量广义积分 $\int_a^{\omega} f(x,y)\mathrm{d}x$ 关于 $y \in D$ 不一致收敛的充要条件是：存在 $\varepsilon_0 >$

0 和从左方趋于 ω 的两个数列 $\{x_n\}$,$\{t_n\}$ 及数列 $\{y_n\}\subset D$,使得对每个 n 有

$$\left|\int_{x_n}^{t_n} f(x,y_n)\mathrm{d}x\right|\geqslant \varepsilon_0.$$

对应于函数项级数的一致收敛判别法有下列定理.

定理 2.3(Weierstrass 判别法,即 M-判别法) 若 $|f(x,y)|\leqslant F(x)$,$p=(x,y)\in[a,\omega)\times D$,且广义积分 $\int_a^{\omega}F(x)\mathrm{d}x$ 收敛,则 $\int_a^{\omega}f(x,y)\mathrm{d}x$ 关于 $y\in D$ 一致收敛.

证明 有 $\left|\int_{\beta'}^{\beta''}f(x,y)\mathrm{d}x\right|\leqslant\int_{\beta'}^{\beta''}|f(x,y)|\mathrm{d}x\leqslant\int_{\beta'}^{\beta''}F(x)\mathrm{d}x$.
对上式右边应用广义积分的 Cauchy 准则后,由上式可推出左边的含参广义积分满足一致收敛的 Cauchy 准则,从而定理成立. □

定理 2.4 设 $\int_a^{\omega}f(x,y)\mathrm{d}x$ 在区间 (c,d) 的一个端点发散,且 $f(x,y)$ 在 $[a,\omega)\times[c,d]$ 连续,则 $\int_a^{\omega}f(x,y)\mathrm{d}x$ 关于 $y\in(c,d)$ 不一致收敛.

证明 用反证法证明.若不然,含参广义积分关于 y 在 (c,d) 一致收敛,按定义有,任给 $\varepsilon>0$,存在 $\delta>0$,只要 $\beta_1,\beta_2\in\mathring{U}_-(\omega;\delta)$,对一切 $y\in(c,d)$ 有 $\left|\int_{\beta_1}^{\beta_2}f(x,y)\mathrm{d}x\right|<\varepsilon$ 成立,令 $y\to c$ 或 $y\to d$,则只要 $\beta_1,\beta_2\in\mathring{U}_-(\omega;\delta)$,由含参广义积分的连续性,为 $\left|\int_{\beta_1}^{\beta_2}f(x,c)\mathrm{d}x\right|\leqslant\varepsilon$ 及 $\left|\int_{\beta_1}^{\beta_2}f(x,d)\mathrm{d}x\right|\leqslant\varepsilon$ 成立,所以 $\int_a^{w}f(x,y)\mathrm{d}x$ 在 $y=c$ 和 d 也收敛,与已知条件相矛盾,故定理成立. □

例 1 证明:$\int_1^{+\infty}\dfrac{y^2-x^2}{(x^2+y^2)^2}\mathrm{d}x$ 关于 $y\in\mathbf{R}$ 一致收敛.

证明 因 $\left|\dfrac{y^2-x^2}{(x^2+y^2)^2}\right|\leqslant\dfrac{1}{x^2}$,由 M-判别法知此广义积分关于 $y\in\mathbf{R}$ 一致收敛.

例 2 研究 $\int_0^{+\infty}\mathrm{e}^{-tx^2}\mathrm{d}x$ 关于 $t\in(0,+\infty)$ 的一致收敛性.

解 易知 $\int_0^{+\infty}\mathrm{e}^{-tx^2}\mathrm{d}x$ 在 $(0,+\infty)$ 的端点 $t=0$ 发散,且 $f(x,t)=\mathrm{e}^{-tx^2}$ 在 $[0,+\infty)\times[0,+\infty)$ 连续,由定理 2.4 $\Rightarrow\int_0^{+\infty}\mathrm{e}^{-tx^2}\mathrm{d}x$ 关于 $t\in(0,+\infty)$ 不一致收敛.

$\forall t_0>0$,$\forall x\in[0,+\infty)$,$\forall t\in[t_0,+\infty)$,有

$$\mathrm{e}^{-tx^2}\leqslant\mathrm{e}^{-t_0x^2},$$

且

$$\int_0^{+\infty}\mathrm{e}^{-t_0x^2}\mathrm{d}x\xlongequal{u=x\sqrt{t_0}}\frac{1}{\sqrt{t_0}}\int_0^{+\infty}\mathrm{e}^{-u^2}\mathrm{d}u=\frac{1}{\sqrt{t_0}}\frac{\sqrt{\pi}}{2}(\text{收敛}).$$

由 M-判别法 $\Rightarrow\int_0^{+\infty}\mathrm{e}^{-tx^2}\mathrm{d}x$ 关于 $t\in[t_0,+\infty)$ 一致收敛,亦称 $\int_0^{+\infty}\mathrm{e}^{-tx^2}\mathrm{d}x$ 关于 $t\in(0,+\infty)$ 内闭一致收敛.

例 3 证明:$\int_0^1 x^{p-1}\ln^n x\mathrm{d}x$ 关于 $p\in(0,+\infty)$ 内闭一致收敛($n\in\mathbf{N}$).

证明　$\forall p_0>0, \forall x\in(0,1)$，当 $p>p_0$ 时有

$$|x^{p-1}\ln^n x|\leqslant x^{p_0-1}|\ln^n x|.$$

考察广义积分$\int_0^1 x^{p_0-1}|\ln^n x|\mathrm{d}x$，$x=0$ 可能是瑕点. 由 $\ln^n x=o\left(\frac{1}{x^\varepsilon}\right)(x\to0^+,\forall\varepsilon>0)$ 知 $x^{p_0-1}|\ln^n x|=o\left(\frac{1}{x^{\varepsilon-p_0+1}}\right)\quad(x\to0^+)$. 当 $p_0>0$ 时，可取到 ε，使得$p_0>\varepsilon>0$，则 $\varepsilon-p_0+1<1$，故此广义积分收敛. 由 M-判别法知原广义积分关于 $p\in(0,+\infty)$ 内闭一致收敛.

注意　$\int_0^1 x^{p-1}\ln^n x\mathrm{d}x$ 关于 $p\in(0,+\infty)$ 不一致收敛(思考为什么).

例 4　证明：$\int_0^1(1+x+x^2+\cdots+x^{n-1})\sqrt{\ln\frac{1}{x}}\mathrm{d}x$ 关于 $n\in\mathbf{N}$ 一致收敛.

证明　显然有

$$f_n(x)=(1+x+x^2+\cdots+x^{n-1})\sqrt{\ln\frac{1}{x}}=\frac{1-x^n}{1-x}\sqrt{\ln\frac{1}{x}}\quad(0<x<1),$$

从而

$$|f_n(x)|\leqslant\frac{1}{1-x}\sqrt{\ln\frac{1}{x}}.$$

考察广义积分$\int_0^1\frac{1}{1-x}\sqrt{\ln\frac{1}{x}}\mathrm{d}x$，它有两个瑕点 $x=0, x=1$. 可取 $0<\varepsilon<2$，则

$$\frac{1}{1-x}\sqrt{\ln\frac{1}{x}}=\left[o\left(\frac{1}{x^\varepsilon}\right)\right]^{\frac{1}{2}}=o\left(\frac{1}{x^{\frac{\varepsilon}{2}}}\right)\quad(x\to0^+),$$

$$\frac{1}{1-x}\sqrt{\ln\frac{1}{x}}\xlongequal{t=1-x}\frac{\sqrt{-\ln(1-t)}}{t}\sim\frac{\sqrt{t}}{t}=\frac{1}{\sqrt{1-x}}\quad(x\to1^-),$$

故此广义积分收敛. 由 M-判别法知原含参广义积分关于 $n\in\mathbf{N}$ 一致收敛.

例 5　研究$\int_{-\infty}^{+\infty}\mathrm{e}^{-(x-y)^2}\mathrm{d}x$ 关于 y 在 $I_1=(a,b)$ 与 $I_2=\mathbf{R}$ 上的一致收敛性.

解　(1)$y\in I_1$，因$\int_0^{+\infty}\mathrm{e}^{-x^2}\mathrm{d}x$ 收敛，所以 $\forall\varepsilon>0,\exists\Delta>b,\forall\beta_1>\beta>\Delta,\forall y<b$，有

$$\int_\beta^{\beta_1}\mathrm{e}^{-(x-y)^2}\mathrm{d}x=\int_{\beta-y}^{\beta_1-y}\mathrm{e}^{-x^2}\mathrm{d}x<\int_{\beta-b}^{\beta_1-b}\mathrm{e}^{-x^2}\mathrm{d}x<\varepsilon,$$

由本节的定理 2.2 得$\int_0^{+\infty}\mathrm{e}^{-(x-y)^2}\mathrm{d}x$ 关于$y\in(-\infty,b)$ 一致收敛. 类似地，可得$\int_{-\infty}^0\mathrm{e}^{-(x-y)^2}\mathrm{d}x$ 关于$y\in(a,+\infty)$ 一致收敛，因而$\int_{-\infty}^{+\infty}\mathrm{e}^{-(x-y)^2}\mathrm{d}x$ 关于 $y\in(a,b)$ 一致收敛.

(2)$y\in I_2=\mathbf{R},\forall\beta>1$，并取 $y=\beta$，有

$$\int_\beta^{\beta+1}\mathrm{e}^{-(x-y)^2}\mathrm{d}x=\int_\beta^{\beta+1}\mathrm{e}^{-(x-\beta)^2}\mathrm{d}x=\int_0^1\mathrm{e}^{-t^2}\mathrm{d}t>\mathrm{e}^{-1}.$$

这就表明$\int_{-\infty}^{+\infty}\mathrm{e}^{-(x-y)^2}\mathrm{d}x$ 关于 $y\in\mathbf{R}$ 不满足本节定理 2.2 的条件，所以不一致收敛.

定理 2.5(Dirichlet 判别法)　假设

1°　$\forall y\in D$，一元数值函数 $g(x,y)$ 关于 x 在$[a,\omega)$ 单调，且

$$g(x,y)\rightrightarrows0\quad(x\to\omega^-,y\in D);$$

2° $\exists M>0, \forall (x,y)\in[a,\omega)\times D$,有$\left|\int_a^x f(t,y)\mathrm{d}t\right|<M$.

则含参变量广义积分$\int_a^{\omega} f(x,y)g(x,y)\mathrm{d}x$关于$y\in D$一致收敛.

证明 因$g(x,y)$关于x单调,$\forall \beta_1,\beta_2$,由积分第二中值定理,得

$$\int_{\beta_1}^{\beta_2} f(x,y)g(x,y)\mathrm{d}x=g(\beta_1,y)\int_{\beta_1}^{\xi} f(x,y)\mathrm{d}x+g(\beta_2,y)\int_{\xi}^{\beta_2} f(x,y)\mathrm{d}x,\ \xi\in[\beta_1,\beta_2].$$

由1°$g(x,y)\rightrightarrows 0$与2° $\left|\int_a^x f(t,y)\mathrm{d}t\right|<M$及Cauchy一致收敛准则即可证得本定理. □

注 当g仅为x的函数时,只要1°$g(x)$单调趋于0,2°保持不变,则$\int_a^{\omega} f(x,y)g(x)\mathrm{d}x$关于$y\in D$一致收敛.

定理2.6(Abel判别法) 假设

1° $\forall y\in D$,一元数值函数$g(x,y)$关于x在$[a,\omega)$单调,且$\exists M>0, \forall (x,y)\in[a,\omega)\times D$,有$|g(x,y)|<M$;

2° $\int_a^{\omega} f(x,y)\mathrm{d}x$关于$y\in D$一致收敛.

则含参变量广义积分$\int_a^{\omega} f(x,y)g(x,y)\mathrm{d}x$关于$y\in D$一致收敛.

请读者自行证之.

注 当f仅为x的函数时,只要2°$\int_a^{\omega} f(x)\mathrm{d}x$收敛,并且1°保持不变,则$\int_a^{\omega} f(x,y)g(x,y)\mathrm{d}x$关于$y\in D$一致收敛.

例6 证明:$\int_0^{+\infty}\dfrac{\cos yx}{x^p}\mathrm{d}x\quad(0<p<1)$关于$y\in(0,+\infty)$内闭一致收敛.

证明 此广义积分仅有两个瑕点$x=0,x=+\infty$,有

$$\int_0^{+\infty}\frac{\cos yx}{x^p}\mathrm{d}x=\int_0^{1}\frac{\cos yx}{x^p}\mathrm{d}x+\int_1^{+\infty}\frac{\cos yx}{x^p}\mathrm{d}x.$$

关于$\int_0^{1}\dfrac{\cos yx}{x^p}\mathrm{d}x$,因$\left|\dfrac{\cos yx}{x^p}\right|\leqslant\dfrac{1}{x^p}$, $\forall y\in\mathbf{R}$,由M-判别法知,当$0<p<1$时,$\int_0^{1}\dfrac{\cos yx}{x^p}\mathrm{d}x$关于$y\in\mathbf{R}$一致收敛,$p\geqslant 1$时,广义积分发散.

关于$\int_1^{+\infty}\dfrac{\cos yx}{x^p}\mathrm{d}x$,因$g(x)=\dfrac{1}{x^p}$在$[1,+\infty)$单减趋于0 $(\forall p>0)$, $\forall y_0>0, \forall x\in[1,+\infty), \forall y\in[y_0,+\infty)$,有

$$\left|\int_1^x \cos yt\,\mathrm{d}t\right|=\frac{|\sin xy-\sin y|}{y}\leqslant\frac{2}{y_0}.$$

由Dirichlet判别法知,当$p>0$时,$\int_1^{+\infty}\dfrac{\cos yx}{x^p}\mathrm{d}x$关于$y\in(0,+\infty)$内闭一致收敛.

综上所述,当$0<p<1$时,$\int_0^{+\infty}\dfrac{\cos yx}{x^p}\mathrm{d}x$关于$y\in(0,+\infty)$内闭一致收敛. 请注意,此积分关于$y\in(0,+\infty)$不一致收敛.(思考为什么?)

例 7　设 $\int_0^1 x^t f(x)\mathrm{d}x$ 在 $t=a$ 收敛. 求证：$\int_0^1 x^t f(x)\mathrm{d}x$ 关于 $t\in[a,+\infty)$ 一致收敛.

证明　$x=0$ 可能是瑕点，故有

$$\int_0^1 x^t f(x)\mathrm{d}x=\int_0^1 x^{t-a}[x^a f(x)]\mathrm{d}x.$$

当 $t\geqslant a$ 时，$g(x,t)=x^{t-a}$ 关于 x 在 $[0,1]$ 单调，且 $\forall(x,t)\in(0,1]\times[a,+\infty)$，有

$$|g(x,t)|=|x^{t-a}|\leqslant 1.$$

又 $\int_0^1 x^a f(x)\mathrm{d}x$ 收敛，由 Abel 判别法知 $\int_0^1 x^t f(x)\mathrm{d}x$ 关于 $t\in[a,+\infty)$ 一致收敛.

思　考　题

1. 如果广义积分 $\int_a^{+\infty} f(x)\mathrm{d}x$ 收敛，能否断言它对任何参变量 $y\in D$ 都一致收敛？

2. 对于含参变量常义积分 $\int_a^b f(x,y)\mathrm{d}x\ (y\in D)$，它是否存在关于 $y\in D$ 的一致收敛性问题？

3. 下面的命题及证法对吗？

$\forall\alpha>0$，有

$$\int_0^{+\infty}\sqrt{\alpha}\mathrm{e}^{-\alpha x^2}\mathrm{d}\,x\xlongequal{t=\sqrt{\alpha}\,x}\int_0^{+\infty}\mathrm{e}^{-t}\mathrm{d}t=\frac{\sqrt{\pi}}{2},$$

故 $\int_0^{+\infty}\sqrt{\alpha}\mathrm{e}^{-\alpha x^2}\mathrm{d}x$ 关于 $\alpha\in(0,+\infty)$ 一致收敛.

4. 若广义积分中的参变量是 $\mathbf{R}^2$ 中的点 $p=(x,y)\in D\subset\mathbf{R}^2$，你能叙述含参变量广义积分 $\int_a^\omega f(t,p)\mathrm{d}t$ 关于 $p\in D$ 的一致收敛性概念吗？并问：对于 $\int_a^\omega f(x,p)\mathrm{d}x$，Cauchy 一致收敛准则与 M-判别法仍成立吗？

练　习　题

8.10　用 M-判别法证明下列积分在指定区间的一致收敛性.

(1) $\int_0^{+\infty}\frac{\cos xy}{x^2+y^2}\mathrm{d}x,\ y\in[a,+\infty)\quad(a>0)$；

(2) $\int_0^1\ln(xy)\mathrm{d}x,\ y\in\left[\frac{1}{b},b\right)\quad(b>1)$；

(3) $\int_1^{+\infty}x^\alpha\mathrm{e}^{-x}\mathrm{d}x,\ \alpha\in[a,b]$；

(4) $\int_0^1 x^{p-1}(1-x)\mathrm{d}x,\ p\in[p_0,+\infty)$　(其中 $p_0>0$).

8.11　证明下列积分在指定数集收敛，但不一致收敛.

(1) $\int_0^{+\infty}\frac{n}{x^3}\mathrm{e}^{-\frac{n}{2x^2}}\mathrm{d}x,\ n\in\mathbf{N}$；　(2) $\int_0^1 x^{p-1}\mathrm{d}x,\ p\in(0,+\infty)$；

(3) $\int_0^1\frac{y^2-x^2}{(x^2+y^2)^2}\mathrm{d}x,\ y\in(0,1]$；　(4) $\int_0^{+\infty}y\mathrm{e}^{-xy}\mathrm{d}x,\ y\in[0,+\infty)$.

8.12　研究下列积分在指定区间的一致收敛性.

(1) $\int_0^{+\infty}\mathrm{e}^{-tx}\sin x\mathrm{d}x$，(a) $t\in[t_0,+\infty)\ (\forall t_0>0)$，(b) $t\in(0,+\infty)$；

(2) $\int_0^{+\infty}\sqrt{\alpha}e^{-\alpha x^2}dx$，$\alpha\in(0,+\infty)$；　(3) $\int_0^1 x^{p-1}\ln^2 x dx$，$p\in(0,+\infty)$.

8.13　研究下列积分在指定区间的一致收敛性.

(1) $\int_0^{+\infty}\frac{\sin \alpha x}{x}dx$，(a) $\alpha\in[a,b]$，$0\notin[a,b]$，(b) $\alpha\in[a,b]$，$0\in[a,b]$；

(2) $\int_0^{+\infty}\frac{\sin x^2}{1+x^p}dx$，$p\in[0,+\infty)$；　(3) $\int_0^{+\infty}\frac{\sin x}{x}e^{-\alpha x}dx$，$\alpha\in[0,+\infty)$.

8.14　设 $\int_a^\omega f(x,y)dx$ 关于 $y\in I$ 收敛，若 $\exists y_0\in I$，对 $\forall\beta\in(a,\omega)$，有 $\lim\limits_{y\to y_0}\int_\beta^\omega f(x,y)dx=A(\beta)$ 存在，且 $c=\inf\limits_{\beta>a}\{|A(\beta)|\}>0$，求证：$\int_a^\omega f(x,y)dx$ 关于 $y\in I$ 不一致收敛.

8.15　设 1° $f(x,y)\rightrightarrows\varphi(x)$ $(y\to y_0;x\in\mathscr{X})$，2° $f(x,y)\to\psi(y)$ $(x\to x_0;y\in\mathscr{Y})$. 求证：

(1) $\lim\limits_{y\to y_0}\psi(y)=A$ 存在；

(2) $\lim\limits_{x\to x_0}\varphi(x)=A$，即 $\lim\limits_{x\to x_0}\lim\limits_{y\to y_0}f(x,y)=\lim\limits_{y\to y_0}\lim\limits_{x\to x_0}f(x,y)$.

8.2.2　分析性质

定理 2.7(连续性)　设二元数值函数 $f(x,y)$ 在 $[a,\omega)\times[c,d]$ 连续，积分 $\int_a^\omega f(x,y)dx$ 关于 $y\in[c,d]$ 一致收敛，则一元数值函数 $\Phi(y)=\int_a^\omega f(x,y)dx$ 在 $[c,d]$ 连续.

证明　$\forall y_0\in[c,d]$，有

$$\begin{aligned}|\Phi(y)-\Phi(y_0)|&\leqslant\left|\int_a^\beta[f(x,y)-f(x,y_0)]dx\right|+\left|\int_\beta^\omega[f(x,y)-f(x,y_0)]dx\right|\\&\leqslant\left|\int_a^\beta f(x,y)dx-\int_a^\beta f(x,y_0)dx\right|+\left|\int_\beta^\omega f(x,y)dx\right|+\left|\int_\beta^\omega f(x,y_0)dx\right|.\end{aligned}$$

任给 $\varepsilon>0$，由 $\int_a^\omega f(x,y)dx$ 关于 y 在 $[c,d]$ 一致收敛的定义(即定义 2.1)知，存在 $\beta>a$ 使得上式后两个绝对值均小于 $\frac{\varepsilon}{3}$. 取定 β，由含参常义积分的连续性知，存在 $\delta>0$，只要 $0<|y-y_0|<\delta$，上式第一个绝对值也小于 $\frac{\varepsilon}{3}$. 所以 Φ 在 y_0 连续，定理得证. □

定理 2.8(常义可积性)　设二元数值函数 $f(x,y)$ 在 $[a,\omega)\times[c,d]$ 连续，积分 $\int_a^\omega f(x,y)dx$ 关于 $y\in[c,d]$ 一致收敛，则

$$\int_c^d dy\int_a^\omega f(x,y)dx=\int_a^\omega dx\int_c^d f(x,y)dy.$$

证明　由本节定理 2.7 知 $\int_c^d dy\int_a^\omega f(x,y)dx$ 存在. 变为证明当 $\beta\to\omega^-$ 时 $\int_\alpha^\beta dx\int_c^d f(x,y)dy$ 收敛于定理左边积分，这就要将 $\left|\int_c^d dy\int_a^\omega f(x,y)dx-\int_a^\beta dx\int_c^d f(x,y)dy\right|$ 适当放大.

因 $\int_a^\omega f(x,y)dx$ 关于 $y\in[c,d]$ 一致收敛 $\Rightarrow\forall\varepsilon>0$，$\exists\delta>0$，对 $\forall\beta\in\mathring{U}_-(\omega;\delta)$，$\forall y\in[c,d]$，有 $\left|\int_\beta^\omega f(x,y)dx\right|<\frac{\varepsilon}{d-c}$，所以，只要 $\beta\in\mathring{U}_-(\omega;\delta)$，有

$$\begin{aligned}&\left|\int_c^d \mathrm{d}y\int_a^\omega f(x,y)\mathrm{d}x-\int_a^\beta \mathrm{d}x\int_c^d f(x,y)\mathrm{d}y\right|\\=&\left|\int_c^d \mathrm{d}y\int_a^\omega f(x,y)\mathrm{d}x-\int_c^d \mathrm{d}y\int_a^\beta f(x,y)\mathrm{d}x\right|\\=&\left|\int_c^d\left[\int_\beta^\omega f(x,y)\mathrm{d}x\right]\mathrm{d}y\right|\leqslant\int_c^d\left|\int_\beta^\omega f(x,y)\mathrm{d}x\right|\mathrm{d}y<\varepsilon\end{aligned}$$ □

成立.由极限的定义,上式表明定理等式右边的广义积分存在,且等于等式左边的积分.

定理 2.9(可微性)　设二元数值函数 $f(x,y)$ 与 $\frac{\partial}{\partial y}f(x,y)$ 在 $[a,\omega)\times[c,d]$ 连续,积分 $\int_a^\omega f(x,y)\mathrm{d}x$ 关于 $y\in[c,d]$ 收敛,积分 $\int_a^\omega\frac{\partial}{\partial y}f(x,y)\mathrm{d}x$ 关于 $y\in[c,d]$ 一致收敛,则 $\frac{\mathrm{d}}{\mathrm{d}y}\int_a^\omega f(x,y)\mathrm{d}x=\int_a^\omega\frac{\partial}{\partial y}f(x,y)\mathrm{d}x,\quad y\in[c,d]$.

证明　由连续性定理 $\Rightarrow\int_a^\omega\frac{\partial}{\partial y}f(x,y)\mathrm{d}x$ 关于 $y\in[c,d]$ 连续. $\forall\, y_0,y\in[c,d]$,由本小节定理 2.8 知

$$\int_{y_0}^y \mathrm{d}t\int_a^\omega\frac{\partial}{\partial t}f(x,t)\mathrm{d}x=\int_a^\omega \mathrm{d}x\int_{y_0}^y\frac{\partial}{\partial t}f(x,t)\mathrm{d}t=\int_a^\omega f(x,y)\mathrm{d}x-\int_a^\omega f(x,y_0)\mathrm{d}x.$$

对左边的积分上限 y 求导,即得本定理. □

含参变量广义积分的重要应用之一就是可以用它来计算一些较复杂的广义积分.

例 1　求 Dirichlet 积分 $J=\int_0^{+\infty}\frac{\sin x}{x}\mathrm{d}x$.

解　引进收敛因子 $\mathrm{e}^{-\alpha x}$ $(\alpha\geqslant0)$,考察

$$I(\alpha)=\int_0^{+\infty}\mathrm{e}^{-\alpha x}\frac{\sin x}{x}\mathrm{d}x.$$

由 Dirichlet 判别法易知 $\int_0^{+\infty}\frac{\sin x}{x}\mathrm{d}x$ 收敛(条件),且 $\forall\,\alpha\geqslant0$,函数 $\mathrm{e}^{-\alpha x}$ 关于 $x\in[0,+\infty)$ 单调. $\forall\, p=(x,\alpha)\in[0,+\infty)\times[0,+\infty)$,有 $|\mathrm{e}^{-\alpha x}|\leqslant1$.由 Abel 判敛法 $\Rightarrow I(\alpha)$ 关于 $\forall\,\alpha\in[0,+\infty)$ 一致收敛.

考察 $\int_0^{+\infty}\frac{\partial}{\partial\alpha}\left(\mathrm{e}^{-\alpha x}\frac{\sin x}{x}\right)\mathrm{d}x=\int_0^{+\infty}-\mathrm{e}^{-\alpha x}\sin x\mathrm{d}x$.由 M-判别法易知它关于 $\alpha\in(0,+\infty)$ 内闭一致收敛.由可微性定理知

$$\begin{aligned}I'(\alpha)&=\int_0^{+\infty}\frac{\partial}{\partial\alpha}\left(\mathrm{e}^{-\alpha x}\frac{\sin x}{x}\right)\mathrm{d}x=-\int_0^{+\infty}\mathrm{e}^{-\alpha x}\sin x\mathrm{d}x\\&=\frac{\mathrm{e}^{-\alpha x}(\alpha\sin x+\cos x)}{1+\alpha^2}\bigg|_{x=0}^{x=+\infty}=-\frac{1}{1+\alpha^2},\quad\alpha>0.\end{aligned}$$

所以 $I(\alpha)=-\arctan\alpha+c\quad(\alpha>0)$.因为 $|I(\alpha)|\leqslant\int_0^{+\infty}\mathrm{e}^{-\alpha x}\mathrm{d}x=\frac{1}{\alpha}$,所以 $\lim\limits_{\alpha\to+\infty}I(\alpha)=0\Rightarrow c=\frac{\pi}{2}$,即 $I(\alpha)=-\arctan\alpha+\frac{\pi}{2}$.因 $I(\alpha)$ 关于 $\alpha\in[0,+\infty)$ 一致收敛,由连续性定理 $\Rightarrow J=I(0)=\lim\limits_{\alpha\to0^+}I(\alpha)=\frac{\pi}{2}$,即

$$\boxed{\int_0^{+\infty}\frac{\sin x}{x}\mathrm{d}x=\frac{\pi}{2}.}$$

例 2 求 Froullani 型积分

$$J=\int_0^{+\infty}\frac{\mathrm{e}^{-ax}-\mathrm{e}^{-bx}}{x}\mathrm{d}x\quad(a>0,b>0).$$

解 因$\int_a^b\mathrm{e}^{-yx}\mathrm{d}y=\frac{\mathrm{e}^{-ax}-\mathrm{e}^{-bx}}{x}$，所以 $J=\int_0^{+\infty}\mathrm{d}x\int_a^b\mathrm{e}^{-yx}\mathrm{d}y$. 因 $\mathrm{e}^{-yx}\leqslant\mathrm{e}^{-ax}(y\geqslant a)$，且$\int_0^{+\infty}\mathrm{e}^{-ax}\mathrm{d}x$ 收敛，由 M-判别法 $\Rightarrow\int_0^{+\infty}\mathrm{e}^{-yx}\mathrm{d}x$ 关于 $y\in[a,b]$ 一致收敛，且 $f(x,y)=\mathrm{e}^{-xy}$ 在$[0,+\infty)\times[a,b]$ 连续. 由可积性定理知

$$J=\int_0^{+\infty}\mathrm{d}x\int_a^b\mathrm{e}^{-yx}\mathrm{d}y=\int_a^b\mathrm{d}y\int_0^{+\infty}\mathrm{e}^{-yx}\mathrm{d}x=\int_a^b\frac{\mathrm{d}y}{y}=\ln\frac{b}{a}.$$

例 3 求 $I(\alpha)=\int_0^{+\infty}\mathrm{e}^{-x^2}\cos\alpha x\,\mathrm{d}x$.

解 考察$\int_0^{+\infty}\frac{\partial}{\partial\alpha}(\mathrm{e}^{-x^2}\cos\alpha x)\mathrm{d}x=-\int_0^{+\infty}x\mathrm{e}^{-x^2}\sin\alpha x\,\mathrm{d}x$. 因 $|x\mathrm{e}^{-x^2}\sin\alpha x|\leqslant x\mathrm{e}^{-x^2}$ $(\forall x\in[0,+\infty),\forall\alpha\in\mathbf{R})$，且$\int_0^{+\infty}x\mathrm{e}^{-x^2}\mathrm{d}x$ 收敛，由 M-判别法 $\Rightarrow\int_0^{+\infty}\frac{\partial}{\partial\alpha}(\mathrm{e}^{-x^2}\cos\alpha x)\mathrm{d}x$ 关于$\alpha\in\mathbf{R}$ 一致收敛. 由可微性定理有

$$I'(\alpha)=\int_0^{+\infty}\frac{\partial}{\partial\alpha}(\mathrm{e}^{-x^2}\cos\alpha x)\mathrm{d}x=\frac{1}{2}\int_0^{+\infty}\sin\alpha x\,\mathrm{d}(\mathrm{e}^{-x^2})=-\frac{1}{2}\alpha I(\alpha).$$

故$[I(\alpha)\mathrm{e}^{\frac{1}{4}\alpha^2}]'=\mathrm{e}^{\frac{1}{4}\alpha^2}\left[I'(\alpha)+\frac{\alpha I(\alpha)}{2}\right]=0$，即 $I(\alpha)=C\mathrm{e}^{-\frac{1}{4}\alpha^2}$.

因为
$$I(0)=C=\int_0^{+\infty}\mathrm{e}^{-x^2}\mathrm{d}x=\frac{\sqrt{\pi}}{2},$$

所以
$$\int_0^{+\infty}\mathrm{e}^{-x^2}\cos\alpha x\,\mathrm{d}x=\frac{\sqrt{\pi}}{2}\mathrm{e}^{-\frac{1}{4}\alpha^2}.$$

思　考　题

1. 在连续性定理中，如果把参变量 y 变化的有界闭区间$[c,d]$ 改为任一区间 I_2，结论还成立吗？

2. 在连续性定理中，如果把积分的一致收敛条件改为“$\int_a^\omega f(x,y)\mathrm{d}x$ 关于 $y\in(c,d)$ 内闭一致收敛”，结论需要修正吗？

3. 在可微性定理中，如果把参变量 y 变化的有界闭区间$[c,d]$ 改为任一区间 I_2，结论还成立吗？

4. 在连续性定理中，如果把参变量 $y\in\mathbf{R}$ 改为 $p=(x,y)\in\mathbf{R}^2$，其他条件不变，能否断言二元数值函数 $\Phi(p)=\int_a^\omega f(t,p)\mathrm{d}t$ 连续？

5. 在可积性定理中，能否把参变量 y 变化的有界闭区间$[c,d]$ 改为$[c,\omega)$（其中 ω 为瑕点）？

练　习　题

8.16 证明下列函数在指定区间的连续性.

(1) $F(y)=\int_0^{+\infty}\frac{y}{x^2+y^2}\mathrm{d}x$, $y\in[a,b]$ $(0\notin[a,b])$;

(2) $F(p)=\int_0^{\pi}\frac{\sin x\mathrm{d}x}{x^p(\pi-x)^{2-p}}$, $p\in(0,2)$;

(3) $f(x)=\int_0^{+\infty}\frac{t}{1+t^x}\mathrm{d}t$, $x\in(2,+\infty)$.

8.17 (1) 设 $f(x,y)\rightrightarrows\varphi(x)$ $(y\to y_0;x\in[a,b])$,且 $\forall y,\int_a^b f(x,y)\mathrm{d}x$ 存在.求证:$\varphi(x)$ 在$[a,b]$常义可积,且 $\lim\limits_{y\to y_0}\int_a^b f(x,y)\mathrm{d}x=\int_a^b\lim\limits_{y\to y_0}f(x,y)\mathrm{d}x=\int_a^b\varphi(x)\mathrm{d}x$.

(2) 设 $f(x,y)\rightrightarrows\varphi(x)$ $(y\to y_0;x\in[a,B])$,其中 $\forall B\in(a,\omega)$,ω 是 f 的有限或无穷瑕点,且 $\int_a^{\omega}f(x,y)\mathrm{d}x$ 关于 $y\in D$ 一致收敛. 求证:$\varphi(x)$ 在$[a,\omega)$ 广义可积,且 $\lim\limits_{y\to y_0}\int_a^{\omega}f(x,y)\mathrm{d}x=\int_a^{\omega}\lim\limits_{y\to y_0}f(x,y)\mathrm{d}x=\int_a^{\omega}\varphi(x)\mathrm{d}x$.

(3) 若 $\sum\limits_{n=1}^{\infty}u_n(x)$ 在$[a,B]$ $(\forall B\in(a,\omega))$一致收敛于和函数 $S(x)$,每个 $u_n(x)$ 在$[a,\omega)$广义可积,且$\int_a^{\omega}S_n(x)\mathrm{d}x$关于$n\in\mathbf{N}$一致收敛(其中 $S_n(x)=\sum\limits_{k=1}^{n}u_k(x)$),求证:$S(x)$ 在$[a,\omega)$广义可积,且 $\int_a^{\omega}S(x)\mathrm{d}x=\sum\limits_{n=1}^{\infty}\int_a^{\omega}u_n(x)\mathrm{d}x$.

8.18 利用可微性定理求下列积分.

(1) $J_n(\alpha)=\int_0^{+\infty}\frac{\mathrm{d}x}{(\alpha+x^2)^{n+1}}$ $(\alpha>0,n\in\mathbf{N})$;

(2) $J_n(\alpha)=\int_0^1 x^{\alpha-1}(\ln x)^n\mathrm{d}x$ $(\alpha>0,n\in\mathbf{N})$;

(3) $J(\alpha)=\int_0^{+\infty}\frac{\arctan\alpha x}{x(1+x^2)}\mathrm{d}x$ $(\alpha\geqslant 0)$.

8.19 利用可积性定理,求下列积分.

(1) $J=\int_0^{+\infty}\frac{\cos ax-\cos bx}{x^2}\mathrm{d}x$ $(a>0,b>0)$;

(2) $J=\int_0^{+\infty}\frac{\mathrm{e}^{-\alpha x^2}-\mathrm{e}^{-\beta x^2}}{x^2}\mathrm{d}x$ $(\alpha>0,\beta>0)$.

8.20 利用对参数的微分,求下列积分.

(1) $\int_0^{+\infty}\left(\frac{\mathrm{e}^{-\alpha x}-\mathrm{e}^{-\beta x}}{x}\right)^2\mathrm{d}x$ $(\alpha>0,\beta>0)$;

(2) $\int_0^{+\infty}\frac{\mathrm{e}^{-\alpha x}-\mathrm{e}^{-\beta x}}{x}\sin mx\mathrm{d}x$ $(\alpha>0,\beta>0)$;

(3) $\int_0^{+\infty}\frac{\ln(\alpha^2+x^2)}{\beta^2+x^2}\mathrm{d}x$ $(\beta\neq 0)$.

8.21 利用$\int_0^{+\infty}\frac{\sin x}{x}\mathrm{d}x=\frac{\pi}{2}$,求下列积分.

(1) $\int_0^{+\infty}\frac{\sin\alpha x}{x}\mathrm{d}x$ $(\alpha\neq 0)$; (2) $\int_0^{+\infty}\frac{1-\cos x}{x^2}\mathrm{d}x$; (3) $\int_0^{+\infty}\frac{\sin x\cos\alpha x}{x}\mathrm{d}x$.

8.22 按下列步骤计算 Laplace 积分.

$\varphi(\beta)=\int_0^{+\infty}\frac{\cos\beta x}{\alpha^2+x^2}\mathrm{d}x$, $\psi(\beta)=\int_0^{+\infty}\frac{x\sin\beta x}{\alpha^2+x^2}\mathrm{d}x$ $(\alpha>0,\beta>0)$.

(1) 证明:$\varphi'(\beta)=-\psi(\beta)$;

(2) 证明:$\varphi''(\beta)=\alpha^2\psi(\beta)$;

(3) 证明:$\varphi(\beta)=\dfrac{\pi}{2\alpha}\mathrm{e}^{-\alpha\beta}$, $\psi(\beta)=\dfrac{\pi}{2}\mathrm{e}^{-\alpha\beta}$.

8.23 若 $f(x)$ 在$[0,+\infty)$可积,除无穷远点 $+\infty$ 外只有 $x=0$ 为瑕点.求证:

$$\lim_{\alpha\to0^+}\int_0^{+\infty}\mathrm{e}^{-\alpha x}f(x)\,\mathrm{d}x=\int_0^{+\infty}f(x)\,\mathrm{d}x.$$

8.3 欧拉积分

8.3.1 Γ函数与B函数

下面两个含参变量反常积分

$$\Gamma(s)=\int_0^{+\infty}x^{s-1}\mathrm{e}^{-x}\mathrm{d}x,\quad \mathrm{B}(p,q)=\int_0^1 x^{p-1}(1-x)^{q-1}\mathrm{d}x$$

分别称为 **Gamma 函数(Γ函数)** 与 **Beta 函数(B函数)**,统称为 **Euler(欧拉)积分.**

在第6章反常积分的例题中,我们已经证明了Γ函数的定义域是 $(0,+\infty)\subset\mathbf{R}$;B函数的定义域是 $(0,+\infty)\times(0,+\infty)\subset\mathbf{R}^2$.

定理 3.1 Γ函数与B函数在定义域上连续.

证明 (i) 有

$$\Gamma(s)=\int_0^1 x^{s-1}\mathrm{e}^{-x}\mathrm{d}x+\int_1^{+\infty}x^{s-1}\mathrm{e}^{-x}\mathrm{d}x.$$

任取 $[s_1,s_2]\subset(0,+\infty)$,$\forall\, 0<x\leqslant 1$,有

$$x^{s-1}\mathrm{e}^{-x}\leqslant x^{s_1-1}\mathrm{e}^{-x}\quad(s_1\leqslant s).$$

由 M-判别法 $\Rightarrow\int_0^1 x^{s-1}\mathrm{e}^{-x}\mathrm{d}x$ 关于 $s\in[s_1,+\infty)$ 一致收敛. $\forall\, x\geqslant 1$,有

$$x^{s-1}\mathrm{e}^{-x}\leqslant x^{s_2-1}\mathrm{e}^{-x}\quad(s\leqslant s_2).$$

由 M-判别法 $\Rightarrow\int_1^{+\infty}x^{s-1}\mathrm{e}^{-x}\mathrm{d}x$ 关于 $s\in(-\infty,s_2]$ 一致收敛,故 $\Gamma(s)$ 关于 $s\in[s_1,s_2]$ 一致收敛. 由连续性定理 $\Rightarrow\Gamma(s)$ 在 $[s_1,s_2]$ 连续. 由 $s_2\geqslant s_1>0$ 的任意性 $\Rightarrow\Gamma(s)$ 在 $(0,+\infty)$ 连续.

(ii) 任取 $w_0=(p_0,q_0)\in(0,+\infty)\times(0,+\infty)\subset\mathbf{R}^2$,对 $\forall\, 0<x<1$,有

$$x^{p-1}(1-x)^{q-1}\leqslant x^{p_0-1}(1-x)^{q_0-1}\quad(p\geqslant p_0,q\geqslant q_0).$$

由 M-判别法 $\Rightarrow\mathrm{B}(p,q)$ 关于 $w=(p,q)\in[p_0,+\infty)\times[q_0,+\infty)$ 一致收敛. 再由连续性定理(推广的情形,即参变数 $w=(p,q)\in\mathbf{R}^2$) $\Rightarrow\mathrm{B}(p,q)$ 在 $[p_0,+\infty)\times[q_0,+\infty)$ 连续. 由 $w_0=(p_0,q_0)$ 的任意性 $\Rightarrow\mathrm{B}(p,q)$ 在 $(0,+\infty)\times(0,+\infty)$ 连续. □

定理 3.2 Γ函数与B函数在定义域有任意阶导数.

证明 (i) 对每个正整数 n,研究 $\int_0^{+\infty}\frac{\partial^n}{\partial s^n}(x^{s-1}\mathrm{e}^{-x})\mathrm{d}x=\int_0^{+\infty}x^{s-1}\mathrm{e}^{-x}\ln^n x\,\mathrm{d}x$ 的一致收敛性.

任取 $s_1>0$,对 $0<x\leqslant 1$ 和 $s\geqslant s_1$,有

$$|x^{s-1}\mathrm{e}^{-x}\ln^n x|\leqslant x^{s_1-1}|\ln^n x|\quad(s_1\leqslant s);$$

任取 $s_2>0$,对 $x\geqslant 1$ 及 $0<s\leqslant s_2$ 有

$$|x^{s-1}\mathrm{e}^{-x}\ln^n x|\leqslant x^n x^{s_2-1}\mathrm{e}^{-x}=x^{s_2+n-1}\mathrm{e}^{-x}\quad(s\leqslant s_2).$$

由 M-判别法 $\Rightarrow\int_0^{+\infty}\frac{\partial^n}{\partial s^n}(x^{s-1}\mathrm{e}^{-x})\mathrm{d}x$ 关于 $s\in[s_1,s_2]$ 一致收敛. 由 s_1,s_2 的任意性及可微性定理 $\Rightarrow\Gamma(s)$ 在 $(0,+\infty)$ 有任意阶导数,且

$$\Gamma^{(n)}(s)=\int_0^{+\infty}x^{s-1}\mathrm{e}^{-x}\ln^n x\,\mathrm{d}x,s>0.$$

(ii) 对正整数 m 和 n,研究含参反常积分

$$\int_0^1\frac{\partial^{m+n}}{\partial p^m\partial q^n}[x^{p-1}(1-x)^{q-1}]\mathrm{d}x=\int_0^1 x^{p-1}(1-x)^{q-1}\ln^m x\ln^n(1-x)\mathrm{d}x$$

的一致收敛性,当 $p\geqslant p_0>0,q\geqslant q_0>0$ 时,因为 $|x^{\frac{1}{2}p_0}(1-x)^{\frac{1}{2}q_0}\ln^m x\ln^n(1-x)|$ 在 $x\in[0,1]$ 上有界,所以存在正数 $M>0$,使得 $x\in[0,1]$ 时有

$$|x^{p-1}(1-x)^{q-1}\ln^m x\ln^n(1-x)|\leqslant Mx^{\frac{1}{2}p_0-1}(1-x)^{\frac{1}{2}q_0-1}.$$

由 M-判别法,上面的积分等式右边的含参变量反常积分在 $p\geqslant p_0>0$ 和 $q\geqslant q_0>0$ 上一致收敛从而在 $p>0,q>0$ 上内闭一致收敛,由正整数 m 和 n 的任意性及可微性定理得,$\mathrm{B}(p,q)$ 在 $(0,+\infty)\times(0,+\infty)$ 有任意阶偏导数,且

$$\frac{\partial^n\mathrm{B}(p,q)}{\partial p^n}=\int_0^1 x^{p-1}(1-x)^{q-1}\ln^n x\,\mathrm{d}x,$$

$$\frac{\partial^n\mathrm{B}(p,q)}{\partial q^n}=(-1)^n\int_0^1 x^{p-1}(1-x)^{q-1}\ln^n(1-x)\mathrm{d}x.$$ □

定理 3.3(Γ 函数的递推公式)

$$\Gamma(s+1)=s\Gamma(s),s\in(0,+\infty).$$

证明 $\Gamma(s+1)=\int_0^{+\infty}x^s\mathrm{e}^{-x}\mathrm{d}x=-\int_0^{+\infty}x^s\mathrm{d}(\mathrm{e}^{-x})$

$$=s\int_0^{+\infty}x^{s-1}\mathrm{e}^{-x}\mathrm{d}x=s\Gamma(s).$$ □

推论 1 $\Gamma(s+n+1)=(s+n)(s+n-1)\cdots(s+1)s\Gamma(s)$.

由此看出,Γ 函数值的计算归结为当 $s\in(0,1]$ 时,$\Gamma(s)$ 的计算.

推论 2 $\Gamma(n+1)=n!,\ n\in\mathbf{N}$.

用定义求积分得 $\Gamma(1)=1$,由推论 1 即得推论 2. 可见,$\Gamma(s)$ 函数是 $n!$ 在实数域上的推广.

推论 3 $\lim\limits_{s\to0^+}\Gamma(s)=+\infty$; $\lim\limits_{s\to0^+}s\Gamma(s)=1$.

定理 3.4(B 函数的性质)

1°(对称性) $\mathrm{B}(p,q)=\mathrm{B}(q,p)$.

2°(递推公式)

$$\mathrm{B}(p,q)=\frac{q-1}{p+q-1}\mathrm{B}(p,q-1)\quad(p>0,q>1);$$

$$\mathrm{B}(p,q)=\frac{p-1}{p+q-1}\mathrm{B}(p-1,q)\quad(p>1,q>0);$$

$$\mathrm{B}(p,q)=\frac{(p-1)(q-1)}{(p+q-1)(p+q-2)}\mathrm{B}(p-1,q-1)\quad(p>1,q>1).$$

证明 1° $\mathrm{B}(p,q)=\int_0^1 x^{p-1}(1-x)^{q-1}\mathrm{d}x\xlongequal{y=1-x}\int_0^1 y^{q-1}(1-y)^{p-1}\mathrm{d}y$

$$=\mathrm{B}(q,p).$$

2° 仅证第一个等式就行了.

$$B(p,q)=\frac{x^p(1-x)^{q-1}}{p}\Big|_0^1+\frac{q-1}{p}\int_0^1 x^p(1-x)^{q-2}dx$$
$$=\frac{q-1}{p}\int_0^1[x^{p-1}-x^{p-1}(1-x)](1-x)^{q-2}dx$$
$$=\frac{q-1}{p}\int_0^1 x^{p-1}(1-x)^{q-2}dx-\frac{q-1}{p}\int_0^1 x^{p-1}(1-x)^{q-1}dx$$
$$=\frac{q-1}{p}B(p,q-1)-\frac{q-1}{p}B(p,q),$$

故 $B(p,q)=\dfrac{q-1}{p+q-1}B(p,q-1).$ □

定理 3.5 $B(p,q)=\dfrac{\Gamma(p)\Gamma(q)}{\Gamma(p+q)}$，$p,q\in(0,+\infty)$.

证明 有 $\Gamma(p)=\int_0^{+\infty}x^{p-1}e^{-x}dx\xlongequal{x=t\tau}\int_0^{+\infty}t^p\tau^{p-1}e^{-t\tau}d\tau$. 把上式两边乘 $t^{q-1}e^{-t}$，再对 t 积分，得

$$\Gamma(p)\Gamma(q)=\Gamma(p)\int_0^{+\infty}t^{q-1}e^{-t}dt=\int_0^{+\infty}dt\int_0^{+\infty}t^{p+q-1}\tau^{p-1}e^{-(\tau+1)t}d\tau.$$

若上述积分次序能够交换，则有

$$\Gamma(p)\Gamma(q)=\int_0^{+\infty}d\tau\int_0^{+\infty}t^{p+q-1}\tau^{p-1}e^{-(\tau+1)t}dt.$$

因 $$\Gamma(p+q)=\int_0^{+\infty}x^{p+q-1}e^{-x}dx\xlongequal{x=(\tau+1)t}(\tau+1)^{p+q}\int_0^{+\infty}t^{p+q-1}e^{-(\tau+1)t}dt,$$

故 $$\Gamma(p)\Gamma(q)=\Gamma(p+q)\int_0^{+\infty}\frac{\tau^{p-1}}{(1+\tau)^{p+q}}d\tau\xlongequal{x=\frac{\tau}{1+\tau}}\Gamma(p+q)B(p,q).$$

上述积分次序是能够交换的，请读者参看练习题 8.29. □

Euler 积分的这个精彩结果首先是由 Dirichlet 得到的.

例 1 求 $\int_0^{\frac{\pi}{2}}\sin^\alpha x dx\quad(\alpha>-1)$.

解 $B(p,q)=\int_0^1 x^{p-1}(1-x)^{q-1}dx\xlongequal{x=\sin^2\theta}2\int_0^{\frac{\pi}{2}}\sin^{2p-1}\theta\cos^{2q-1}\theta d\theta.$

令 $q=\dfrac{1}{2}$，有

$$\int_0^{\frac{\pi}{2}}\sin^{2p-1}\theta d\theta=\frac{1}{2}B\left(p,\frac{1}{2}\right)=\frac{\Gamma(p)\Gamma\left(\frac{1}{2}\right)}{2\Gamma\left(p+\frac{1}{2}\right)}\quad(p>0).$$

令 $p=\dfrac{\alpha+1}{2}$，又有

$$\Gamma\left(\frac{1}{2}\right)=\int_0^{+\infty}x^{-\frac{1}{2}}e^{-x}dx\xlongequal{x=t^2}2\int_0^{+\infty}e^{-t^2}dt=\sqrt{\pi},$$

故 $$\int_0^{\frac{\pi}{2}}\sin^\alpha x dx=\frac{\sqrt{\pi}}{2}\frac{\Gamma\left(\frac{\alpha+1}{2}\right)}{\Gamma\left(\frac{\alpha+2}{2}\right)}\quad(\alpha>-1).$$

例 2 证明：

1° $B(p,q)=\int_0^{+\infty}\frac{t^{p-1}}{(1+t)^{p+q}}dt$；

2° $B(p,q)=\int_0^1\frac{t^{p-1}+t^{q-1}}{(1+t)^{p+q}}dt$.

证明 1° 令 $x=\frac{t}{1+t}\Rightarrow dx=\frac{dt}{(1+t)^2}$，故

$$B(p,q)=\int_0^1 x^{p-1}(1-x)^{q-1}dx=\int_0^{+\infty}\left(\frac{t}{1+t}\right)^{p-1}\left(\frac{1}{1+t}\right)^{q-1}\frac{dt}{(1+t)^2}$$
$$=\int_0^{+\infty}\frac{t^{p-1}}{(1+t)^{p+q}}dt.$$

2° 有 $B(p,q)=\int_0^1\frac{t^{p-1}}{(1+t)^{p+q}}dt+\int_1^{+\infty}\frac{t^{p-1}}{(1+t)^{p+q}}dt$.

在第二个积分中，令 $t=\frac{1}{u}$，得

$$B(p,q)=\int_0^1\frac{t^{p-1}}{(1+t)^{p+q}}dt-\int_1^0\frac{u^{q-1}}{(1+u)^{p+q}}du=\int_0^1\frac{t^{p-1}+t^{q-1}}{(1+t)^{p+q}}dt.$$

例 3 求 $\int_0^{\pi}\frac{dx}{\sqrt{3-\cos x}}$.

解 设 $\cos x=1-2\sqrt{t}$，有

$$\int_0^{\pi}\frac{dx}{\sqrt{3-\cos x}}=\frac{1}{2\sqrt{2}}\int_0^1 t^{-\frac{3}{4}}(1-t)^{-\frac{1}{2}}dt=\frac{1}{2\sqrt{2}}B\left(\frac{1}{4},\frac{1}{2}\right)$$
$$=\frac{1}{2\sqrt{2}}\frac{\Gamma\left(\frac{1}{4}\right)\Gamma\left(\frac{1}{2}\right)}{\Gamma\left(\frac{3}{4}\right)}=\frac{1}{4\sqrt{\pi}}\Gamma^2\left(\frac{1}{4}\right).$$

注 此题利用了**余元公式**：$\Gamma(\alpha)\Gamma(1-\alpha)=\frac{\pi}{\sin\alpha\pi}$. 它容易由定理 3.4、定理 3.5 推得.

8.3.2 斯特林公式

本段我们给出 Γ 函数当 $x\to+\infty$ 时的渐近表达式，即 Stirling(斯特林) 公式.

等价无穷小量的概念可以推广到任意两个函数，即对任意两个函数 f,g，若

$$\lim_{x\to+\infty}\frac{f(x)}{g(x)}=1,$$

则称 $x\to+\infty$ 时，$f(x)$ 与 $g(x)$ 等价，记作

$$f(x)\sim g(x)\ (x\to+\infty).$$

引理 若 $f(x)=\int_0^a e^{-bxt^2}dt\quad(a>0,b>0,x>0)$，则

$$f(x)\sim\frac{1}{2}\left(\frac{\pi}{bx}\right)^{\frac{1}{2}}\quad(x\to+\infty).$$

证明 设 $u=t\sqrt{bx}$，有 $f(x)=\int_0^{a\sqrt{bx}}\frac{1}{\sqrt{bx}}e^{-u^2}du$，则

$$\sqrt{b x} \cdot f(x)=\int_0^{a \sqrt{b x}} \mathrm{e}^{-u^2} \mathrm{d} u \rightarrow \int_0^{+\infty} \mathrm{e}^{-u^2} \mathrm{d} u=\frac{\sqrt{\pi}}{2} \quad(x \rightarrow+\infty).$$

由此得证本引理. □

定理 3.6(Laplace 方法)　设 f 在 $[0,+\infty)$ 是单增且二阶导数连续的函数，又 $f(0)=f'(0)=0, f''(0)>0$. 若存在 $x_0 \in \mathbf{R}$，使得

$$J(x_0)=\int_0^{+\infty} \mathrm{e}^{-x_0 f(t)} \mathrm{d} t$$

存在，则 $\forall x>x_0$，函数 $J(x)=\int_0^{+\infty} \mathrm{e}^{-x f(t)} \mathrm{d} t$ 存在，且

$$J(x) \sim\left[\frac{\pi}{2 x f''(0)}\right]^{\frac{1}{2}} \quad(x \rightarrow+\infty).$$

证明　由 $x>x_0 \Rightarrow \mathrm{e}^{-x f(t)} \leqslant \mathrm{e}^{-x_0 f(t)}$，故 $J(x)$ 存在. 因 f'' 在 $t=0$ 连续 $\Rightarrow \forall 0<\varepsilon<f''(0)$，$\exists \delta>0$，对 $\forall 0 \leqslant t \leqslant \delta$，有

$$0<f''(0)-\varepsilon<f''(t)<f''(0)+\varepsilon. \tag{1}$$

写
$$J(x)=\int_0^\delta \mathrm{e}^{-x f(t)} \mathrm{d} t+\int_\delta^{+\infty} \mathrm{e}^{-x f(t)} \mathrm{d} t,$$

考察
$$J_2(x)=\int_\delta^{+\infty} \mathrm{e}^{-x f(t)} \mathrm{d} t.$$

因 f 单调增，当 $t \geqslant \delta$ 时，有 $0<f(\delta) \leqslant f(t)$. 故当 $x \geqslant 2 x_0$ 且 $x>0, t \geqslant \delta$ 时，有

$$\mathrm{e}^{-x f(t)}=\mathrm{e}^{-x f(t) / 2} \mathrm{e}^{-x f(t) / 2} \leqslant \mathrm{e}^{-x f(t) / 2} \mathrm{e}^{-x f(\delta) / 2} \leqslant \mathrm{e}^{-x_0 f(t)} \mathrm{e}^{-x f(\delta) / 2},$$

$\forall x \geqslant 2 x_0$ 且 $x>0$，有

$$J_2(x) \leqslant \mathrm{e}^{-x f(\delta) / 2} \int_\delta^{+\infty} \mathrm{e}^{-x_0 f(t)} \mathrm{d} t \leqslant J(x_0) \mathrm{e}^{-x f(\delta) / 2}. \tag{2}$$

考察
$$J_1(x)=\int_0^\delta \mathrm{e}^{-x f(t)} \mathrm{d} t.$$

由 Taylor 公式 $\Rightarrow f(t)=\dfrac{f''(\xi)}{2} t^2$，$0<\xi<t<\delta$，再由式(1) $\Rightarrow$

$$\frac{[f''(0)-\varepsilon] t^2}{2} \leqslant f(t) \leqslant \frac{[f''(0)+\varepsilon] t^2}{2},$$

故
$$\int_0^\delta \mathrm{e}^{-x[f''(0)+\varepsilon] t^2 / 2} \mathrm{d} t \leqslant J_1(x) \leqslant \int_0^\delta \mathrm{e}^{-x[f''(0)-\varepsilon] t^2 / 2} \mathrm{d} t.$$

由式(2) $\Rightarrow \int_0^\delta \mathrm{e}^{-x[f''(0)+\varepsilon] t^2 / 2} \mathrm{d} t \leqslant J(x) \leqslant \int_0^\delta \mathrm{e}^{-x[f''(0)-\varepsilon] t^2 / 2} \mathrm{d} t+J(x_0) \mathrm{e}^{-x f(\delta) / 2}$.

因为
$$\lim_{x \rightarrow+\infty} \sqrt{x} J(x_0) \mathrm{e}^{-x f(\delta) / 2}=0,$$

所以
$$\begin{aligned}\varliminf_{x \rightarrow+\infty} \sqrt{x} \int_0^\delta \mathrm{e}^{-x[f''(0)+\varepsilon] t^2 / 2} \mathrm{d} t &\leqslant \varliminf_{x \rightarrow+\infty} \sqrt{x} J(x) \leqslant \varlimsup_{x \rightarrow+\infty} \sqrt{x} J(x) \\ &\leqslant \varlimsup_{x \rightarrow+\infty} \sqrt{x} \int_0^\delta \mathrm{e}^{-x[f''(0)-\varepsilon] t^2 / 2} \mathrm{d} t.\end{aligned}$$

由引理 $\Rightarrow$
$$\begin{aligned}\frac{1}{2}\left[\frac{2 \pi}{f''(0)+\varepsilon}\right]^{1/2} &\leqslant \varliminf_{x \rightarrow+\infty} \sqrt{x} J(x) \leqslant \varlimsup_{x \rightarrow+\infty} \sqrt{x} J(x) \\ &\leqslant \frac{1}{2}\left[\frac{2 \pi}{f''(0)-\varepsilon}\right]^{1/2}.\end{aligned}$$

令 $\varepsilon \to 0$,得

$$\lim_{x\to+\infty}\sqrt{x}J(x)=\left[\frac{\pi}{2f''(0)}\right]^{1/2}.$$ □

定理 3.7(**Stirling 公式**)

$$\Gamma(x+1)\sim\sqrt{2\pi x}\cdot\left(\frac{x}{\mathrm{e}}\right)^{x}\quad(x\to+\infty).$$

证明 有

$$\Gamma(x+1)=\int_0^{+\infty}u^x\mathrm{e}^{-u}\mathrm{d}u\overset{u=x(1+t)}{=\!=\!=\!=}x^{x+1}\mathrm{e}^{-x}\int_{-1}^{+\infty}(1+t)^x\mathrm{e}^{-xt}\mathrm{d}t,$$

即

$$\begin{aligned}J(x)&=\int_{-1}^{+\infty}(1+t)^x\mathrm{e}^{-xt}\mathrm{d}t=x^{-x-1}\mathrm{e}^x\Gamma(x+1)\\&=\int_{-1}^{0}(1+t)^x\mathrm{e}^{-xt}\mathrm{d}t+\int_0^{+\infty}(1+t)^x\mathrm{e}^{-xt}\mathrm{d}t.\end{aligned}$$

考察

$$J_1(x)=\int_{-1}^{0}(1+t)^x\mathrm{e}^{-xt}\mathrm{d}t=\int_0^1(1-t)^x\mathrm{e}^{xt}\mathrm{d}t=\int_0^1\mathrm{e}^{-x[-t-\ln(1-t)]}\mathrm{d}t.$$

令 $f(t)=-t-\ln(1-t)$,参见 Laplace 方法,得到

$$J_1(x)\sim\left(\frac{\pi}{2x}\right)^{1/2}\quad(x\to+\infty).$$

考察

$$J_2(x)=\int_0^{+\infty}(1+t)^x\mathrm{e}^{-xt}\mathrm{d}t=\int_0^{+\infty}\mathrm{e}^{-x[t-\ln(1+t)]}\mathrm{d}t.$$

令 $f(t)=t-\ln(1+t)$,应用 Laplace 方法,得到

$$J_2(x)\sim\left(\frac{\pi}{2x}\right)^{1/2}\quad(x\to+\infty).$$

于是

$$J(x)\sim\left(\frac{2\pi}{x}\right)^{1/2}\quad(x\to+\infty).$$

由此证得本定理. □

推论 $n!\sim\sqrt{2\pi n}\left(\dfrac{n}{\mathrm{e}}\right)^n\quad(n\to\infty).$

它表明,当 n 较大时,可用上式右端近似代替 $n!$. 例如,当 $n=10$ 时,右端近似值为 3 598 696,用它代替 $10!=3\ 628\ 800$,其误差小于 1%. 利用上述推论容易得出 $\lim\limits_{n\to\infty}\dfrac{\sqrt[n]{n!}}{n}=\dfrac{1}{\mathrm{e}}$.

利用级数理论可以得到更精确的等式.

$$\boxed{n!=\sqrt{2\pi n}\left(\frac{n}{\mathrm{e}}\right)^n\mathrm{e}^{\frac{\theta}{12n}}\quad(0<\theta<1).}$$

例 证明 Euler-Gauss 公式

$$\Gamma(x)=\lim_{n\to\infty}\frac{n!n^x}{x(x+1)\cdots(x+n)}\quad(x>0).$$

证明 由 Stirling 公式易得

$$\Gamma(a+x)\sim\sqrt{2\pi}\cdot x^{x+a-\frac{1}{2}}\cdot\mathrm{e}^{-x}\quad(x\to+\infty).$$

于是
$$\frac{\Gamma(a+x)}{\Gamma(b+x)} \sim x^{a-b} \quad (x \to +\infty).$$

因 $\Gamma(x+n+1)=(x+n)\cdots(x+1)x\Gamma(x) \quad (x>0)$，$\Gamma(n+1)=n!$，

所以$\dfrac{n!n^x}{x(x+1)\cdots(x+n)\Gamma(x)}=\dfrac{\Gamma(n+1)n^x}{\Gamma(n+1+x)} \sim \dfrac{n^x}{(n+1)^x} \sim 1 \quad (n\to\infty)$，即

$$\Gamma(x)=\lim_{n\to\infty}\frac{n!n^x}{x(x+1)\cdots(x+n)} \quad (x>0).$$

练 习 题

8.24 证明下述 Euler 积分的其他形式：

(1) $\Gamma(s)=\int_0^1\left(\ln\frac{1}{x}\right)^{s-1}\mathrm{d}x$； (2) $\Gamma(s)=2\int_0^{+\infty}x^{2s-1}\mathrm{e}^{-x^2}\mathrm{d}x$；

(3) $\int_0^{\frac{\pi}{2}}\sin^n x\cos^m x\,\mathrm{d}x=\frac{1}{2}\mathrm{B}\left(\frac{n+1}{2},\frac{m+1}{2}\right) \quad (m>-1,n>-1)$.

8.25 利用 Euler 积分计算下列积分.

(1) $\int_0^1\sqrt{x-x^2}\,\mathrm{d}x$； (2) $\int_0^{+\infty}\frac{\sqrt[4]{x}}{(1+x)^2}\mathrm{d}x$；

(3) $\int_0^{\pi/2}\sin^6 x\cos^4 x\,\mathrm{d}x$； (4) $\int_0^{+\infty}x^{2n}\mathrm{e}^{-x^2}\mathrm{d}x \quad (n\in\mathbf{N})$；

(5) $\int_0^{+\infty}\frac{x^2}{1+x^4}\mathrm{d}x$； (6) $\int_0^{\frac{\pi}{2}}\tan^p x\,\mathrm{d}x \quad (|p|<1)$.

8.26 求下列积分的存在域，并利用 Euler 积分表示这些积分.

(1) $\int_0^{+\infty}\frac{x^m}{(a+bx^n)^p}\mathrm{d}x \quad (a>0,b>0,n>0)$；

(2) $\int_0^{+\infty}x^m\mathrm{e}^{-x^n}\mathrm{d}x$； (3) $\int_0^1 x^{p-1}(1-x^r)^{q-1}\mathrm{d}x \quad (r>0)$.

8.27 证明下列等式：

(1) $\left(\int_0^1\frac{\mathrm{d}x}{\sqrt{1-x^4}}\right)\left(\int_0^1\frac{x^2}{\sqrt{1-x^4}}\mathrm{d}x\right)=\frac{\pi}{4}$；

(2) $\lim\limits_{n\to\infty}\int_0^{+\infty}\mathrm{e}^{-x^n}\mathrm{d}x=1$.

8.28 利用 Stirling 公式计算$\lim\limits_{n\to\infty}\sqrt[n^2]{n!}$.

8.29 证明：若 $f(x,y)$ 在$[0,+\infty)\times[0,+\infty)$为非负连续函数，且$\int_0^{+\infty}\mathrm{d}x\int_0^{+\infty}f(x,y)\mathrm{d}y$ 与 $\int_0^{+\infty}\mathrm{d}y\int_0^{+\infty}f(x,y)\mathrm{d}x$ 皆存在，则

$$\int_0^{+\infty}\mathrm{d}x\int_0^{+\infty}f(x,y)\mathrm{d}y=\int_0^{+\infty}\mathrm{d}y\int_0^{+\infty}f(x,y)\mathrm{d}x.$$

8.30 按照下列步骤，给出公式 $\mathrm{B}(p,q)=\dfrac{\Gamma(p)\Gamma(q)}{\Gamma(p+q)}$ 的另一个证明：

(1) $\Gamma(p)=2\int_0^{+\infty}x^{2p-1}\mathrm{e}^{-x^2}\mathrm{d}x$；

(2) $\Gamma(p)\Gamma(q)=\lim\limits_{A\to+\infty}\iint\limits_{G(A)}x^{2p-1}y^{2q-1}\mathrm{e}^{-(x^2+y^2)}\mathrm{d}x\mathrm{d}y$，

$G(A)=\{(x,y)\mid 0\leqslant x\leqslant A,0\leqslant y\leqslant A\}$；

(3) $\lim\limits_{A\to+\infty}\iint\limits_{D(A)} x^{2p-1}y^{2q-1}\mathrm{e}^{-(x^2+y^2)}\mathrm{d}x\mathrm{d}y=\frac{1}{4}\mathrm{B}(p,q)\Gamma(p+q)$，

$\lim\limits_{A\to+\infty}\iint\limits_{D(\sqrt{2}A)} x^{2p-1}y^{2q-1}\mathrm{e}^{-(x^2+y^2)}\mathrm{d}x\mathrm{d}y=\frac{1}{4}\mathrm{B}(p,q)\Gamma(p+q)$，

其中 $D(A)=\left\{(r,\theta)\,\middle|\,0\leqslant r\leqslant A,0\leqslant\theta\leqslant\frac{\pi}{2}\right\}$；

(4) $\mathrm{B}(p,q)=\dfrac{\Gamma(p)\Gamma(q)}{\Gamma(p+q)}$.

复习参考题

8.31　设 $f(p,t)$ 是定义在 $D\times[\alpha,\beta]\subset\mathbf{R}^n\times\mathbf{R}$ 上的实值连续函数，D 是 $\mathbf{R}^n$ 中的有界闭域，求证：

$$\varphi(p)=\int_\alpha^\beta f(p,t)\mathrm{d}t$$

在 $D\subset\mathbf{R}^n$ 上连续.

8.32　设 $f(p,t)$ 是 $D\times[\alpha,\beta]\subset\mathbf{R}^n\times\mathbf{R}$ 上的实值连续函数，D 是 $\mathbf{R}^n$ 中有界闭区域，$\frac{\partial f}{\partial x_i}(p,t)$ 在 $D\times[\alpha,\beta]$ 上连续($i=1,2,\cdots,n$；$p=(x_1,x_2,\cdots,x_n)$). 求证：

$$\frac{\partial}{\partial x_i}\left[\int_\alpha^\beta f(p,t)\mathrm{d}t\right]=\int_\alpha^\beta\frac{\partial f(p;t)}{\partial x_i}\mathrm{d}t,\ i=1,2,\cdots,n.$$

8.33　设二元数值函数 f 在 $D=[a,A]\times[b,B]$ 上有界，除去 D 内有限条连续曲线 $y=\varphi_i(x)$　$(i=1,2,\cdots,k)$，f 在 D 上连续. 求证：$F(x)=\int_b^B f(x,y)\mathrm{d}y$ 在 $[a,A]$ 连续.

8.34　研究下列积分在指定区间的一致收敛性.

(1) $\int_0^{+\infty}x^\alpha\mathrm{e}^{-tx}\cos x\mathrm{d}x,t\in[t_0,+\infty)$　(其中 $t_0>0,\alpha\geqslant0$)；

(2) $\int_0^{+\infty}\mathrm{e}^{-y^2(1+x^2)}\sin y\mathrm{d}x,y\in\mathbf{R}$；

(3) $\int_0^1\frac{\sin xy}{x^y}\mathrm{d}x$，(a) $y\in(-\infty,y_0]$　(其中 $y_0<2$)，(b) $y\in(-\infty,2)$.

8.35　按下列步骤计算 **Fresnel 积分** $J=\int_0^{+\infty}\sin x^2\mathrm{d}x$.

(1) 证明：$J=\frac{1}{2}\int_0^{+\infty}\frac{\sin t}{\sqrt{t}}\mathrm{d}t$，　$\frac{1}{\sqrt{t}}=\frac{2}{\sqrt{\pi}}\int_0^{+\infty}\mathrm{e}^{-tx^2}\mathrm{d}x$；

(2) 证明：$\forall\eta>0,\forall A>\eta$，有

$$\int_\eta^A\mathrm{d}t\int_0^{+\infty}\mathrm{e}^{-tx^2}\sin t\mathrm{d}x=\int_0^{+\infty}\mathrm{d}x\int_\eta^A\mathrm{e}^{-tx^2}\sin t\mathrm{d}t;$$

(3) 证明：$\lim\limits_{\eta\to0^+}\int_0^{+\infty}\frac{x^2\mathrm{e}^{-\eta x^2}}{1+x^4}\mathrm{d}x=\int_0^{+\infty}\frac{x^2}{1+x^4}\mathrm{d}x$，

$$\lim_{\eta\to0^+}\int_0^{+\infty}\frac{\mathrm{e}^{-\eta x^2}}{1+x^4}\mathrm{d}x=\int_0^{+\infty}\frac{\mathrm{d}x}{1+x^4}=\frac{\pi}{2\sqrt{2}};$$

(4) 证明：$\lim\limits_{A\to+\infty}\int_0^{+\infty}\frac{x^2\mathrm{e}^{-Ax^2}}{1+x^4}\mathrm{d}x=0$，　$\lim\limits_{A\to+\infty}\int_0^{+\infty}\frac{\mathrm{e}^{-Ax^2}}{1+x^4}\mathrm{d}x=0$；

(5) 求 $J=\int_0^{+\infty}\sin x^2\mathrm{d}x$.

8.36　求下列积分.

(1) $\int_0^{+\infty}\frac{1-\cos x}{x}\mathrm{e}^{-\alpha x}\mathrm{d}x$　$(\alpha>0)$；　(2) $\int_0^{+\infty}\frac{1-\mathrm{e}^{-x}}{x}\cos x\mathrm{d}x$；

(3) $\int_0^{+\infty}\mathrm{e}^{-\left(x^2+\frac{a^2}{x^2}\right)}\mathrm{d}x$　$(a>0)$；　(4) $\int_0^{+\infty}\mathrm{e}^{-x^2}\cos 2ax\mathrm{d}x$　$(a>0)$；

(5) $\int_0^{+\infty}\frac{\sin x^2}{x}\mathrm{d}x$；　(6) $\int_0^{+\infty}\frac{\sin^3x}{x}\mathrm{d}x$.

8.37　设 $f(x)=\left(\int_0^x\mathrm{e}^{-t^2}\mathrm{d}t\right)^2$，$g(x)=\int_0^1\frac{\mathrm{e}^{-x^2(t^2+1)}}{t^2+1}\mathrm{d}t$　$(x>0)$.

(1) 求证：$f'(x)+g'(x)=0$；$f(x)+g(x)=\frac{\pi}{4}$；

(2) 求证：$\int_0^{+\infty}e^{-t^2}\,dt=\frac{\sqrt{\pi}}{2}$.

8.38 设 $f(x)=\sum_{n=0}^{\infty}a_nx^n$ 处处收敛($a_n\geqslant 0$)，级数 $\sum_{n=0}^{\infty}a_nn!$ 收敛，求证：

$$\int_0^{+\infty}e^{-x}f(x)\,dx=\sum_{n=0}^{\infty}a_nn!.$$

8.39 (1) 证明：$f(x,y)\rightrightarrows\varphi(x)\ (y\to y_0;x\in\mathscr{X})\Leftrightarrow f(x,y_n)\rightrightarrows\varphi(x)\quad(\forall\, y_n\to y_0;x\in\mathscr{X})$；

(2) 证明广义 Dini 定理：若 $f(x,y)$ 关于 x 在 $[a,b]$ 上连续，关于 y 单调增趋于 $\varphi(x)$ (当 y 单增趋于 y_0 时)，则 $f(x,y)\rightrightarrows\varphi(x)$ (y 单增趋于 y_0；$x\in[a,b]$)；

(3) 证明广义含参量积分的 Dini 定理：若二元非负函数 $f(x,y)$ 在 $[a,+\infty)\times[c,d]$ 上连续，一元函数 $\Phi(y)=\int_a^{+\infty}f(x,y)\,dx$ 在 $[c,d]$ 上连续，则 $\int_a^{+\infty}f(x,y)\,dx$ 关于 $y\in[c,d]$ 一致收敛；

(4) 证明：若每个非负函数 $u_n(x)$ 在 $[a,\omega)$ 上连续，和函数 $S'(x)=\sum_{n=1}^{\infty}u_n(x)$ 在 $[a,\omega)$ 上连续且广义可积，则

$$\int_a^{\omega}S(x)\,dx=\int_a^{\omega}\left[\sum_{n=1}^{\infty}u_n(x)\right]dx=\sum_{n=1}^{\infty}\int_a^{\omega}u_n(x)\,dx.$$

部分习题答案或提示

4.2 (1) 上确界：$+\infty$；下确界：$-\infty$.

(2) 上确界：1，不是最大数；下确界：0，是最小数.

(3) 上确界：1，是最大数；下确界：-1，是最小数.

(4) 上确界：$+\infty$；下确界：$-\infty$.

4.10 设 $\varnothing \neq M \subset \mathbf{N}_+$，若 $1 \in M \Rightarrow \min M = 1$；若 $1 \notin M \Rightarrow 1 \in E = \mathbf{N}_+ \setminus M$，利用数学归纳原理及反证法 $\Rightarrow \exists n_1 \in E, \forall n \leqslant n_1$，有 $n \in E, n_1 + 1 \in M$.

4.14 由(i)，(ii) $\Rightarrow \alpha = \sup A$ 存在. 由(ii) $\Rightarrow \{x \mid x < \alpha\} \subset A$；由(iii) $\Rightarrow A \subset \{x \mid x < \alpha\}$.

4.15 利用闭区间套原理.

4.16 直接利用无界定义.

4.17 由无界定义 $\Rightarrow \exists x_{n_k} \to \infty (k \to \infty)$. 由非无穷大量定义 $\Rightarrow$ 存在有界数列，再由列紧性原理即得.

4.19 充分性用反证法.

4.20 用反证法证明：若任一子列 $\{x_{n_k}\}$ 都收敛，则必收敛于同一个数 a.

4.21 (1) 是，但不存在有限子覆盖； (2) 否； (3) 是，且存在有限子覆盖.

4.22 (1) $\forall x \in \left(0, \dfrac{1}{2}\right)$，取 $n = \left[\dfrac{1}{x}\right] - 1$；

(2) $\forall n \in \mathbf{N}_+, \exists x_0 \in \left(0, \dfrac{1}{2}\right)$，使 $x_0 < \dfrac{1}{n+2}$；

(3) $\left\{\left(-\dfrac{1}{6}, \dfrac{1}{6}\right), \left(\dfrac{1}{7}, \dfrac{1}{5}\right), \left(\dfrac{1}{6}, \dfrac{1}{4}\right), \left(\dfrac{1}{5}, \dfrac{1}{3}\right), \left(\dfrac{1}{4}, \dfrac{1}{2}\right)\right\}$.

4.23 $\exists I = (a,b) \in \mathscr{I}$，使 $0 \in (a,b)$，满足 $n \leqslant \dfrac{1}{b}$ 的 n 仅有有限个，从而 D 中仅有有限个元素不在 (a,b) 中.

4.24 构造 $\{x_n\} \subset [a,b]$，满足 $|f(x_n)| \leqslant \dfrac{1}{2}|f(x_{n-1})| \leqslant \left(\dfrac{1}{2}\right)^n |f(a)|$. 再利用列紧性原理.

4.25 (2) 取对数； (3) 考虑数列 $\{x_n - 1\}$.

4.26 $0 < x_n < 1$，$x_{n+2} - x_n$ 与 $x_n - x_{n-2}$ 同号，$\{x_{2n}\} \nearrow$，$\{x_{2n-1}\} \searrow$. $\lim\limits_{n\to\infty} x_n = \dfrac{\sqrt{5}-1}{2}$.

4.29 (1) 用数学归纳法； (2) $\lim\limits_{n\to\infty} x_n = \sqrt{2} - 1$.

4.30 先证 $\{S_n\}$ 收敛. 再利用 Cauchy 准则证明 $\{x_n\}$ 收敛.

4.31 (1) 用数学归纳法；

(2) 由 $\lim\limits_{n\to\infty} x_{2n} = \alpha, \lim\limits_{n\to\infty} x_{2n-1} = \beta$ 及 f 的连续性 $\Rightarrow \alpha = f[f(\alpha)], \beta = f[f(\beta)]$，再用反证法 $\Rightarrow \alpha = \beta$.

4.32 $cx_{n+1} = 1 - (1 - cx_n)^2$，$x_n \nearrow$，$\lim\limits_{n\to\infty} x_n = \dfrac{1}{c}$.

4.34 (1) $\overline{\lim\limits_{n\to\infty}}\, x_n = 2$；$\underline{\lim\limits_{n\to\infty}}\, x_n = -2$. (2) $\overline{\lim\limits_{n\to\infty}}\, x_n = +\infty$；$\underline{\lim\limits_{n\to\infty}}\, x_n = 1$.

(3) $\overline{\lim\limits_{n\to\infty}}\, x_n = 2$；$\underline{\lim\limits_{n\to\infty}}\, x_n = 0$.

4.37 (1) 由 $\overline{\lim\limits_{n\to\infty}}\, x_n = \alpha \Rightarrow \overline{\lim\limits_{n\to\infty}}\, y_n \leqslant \alpha + \varepsilon \quad (\forall \varepsilon > 0)$.

4.38 由 $\beta = \overline{\lim\limits_{n\to\infty}}\, \dfrac{x_{n+1}}{x_n} = \lim\limits_{n\to\infty} \sup\limits_{k>n} \dfrac{x_{k+1}}{x_k} \Rightarrow \overline{\lim\limits_{n\to\infty}}\, \sqrt[n]{x_n} \leqslant \beta + \varepsilon \quad (\forall \varepsilon > 0)$.

4.39 由 $x_n = \dfrac{1}{2}(x_{2n} + 2x_n) - \dfrac{1}{2}x_{2n}$ 及上、下极限性质 $\Rightarrow \overline{\lim\limits_{n\to\infty}}\, x_n \leqslant \underline{\lim\limits_{n\to\infty}}\, x_n$.

4.40 用反证法. 构造$\{b_n\}$,使$\overline{\lim\limits_{n\to\infty}}(a_n+b_n)\neq\overline{\lim\limits_{n\to\infty}}a_n+\overline{\lim\limits_{n\to\infty}}b_n$.

4.46 利用最值性.

4.47 (1) 一致连续; (2) 不一致连续; (3) 不一致连续; (4) 一致连续.

4.48 反之不一定成立.

4.51 利用第4.50题及反证法.

4.53 利用渐近线定义,将$[a,+\infty)$分为两部分处理.

4.54 $\exists x_1,x_2\in(a,b)$,使$f(x_1)f(x_2)<0$.

4.57 先证f是一一映射,再用反证法及介值性证f是严格增函数.

4.58 用确界原理,构造$E=\{x\in[a,b]\mid f(x)\geqslant x\}$,或用闭区间套原理,构造$[a_n,b_n]$,具有性质$p$:"$f(a_n)>a_n,f(b_n)<b_n$".

4.59 用有限覆盖原理,$\forall x\in[a,b]$,构造开区间I_x具有性质p:"f在I_x严格增".

4.60 反证法. 用三等分$[a,b]$构造闭区间套,使每个$[a_n,b_n]$具有性质p:"不含$x_1,x_2,\cdots,x_n$".

4.61 "$\Leftarrow$"上、下极限方法.

4.62 $|x_n-x_{n-1}|<q^{n-1}|x_1-x_0|\ (0<q<1)$.

4.63 先用归纳法证$|x_{n+1}|\leqslant a(1+r)(1+r^2)\cdots(1+r^n)$.(其中$a=\max\{|x_0|,|x_1|\}$)再利用$1+x\leqslant e^x$ $(x\geqslant 0)$证$\{x_n\}$有界,最后用Cauchy准则.

4.66 反证法:假定$\exists\varepsilon_0>0$,使$E=\{x\in[a,b]\mid\omega(x)\geqslant\varepsilon_0\}$是无限集,用聚点原理.

4.67 令$E=\{x\in[a,b]\mid f(t)<0,t\in[a,x]\}$,用确界原理.

4.68 用确界原理.

4.72 先用反证法及构造I的开覆盖$\mathscr{S}=\{U(x,1)\mid x\in I\}$证明:$I$是有界区间(端点为$a,b$).

再用反证法及构造I的开覆盖$\mathscr{S}=\left\{\left(a+\frac{2(b-a)}{n+2},a+\frac{2(b-a)}{n}\right)\middle| n\in\mathbf{N}_+\right\}$

证明:$I=[a,b]$.

4.73 利用f的一致连续性,构造$\psi(t)=\sup\limits_{|x'-x''|\leqslant t}\{|f(x')-f(x'')|\mid x',x''\in[a,b]\}$.

5.2 $\xi_1=\frac{1}{2},\xi_2=\sqrt{2}$.

5.3 反证法.

5.8 记$f(x)=x^ne^{-x}$,对$f,f',\cdots,f^{(n-1)}$应用Rolle定理及推广的Rolle定理(即原Rolle定理中的条件$f(a)=f(b)$改为$f(a^+)=f(+\infty)$).

5.10 若将有界区间(a,b)改为无界区间,结论不一定成立. 逆命题不真.

5.11 $\exists x_1\in(a,b)$使$f(x_1)\neq f(a)$.

5.13 对$f(x)=x\ln x$在$\left[x,\frac{x+y}{2}\right]$与$\left[\frac{x+y}{2},y\right]$上应用Lagrange中值定理.

5.15 对f分别在$[0,x_1]$与$[x_2,x_1+x_2]$上应用Lagrange中值定理.

5.16 (2) 设$F(x)=f(x)e^{g(x)}$.

5.17 $\exists c\in(0,a)$,使$f'(c)=0$. 分别在$[0,c]$与$[c,a]$上应用Lagrange中值定理.

5.18 $f'(a)<0,f'(b)>0\Rightarrow f$的最小值点$c\in(a,b)$.

5.19 (1) 利用$\varepsilon-\Delta$定义及Lagrange中值定理;

(2) 对f在$[n,2n]$上应用Lagrange中值定理.

5.20 (1) $\frac{1}{2}$; (2) $-\frac{4}{\pi^2}$; (3)0; (4)0; (5)3; (6) $\frac{1}{6}$; (7) $\frac{1}{3}$.

5.21 (1)1; (2) $\frac{1}{\sqrt[6]{e}}$; (3)1; (4)$e^{-\frac{1}{2}}$.

5.22 (1)1； (2)∞； (3) $\frac{\pi^2}{4}$.

5.23 (1)1； (2)1； (3)$\ln x$.

5.26 因 $f(x)=\frac{e^x f(x)}{e^x}$,再应用洛必达法则.

5.28 洛必达法则,单侧连续性.

5.33 (1) $\frac{1}{6}$； (2) $-\frac{1}{4}$； (3)1； (4) $-\frac{1}{6}$； (5) $\frac{1}{2}$； (6)36.

5.34 (1)$\delta_y=\frac{1}{16}$； (2) $|x|\leqslant\frac{\sqrt[4]{4!}}{10}$； (3)0.987 69.

5.35 当 $\alpha\neq-6$,y 是 2 阶无穷小量；当 $\alpha=-6$,y 是 4 阶无穷小量.

5.36 $a=-\frac{5}{12}$,$b=\frac{1}{12}$.

5.37 写出 f,f' 在 x_0 的 Taylor 公式. $a=1$,$b=\frac{1}{3}$,$\alpha=\frac{4}{3}$,$\beta=\frac{1}{3}$.

5.38 写出 $f(x)$ 在 $x=\frac{a+b}{2}$ 的 Taylor 公式.

5.39 对充分小的 x,有 $f(x)>0$,且$[f(x)]^{1/x}=e^{\frac{1}{x}\ln[1+kx+o(x)]}$,再利用 Taylor 公式.

5.41 比较 $f(a+h)=f(a)+f'(a)h+\frac{f''(\xi)}{2!}h^2$ 与 $f(a+h)=f(a)+f'(a+\theta h)h$.

5.42 写出 f 在 $x=a,b$ 的 Taylor 公式.

5.44 $\frac{1}{10}$.

5.45 用反证法证明：若 $\exists\alpha<\beta$,使 $f(\alpha)<f(\beta)$,则 $\forall x\in(\beta,b)$,有 $f(\beta)<f(x)$.

5.48 必要性：$c=f'_+(x_0)$.

5.49 $\forall a<x_1<x_2<x_3<b$,分三种情形：$f(x_1)>f(x_2)$,$f(x_1)<f(x_2)$,$f(x_1)=f(x_2)$,按照凸函数定义讨论.

5.52 令 $f(x)=-x^p(x>0)$.

5.54 (1) $\lim\limits_{n\to\infty}S^+(\Omega_n)=\lim\limits_{n\to\infty}S^-(\Omega_n)=\frac{1}{2}$. (2) $\lim\limits_{n\to\infty}S^+(\Omega_n)=\lim\limits_{n\to\infty}S^-(\Omega)=\frac{1}{3}$.

(3) $\lim\limits_{n\to\infty}S^+(\Omega_n)=1$；$\lim\limits_{n\to\infty}S^-(\Omega_n)=0$.

5.58 (3) $\forall\varepsilon>0$,有 $0\leqslant S^+(\Omega_1)-J^+<\frac{\varepsilon}{2}$,设 Ω_1 含 l 个内分点,$\forall\Omega$,令 $\Omega_2=\Omega\cup\Omega_1$,有 $0<S^+(\Omega_2)-J^+\leqslant S^+(\Omega_1)-J^+<\frac{\varepsilon}{2}$,$0\leqslant S^+(\Omega)-S^+(\Omega_2)\leqslant l(M-m)\|\Omega\|$.

5.59 ($\Rightarrow$) 由可积准则 $\Rightarrow\sum^n\omega_i\Delta x_i<\varepsilon\eta$,取满足 $\omega_{i'}\geqslant\varepsilon$ 的子区间 $\Delta x_{i'}$ 即得. ($\Leftarrow$) 把子区间分为两类：一类使得 $\omega_{i''}<\varepsilon$；一类使得 $\omega_{i'}\geqslant\varepsilon$,再由可积准则即得.

5.60 $\forall\Omega=\{a=x_0<\cdots<x_n=b\}$,有

$$f'_-(x_{i-1})\leqslant f'_+(x_{i-1})\leqslant\frac{f(x_i)-f(x_{i-1})}{x_i-x_{i-1}}\leqslant f'_-(x_i)\leqslant f'_+(x_i)\Rightarrow\int_a^b f'_-(x)\mathrm{d}x\leqslant$$

$$f(b)-f(a)\leqslant\int_a^b f'_+(x)\mathrm{d}x,\int_a^b f'_+(x)\mathrm{d}x\leqslant f(b)-f(a)\leqslant\int_a^b f'_-(x)\mathrm{d}x.$$

5.61 $\forall\varepsilon>0$,把$[0,1]$分为$\left[0,\frac{\varepsilon}{2}\right]$,$\left[\frac{\varepsilon}{2},1\right]$两段处理.

5.62 (1)$f\in\mathscr{R}[0,1]$. (2)$f\in\mathscr{R}[0,1]$.

5.63 (2) 利用$\sqrt{u}$的一致连续性与 f 的可积性.

5.65 设 $|f(x)|\leqslant M$, $\forall \varepsilon>0$,取 $\alpha\in[a,b)$,使 $b-\alpha<\frac{\varepsilon}{4M}$,将$[a,b]$ 分为$[a,\alpha]$,$[\alpha,b]$ 两段处理.

5.66 利用一致连续性.

5.67 有$\sup\limits_{x\in I}\max\{\varphi(x),0\}=\max\{\sup\limits_{x\in I}\varphi(x),0\}$, $\inf\limits_{x\in I}\max\{\varphi(x),0\}=\max\{\inf\limits_{x\in I}\varphi(x),0\}$.

5.68 仿 5.64.

5.69 令 $T=\lambda S^{-}(\Omega)+(1-\lambda)S^{+}(\Omega)$, $\lambda\in[0,1]$,然后分 $\lambda=0,1$ 与 $0<\lambda<1$ 两种情况讨论. 当 $\lambda=0$, 1 时,利用连续函数最值性,当 $0<\lambda<1$ 时,利用连续函数介值性.

5.72 利用积分第一中值定理证明 $\int_a^b(a+b-2x)f(x)\mathrm{d}x\leqslant 0$.

5.73 利用积分第二中值定理.

5.74 不妨设 f 单减有下界 m,考虑$\int_0^{2\pi}[f(x)-m]\sin\lambda x\mathrm{d}x$.

5.75 考虑$\int_0^{2\pi}[f(x)-f(2\pi)]\sin nx\mathrm{d}x$. 若把区间改为$[-\pi,\pi]$,则 $b_{2n}\geqslant 0$, $b_{2n-1}\leqslant 0$.

5.76 先换元 $x=t^2$,再利用积分第二中值定理.

5.77 有$\int_{\frac{1}{n}}^1\frac{\sin\frac{h}{x}}{x^p}\mathrm{d}x=\frac{1}{n}\int_{\frac{1}{n}}^1x^{2-p}\left(\frac{n}{x^2}\sin\frac{n}{x}\right)\mathrm{d}x$,利用积分第二中值定理.

5.80 令 $x=at$.

5.83 (2) $f^2(x)=\left[\int_a^x f'(t)\mathrm{d}t\right]^2$,然后用 Schwarz 不等式.

5.84 用洛必达法则.

5.85 (1) 用分部积分法; (2) 用数学归纳法;
(3) 设 $f^{(n+1)}\in C[x_0,x]$,用积分第一中值定理; (4) 同上.

5.86 设 $t=\sqrt{u}$,然后用分部积分法.

5.87
$$\left[\int_a^b f(x)\cos kx\mathrm{d}x\right]^2=\left[\int_a^b\sqrt{f(x)}\sqrt{f(x)}\cos kx\mathrm{d}x\right]^2$$
$$\leqslant\left[\int_a^b f(x)\mathrm{d}x\right]\left[\int_a^b f(x)\cos^2kx\mathrm{d}x\right].$$

5.88 (1) 有$\int_0^1 f(x)\mathrm{d}x=f(\xi)$, $0<\xi<1$,

当 $\xi>x\Rightarrow f(x)=f(\xi)-\int_x^\xi f'(t)\mathrm{d}t$,

当 $\xi<x\Rightarrow f(x)=f(\xi)+\int_\xi^x f'(t)\mathrm{d}t$.

(2) 对$\int_0^x tf'(t)\mathrm{d}t$ 与$\int_x^1(t-1)f'(t)\mathrm{d}t$ 用分部积分法.

5.89 $\forall\varepsilon\in(0,1)$,有$\int_0^{\frac{\pi}{2}}=\int_0^{\frac{\pi}{2}-\varepsilon}+\int_{\frac{\pi}{2}-\varepsilon}^{\frac{\pi}{2}}$,然后用分段估值法.

5.90 (2) 令 $F_n(x)=\int_{\frac{1}{n}}^x f(t)\mathrm{d}t-\int_x^1\frac{1}{f(t)}\mathrm{d}t$. 则 $F_n(x)$ 关于 n 与 x 皆为严格增函数.

5.91 (1) $f(x)=\frac{\mathrm{e}^x f(x)}{\mathrm{e}^x}$ (2) 反证法. 利用 Lagrange 中值定理.

5.92 (1) 在$[n,n+1]$ 上用 Lagrange 中值定理.
(2) 先用 Rolle 定理找到 $f'(\xi)=0$,再利用(1) 及介值性.

5.93 分别由 $\lim\limits_{x\to+\infty} f'(x)=\alpha>0$，$\lim\limits_{x\to-\infty} f'(x)=\beta<0$ 及 Taylor 公式.

5.95 令 $F(x)=f'(a)x-f(x)+\dfrac{f'(b)-f'(a)}{2(b-a)}(x-a)^2$.

5.96 将 f 在 a 点展成带 Peano 余项的 Taylor 公式.

5.98 令 $\varphi(x)=\int_0^x f(t)\mathrm{d}t-\dfrac{x}{T}\int_0^T f(t)\mathrm{d}t$.

5.99 先证引理:设 $a<b$,若 $f(a)<f(b)$,则 f 在$[b,+\infty)$单增;若 $f(a)>f(b)$,则 f 在$(-\infty,a]$单减.

5.101 考虑$[(f')^2+f^2]'$.

5.102 (⇒)利用 f'_+单调增及 f 在 x_0 连续证明 f'_+在 x_0 右连续；再利用 $f'_-(x_0)=\sup\limits_{h<0}\left\{\dfrac{f(x_0+h)-f(x_0)}{h}\right\}$证明 f'_+ 在 x_0 左连续.

5.104 利用第 5.103 题.

5.108 先证右边不等式,令 $G(x)=1-g(x)$,$\lambda_1=\int_a^b G(x)\mathrm{d}x$,再利用右边不等式证左边不等式.

5.109 分部积分(见 5.2.4 节例 6 后面的说明).

5.110 采用“小区间法”,即

$$\int_0^1 f(x)g(nx)\mathrm{d}x=\sum_{k=0}^{n-1}\int_{\frac{k}{n}}^{\frac{k+1}{n}} f(x)g(nx)\mathrm{d}x,\quad g(x)=g^+(x)-g^-(x).$$

6.1 (1)$1-\sqrt{2}$； (2)发散； (3)发散； (4)发散； (5)$\dfrac{15}{4}$.

6.6 (1)
$$|S_m-S_n|=\left|\frac{\cos(n+1)}{n+1}-\left(\frac{1}{n+1}-\frac{1}{n+2}\right)\cos(n+2)-\cdots-\left(\frac{1}{m-1}-\frac{1}{m}\right)\cos mx-\frac{\cos(m+1)}{m}x\right|,$$

利用级数的 Cauchy 准则.

(2)考虑 $|S_{4k}-S_{2k}|$,利用级数的 Cauchy 准则.

6.7 考虑 $|S_{6k}-S_{3k}|$,利用级数的 Cauchy 准则.

6.8 利用级数的 Cauchy 准则及极限的 $\varepsilon-N$ 定义.

6.9 (1)发散； (2)发散； (3)收敛； (4)发散； (5)$0<\alpha\leqslant 1$,发散;$\alpha>1$,收敛；(6)发散.

6.10 (1)当 $a<\mathrm{e}$,收敛;当 $a\geqslant\mathrm{e}$,发散$\left(有\dfrac{\sqrt[n]{n!}}{n}>\dfrac{1}{\sqrt[n]{\mathrm{e}^{n+1}}}\right)$； (2)发散；(3)$\alpha>1$,收敛;$\alpha\leqslant 1$,发散； (4)收敛.

6.11 (1)收敛； (2)收敛； (3)$0<m<1$,收敛;$m\geqslant 1$,发散；(4)$a>b$,收敛;$a<b$ 发散;$a=b$,可能收敛,也可能发散； (5)收敛.

6.12 (1)收敛； (2)$p>1$,收敛;$p\leqslant 1$,发散； (3)收敛； (4)发散； (5)收敛；(6)$0<r<\dfrac{1}{\mathrm{e}}$,收敛;$r\geqslant\dfrac{1}{\mathrm{e}}$,发散； (7)收敛.

6.13 (1)发散； (2)收敛； (3)$p>\dfrac{1}{2}$,收敛;$p\leqslant\dfrac{1}{2}$,发散； (4)$a\neq\dfrac{1}{2}$,发散;$a=\dfrac{1}{2}$,收敛； (5)当 $a=\mathrm{e}^{\frac{1}{2}}$,收敛;当 $a\neq\mathrm{e}^{\frac{1}{2}}$,发散； (6)$p\leqslant 2$,发散,$p>2$,收敛.

6.14 去掉“正项”的条件,结论未必成立.逆命题不成立.

6.15 $a_n^2\leqslant\dfrac{c}{n^2}$.

6.16 利用 $|ab| \leqslant \dfrac{a^2+b^2}{2}$.

6.17 (3) $p>1$,收敛;$p\leqslant 1$,发散.

6.18 (1) 利用正项级数收敛准则;

(2) 利用级数的 Cauchy 准则.

6.19 (1)0; (2)0.

6.20 (1)(2) $\dfrac{a_n}{r_n^p}=\displaystyle\int_{r_{n+1}}^{r_n}\dfrac{\mathrm{d}x}{r_n^p}<\int_{r_{n+1}}^{r_n}\dfrac{\mathrm{d}x}{r^p}$; (3) 当 $p\geqslant 1$ 时,对充分大的 n,有 $\dfrac{a_n}{r_n^p}>\dfrac{a_n}{r_n}$,故只需证明 $\displaystyle\sum_{n=1}^{\infty}\dfrac{a_n}{r_n}$ 发散,为此可参看第 6.21 题之(1).

6.21 (2) 当 $p\leqslant 1$ 时,对充分大的 n,有 $\dfrac{a_n}{S_n^p}>\dfrac{a_n}{S_n}$; (3) 参看第 6.20 题之(1).

6.22 (1) 收敛; (2) $\alpha>1$,发散;$\alpha\leqslant 1$,收敛.

6.23 (1) 绝对收敛;

(2) 有 $\sin(\pi\sqrt{n^2+1})=\sin(\pi\sqrt{n^2+1}-n\pi+n\pi)=(-1)^n\sin(\pi\sqrt{n^2+1}-n\pi)$,条件收敛;

(3) 绝对收敛; (4) 发散.

6.24 (1) $p>1$,绝对收敛;$0<p\leqslant 1$,条件收敛;$p\leqslant 0$,发散;

(2) $p>1$,绝对收敛;$0<p\leqslant 1$,条件收敛;$p<0$,发散;

(3) $0<x<1$,绝对收敛;$x\geqslant 1$,条件收敛;

(4) $x=k\pi$,绝对收敛;$x\neq k\pi$,条件收敛 $(k\in\mathbf{Z})$;

(5) 条件收敛; (6) 条件收敛.

6.25 Leibniz 判别法.

6.26 利用 Abel 变换及级数的 Cauchy 准则.

6.27 利用两次 Abel 变换.

6.28 $\{b_n\}$ 单减趋于零.

6.29 利用 Abel 判敛法.

6.31 若 $\displaystyle\sum_{n=1}^{\infty}a_n$ 条件收敛,上面两结论未必成立.

6.33 写出 $\dfrac{3}{2}\ln 2$ 与 $\dfrac{1}{2}\ln 2$ 的展开式,然后相加.

6.34 $\displaystyle\sum_{n=1}^{\infty}|a_n|$ 收敛 $\Rightarrow$ 部分和有界. 若 $\displaystyle\sum_{n=1}^{\infty}|a_n|$ 发散 $\Rightarrow\displaystyle\sum_{n=1}^{\infty}a_n$ 存在发散的子级数. 当 $\displaystyle\sum_{n=1}^{\infty}a_n$ 条件收敛时,它的子级数不一定收敛.

6.38 $\alpha=1$,收敛;$\alpha>1$,发散;$\alpha<1$,有

$$S_{2n}<\ln 2+\left(\frac{1}{2}-\frac{1}{2^\alpha}\right)+\left(\frac{1}{4}-\frac{1}{4^\alpha}\right)+\cdots+\left(\frac{1}{2n}-\frac{1}{(2n)^\alpha}\right)\to-\infty.\text{ 发散.}$$

6.39 $\dfrac{S_n^+}{S_n^-}-1=\dfrac{S_n}{S_n^-}$.

6.40 (1) $\displaystyle\sum_{n=1}^{\infty}a_n$ 不一定收敛; (2) 记 $S_n=\displaystyle\sum_{k=1}^{n}a_k$,$W_n=\displaystyle\sum_{k=1}^{n}A_k$. $\forall\, n\in[n_{k-1},n_k]$,有

$W_{k-1}=S_{n_{k-1}}<S_n<S_{n_k}=W_k$ 或 $W_{k-1}=S_{n_{k-1}}>S_n>S_{n_k}=W_k$.

6.41 在 Cauchy 准则中令 $\varepsilon_n=\dfrac{1}{2^{n+1}}$.

6.42 (1) 收敛; (2) 收敛; (3) 收敛; (4) 收敛; (5) 发散.

6.43 (1) 利用 Dirichlet 判别法及 $\left|\dfrac{\sqrt{x}\sin x}{1+x}\right|\geqslant\dfrac{\sqrt{x}}{1+x}\sin^2 x$. 条件收敛;

(2) $\frac{\sin^2 x}{\sqrt{x}}=\frac{1}{2\sqrt{x}}-\frac{\cos 2x}{2\sqrt{x}}$. 发散；

(3) 利用 Dirichlet 判别法及$\int_0^{+\infty}\left|\frac{\ln\ln x}{\ln x}\right||\sin x|\,\mathrm{d}x=\int_0^{n_0\pi}+\sum_{n=n_0}^{\infty}\int_{n\pi}^{(n+1)\pi}$与函数$\frac{\ln\ln x}{\ln x}$单减性，条件收敛；

(4) 绝对收敛.

6.44 (1) 收敛； (2) 收敛； (3) 发散； (4) 收敛； (5) 当 $p>-1$，收敛；

(6) $\int_0^1\frac{1}{x}\cos\frac{1}{x}\mathrm{d}x=\int_1^{+\infty}\frac{\cos u}{u}\mathrm{d}u$. 收敛.

6.45 (1) $\alpha>1$，收敛；$\alpha\leqslant 1$，发散； (2) $\alpha>-1$，收敛；

(3) $1<\alpha<2$，收敛； (4) $\max\{\alpha,\beta\}>1$ 且 $\min\{\alpha,\beta\}<1$，收敛；

(5) $2\alpha-\beta>1$，收敛；$2\alpha-\beta\leqslant 1$，发散； (6) $\alpha<2$ 且 $\beta<1$，收敛.

6.46 (1) 发散； (2) 收敛； (3) $\alpha>1$，收敛；$\alpha\leqslant 1$，发散； (4) $\alpha<1$，收敛；$\alpha\geqslant 1$，发散.

6.47 $\int_a^{+\infty}f'(x)\mathrm{d}x$ 收敛 $\Rightarrow\lim\limits_{x\to+\infty}f(x)=l$，再用反证法证明 $l=0$.

6.48 不妨设 f 单减. 对充分大的 x，$f(x)$ 恒正或恒负. 利用 Cauchy 准则.

6.49 利用积分第二中值定理.

6.50 (2) v. p. $\int_{-\infty}^{+\infty}f(x)\mathrm{d}x$ 存在 $\Rightarrow\int_0^x f(t)\mathrm{d}t$ 有界.

(3) $\int_0^x f(t)\mathrm{d}t=\frac{1}{2}\int_{-x}^{x}f(t)\mathrm{d}t$.

6.51 (1) $\int_0^{+\infty}=\int_0^1+\int_1^{+\infty}$，对$\int_0^1$ 作变换 $x=\frac{1}{y}$，化为$\int_1^{+\infty}\frac{\sin\left(x+\frac{1}{x}\right)}{x^{2-\alpha}}\mathrm{d}x$. 当 $0<\alpha<2$，条件收敛；其他情况发散；

(2) $\alpha<1$，收敛；$\alpha>1$，发散；$\alpha=1,\beta>1$，收敛；$\alpha=1,\beta\leqslant 1$，发散；

(3) 原式 $=\sum_{n=0}^{\infty}\int_{\sqrt{n}}^{\sqrt{n+1}}(-1)^{[x^2]}\mathrm{d}x=I$ 收敛，再证 $\lim\limits_{A\to+\infty}\int_0^A(-1)^{[x^2]}\mathrm{d}x=I$；

(4) 收敛(利用无穷小的阶).

6.52 利用分部积分法及第 6.48 题.

6.53 (1) $\frac{\sin x}{x+\sin x}=\frac{\sin x}{x}-\frac{\sin^2 x}{x(x+\sin x)}$

6.54 (1) $\lim\limits_{x\to+\infty}x\left[\mathrm{e}-\left(1+\frac{1}{x}\right)^x\right]=\frac{\mathrm{e}}{2}$.

6.56 (2) 记 $M'=\{n\in\mathbf{N}_+\mid n^k a_n\geqslant 1\}$，$M''=\{n\in\mathbf{N}_+\mid n^k a_n<1\}$，分别考虑 M' 为有限集或无限集的情况. 当 $0<k\leqslant 1$ 时，无定论. 例如，取 $a_n=1$，则$\sum_{n=1}^{\infty}\frac{a_n}{1+n^k a_n}$发散. 取 $a_n=\begin{cases}1, & n=l^m\\ 0, & n\neq l^m\end{cases}$ $(l\in\mathbf{N}_+$，$mk>1)$，则$\sum_{n=1}^{\infty}\frac{a_n}{1+n^k a_n}$ 收敛.

6.57 (1) $a_{2n}=\frac{1}{4}\left(\frac{5}{16}\right)^{n-1}$，$a_{2n+1}=\left(\frac{5}{16}\right)^n$，$\lim\limits_{n\to\infty}S_{2n}=\lim\limits_{n\to\infty}S_{2n-1}=\frac{20}{11}$；

(2) $b_n=\left(1+\frac{1}{2}+\cdots+\frac{1}{n}\right)\frac{1}{n}\searrow 0$，由 D-法，收敛.

6.58 (1) 记 $v_n=\frac{a_{n+1}}{a_n}$，$v_{n+1}-v_n=\frac{(-1)^n}{a_n a_{n+1}}$，$a_n>n\ (n>5)$. 由 Cauchy 准则证$\left\{\frac{a_{n+1}}{a_n}\right\}$收敛；

(4) $S_{n+2}=\frac{1}{2}S_{n+1}+\frac{1}{4}S_n+\frac{v_1}{2}+v_2$，$\lim\limits_{n\to\infty}S_n=S=2$.

6.59 将 $f(x)$ 在 $x=0$ 写成 Taylor 公式.

6.60 反证法.

6.61 (1) 反证法. (2) $\int_0^1 f(x)\mathrm{d}x=\sum_{k=1}^{n}\int_{\frac{k-1}{n}}^{\frac{k}{n}} f(x)\mathrm{d}x$.

(3) $\lim_{n\to\infty}\frac{1}{n}\sum_{k=2}^{n}f\left(\frac{k}{n}\right)=\lim_{n\to\infty}\frac{1}{n}\sum_{k=2}^{n}f\left(\frac{k-1}{n}\right)$,

反例，$f(x)=|\ln x|$，$x\in[0,1]$. 取 $\xi_1'=\mathrm{e}^{-n}$，$\xi_1''=\mathrm{e}^{-2n}$，其他 $\xi_i'=\xi_i''$.

(4) 不妨设 $f\geqslant 0$，$f\searrow 0$. $\int_0^{\frac{m}{n}} f(x)\mathrm{d}x=\sum_{k=0}^{m-1}\int_{\frac{k}{n}}^{\frac{k+1}{n}} f(x)\mathrm{d}x$，$\int_{\frac{1}{n}}^{\frac{m+1}{n}} f(x)\mathrm{d}x=\sum_{k=1}^{m}\int_{\frac{k}{n}}^{\frac{k+1}{n}} f(x)\mathrm{d}x$.

7.1 (1) 一致收敛； (2) 一致收敛； (3) 不一致收敛；

(4)(a) 一致收敛；(b) 不一致收敛.

7.2 (1) 一致收敛； (2) 一致收敛； (3) 不一致收敛； (4) 一致收敛.

7.3 仿数项级数的 Abel 判敛法.

7.4 (1) 一致收敛(用 Cauchy 准则)； (2) 一致收敛(用 Abel 判别法)；

(3) 一致收敛(用 Abel 判别法)； (4) 一致收敛(用 Dirichlet 判别法).

7.5 (1) 用 Dirichlet 判别法. (2) 用 Cauchy 准则.

7.6 (1) 用 Dirichlet 判别法.

7.7 (1) 用 Dirichlet 判别法. (2) 用定义.

7.9 利用函数 g 在 $x=1$ 的连续性，将 $[0,1]$ 分为两段处理.

7.10 $|u_n(x)|\leqslant|u_n(a)|+|u_n(b)|$.

7.11 (2) 结论未必成立，参看第 7.5 题. (3) 结论成立. (4) 结论成立.

7.12 (1) 一致收敛； (2) 不一致收敛； (3) 一致收敛.

7.13 $\int_0^1 \cos(x+t)\mathrm{d}t=\sum_{k=1}^{n}\int_{\frac{k-1}{n}}^{\frac{k}{n}}\cos(x+t)\mathrm{d}t$.

7.15 (3) 利用第 7.14 题.

7.16 (1) Abel 判别法.

7.18 (1) 计算 $(1-2r\cos x+r^2)\sum_{n=1}^{\infty}r^n\cos nx$.

7.19 $\varphi'(x)=\varphi(x)$.

7.20 $\sum_{n=1}^{\infty}u_n(x)$ 在 $[a,b]$ 一致收敛.

7.21 (1) Cauchy 一致收敛准则，Abel 引理.

7.22 考虑 $\int_0^{1-\frac{1}{n}} f(x)\mathrm{d}x$.

7.23 考虑 $\int_{a+\delta}^{b-\delta} S(x)\mathrm{d}x$，$\sum_{k=1}^{n}\int_{a+\delta}^{b-\delta}u_k(x)\mathrm{d}x$.

7.24 (1) $(-\infty,+\infty)$； (2) $[-1,1)$； (3) $\left(-\frac{1}{4},\frac{1}{4}\right)$；

(4) $\left[-\frac{4}{3},-\frac{2}{3}\right)$； (5) $(-1,1)$； (6) $[-1,0]$.

7.25 (1) $R=\sqrt{R_1}$； (2) 当 $R_1\neq R_2$，$R=\min\{R_1,R_2\}$；当 $R_1=R_2$，$R\geqslant R_1$.

7.26 (1) $R=\max\{a,b\}$； (2) $R=1$.

7.27 记 $S(x)=\sum_{n=0}^{\infty}a_nx^n$，$S_n(x)=\sum_{k=0}^{n}a_kx^k$，则它们分别为增函数与单增列. 分别讨论 $S(x)$ 在 $[0,R)$ 有上

界与无上界两种情况.

7.29 (1)$\arctan x$ $(|x|\leqslant 1)$； (2) $\dfrac{x}{(1-x)^2}$ $(|x|<1)$；

(3) $-\ln 2-\ln(1-x)$ $(0\leqslant x<1)$； (4) $\dfrac{x(1-x)}{(1+x)^3}$ $(|x|<1)$.

7.30 (1)2(参看第 7.29 题之(2))； (2) $\dfrac{1}{3}\ln 2+\dfrac{\sqrt{3}}{9}\pi$；

(3) $\dfrac{\pi}{4}-\dfrac{1}{2}\ln 2\left(\sum\limits_{n=1}^{\infty}(-1)^{\frac{n(n-1)}{2}}\dfrac{1}{n}=1+\sum\limits_{n=1}^{\infty}(-1)^n\dfrac{1}{2n}+\sum\limits_{n=1}^{\infty}(-1)^n\dfrac{1}{2n+1}\right)$.

7.32 (1) $R=1,[-1,1]$； (2)$S\in C[-1,1]$； (3)$S'(-1)$ 存在,$S'(1)$ 不存在.

提示:$\lim\limits_{x\to 1^-}S'(x)=+\infty$.

7.33 (1)$x+\sum\limits_{n=1}^{\infty}\dfrac{(2n-1)!!}{n!}x^{n+1}$ $\left(-\dfrac{1}{2}\leqslant x<\dfrac{1}{2}\right)$；

(2)$\sum\limits_{n=0}^{\infty}\left(1+\dfrac{1}{1!}+\dfrac{1}{2!}+\cdots+\dfrac{1}{n!}\right)x^n$ $(-1<x<1)$；

(3) $\dfrac{3}{4}\sum\limits_{n=1}^{\infty}(-1)^{n+1}\dfrac{3^{2n}-1}{(2n+1)!}x^{2n+1}$ $(-\infty<x<+\infty)$；

(4)$x+\sum\limits_{n=1}^{\infty}(-1)^n\dfrac{(2n-1)!!}{(2n)!!}\dfrac{x^{2n+1}}{2n+1}$ $(-1\leqslant x\leqslant 1)$；

(5)$\sum\limits_{n=0}^{\infty}(2^{n+1}-1)x^n$ $\left(-\dfrac{1}{2}<x<\dfrac{1}{2}\right)$.

7.34 $f(x)=\sum\limits_{n=0}^{\infty}(n+1)^2x^n$ $(-1<x<1)$；$\sum\limits_{n=0}^{\infty}\dfrac{(n+1)^2}{2^n}=12$.

7.35 $f(x)=\sum\limits_{n=0}^{\infty}\dfrac{x^{4n+1}}{4n+1}$ $(-1<x<1)$.

7.36 (1) $\dfrac{1}{a-x}=\sum\limits_{n=0}^{\infty}\dfrac{(x-b)^n}{(a-b)^{n+1}}$ $(|x-b|<|a-b|)$；

(2)$\ln x=\ln 2+\sum\limits_{n=1}^{\infty}(-1)^{n-1}\dfrac{(x-2)^n}{n\times 2^n}$ $(0<x\leqslant 4)$.

7.37 $\dfrac{\mathrm{d}}{\mathrm{d}x}\left(\dfrac{e^x-1}{x}\right)=\sum\limits_{n=1}^{\infty}\dfrac{nx^{n-1}}{(n+1)!}$ $(-\infty<x<+\infty)$.

7.38 (1)$\sum\limits_{n=0}^{\infty}(-1)^n\dfrac{x^{2n+1}}{(2n+1)(2n+1)!}$ $(-\infty<x<+\infty)$；

(2)$\sum\limits_{n=0}^{\infty}(-1)^n\dfrac{x^{4n+1}}{(4n+1)(2n)!}$ $(-\infty<x<+\infty)$.

7.39 (1)$f(x)=2\sum\limits_{n=1}^{\infty}\left(1+\dfrac{1}{2}+\cdots+\dfrac{1}{n}\right)\dfrac{(-1)^{n-1}}{n+1}x^{n-1}$, $-1<x\leqslant 1$； (2)$S=\dfrac{\ln^2 2}{2}$.

7.41 (1)$\arcsin x=x+\sum\limits_{n=1}^{\infty}\dfrac{(2n-1)!!}{(2n)!!(2n+1)}x^{2n+1}$, $x\in[-1,1]$；

(2) 对上式逐项积分.

7.42 写出 $\sin x$ 在 $x=0$ 的 Taylor 级数,令 $x=\pi$ 代入,再换序 $\Rightarrow I=\pi^2$.

7.43 (1) $\dfrac{c_1+c_2}{2}+\dfrac{2(c_2-c_1)}{\pi}\sum\limits_{n=1}^{\infty}\dfrac{1}{2n-1}\sin(2n-1)x$；

(2)$\sum\limits_{n=1}^{\infty}\dfrac{\sin nx}{n}$； (3) $\dfrac{2}{3}\pi^2+4\sum\limits_{n=1}^{\infty}\dfrac{(-1)^{n+1}}{n^2}\cos nx$.

7.44 (1) $\dfrac{4}{\pi}\sum\limits_{n=0}^{\infty}\dfrac{(-1)^n\cos(2n+1)x}{2n+1}$;

(2) $\dfrac{1}{2}-\dfrac{1}{\pi}\sum\limits_{n=1}^{\infty}\dfrac{\sin 2n\pi x}{n}\quad(x\neq n\in\mathbf{Z})$.

7.45 (1) $\dfrac{E}{2}+\dfrac{2E}{\pi}\sum\limits_{n=1}^{\infty}\dfrac{1}{2n-1}\sin\dfrac{2(2n-1)\pi x}{T}$;

(2) $\dfrac{v_m}{\pi}-\dfrac{2v_m}{\pi}\sum\limits_{n=1}^{\infty}\dfrac{\cos 2n\,\omega t}{4n^2-1}+\dfrac{v_m}{2}\sin\omega t\quad(\omega T=2\pi)$;

(3) $\dfrac{8E}{\pi^2}\sum\limits_{n=1}^{\infty}\dfrac{(-1)^{n+1}}{(2n-1)^2}\sin(2n-1)\dfrac{2\pi t}{T}$.

7.46 (1) $\dfrac{-4}{\pi}\sum\limits_{n=1}^{\infty}\dfrac{\cos 2nx}{4n^2-1}$; (2) $\dfrac{2}{\pi}\sum\limits_{n=1}^{\infty}\dfrac{1-\cos nh}{n}\sin nx$.

7.47 $a_{2n-1}=\int_{-\pi}^{0}+\int_{0}^{\pi}$.

7.48 延拓后的函数为$\tilde{f}(x)=\begin{cases}f(x), & x\in\left(0,\dfrac{\pi}{2}\right],\\ -f(\pi-x), & x\in\left(\dfrac{\pi}{2},\pi\right],\\ \tilde{f}(-x), & x\in[-\pi,0].\end{cases}$

7.49 (1) $\dfrac{4}{\pi}\sum\limits_{n=1}^{\infty}\dfrac{\sin(2n-1)x}{2n-1}=\begin{cases}\operatorname{sgn}x, & x\in(-\pi,\pi),\\ 0, & x=\pm\pi;\end{cases}$

(2) $\dfrac{1}{2}-\dfrac{1}{\pi}\sum\limits_{n=1}^{\infty}\dfrac{\sin 2n\pi x}{n}=\begin{cases}x-[x], & x\neq 0,1,\\ \dfrac{1}{2}, & x\in(0,1);\end{cases}$

(3) $\dfrac{l}{2}+2\sum\limits_{n=1}^{\infty}\left\{\dfrac{(-1)^{n-1}l\sin\dfrac{n\pi x}{l}}{n\pi}-\dfrac{2l\cos\dfrac{(2n-1)\pi x}{l}}{(2n-1)^2\pi^2}\right\}=\begin{cases}x+|x|, & |x|<l,\\ l, & |x|=l.\end{cases}$

7.50 (1) $\dfrac{2}{\pi}-\dfrac{4}{\pi}\sum\limits_{n=1}^{\infty}\dfrac{\cos 2nx}{4n^2-1}=|\sin x|,\ x\in[-\pi,\pi]$;

(2) $-\pi^2+\sum\limits_{n=1}^{\infty}\left\{\dfrac{-8}{(2n-1)^2}\cos(2n-1)x+\right.$

$\left.\dfrac{2}{\pi}\left[\dfrac{(2-(-1)^n)\pi^2}{n}+\dfrac{2((-1)^n-1)}{n^3}\right]\sin nx\right\}=\begin{cases}x^2, & 0<x<\pi,\\ 0, & x=\pi,\\ -x^2, & \pi<x<2\pi;\end{cases}$

(3) $\dfrac{2\sin\pi a}{\pi}\left[\dfrac{1}{2a}+\sum\limits_{n=1}^{\infty}(-1)^{n+1}\dfrac{a\cos nx}{n^2-a^2}\right]=\cos ax,\ x\in(-\pi,\pi)$.

7.51 Riemann 引理.

7.52 Riemann 引理.

7.53 (1) $S=\sum\limits_{n=1}^{\infty}\dfrac{1}{n^4}=\sum\limits_{n=1}^{\infty}\dfrac{1}{(2n)^4}+\sum\limits_{n=1}^{\infty}\dfrac{1}{(2n-1)^4}=\dfrac{1}{16}S+\dfrac{\pi^4}{96}\Rightarrow S=\dfrac{\pi^4}{90}$;

(2) 逐项积分.

7.54 用分部积分法与 Riemann 引理.

7.55 (1) 闭区间上连续函数可表示为一致收敛多项式数列的极限;

(2) 用有理系数多项式一致逼近实系数多项式.

7.56 利用 Bessel 不等式及 Schwarz 不等式证明

$$|S_m(x)-S_n(x)|\leqslant\frac{c}{\sqrt{n}}.$$

7.57 先证：对任意多项式 $P(x)$，有 $\int_a^b f(x)P(x)\mathrm{d}x=0$，然后考虑 $\int_a^b[f(x)]^2\mathrm{d}x=\int_a^b f(x)[f(x)-P(x)]\mathrm{d}x+\int_a^b f(x)P(x)\mathrm{d}x$.

7.58 找出 f 与 f'' 的 Fourier 系数之间的关系.

8.1 (1)1； (2) $\frac{\pi}{4}$.

8.2 (1)$\varphi'(y)=2y\mathrm{e}^{-y^2}-\mathrm{e}^{-y^3}-\int_y^{y^2}x^2\mathrm{e}^{-x^2y}\mathrm{d}x$；(2)$\varphi''(y)=3f(y)+2yf'(y)$；

(3)$\varphi'(\alpha)=2\alpha\int_{\alpha^2-\alpha}^{\alpha^2+\alpha}\sin(y^2+\alpha^4-\alpha^2)\mathrm{d}y+2\int_0^{\alpha^2}\sin 2x^2\cos 2\alpha x\,\mathrm{d}x-$

$2\alpha\int_0^{\alpha^2}\mathrm{d}x\int_{x-\alpha}^{x+\alpha}\cos(x^2+y^2-\alpha^2)\mathrm{d}y$；

(4) 当 $x\in(a,b)$，$F''(x)=2f(x)$；当 $x\notin[a,b]$，$F''(x)=0$.

8.3 $J(\theta)=\pi\ln\frac{1+\sqrt{1-\theta^2}}{2}$.

8.4 考虑 $I(y)=\int_0^1\frac{\arctan xy}{x\sqrt{1-x^2}}\mathrm{d}x$. 有 $I=I(1)=\frac{\pi}{2}\ln(1+\sqrt{2})$.

8.5 考虑 $I(y)=\int_0^{\frac{\pi}{2}}\ln\frac{a+by\sin x}{a-by\sin x}\frac{\mathrm{d}x}{\sin x}$. 有 $I=I(1)=\pi\arcsin\frac{b}{a}$.

8.6 利用可积性定理.

8.7 当 $y=0$，$F(y)$ 不连续；当 $y\neq 0$，$F(y)$ 连续.

8.8 $u'(x)=-\int_0^x yv(y)\mathrm{d}y+\int_x^1(1-y)v(y)\mathrm{d}y$.

8.9 记 $h=x-x_0$，$k=y-y_0$. 有

$$f(x,y)-f(x_0,y_0)=\int_0^1[hf_x'(x_0+th,y_0+tk)+kf_y'(x_0+th,y_0+tk)]\mathrm{d}t.$$

再由连续性定理即可找到 $g_1(x,y)$，$g_2(x,y)$.

8.11 (1) 用定义. (2) 在 $p=0$ 发散. (3) 在 $y=0$ 发散. (4) 用定义.

8.12 (1)(a) 一致收敛； (b) 不一致收敛. (2) 不一致收敛. (3) 不一致收敛.

8.13 (1)(a) 一致收敛(用 Dirichlet 判别法)，(b) 不一致收敛；

(2) 一致收敛.

有 $\int_0^{+\infty}=\int_0^1+\int_1^{+\infty}$，$\int_1^{+\infty}\frac{\sin x^2}{1+x^p}\mathrm{d}x=\int_1^{+\infty}\frac{x\sin x^2}{x(1+x^p)}\mathrm{d}x$(用 Dirichlet 判别法)；

(3) 一致收敛(用 Abel 判别法).

8.14 不一致收敛定义.

8.15 (1)Cauchy 一致收敛与收敛准则.

8.16 (1) 积分在$[a,b]$一致收敛； (2) 积分在$(0,2)$内闭一致收敛；

(3) 积分在$(2,+\infty)$内闭一致收敛.

8.17 (2) 先用函数列的常义积分的可积性定理，再用习题 8.15. (3) 利用(2).

8.18 (1)$\int_0^{+\infty}\frac{\mathrm{d}x}{x^2+\alpha}=\frac{\pi}{2\sqrt{\alpha}}$ $J_n(\alpha)=-\frac{J_{n-1}'(\alpha)}{n}=\frac{(2n-1)!!}{(2n)!!\alpha^{\frac{2n+1}{2}}}\frac{\pi}{2}$；

(2)$\int_0^1 x^{\alpha-1}\mathrm{d}x=\frac{1}{\alpha}$，$J_n(\alpha)=J_{n-1}'(\alpha)=\frac{(-1)^n n!}{\alpha^{n+1}}$；

(3)$J(\alpha)=\frac{\pi}{2}\ln(1+\alpha)$.

8.19 (1) $\frac{\pi(b-a)}{2}$； (2) $\sqrt{\pi}(\sqrt{\beta}-\sqrt{\alpha})$.

8.20 (1)$\ln\frac{(2\alpha)^{2\alpha}(2\beta)^{2\beta}}{(\alpha+\beta)^{2\alpha+2\beta}}$； (2)$\arctan\frac{\beta}{m}-\arctan\frac{\alpha}{m}$ $(m\neq 0)$；

(3) $\frac{\pi}{|\beta|}\ln(|\alpha|+|\beta|)$.

8.21 (1) $\frac{\pi}{2}$； (2) $\frac{\pi}{2}$(用分部法)； (3) $\frac{\pi}{2}$.

8.22 (2)$\varphi'(\beta)=\int_0^{+\infty}\left(\frac{\alpha^2}{\alpha^2+x^2}-1\right)\frac{\sin\beta x}{x}\mathrm{d}x=\int_0^{+\infty}\frac{\alpha^2\sin\beta x}{x(\alpha^2+x^2)}\mathrm{d}x-\frac{\pi}{2}$.

8.23 用 Abel 判别法.

8.25 (1) $\frac{\pi}{8}$； (2) $\frac{\pi}{2\sqrt{2}}$； (3) $\frac{1}{2}\mathrm{B}\left(\frac{7}{2},\frac{5}{2}\right)$；

(4) $\frac{(2n-1)!!}{2^{n+1}}\sqrt{\pi}$； (5) $\frac{\pi}{2\sqrt{2}}$； (6) $\frac{\pi}{2\cos\frac{p\pi}{2}}$.

8.26 (1) $\frac{a^{-p}}{n}\left(\frac{a}{b}\right)^{\frac{m+1}{n}}$, $\mathrm{B}\left(\frac{m+1}{n},p-\frac{m+1}{n}\right)$ $\left(0<\frac{m+1}{n}<p\right)$；

(2) $\frac{1}{|n|}\Gamma\left(\frac{m+1}{n}\right)$ $\left(\frac{m+1}{n}>0\right)$； (3) $\frac{1}{r}\mathrm{B}\left(\frac{p}{r},q\right)$ $(p>0,q>0)$.

8.27 (1) 表示成 B-函数； (2)$\int_0^{+\infty}\mathrm{e}^{-x^n}\mathrm{d}x=\frac{1}{n}\Gamma\left(\frac{1}{n}\right)$.

8.28 1.

8.29 记 $J_1=\int_0^{+\infty}\mathrm{d}x\int_0^{+\infty}f\mathrm{d}y, J_2=\int_0^{+\infty}\mathrm{d}y\int_0^{+\infty}f\mathrm{d}x$，$\forall\alpha>0,\beta>0$，

有$\int_0^{\beta}\mathrm{d}y\int_0^{\alpha}f\mathrm{d}x=\int_0^{\alpha}\mathrm{d}x\int_0^{\beta}f\mathrm{d}y\leqslant J_1\Rightarrow\int_0^{\beta}\mathrm{d}y\int_0^{+\infty}f\mathrm{d}x\leqslant J_1\Rightarrow J_2\leqslant J_1$.

8.34 (1) 一致收敛； (2) 不一致收敛； (3)(a) 一致收敛，(b) 不一致收敛.

8.36 (1) $\frac{1}{2}\ln\left(1+\frac{1}{\alpha^2}\right)$； (2) $\frac{\ln 2}{2}$； (3) $\frac{\sqrt{\pi}}{2}\mathrm{e}^{-2a}$； (4) $\frac{\sqrt{\pi}}{2}\mathrm{e}^{-a^2}$； (5) $\frac{\pi}{4}$； (6) $\frac{13}{24}\pi$.

8.38 先证 $f(x)=\sum_{n=1}^{\infty}(a_n n!)\frac{x^n}{n!}$ 在任一区间[0,A]上关于 x 是一致收敛的，然后在[0,A]上应用逐项可积定理，最后讨论 $A\to+\infty$ 情形.(利用 $b_n(A)=\frac{1}{n!}\int_0^A\mathrm{e}^{-x}x^n\mathrm{d}x$ 关于 n 单调减且一致有界及逐项求极限定理)

8.39 (1) 充分性可用反证法；

(2) 利用(1)及函数项级数的 Dini 定理(习题 7.62)即$\varphi(x)=f(x,y_1)+\sum_{n=2}^{\infty}[f(x,y_n)-f(x,y_{n-1})]$；

(3) 利用(2)；

(4) 利用(2)及习题 8.17(2).

索 引

一 画

三 画

四 画

五 画

六　画

七　画

八 画

九 画

十 画

十画以上